新编21世纪心理学系列教材

生理心理学

第2版

Physiological Psychology

隋　南等　编著

中国人民大学出版社
·北京·

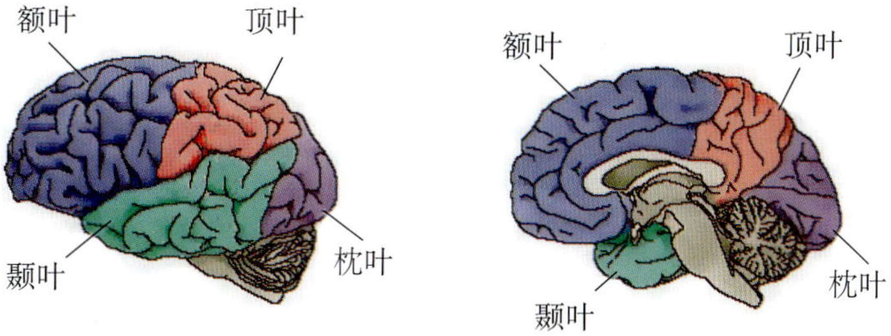

图 3-12　大脑皮层的额、颞、顶、枕等叶

左图：大脑半球外侧面。右图：大脑半球内侧面。

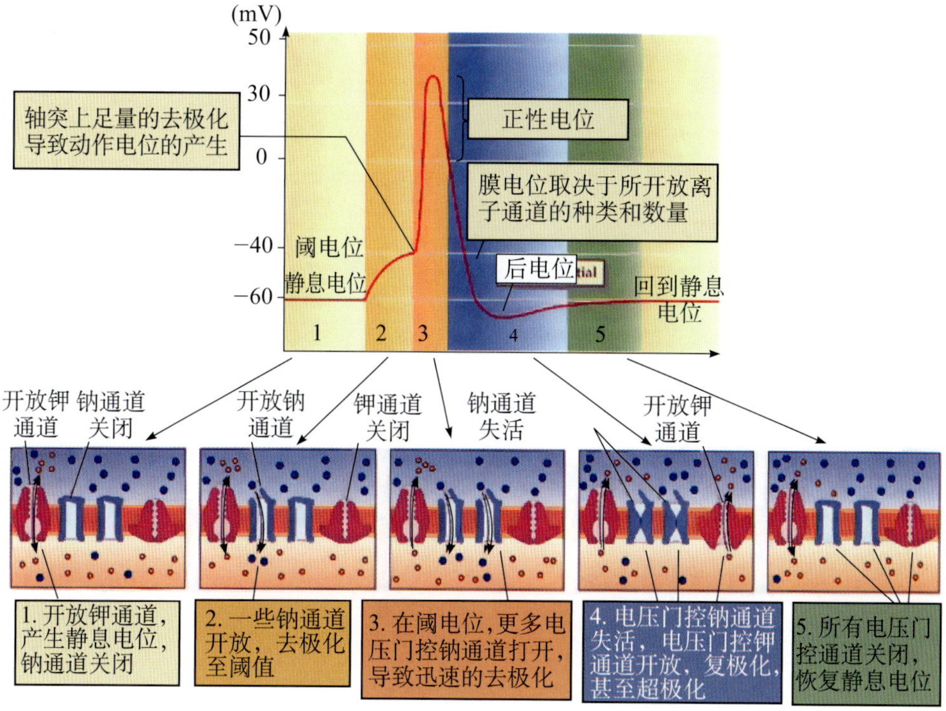

图 4-5　动作电位产生的离子活动机制

资料来源：Breedlove S M，Rosenzweig M R，Watson N V. Biological psychology：an introduction to behavioral，cognitive，and clinical neuroscience. 5th ed. Sunderland，MA：Sinauer Associates，2007.

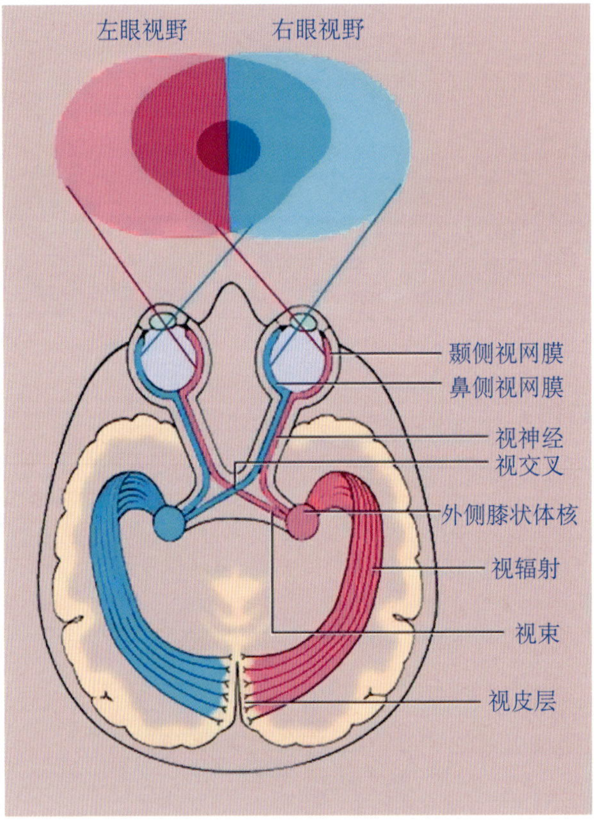

图 6－4 视觉传导通路示意图

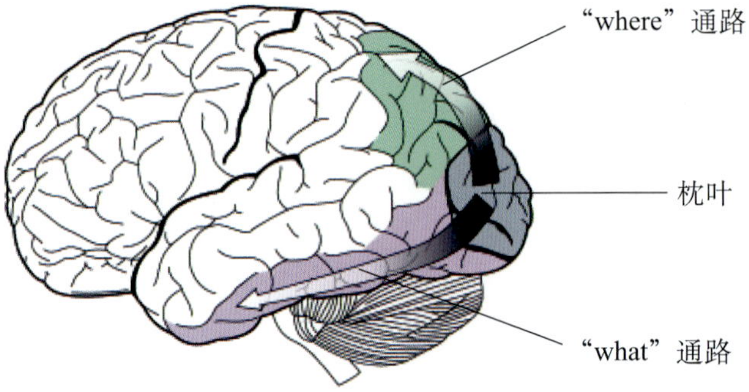

图 6－5 人类大脑中的视觉“where”和“what”通路示意图

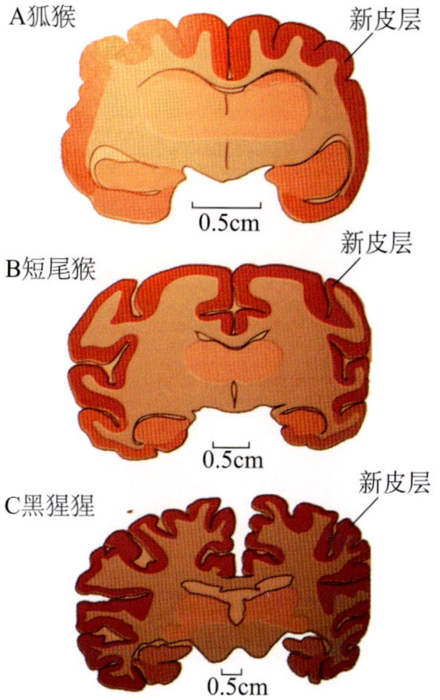

图 7－4　狐猴、短尾猴、黑猩猩等不同演化等级的灵长类大脑皮层和海马的结构变化

红色代表大脑新皮层，粉色代表海马。从图中可以看出，进化等级越高，大脑新皮层沟回越多，面积也越大，海马结构相对比例越小。

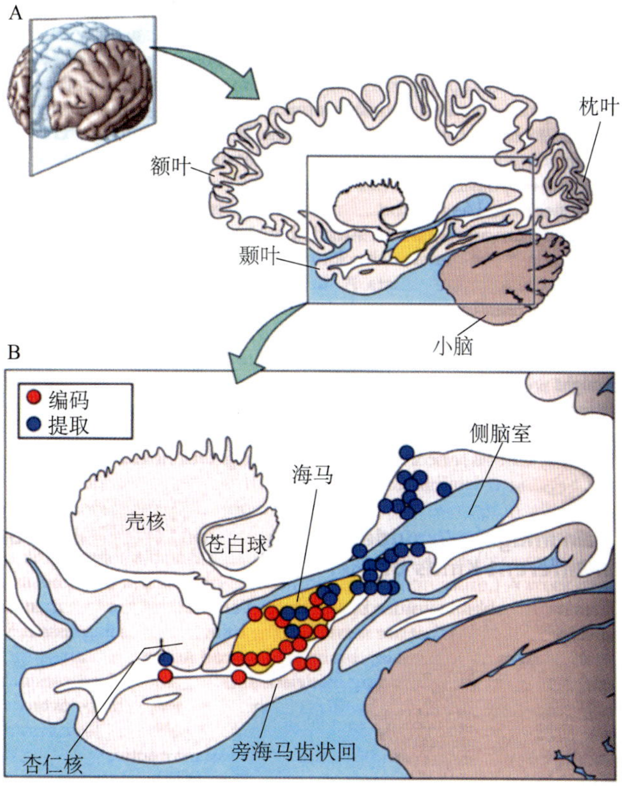

图 7－9　陈述性长时记忆编码和提取的脑激活模式

红点代表编码激活区域，蓝点代表提取激活区域。fMRI 的研究结果证实，海马主要参与陈述性记忆的编码，内侧颞叶主要参与陈述性记忆的提取。

资料来源：Breedlove S M, Rosenzweig M R, Watson N V. Biological psychology: an introduction to behavioral, cognitive, and clinical neuroscience. 5th ed. Sunderland, MA: Sinauer Associates, 2007.

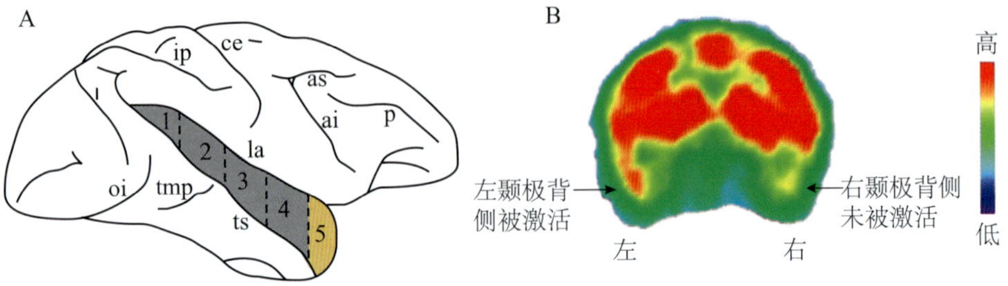

图 8 - 10　猴脑左右半球声音加工的不对称性

猴叫时，左颞极背侧 5 区（见图 A）的激活程度显著高于右侧相应脑区。B 图为 PET 扫描结果，请注意箭头所指左侧的激活的位置。

资料来源：Poremba A，Malloy M，Saunders R C，et al. Species-specific calls evoke asymmetric activity in the monkey's temporal poles. Nature，2004，427（6973）：448 - 451.

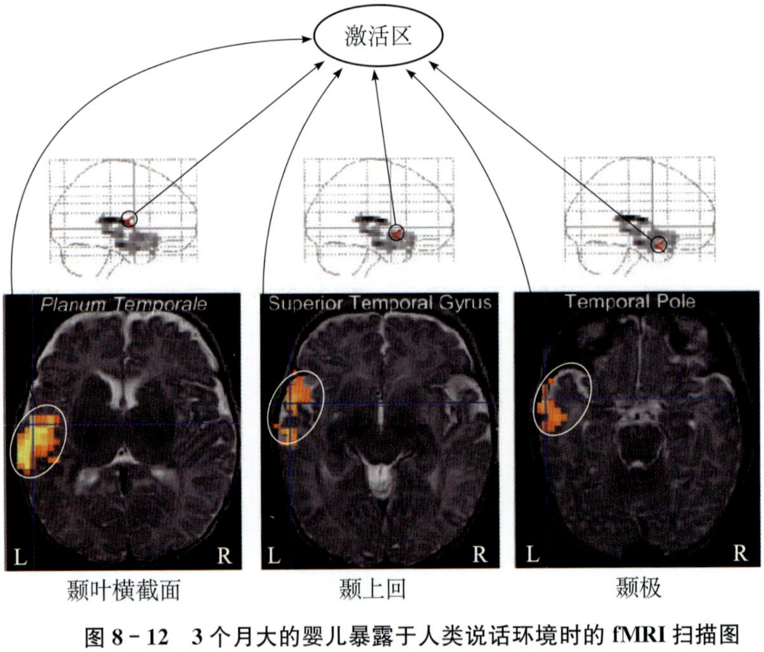

图 8 - 12　3 个月大的婴儿暴露于人类说话环境时的 fMRI 扫描图

资料来源：Dehaene-Lambertz G，Dehaene S，Hertz-Pannier L. Functional neuroimaging of speech perception in infants. Science，2002，298（5600）：2013 - 2015.

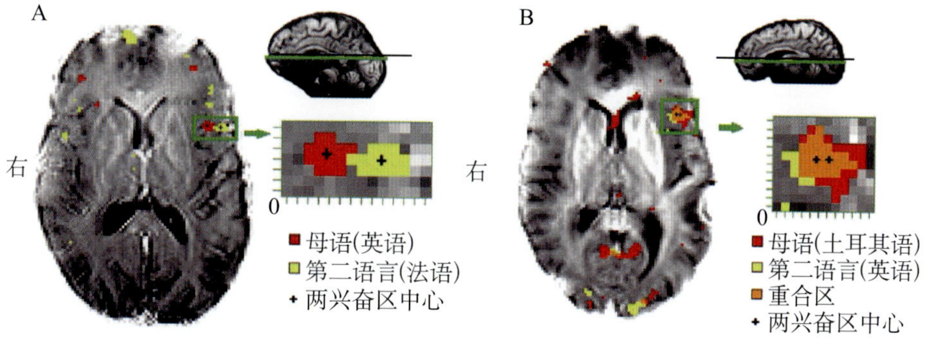

图 8-13　学习第二语言的早晚与布洛卡区的激活特点

A 图：较晚学习第二语言者的功能成像图。将布洛卡区放大后可见，母语激活的区域（红色）与第二语言激活的区域（黄色）基本不重叠，二者的中心相距较远。B 图：从小学习第二语言者的功能成像图。将布洛卡区放大后可见，两种语言激活的区域重叠很多，二者的中心相距很近。

资料来源：Kuhl P K，Andruski J E，Chistovich I A，et al. Cross-language analysis of phonetic units in language addressed to infants. Science，1997，277（5326）：684-686.

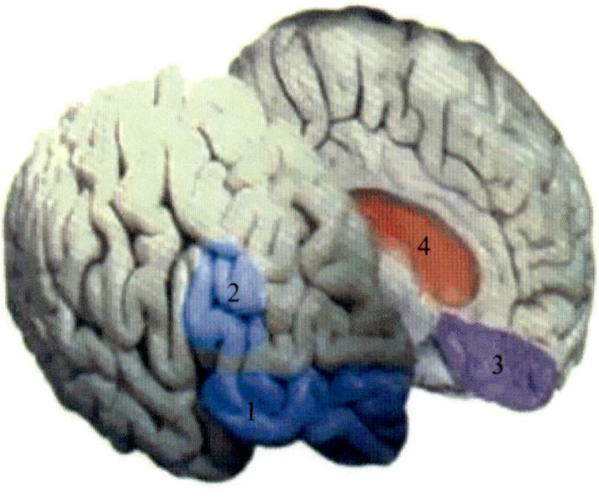

1.眶额皮层　　2.外侧前额皮层
3.内侧前额皮层　4.边缘系统

图 9-7　与情绪活动及其认知评价相关的脑区

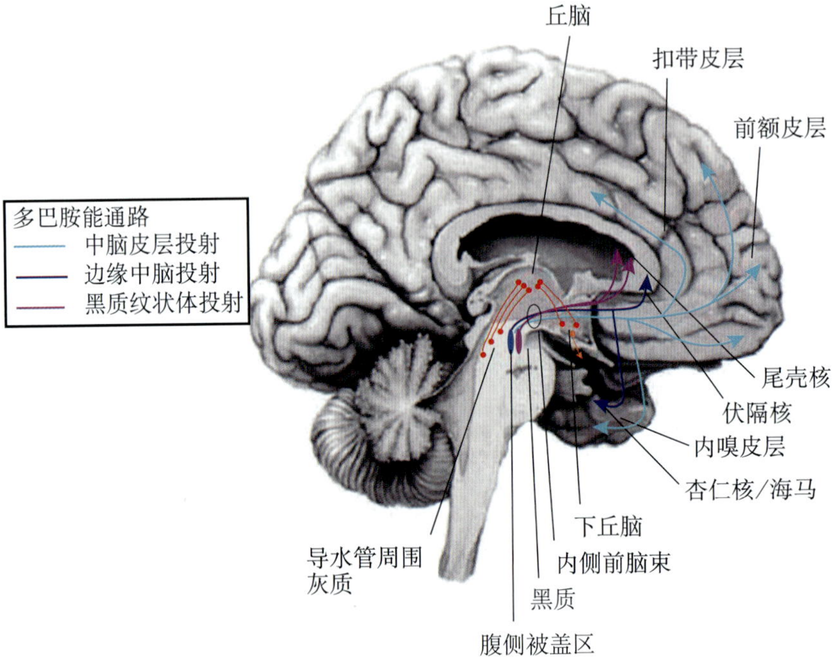

图 9-9　人脑内的多巴胺能通路

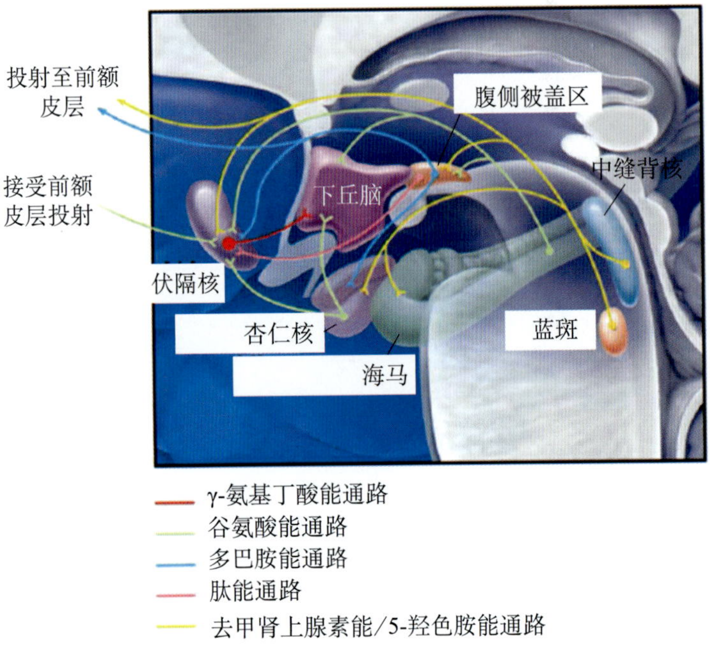

图 9-10　抑郁所涉及的一些重要脑区和相关递质系统

资料来源：Nestler E J，Barrot M，DiLeone R J，et al. Neurobiology of depression. Neuron，2002，34（1）：13-25.

作者简介

隋南，研究员，教授，博士生导师，现任职于中国科学院心理研究所、中国科学院大学心理学系。主要研究领域：生物心理学、学习记忆、情绪障碍、药物成瘾等。主持和参与国家973计划项目、国家自然科学基金重点和面上项目、中国科学院创新项目等15余项课题研究。在SCI、SSCI等收录期刊发表论文50余篇，在国内核心期刊发表论文100余篇。主编著作1部，参编著作5部。获国家专利4项。多次获国家级及省部级个人奖项。社会任职：中国心理学会理事，中国心理学会生理心理学专业委员会主任；北京神经科学学会常务理事；北京心理学会副理事长；《心理科学进展》主编，*Frontiers in Behavioral Neuroscience*、*Frontiers in Psychology*、*Psych Journal*、《心理学报》、《中国药物依赖性杂志》等杂志编委。

内容简介

本教材第1版于2010年问世后，被国内高校心理学系所广泛使用，深受本科生、研究生及教师的欢迎。全书共17章，涵盖生理心理学基本观点、方法论及原理、学科的基础知识以及科学原理与应用之间的转化关系。

《生理心理学》(第2版）有如下突出特点：(1）从进化论、比较心理学及个体发育的观点出发，系统地梳理了研究证据，以图使读者能更好地理解心理和行为变化的生理基础及其演化规律；(2）关注生物基础和心理或行为之间整合认识的过程，纠正将心理或行为与生物基础相分离的二元论认识趋向；(3）注重汲取新的科学研究证据，拓展读者的科学视野，提升对学科发展规律的把握能力；(4）简明扼要地介绍了科学研究常用的典型行为范式及原理，以利于读者理解基础研究的原理以及提升对科学研究的兴趣；(5）加强科学研究与临床实践的关联性认识，能够使读者更好地理解基础科学研究的发展与人类心理健康密切关联的基本走向。

本书知识脉络清晰，内容深入浅出，图表丰富直观，既可作为普通高等院校心理学及相关专业本科生、研究生的教材，也可作为研究人员及心理学爱好者的重要参考资料。

序

本书从进化、个体发育以及比较心理学的观点，阐述了人与动物心理与行为的生理学基础及其发生、发展和演化的规律，并注意结合现代科学技术的研究进展，揭示人类和动物的心理或行为反应的同源性、普遍性与差异性的生物心理学机制。该书反映了当前生理心理学的学科发展趋势，同时总结了生理心理学近年来的研究成果，较好地吸取了国内外教材的优点。

作为教材，该书有如下突出特点：(1) 突出展示推动本学科发展的主要思想观点。从进化论、比较心理学与个体发育的观点出发组织材料，阐述心理与行为的生理机制及其演化规律。(2) 突出汲取科学问题导向的研究证据。结合现代科学手段对科学新发现的推动作用，引导读者系统了解从宏观到微观的学科相关研究进展，拓展读者的科学视野，提升对学科发展走向规律的把握能力。(3) 突出关注临床医学实践与基础科学研究的关联性。全书不仅关注基础科学问题的研究进展与发展趋势，更关注与人类心理健康密切相关的研究成果。同时，也用专门的章节重点介绍了近年来社会普遍关注的一些异常行为的脑机制研究，如药物成瘾、精神依赖行为、疼痛以及基因与环境如何相互作用影响行为等等。

该书主要编著者隋南研究员现任中国心理学会生理心理学专业委员会主任，兼任中国科学院研究生院教授。他在科研和教学第一线从事了多年的相关基础研究和教学工作，具有深厚的基础理论造诣、丰富的教学经验和敏感地把握学科发展动向的能力。参编人员也是在此领域工作多年的优秀中青年专家，全部具有在国内外工作的经历，也具有丰富的科研和教学经验。该书准确、全面地反映了该学科的核心内容与发展趋势，可以作为心理学、医学、生物学和神经科学以及人文社会科学本科生的教科书，也可作为相关专业研究生的选修课教材或参考书。

匡培梓

2010.7.23

第 2 版前言

本书第 1 版问世后历经八年。

由于新概念和新技术不断渗透，交叉学科不断融合，生理心理学将面临更广阔的发展空间。对心理、行为复杂机制的认识正在被科学研究不断地突破。人类心理和行为的复杂性源于脑在自然界的长期演化。正是这些演化了的神经系统的活动，构成了人类复杂的认知、情感和行为的基础。

脑科学研究的核心问题是脑与心理、行为的关系。迄今为止，对脑的认识的每一次飞跃，都包含了各个领域的科学家的贡献。20 世纪初，行为主义和机能主义的发展，为脑与行为关系的研究奠定了坚实的实验基础。行为与生物基础相结合的条件反应模式的建立，对脑与行为研究的意义是划时代的。

自 20 世纪 70 年代以来，新技术的进步极大地推动了分子生物学的发展，脑科学在细胞、分子和基因水平的研究上取得了惊人的进展。然而，当分子、细胞和神经回路构成系统或网络之后，其功能绝不是若干分子事件的简单叠加。因而，继分子生物学之后一个新的趋势正在形成，即强调从整合（integrating）的观点来研究脑的功能。

进入 21 世纪以后，随着新技术的进步，脑科学研究正在挑战更复杂的心理、行为现象的生物基础，例如，认知、记忆、注意、情绪、语言等。诠释这些复杂精神现象的机制是极其必要的，因为许多脑疾病是以这类高级功能障碍为特征的，例如，精神分裂症、早老性痴呆、睡眠障碍、智力缺陷、失读症、焦虑症、孤独症等等。分子生物学、无创伤的化学或物理成像等技术，特别是计算机信息处理技术的高度发展，为整合研究的趋势提供了必要的客观条件，为揭示复杂的心理或行为的生物机制孕育了更大的可能性。

既要谋一域，亦要观全局。这是本书期待传达的一个重要的观点。

在本书的修订过程中，我们还力求内容精简扼要，更注重思考过程的描述，以期引起读者的兴趣，使不同专业背景的学生和老师都能从中受益。这是本书再版的重要宗旨。

在本书再版完成之际，我要真诚感谢参加再版的修订者。他们都是活跃在科研前沿的年轻科学家，他们敏锐的学科洞察力为本书注入了新的活力。中国科学院大学对本书再版给予了支持。与中国人民大学出版社的通力合作，使本书再版工作顺利完成。在此，我一并由衷致谢。

隋　南

2018 年 5 月 28 日

第1版前言

生理心理学是心理科学的一个分支学科，其研究目标是力图阐明心理活动的生理机制。它的研究成果为科学心理学的建立和发展做出了重大贡献。

中国科学院心理研究所对生理心理学研究的工作积累有悠久的历史。它的前身中央研究院心理所曾以生理心理学的研究为学科侧重点。我国著名的心理学家、神经生物学家汪敬熙、卢于道、朱鹤年、张香桐等先生早年曾在此工作，他们是我国生理心理学研究的开拓者和奠基者。

中华人民共和国成立后，著名心理学家潘菽院士十分重视生理心理学的学科发展，紧跟国际科学研究的前沿，开展了大量的相关研究工作，凝聚和培养了一大批生理心理学家，奠定了国内生理心理学研究发展的坚实基础。20世纪80年代，中国科学院心理研究所匡培梓、北京大学邵郊和沈政等著名心理学家，曾相继主编了较系统和各具特色的生理心理学教材，对生理心理学的教学发展与学科研究的普及和深入起了巨大的推动作用。

撰写本教材时，我们注重继承以往生理心理学教材的优点，也重视借鉴国外教材的精华，取长补短，力求做到既注重基本概念和理论的系统性，又注重培养和提升读者分析和解决问题的能力。同时，还注意启发培养读者的独立思考能力，注重联系实际的思维方式转换，深入浅出地引导读者从宏观到微观逐渐地认识和了解心理和行为与生物机体的相互影响的机制，以及环境与机体相互作用导致的行为及其生物基础的适应性改变。本教材还力求吸取国内外教材的优点，尽可能整合最新的研究成果，及时恰当地反映生理心理学的学科发展的走向和规律。

全书主要分为三大部分。第一部分系统而扼要地介绍了生理心理学基本的研究策略、手段和方法，尝试性地概括了神经系统的进化、发育和结构演变的基础知识；第二部分主要以进化、比较和机体与环境的相互作用的思想为主基调，较为系统地描述了感知觉、注意、情绪、学习与记忆、运动、本能行为及语言发展的生理基础演变，进而阐释了生理因素如何改变行为，以及环境或行为变化如何促进机体和神经系统的发育和完善；第三部分重点关注与人类心理健康密切相关的临床医学实践和与前沿科学结合紧密的热点问题。

本教材的主讲内容曾在博士研究生、硕士研究生和本科生中反复使用多年，受到心理学、医学、生物学和神经科学等不同专业背景学生的广泛好评。

隋　南

2010年7月于北京

目　录

前沿扫描

第一章 导论

本书试图从神经系统的结构及其发展变化规律等多个方面，探讨人类和其他动物产生心理或行为反应的共同原因。这是本书所要完成的最主要的任务。然而，心理、行为或者环境变化如何影响脑的活动，也是我们同样感兴趣的问题。通过了解这些基本变化规律，我们可以更深刻地理解在动物漫长的演化过程中脑与行为如何相互影响，从而产生更精巧的脑和更复杂的行为方式。脑控制着心理和行为，心理和行为同样也可以改变脑，这也是我们期望能通过本书传递出的重要观点之一。也许您在书中所学到的已知的结论，此时此刻正在被世界上某个科学家新的发现所改写，因此，以开放的态度来探索这个领域的知识显得尤为重要。如果您在阅读和学习本书的时候，能联系自己的生活经验或实际问题，注重研究的思考方法和意义，那么，您在向真理逐渐接近的路途中一定会获益更多。

第一节　生理心理学的性质

一、什么是生理心理学？

到目前为止，**生理心理学**（physiological psychology）已经不能用一个传统的、明确的边界来定义了。它的研究主要涉及行为的生理过程，特别是脑的工作机制，因而又被称为生物心理学（biological psychology）或行为神经科学（behavioral neuroscience）。在这一领域工作的科学工作者来自不同的学科，包括心理学、生物学、生理学、神经科学、精神病学、工程学以及社会学等等。生理心理学与上述不同学科通用同样的概念或基本的研究方法。

（一）生理心理学研究的目的

研究生理心理学的根本目的是理解人类自身的心理和行为的起源、发展及其机制，并运用科学发现去改善人类生活或造福于其他动物。因此，下面一系列问题是生理心理学研究所关注的。如：人类和动物是如何通过性活动繁衍后代的？生殖行为及其特征在整个生命过程中如何变化？性行为都包括哪些主要类型？哪些行为与生殖准备有关，哪些与交配有关，哪些与后代抚养有关？哪些神经环路或激素控制不同的生殖行为变化？能够通过调节神经系统、激素或行为从而调控繁殖吗？又如：用什么样的方法可以改变某些适应环境的行为？特定的行为会因为奖赏或惩罚而被记住吗？不同种类动物的学习记忆的能力有什么差别，原因何在？什么样的脑内结构和分子保存着记忆信息？从出生到衰老的整个生命过程人的学习记忆能力如何改变，原因何在？能用生物化学、基因或者行为疗法改善一些高龄病人的学习记忆状况吗？还有，言语的声学模式是怎样形成的？人类言语结构是怎样演化而来的？儿童是如何学会说话的？哪些特殊脑区参与语言表达？常见的后天性言语障碍是否能用综合的方法恢复？等等。

（二）生理心理学研究的视角和范围

要得到上述问题的答案，我们必须从几个基本的方向了解这类重要的问题（图1-1）。其一，要搞清楚行为的结构和功能，或者区分不同行为的本质差异和联系及其生命意义。也就是说，要研究并描述不同的行为类型（patterns）。这些特定的行为类型或称模式，就是科学研究中所定义的**行为模型**（behavioral model）。其二，通过比较（comparative）行为学的方法，了解不同动物行为的演化（evolution）过程以及物种之间的行为差异，了解特定行为的演化特征，以便寻找更有利于进行特异性研究的模式动物。其三，从**个体发育**（ontogeny）的角度，了解特定行为在整个生命过程（life span）的发生、发展以及变化特点。其四，通过生物学技术与行为学整合的研究方法，探索特定行为相关的特殊脑结构、系统、器官、细胞及分子活动规律，更深刻地了解特定行为的生物机制。其五，问题的关键是在实践中利用上述不同层次的科学发现，来探索解决人类的各种行为缺陷。

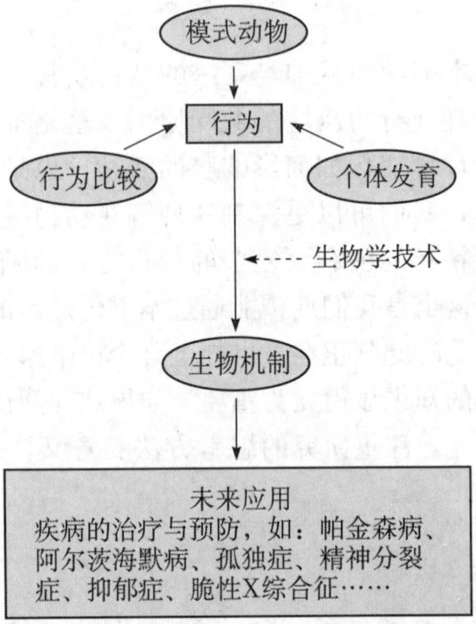

图1-1 生理心理学研究视角和涉及范围

（三）生理心理学的研究手段

生理心理学试图了解行为的生理过程，即神经系统、内分泌系统或身体其他部分对行为的控制，以及行为与机体的相互作用关系。研究机体与行为关系的手段可以概括为三种基本方法：一是干预机体，观察行为效应。例如，注射不同激素，观察性行为的变化；电刺激某些脑区，观察行为的变化；切断某些神经联络，观察某些已知行为的再现状况。二是干预行为，观察机体效应。例如，雌雄配对或隔离对动物性激素水平的影响；呈现不同的视觉刺激，对脑内电活动的影响；由于反复的行为训练，脑内神经结构会发生的改变，如突触形态的改变等。三是观察行为与机体变量（variable）的共变（covary）关系。例如，智商分数与脑容量大小之间的相关性，性行为强度与特定激素水平之间的关系，脑室容量或白质体积与精神分裂症症状的相关性。见图1-2。生理心理学也试图寻找和理解机体与行为之间共变关系的研究方法。

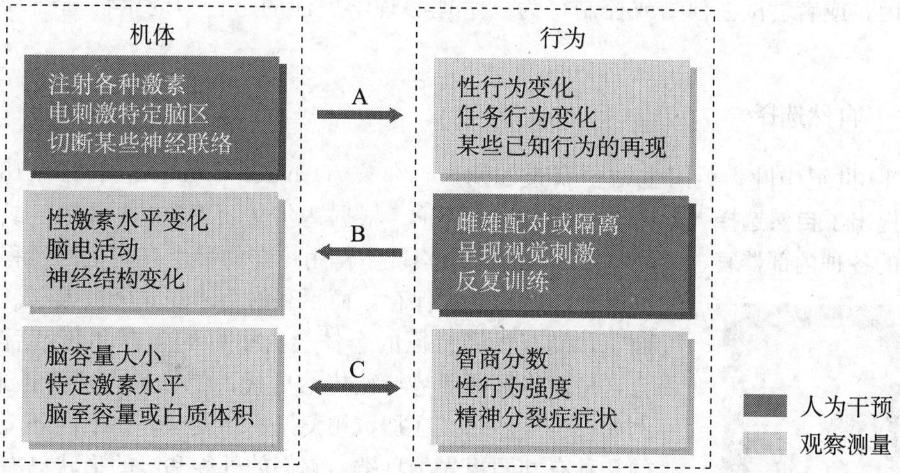

图 1－2　研究机体与行为关系的三种主要方法

A 表示干预机体，观察行为效应；B 表示干预行为，观察机体效应；C 表示观察行为与机体变量的共变关系。

（四）研究对象和不同层次的分析

生理心理学以各种实验动物或人类为被试，通过对整体、个体系统、器官、脑区、局部神经环路、神经元、突触乃至分子水平的干预，来研究可以观察到的行为现象的改变。反之，通过对行为的干预，亦可观察机体不同层次的变化（图 1－3）。研究内容涉及人类和动物正常行为的各个方面，如感知觉、学习记忆、情绪、动机行为、生殖行为、社会条件下的个体行为等等；也涉及人类异常行为的脑机制，如抑郁症、恐惧症、身心疾病、精神分裂症以及成瘾行为等。结合现代生物科学技术，从比较、演化、个体发育的观点研究脑与行为的关系，是生理心理学寻找科学发现的基本出发点。

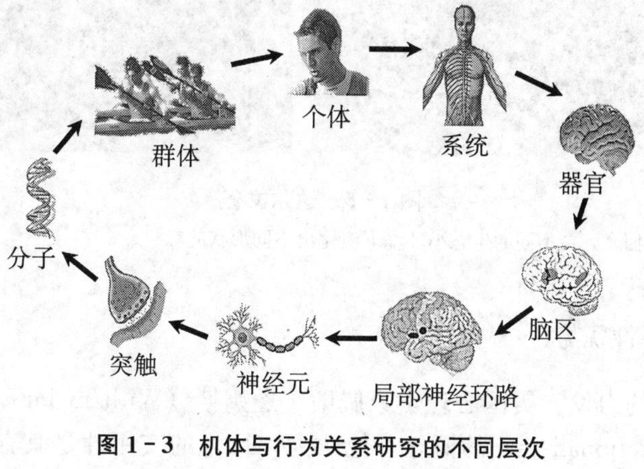

图 1－3　机体与行为关系研究的不同层次

二、生理心理学的基本理论观点

所有心理学家都关心行为。许多心理学家站在不同的角度试图解释特定的行为发生的各种原因，或者尝试去预测或控制行为。生理心理学关注的是行为的生物基础及其相互作用。

（一）自然选择

在19世纪中叶，英国生物学家查尔斯·达尔文（Charles Darwin，1809—1882；图1-4）提出了**自然选择**（natural selection）理论。根据达尔文的理论，“自然”或环境能对生物的各种内部器官、细胞基质以及整个结构发生作用；在物种生存演化的过程中，有利的个体变异会被保存，而不利的个体变异会被毁灭。对动物而言，具有优势特征的个体会有更好的生存和繁殖后代的机会，从而将那些优势特征传给后代，使物种有选择性地发展。例如，当年达尔文在加拉帕戈斯群岛发现，在不同环境中生存的几种有共同祖先的鸟类，它们的外貌和喙的形状已有较大的区别。其中一种鸟的喙变得大而坚硬，适合啄开坚果或种子；而另一种鸟则演变出细而长的喙，适合啄食虫子。他认为每种鸟生存的小环境决定了它的喙的形状，这是自然选择的结果。这些典型的鸟类后来被称为“达尔文雀”（Darwin's finches；图1-5）。又如，以吃树叶为生的始祖鹿，长得高的能吃到更多的树叶，从而在非洲广袤的草原上获得更大的生存和繁殖的机会，并逐渐演化成了地球上最高的陆地动物——长颈鹿。

图1-4 英国生物学家达尔文

著作：《物种起源》(1859)、《人类的由来》(1871)、《人类和动物的表情》(1872)。

图1-5 达尔文雀

它们由同一祖先进化而来，在不同的生态小环境下演化出不同形状的喙。

（二）行为选择性优势

受达尔文理论的启发，美国心理学家威廉·詹姆斯（William James，1842—1910）提出了**机能主义**（functionalism）的概念。他认为，行为的实用性是其存在的理由，自然选择保留有用的东西而抛弃无用的东西。在环境选择的压力下，行为方式与生理结构或神经系统的改变会相互促进，从而有助于机体以适应环境的方式存在。机能主义以行为的选择性优势为出发点，来解释行为的意义以及相应的生物学基础。换言之，要首先理解这个行为有什么作用。例如，刺猬、熊、蛇等动物之所以要冬眠，是因为冬天难以找到食物，而冬眠可以保证自身不至于因为缺少食物被饿死，并能够顺利地度过冬天。它们在冬眠之前先让身体储存足够的能量，而在冬眠期不活动或者很少活动，使得呼吸、体温、血液循环水平都降低，机体新陈代谢也会减慢，营养物质消耗相对减少，因而能够靠体内储藏的能量维持生命。

（三）环境的强化学习

20世纪初，美国**行为主义**（behaviorism）心理学家提出，无论人或动物都通过学习获得适应环境生存的经验。桑代克（Edward Thorndike，1874—1949）认为，某种正确行为的获得是一个不断尝试错误的过程。如果行为正确而获得奖赏，比如得到食物，那么这种行为就会成为经验被强化或保存下来。华生（John B. Watson，1878—1958）把这种学习过程用更简单的方式表达了出来，即S-R公式。S代表刺激，R代表行为反应。那么获得正确行为的强化条件是什么呢？例如，鹿见到猎豹要逃跑，因为猎豹会吃鹿，因此，鹿会因恐惧继而逃跑。但是，鹿可以学会根据气味躲避猎豹，显然气味是鹿通过学习获得的间接信号。这种间接信号被称为条件刺激。之后，在狗身上通过实验的方法，俄国生理学家巴甫洛夫（Ivan Pavlov，1849—1936）将无关的铃声与食物首次建立了条件性联系，为阐释行为获得的脑机制做出了开创性的贡献。此后，美国心理学家斯金纳（B. F. Skinner，1904—1990）建立了动物操作性条件反应模型，从而启发了研究者对动物主动适应环境的研究和思考。

达尔文自然选择论仍然在很大程度上影响着现代生物心理学的发展。从未来走向看，仍有两个不同的方向有待深入：一是不同动物的某些行为及其生物学基础的一致性（continuity)，也就是寻找相似行为的共同生物学基础；二是寻找某些动物与环境相关的特殊行为的生物学基础，如对达尔文雀的研究等。本书会更多地集中在了解和解释不同动物行为及其生物学基础的共同特征——一致性方面，还会广泛涉及影响脑和行为关系的各种因素，包括解剖、生理、生物化学以及遗传和环境的相互作用。

第二节　脑与行为的演化与发展

尽管达尔文理论对动物起源、演化（或进化）提供了雄辩的阐释，但自然的相对保守性仍然不容忽视。某些演化后的特征在不同动物中一旦形成，可能会保持上百万年甚至更长。例如，在水母、果蝇、小鼠甚至人类身上，神经细胞的电信号传递规律基本上是相似的，不同动物的化学信号通过血液传递也是类似的。在不同的动物中，这类保守特征的相似性可能起源于共同的祖先，也可能出现在不同的演化阶梯上。

在本节里，我们会列举一些简单而有趣的事实或证据，来了解脑与行为在演化过程中的相互依赖关系。许多证据来源于对低等动物的研究，从动物神经细胞产生、神经系统形成、个体发育以及伴随而来的行为方式的复杂化，来探索行为或心理是如何产生和发展的。我们还可以更深刻地体会，为什么科学研究往往要找到最简单的模式动物。因为无论是低级还是高级动物，它们的脑和行为的工作方式都遵守某些共同的原则。我们也会适当讨论神经系统的复杂化是否与脑的容量、结构有关，比如为什么灵长类动物，特别是人类，在不长的演化时间内其脑容量增长得如此之迅速。

一、神经系统的演化与行为

生命的演化已经发生了大约 50 亿年（图 1－6）。物种演化的历史进程表明，动物行为与神经系统或脑的演化有着直接的关系。从单细胞动物到人类，神经系统从无到有，从低级到高级，行为发展的水平也从简单逐渐过渡到复杂。动物的心理发展水平与其神经系统的演化是同步的。

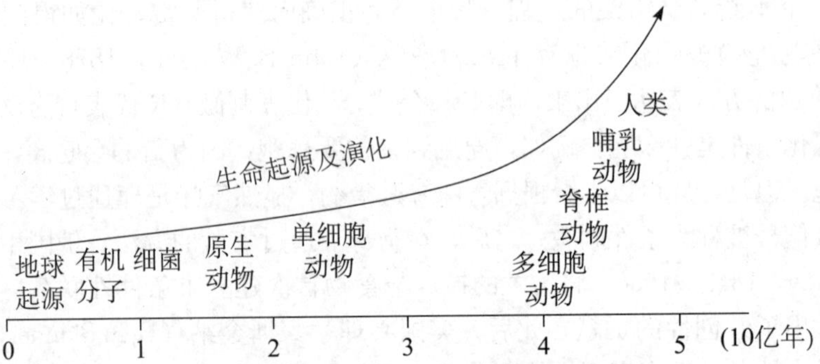

图 1－6　地球生命的起源及演化

原生动物（protozoa）又称为单细胞动物。它们只有一个细胞，没有神经系统，只能对一些直接影响其生存的外界环境变化产生有限的反应。如草履虫（paramecium），可对周围环境的光、热、食物等刺激进行反应，趋利避害。这种反应属于对物理化学因素刺激的直接反应，原则上还不是心理行为反应。但事实上，许多原生动物具有非常复杂的内部结构。例如，某些单细胞动物细胞内已有对光敏感的区域或结构，似乎是高等动物的眼的原型。演化到多细胞动物之后，出现了细胞之间如何沟通的问题。由于它们需要应对的环境相对复杂得多，因而分化出对刺激发生反应的专门细胞，如感受细胞或运动细胞等。多细胞动物的活动需要协调和控制，这种需要促使神经细胞开始出现。

腔肠动物（coelenterate）第一次出现原始的神经网络组织，如水螅。这是出现最早而且最简单的神经系统。**神经网**（nerve net）中任何一个点的兴奋都会迅速传遍所有其他点，并控制运动系统产生反应。但是，由于还没有中枢神经系统，所以只有饮食和自发活动等极其简单的行为反应功能。

环节动物（annelid）大多数有两个**神经节**（ganglion），一个位于食道上面，另一个在食道下面。同时，每一节段还有更小的节段内神经节。神经节是群集的神经细胞，遍布全身。神经节的出现使环节动物比腔肠动物有更复杂的行为能力。比如，蚯蚓已具有较强的行为协调能力。在 T 迷宫训练中，它们能根据环境信号（条件刺激）学会躲避有电击惩罚的一侧，表现出较强的学习记忆能力。当动物能对条件刺激产生反应的时候，它们对复杂环境的适应性就大大增强。换句话说，动物能对条件刺激或间接信号形成条件反应时，心理反应才真正产生了。

因为动物前端感觉机制的出现或发展，神经节逐渐开始呈现集中的趋势。演化沿着这条线路进行，许多动物的前端出现复杂的神经细胞集群，继而又会出现神经系统的**头化**或称**脑化**（encephalization）的过程。扁形动物（platyhelminthes）中的涡虫（turbellaria）已经有左右对称的脑。脊椎动物的神经系统在许多方面只是比涡虫的更精致一些而已。有实验发现，在多种迷宫训练中，涡虫对奖赏或惩罚也可以表现出很强的学习记忆能力。

无脊椎动物（invertebrata）中还有一些神经系统高度发展的动物，包括一些软体动物（mollusca）、节肢动物（arthropod），它们的脑是所有无脊椎动物中最大最复杂的，其行为模式的差异也是最大的。例如，枪乌贼有一个大量神经节包围食道而形成的脑，像大多数低等无脊椎动物一样其行为方式简单，没有稳定的社会性。它们常以临时性群聚的方式集合在一起，目的是完成性行为或者寻求互相掩护以避免危害。但节肢动物中某些昆虫，如果蝇（图 1-7），在多选择任务的迷宫学习中能解决一些相当复杂的问题，甚至能学会对一些特殊气味或颜色做出选择反应。在无脊椎动物中，昆虫的社会组织性是最高的，主要表现为互相照料及依赖关系，如工蚁与幼蚁的关系就属于此类。许多昆虫还具有复杂的社会交往模式，比如，蜜蜂的“摇摆舞”能精确传达给其他同伴关于蜜源的信息。虽然与脊椎动物的大脑相比，一些昆虫的大脑要简单得多，但是，它们完成复杂行为时脑的简单工作模式仍然是科学家们感兴趣的研究课题。

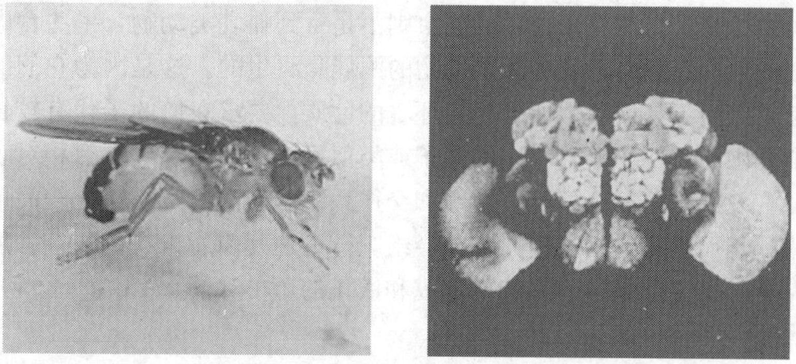

图 1-7 常用的实验动物果蝇（左）及其蘑菇体大脑（右）

脊椎动物（vertebrata）随着动物演化，身体逐渐伸长和左右对称发展，神经纤维也相应拉长并发展出传导纤维束。伴随着神经节的集中并头化，脑的结构逐渐形成。在逐步形成的骨质外壳保护下，脊椎动物神经系统发展成规模可观、结构复杂的器官。在个体发育的早期，中枢神经系统从头端到尾端的基本结构即可被分辨出来，主要包括前脑、中脑、后脑、延髓和脊髓五个部分。直到两栖类动物（amphibians），大脑开始出现心理活动的更高调节机构——**新皮层**（neocortex）或称**同形皮质**（isocortex）。例如，青蛙的大脑已具备对视觉、运动觉的特征信号整合加工的能力，并能同时完成自动捕食等协调动作。到爬行类动物（reptile），大脑新皮层已演化成三层结构，如鳄鱼等，它们已经能用更复杂的计谋捕捉猎物。

哺乳类动物（mammal）代表着脊椎动物发展的高级阶段，已经具有相当复杂的大脑，大脑新皮层已经发展到六层。它们特别善于利用以前的经验，例如，鼠、猫和狗等。研究发现，在形成条件反应的速度上，不同纲的脊椎动物与分类学上的演化地位无关。比如，鱼、猪和恒河猴对光刺激形成条件反应时，光刺激和电击匹配呈现次数几乎相同。但是，如果采用不同的感知觉刺激或行为模式，不同种类的动物解决问题的速度却差别很大。因为在自然选择的压力下，不同物种在独特的生态小环境中形成了特征性的行为反应。比如，大鼠典型的防御反应是木僵或逃避，偶尔也会搏斗，如果在实验中能用木僵或逃避的方式躲避电击，大鼠学起来就要比做出其他行为反应快得多。不同的物种的行为习得方式与**本能行为**（instinctive behavior）的差别有关。

所有**灵长类动物**（quadrumana）的大脑新皮层与人类一样均为六层结构，行为的复杂性也接近于人类的水平。例如，黑猩猩像人类一样，已经具有自我意识和简单的思维能力。在高级哺乳类动物中，与低等级脊椎动物类似的脑结构仍然存在，但功能却逐渐弱化，如海马、纹状体等古老的皮层结构［被称为**古旧脑**（archicortex）］。古旧脑原来具有的一部分最基本的功能依然保留，但许多功能逐渐向大脑新皮层转移。在动物神经系统演化中，古旧核团或皮质的功能逐渐向新皮层转移的过程被称为**皮层化**（corticalization）。人类个体发育的行为变化会重演这种皮层化的演化过程，例如，婴儿的吸吮或抓握反应等均由古旧皮层控制，随着年龄的增长才逐渐被新皮层接管。

从脊椎动物的社会行为分化程度上看，大部分两栖动物的社会组织程度仍然较低。从两栖类脊椎动物分化出的另一个分支鸟类开始，社会行为就发生了很大变化。与社会行为分化程度较高的无脊椎动物相比，它们在相互依赖的关系上表现出明显的本质差异。例如，许多鸟类两性都参与照料子代，而昆虫则不是。到哺乳类动物，一些食肉性动物亦表现出一种长期的性关系倾向，其中某些动物的配偶是终生的。这是因为它们的食物通常活动性强而分散，因而不易捕获。所处生存环境的性质，要求它们的子代有较长的对生存技巧的学习时期，因而需要依赖较稳定的亲子或类似家庭的关系。灵长目相对表现出更大程度的社会分化，发展出更复杂的社会组织和交往系统。人类语言是从比较简单的信号交往系统演化而来的，而语言的出现使人类社会组织行为达到前所未有的复杂程度。心理或行为发生和复杂化的历史就是神经系统的形成和演化的历史（图1-8）。

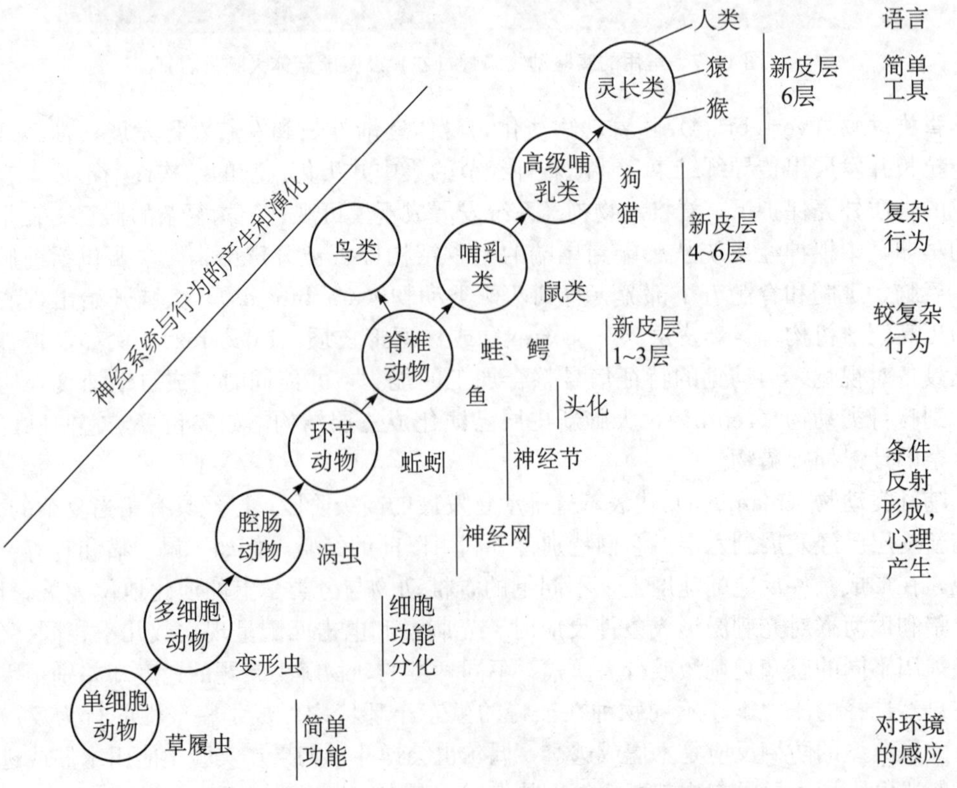

图1-8　神经系统的演化与心理或行为发展的相关性

二、动物脑重量与结构演化的比较

经过适应环境的长期演化，在大小或结构上，脊椎动物的脑发生了很大的变化（图1-9）。例如，在动物演化阶梯上发生较早的七鳃鳗（lampery），除了有脊髓、后脑、中脑等基本结构外，已有间脑和前脑（又称为端脑），而且前脑还出现了一些与哺乳类大脑皮层类似的亚结构。值得注意的是，在物种后来的演化过程中，这些脑结构的变化并不是同步的。在七鳃鳗时，小脑还很小；到爬行类时，小脑开始增大；到鸟类时，小脑已经特别发达；而到哺乳类时，大脑和小脑均有明显增大。这种变化与它们的生存环境的复杂程度有关。例如，鱼类在水中的生存环境相对简单，活动范围相对局限，因而小脑或大脑都小；鸟类在空中飞翔，活动范围增大，需要增加感觉或运动的协调性和精确性，因而小脑较发达；而对哺乳类动物而言，除了感觉运动协调以外，还需要更多的技能，以应对更复杂的陆地生存环境，因而小脑和新皮层都更发达。这些证据提示，脑的演化并不是同步的，也不是简单的继承关系，而是基于环境的相对独立的过程。这对我们理解脑和行为的演化非常重要。

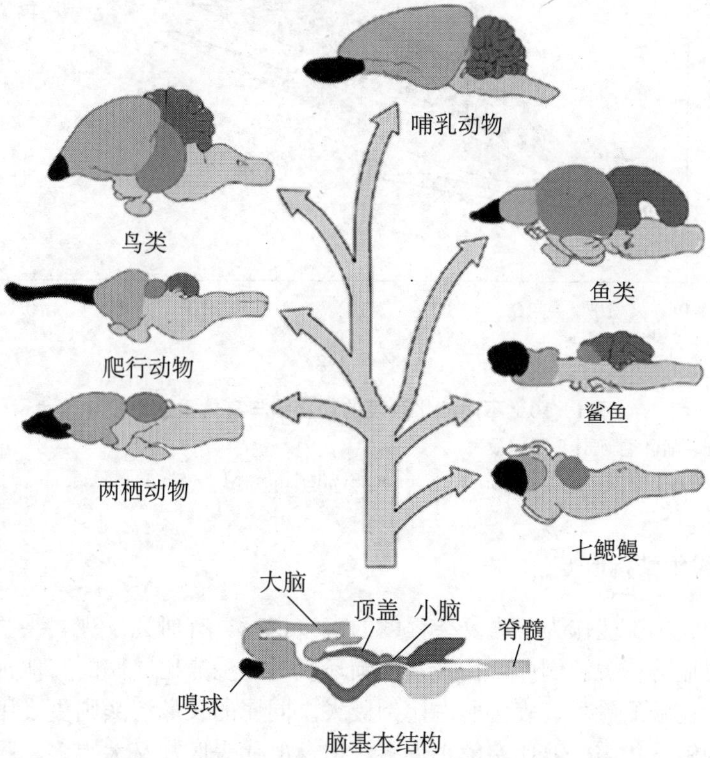

图 1-9　脊椎动物神经系统种群演化的七个不同阶段

注意脑结构变化的比例，特别是大小脑的相对比例变化。在系统发生树低位的代表演化等级较低的动物神经系统。

(一) 脑重量和脑-体重量比

比较不同物种动物的脑，可以发现最明显的不同是大小。脑的大小意味着神经细胞的多少和相互联系的复杂程度，因而与行为的复杂程度相关。是不是脑重量或容量越大演化等级就越高呢？回答显然是否定的。例如，大象的脑重达 5 000g，猿 400g，小鼠 0.5g，人类大约 1 300～1 600g，从绝对重量上很难辨别出它们在演化阶梯上的位置。但是，如果比较它们的脑重量与身体重量的关系，就会惊讶地发现：从低等动物到高等动物，脑重量占整个身体重量的比率，即**脑-体重量比**（brain-to-body weight ratio）越来越高（图 1-10）。比如，远古巨型爬行类动物恐龙有一个巨大的脑，但它的脑重量与庞大的体重之比要远远小于哺乳动物。从一般意义上说，脑与身体重量的比率与演化程度有关已被证实。然而，这只是相对动物的整体演化趋势来说的，也有一些特殊的现象并不遵从这一规律。例如，鸟类在演化阶梯上晚于许多哺乳类，但它们的脑-体重量比要远远低于哺乳类。又如，八目鳗（hagfish）的脑-体重量比是七鳃鳗的 4 倍，但它们属于同一演化等级。因此，演化过程中相对独立的亲缘关系（lineage）对脑重量的影响也同样重要。

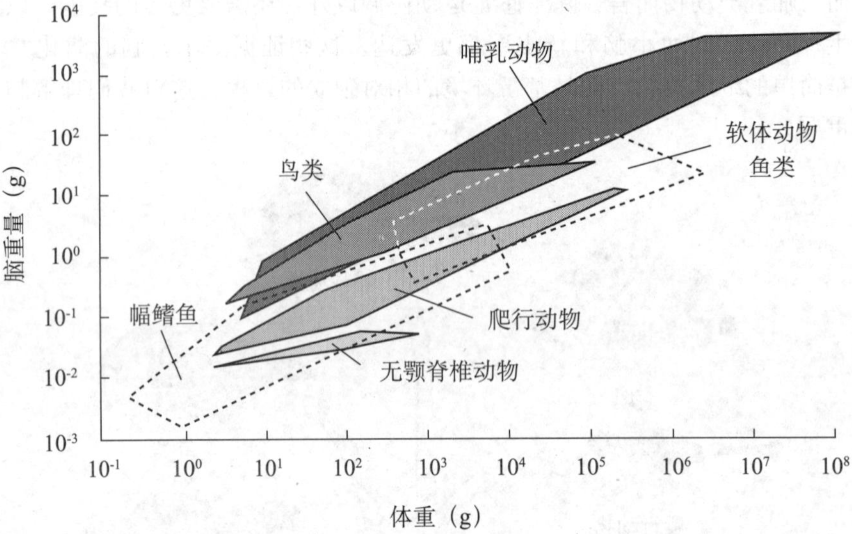

图 1-10　不同演化阶段的动物脑与身体重量比较

从比较中可发现，哺乳类脑-体重量比最大。

资料来源：Striedter G F. Principles of brain evolution. Sunderland，MA：Sinauer Associates，2005.

（二）脑的组织结构改变

然而，脑的大小不能作为行为复杂程度的直接指标。有研究发现，某些特异的行为与局部脑区的发展显著相关。例如，在探索周围环境时，浣熊比同属的其他种类的熊更经常使用手，因而手在脑的触觉代表区所占比例极大。同属的长鼻浣熊则更多用鼻子进行触觉探索，它的手的触觉代表区要比浣熊小得多，但鼻的代表区却又大得多。脑的某些局部区域的大小与演化无直接关系，可能更多地与功能代偿有关。但是，在演化的过程中，大部分哺乳类动物脑的各部分结构重量是按比例增加的。比如，灵长类脊髓相对脑重量变轻，小脑重量与整个脑重的增加保持同步，而大脑新皮层所占的比率变大。在演化过程中，除了脑重量或容量的增加，更重要的是神经核团数量以及结构的精细化和复杂化。特别是前脑神经细胞群数量的增加，为实施更精巧和复杂的行为奠定了最重要的神经基础（图 1-11）。

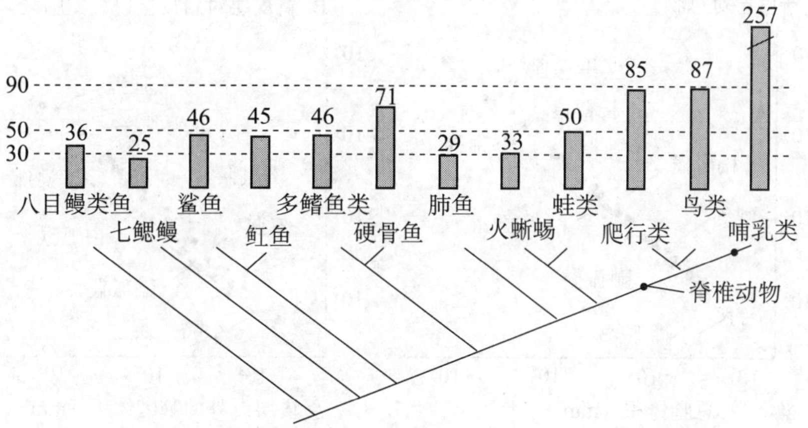

图 1-11　不同演化等级脊椎动物的前脑神经细胞群数量

不同演化等级脊椎动物的前脑神经细胞群数量越多，说明演化等级越高，前脑组织结构越复杂。

资料来源：Striedter G F. Principles of brain evolution. Sunderland，MA：Sinauer Associates，2005.

（三）大脑新皮层的变化

哺乳类动物脑结构中最明显的变化发生于覆盖两个大脑半球的新皮层，没有一个脑区像新皮层一样得到如此巨大的发展。对多种灵长类动物新皮层异速生长（allometry）的测定表明，人类新皮层整体或局部容量与全脑的比率均为最大，黑猩猩位于第二，其他结果也符合灵长类演化等级（图 1-12）。人类的中枢神经系统特别是大脑皮层，结构最为复杂，机能最为完善。在颅骨的有限空间内，皮层折叠成很多皱褶形成脑沟，约 2/3 的皮层位于脑沟之中。完全展开的皮层面积可达近 2 300cm^2。人类与其他动物最大的区别在于人有一个独特的大脑。人类之所以能够比其他生命更有智慧，大脑新皮层的高度演化是关键。

三、人类的脑演化与行为

自从 19 世纪达尔文提出进化论开始，关于人类起源和演化的争论一直没有停止过。同时代的英国著名解剖学家欧文（Richard Owen，1804—1892）是达尔文环境的"生存竞争"（struggle for existence）论的反对者，他最重要的贡献是提出器官和结构的"同源"（homologue）演化的观点。英国著名生物学家赫胥黎（Thomas Huxley，1825—1895）是同时代的进化论的支持者。他与欧文发生了激烈的具有深远影响的世纪争论。欧文曾宣称，只有人类的大脑有后叶（posterior lobe）存在。在比较黑猩猩与人类的大脑后，赫胥黎用无可辩驳的事实证实：黑猩猩的大脑和人类一样存在后叶。图 1-13 是 1863 年赫胥黎在与欧文论战时发表的一幅图，遗憾的是图中显示人类与黑猩猩的脑的大小时用了相同的尺寸，而事实上人类大脑容量是黑猩猩的 3 倍。这一错误可能不是偶然的，因为当时的人们还不知道如何衡量脑的大小与演化的关系。

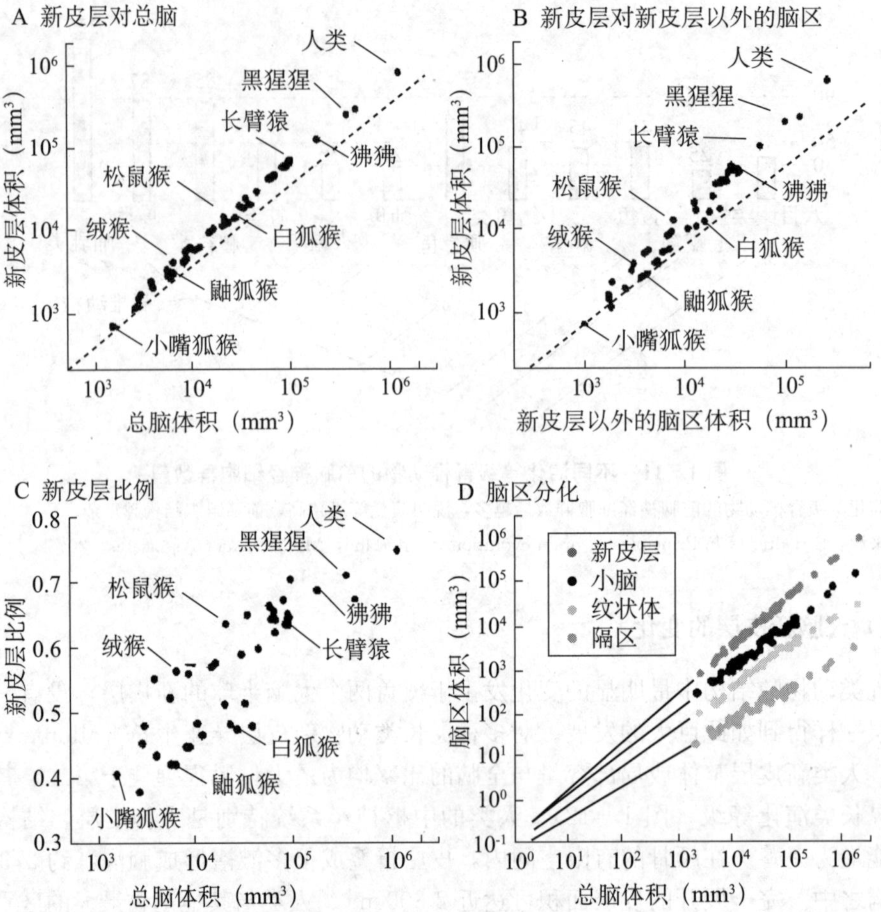

图 1－12　灵长类动物的新皮层

在多种灵长类动物中，人类新皮层与全脑的比率均为最大，黑猩猩位于第二，小嘴狐猴位于最末。

资料来源：Striedter G F. Principles of brain evolution. Sunderland，MA：Sinauer Associates，2005.

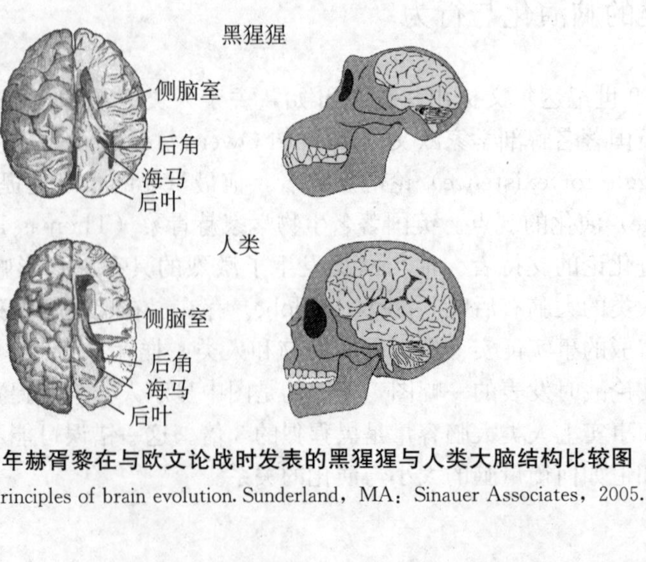

图 1－13　1863 年赫胥黎在与欧文论战时发表的黑猩猩与人类大脑结构比较图

资料来源：Striedter G F. Principles of brain evolution. Sunderland，MA：Sinauer Associates，2005.

（一）人类起源与演化的阶段

有研究证据表明，灵长类是由早期**食虫类动物**（insectivora）演化而来的（图 1-14）。从食虫类动物到人类，新皮层在体重中所占的比例渐次增大。经历大约 7 000 万年的演化以后，灵长类和早期食虫类动物新皮层与体重比已发生巨变，黑猩猩已达 60 倍，而人类可达到 156 倍，这是脑演化史的重要佐证。考古学、解剖学和现代分子生物学的研究结果还表明，原始人类和黑猩猩的血缘分离，发生在至少 500 万年前，而现代人类出现的时间大概是在 13 万年到 3 万年之间。在这 500 万年之间，原始人类大概经历了南方古猿、能人、直立人、远古智人（包括尼安德特人）和现代智人等五个阶段。根据已有的研究证据，可以勾勒出从原始到现代人类的脑与行为关系演化的基本轮廓。

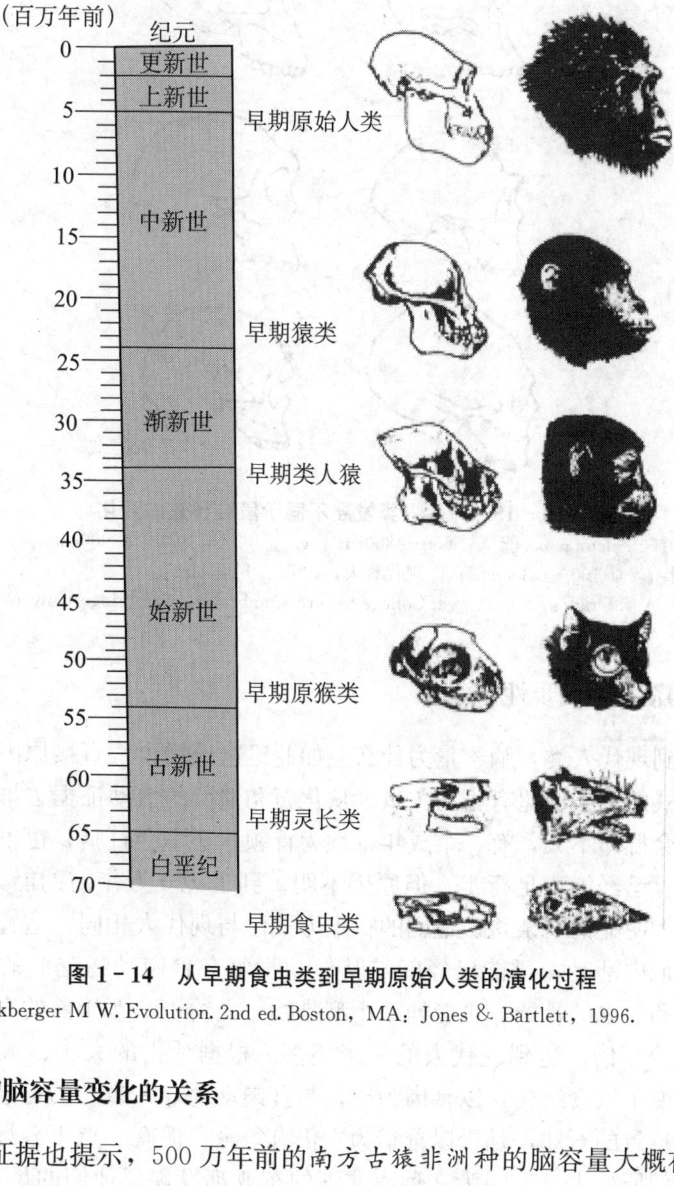

图 1-14　从早期食虫类到早期原始人类的演化过程

资料来源：Strickberger M W. Evolution. 2nd ed. Boston，MA：Jones & Bartlett，1996.

（二）演化与脑容量变化的关系

古人类学的证据也提示，500 万年前的南方古猿非洲种的脑容量大概在 400～500cm³。

从南方古猿到现代人类脑容量的变化，大约持续了200万到300万年之久，并发生了四次较为明显的变化。第一次脑容量的增加出现于能人阶段，发生在距今大约200万到300万年之间，能人的脑容量达到600～800cm³。之后，在大约150万年前，能人让位于直立人，脑容量达800～1 000cm³。到30万年前出现的远古智人，脑容量达到1 100～1 300cm³。第四次发生在距今13万年到3万年之间，出现了现代智人（如尼安德特人），他们的脑容量已经达到1 100～1 600cm³，与现代人1 300～1 600cm³的脑容量几乎相同（图1-15）。与远古智人相比，尽管现代智人脑容量变化并不十分明显，但由于现代智人骨骼变小变轻，脑-体重量比发生了巨大变化。

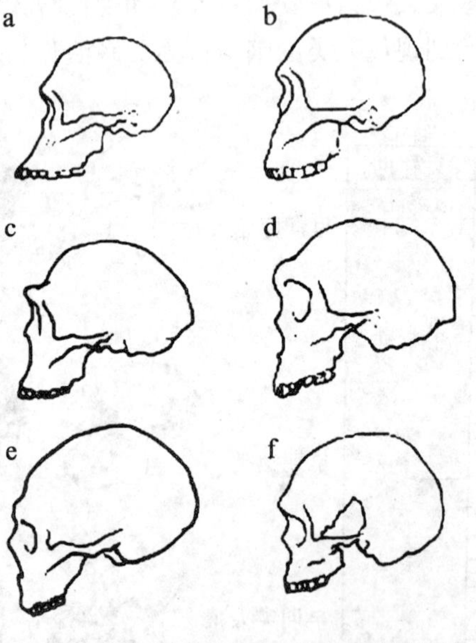

图1-15 原始人类发展不同阶段脑容量的变化

a. 南方古猿，400～500cm³；b. 能人，600～800cm³；c. 直立人，800～1 000cm³；d. 远古智人，1 100～1 300cm³；e. 尼安德特人，1 100～1 300cm³；f. 现代智人，1 100～1 600cm³。

资料来源：Fabian A C. Origins：the Darwin College lecture. Cambridge：Cambridge University Press，1988.

（三）行为与演化的同步性

从原始人类到现代人类，脑容量为什么会如此迅速地增大，直接原因并不清楚，但肯定与人类行为方式的复杂变化有密切关系。从化石和遗留的活动证据去推测，南方古猿属于素食动物，社会群体不大，有一个成年雄性为首领；还不会打猎，也不会制造诸如石片这样简单的工具；已经能双足行走，但原因不明。到了200万年前的能人，脑容量大增，伴随而来的是行为明显的复杂化。他们的行走方式已与现代人相同，适宜于长途步行和奔跑，并在较大区域内活动；可能已经能与其他动物争夺食肉动物吃剩的尸体；能制造石球、锐利的石片和简单的骨器，也能捕杀小型猎物。大约150万年前的直立人，他们的脑容量是南方古猿的2倍，达到现代人的一半还多。根据牙齿的大小、形状和磨损程度判断，他们已经改变了饮食结构，以食肉为主，与食肉动物存在激烈的竞争；他们最早会利用火，会制造更精致的石器，是否以狩猎为主仍有争论。但有一点不容怀疑，即直立人是第一次走出非洲的原始人类，因为在远离非洲的东亚都发现了他们的足迹。到了30万年前的远古智人，骨骼粗大肌肉发达，能持久奔跑，仍无固定住处，已经能制造有手柄的石矛和石刀，从工具判断仍以小型狩猎和捡拾腐肉为主。

最有实质性意义的演化，发生在13万到3万年前之间由远古智人向现代智人的转变。根据已有的证据推断，现代智人曾经存在多种不同的现代行为模式，包括岩画、雕刻、符号、复杂工具、有计划的团体围猎等等。目前普遍的看法认为，在向现代人转变的过程中，行为方式特别是语言起了关键的作用。见图1-16。

人类大脑的特殊性

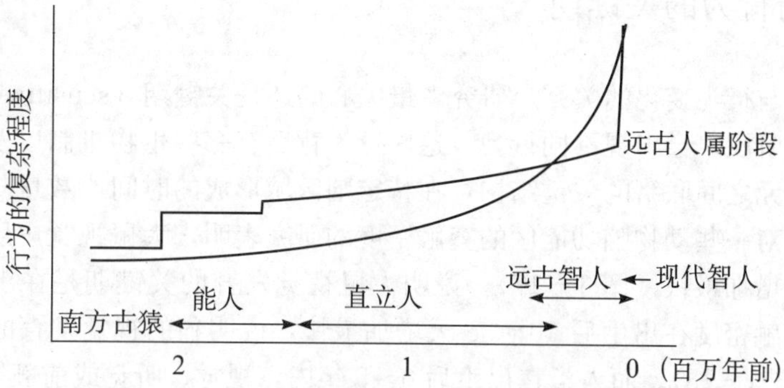

图1-16　原始人类的脑演化与行为方式复杂程度的关系

资料来源：Fabian A C. Origins：the Darwin College lecture. Cambridge：Cambridge University Press，1988.

第三节　个体的脑发育与行为

从出生到老，不管你愿意不愿意，每个人的行为都会打上年龄的标签。从咿呀学语，到口若悬河，可能又会回到嘟囔不清的尴尬境地；从蹒跚学步，到流星健步，也许又会像斯芬克斯诅咒的那样拿起拐杖。如果暂时忘却基因宿命的观点，我们会发现原来是脑和环境的变化控制着行为的改变。

一、神经系统的早期发育与行为

像神经系统的演化一样，哺乳类个体脑的发育会重演种族演化的历史。它包括了由外胚层增厚，形成神经板，再经神经沟演变成神经脊，进而形成后脑、间脑、端脑，最后形成大脑新皮层的过程。在这一过程中，还包括了一系列的神经系统发生变化的不同过程：（1）增殖（proliferation），即非神经细胞转化成神经细胞；（2）迁移（migration），即神经细胞移向指定位置；（3）分化（differentiation），即神经细胞演变成不同功能的神经元或胶质细胞；（4）突触发生（synaptogenesis），即神经纤维之间建立联络；（5）凋亡（apoptosis），即部分神经细胞被死亡基因调节导致程序性死亡；（6）突触重建（synapse remodeling），即一些神经元突触死亡并再建新的突触联络。前四个过程基本上在出生前完成。后两个阶段以出生前后为主，但突触重建在出生后可保持更长时间，可能与高等动物神经系统晚熟和适应环境的能力有极大的关系。

研究结果还表明，上述神经系统发育的任何阶段出现问题，都可产生先天性行为或智力障碍。例如人类，一些因素诱导的染色体变异可导致唐氏综合征（Down's syndrome）和脆性 X 综合征（fragile X syndrome）等；另一些因素的作用，像药物、酒精、营养缺失或激素等，甚至环境单调或感觉剥夺，也可导致各种感知觉障碍和精神衰退症，如胎儿酒精综合征（FAS）、注意缺陷多动障碍（ADHD）、孤独症（autism）等。

二、脑发育与行为的关键期

对于脑发育与行为变化的关系，研究者最关心的还是**关键期**（sensitive period）问题：在脑发育的不同阶段，会出现不同行为，这些行为背后有一些生物机制以及影响因素。例如，突触是神经元之间联络的关键结构，在特定脑区域形成的时间或数量与脑功能的发展有直接的关系。对一些动物脑功能区的突触密度的研究表明，大鼠视觉皮层的突触密度在出生后 3～16 天增加最快（图 1-17），说明大鼠视觉发育的关键期是在出生后 1～2 周；猫视觉皮层的突触密度在出生后 10～35 天增加最快，说明猫的视觉发育的关键期是在出生后 2～6 周（图 1-18）。而人类在出生后 0～5 年内，视觉、听觉或前额等脑皮层的发育才分别出现突触密度较快的增加（图 1-19）。基于演化的保守性，人类和动物脑发育的生物机制基本相似。找到不同动物脑发育的关键期，就可以寻找影响关键期的其他环境或内在因素，从而可将研究发现进一步应用于人类的教育或医疗实践。

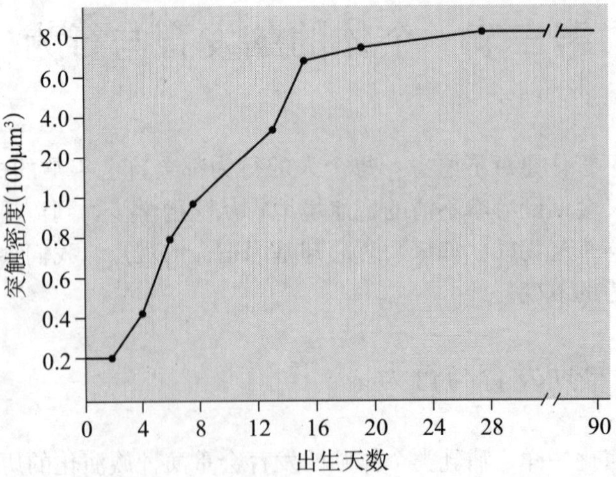

图 1-17　大鼠出生后 0 到 90 天视觉皮层的突触密度变化

大鼠在出生后 3～16 天内其突触密度增加最快。

资料来源：Blue M E，Parnavelas J G. The formation and maturation of synapses in the visual cortex of the rat. Ⅱ. Quantitative analysis. Journal of Neurocytology，1983，12（4）：697-712.

三、人类的脑发育与行为

就一般规律而言，动物演化等级越高，神经系统就越发达，脑的成熟期也越长。在所

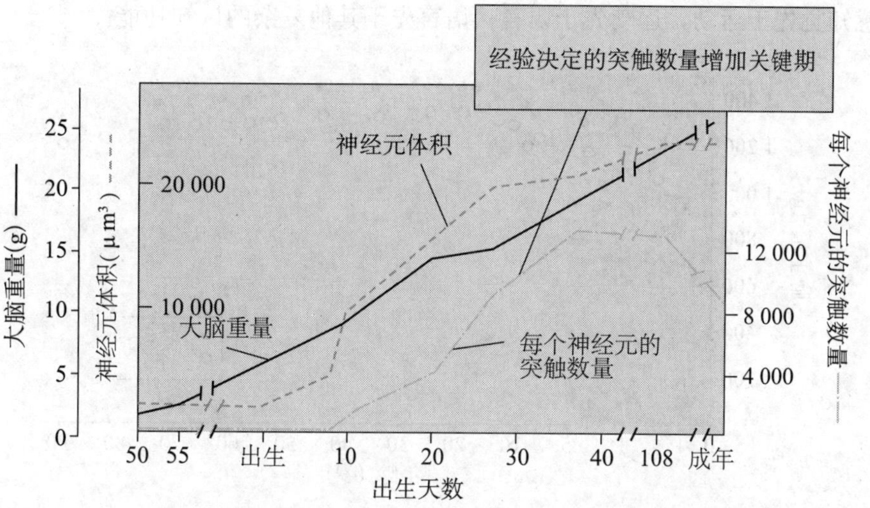

图 1-18　猫出生前 50 天到成年后脑重、神经元体积与每个神经元突触数量的关系

从图中可以看出，出生后 10 到 35 天是猫神经元体积和突触数量增加的关键期。

资料来源：Cragg B G. The development of synapses in the visual system of the cat. Journal of Comparative Neurology，1975，160（2）：147-166.

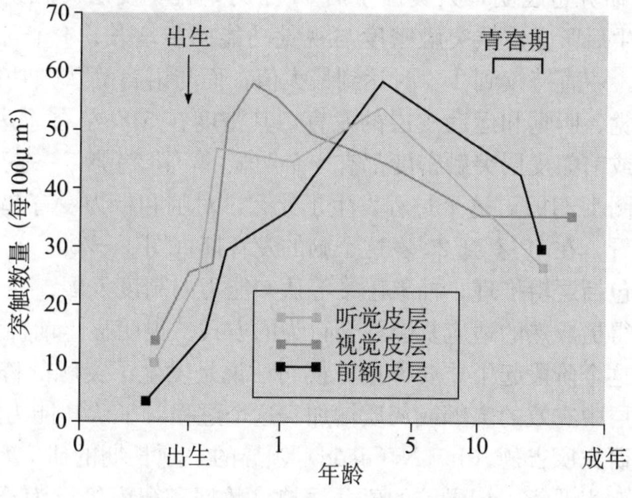

图 1-19　人类在出生前到成年后大脑听觉皮层、视觉皮层以及前额皮层突触密度的变化

资料来源：Huttenlocher P R，de Courten C，Garey L J，et al. Synaptogenesis in human visual cortex—evidence for synapse elimination during normal development. Neuroscience Letters，1982，33（3）：247-252.

有动物中，人类的大脑成熟最晚，但却是最富于智慧的生命。人类的大脑完全成熟的时间大约需要 20 年，与脑重量的变化过程基本吻合。从脑重量的变化来看，0～5 岁时脑重量有个显著的增长（图 1-20）。根据我们的生活经验，在这个显著增长的背后，可以看到婴儿学会人类基本生活技能的一切准备过程。在出生时，他们仅仅带着祖先留下的吸吮、抓握、吞咽、朝向、情绪反应等遗传的本能行为。在脑发育的剧烈变化过程中，他们学会了抬头、翻身、爬行、坐卧、站立、行走、奔跑等基本运动技能，学会了感知外部世界的一切，学会了用言语沟通，学会了应付家庭和生活环境的一切基本技能。从发育的一般顺序上看，感知觉先于运动，运动先于语言，语言先于其他复杂的认知功能。

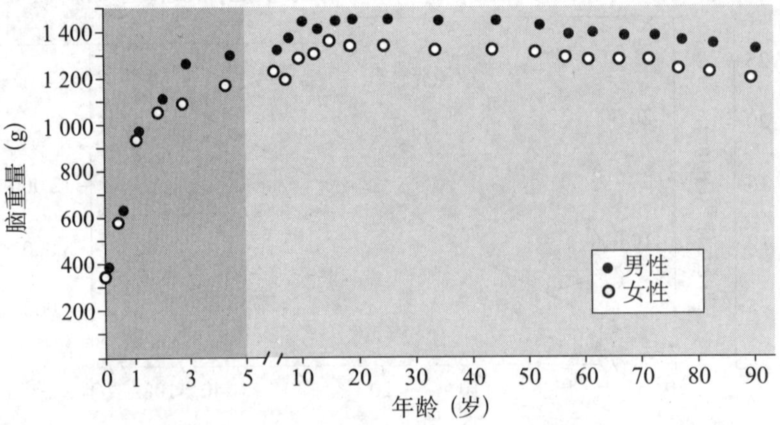

图 1-20　人从出生到 90 岁时的平均脑重

从图中可以看出在 0～5 岁时脑重已基本接近成人水平，20 岁左右时达到最大值。

资料来源：Dekaban A S，Sadowsky D. Changes in brain weights during the span of human life：relation of brain weights to body heights and body weights. Annals of Neurology，1978，4（4）：345-356.

脑的形态发育研究也表明，人类出生后 11 个月，视觉皮层突触密度迅速增加，1 岁时达到最大值；出生后听觉皮层突触密度与视觉功能同步增长，4 个月后达到较高水平，并且维持缓慢增长，一直持续到 4 岁时达到最大值；而与语言等认知功能密切相关的前额叶突触，要晚于视觉、听觉和运动皮层的发育，其密度在 5 岁左右才达到最大值。此后，无论是视觉、听觉或前额皮层突触密度都有一个明显的下降趋势，一直到青春期以后才达到一个稳定状态（图 1-19）。这个过程发生了什么，对脑和行为发育起到什么作用呢？从心理学的研究结果看，在 10 岁到 20 岁这个脑的发育期（图 1-20），行为方式已经产生了质的飞跃，伴随着包括逻辑推理、抽象思维等认知能力的高度发展。身体快速发育，生殖系统成熟，已经获得更成熟的适应复杂社会行为的方式。很明显，前面我们谈到的神经发育中的突触重建在这个阶段起了重要作用，换句话说是发生了突触的修剪（pruning）。完成修剪后，大脑皮层中有效的突触或灰质增加。这个过程对于认知能力的提高显得尤为关键。美国精神健康研究所吉德（Jay N. Giedd）领导的一项长期的研究计划，从 1990 年开始纵向跟踪 307 名 5 岁儿童，记录脑的磁共振扫描数据和智商等行为分数。15 年后发现，在 7 岁左右时大脑皮层越厚智力程度越低，而 7～13 岁之间皮层厚度的变化率是决定智商高低的关键。尤其是前额皮层厚度变化率，对青少年智商的影响最为重要（图 1-21）。

当脑的成熟到达顶峰后，将不可避免地走向衰老。有研究表明，有记忆弱化表现的正常老年人，最先出现脑海马结构（hippocampus）的萎缩。如果萎缩发生在前额皮层（prefrontal cortex），会导致人格改变和智力下降。严重的将丧失基本行为能力，成为老年痴呆。对脑的发生、发展及衰老与行为的关系仍然有许多科学问题值得深入研究。影响脑发育及衰老的关键因素有哪些？可以延缓衰老吗？可以改善缺陷行为吗？人类对脑与行为关系的科学探索一直没有停止过。

脑的奇妙研究

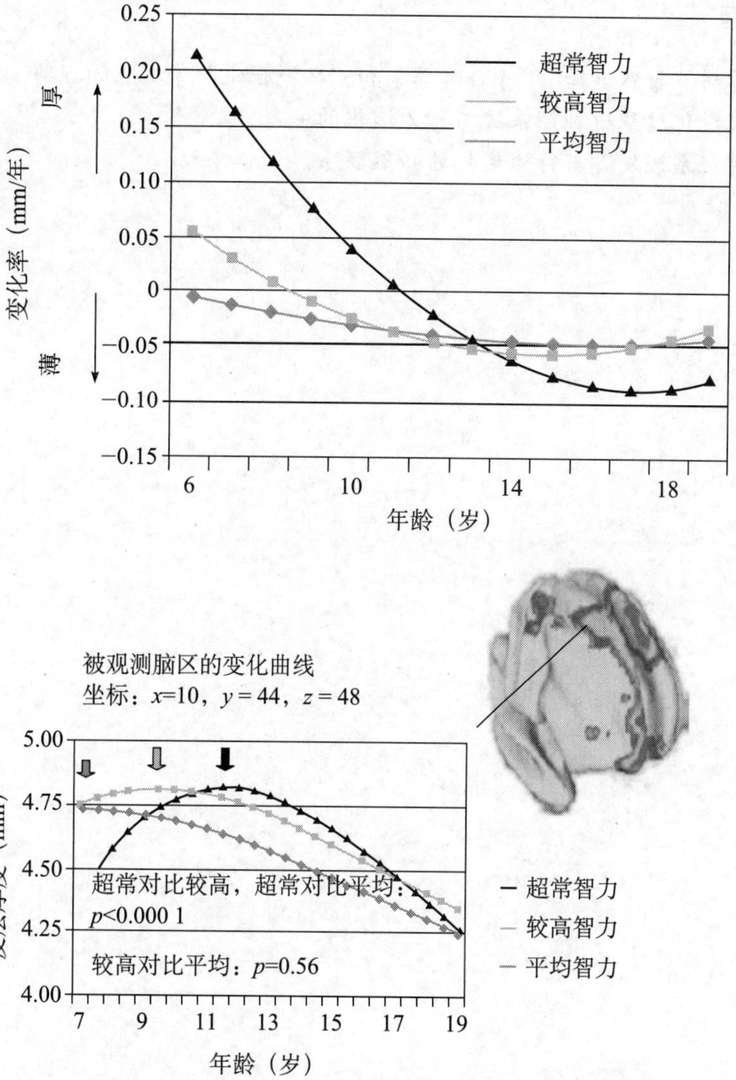

图 1－21　高智商青少年与一般智商青少年皮层厚度的差异

7 岁时，智力水平与皮层厚度呈负相关。其后，由于高智商青少年皮层增厚加快，智力水平与皮层厚度的关系转变为正相关。12 岁时，超常智力组与平均智力组青少年的皮层厚度差最大，尤以前额皮层最为显著。

资料来源：Shaw P，Greenstein D，Lerch J，et al. Intellectual ability and cortical development in children and adolescents. Nature，2006，440（7084）：676－679.

→ 基本概念

生理心理学	行为模型	个体发育	自然选择	机能主义
行为主义	神经网	神经节	头化（脑化）	脊椎动物
新皮层	同层皮质	哺乳类动物	本能行为	灵长类动物
古旧脑	皮层化	脑-体重量比	食虫类动物	关键期

→ 思考题

1. 试述你对“自然选择”“行为选择”和“环境强化”等观点的理解。
2. 试述在进化过程中神经系统与行为演化的关系。
3. 试述神经系统发育与行为变化的必然联系。

第二章

生理心理学研究方法

人类对心理或心灵的探索肇始于存在久远的哲学思辨模式。自 19 世纪后叶起，心理学研究逐渐摆脱了思辨式的传统方法，走进了科学领域。用实验科学的方法来了解心理现象和行为产生的内在过程得到了普遍认可，逐步形成了一系列规范的方法、特有的研究策略和技术路线。科学心理学的创始人，德国心理学家冯特（Wihelm Wundt，1832—1920）认为“心理学在分析意识过程时，要尽量利用近代生理学所贡献的工具”，并提出“生理心理学”这一学科名称。

生理心理学的基本研究方法是基于不同学科技术方法的交叉与整合，涉及从动物学、分子生物学、神经科学、遗传学，一直到人类的行为学、临床医学、社会认知等广泛领域。需要注意的是，生理心理学的学科目标与上述其他学科有所不同。它的学科目标并非揭示机体物质本身的奥秘，也不是停留在外在的行为层面上描述心理现象，而是深入了解脑的结构及其物质成分如何参与行为的整合，从而解释某种行为或心理变化的生物基础。为此，我们首先要明确生理心理学的主要目的及其采用的策略与路线，然后根据具体实验目的去选择合适的研究方法和技术。

第一节　概述

生理心理学的目的是了解行为的生物学机制，其核心是了解脑与行为的关系。对行为现象给出的准确的生物学机制解释，往往不是靠某一个实验就能做到的，而是需要进行一系列不同层面的实验。比如，研究某种行为的生物学机制，要用不同技术方法得到脑的结构、细胞、分子或基因等不同层面的实验结果。最后，还可以进一步比较动物与人类研究的实验证据，从而使行为的生物学机制得到更合理、更准确的解释。

一、生理心理学的研究策略

生理心理学研究的实验数据通常可以归为三类：一是人类被试的自我报告；二是对人类或其他动物行为的客观观察记录；三是不同层面的生物学变化的数据。它们分属不同的变量范畴：前两类数据属于行为变量的范畴，比如，心理测量的分数、反应时、行为的正确率等；而后一类属于生物学变量的范畴，比如，脑区、细胞、分子、基因或激素等水平上的活动变化。如何组织正确的技术方法，使之与实验目的相符合并得出科学结论，是每一个实验研究都要面临的问题。我们可以通过三种基本的研究思路，来了解行为变量和生物学变量之间的关系：将生物学变化作为自变量，心理或行为变化作为因变量，考察干预生物学变量对某种行为表现的影响；或反之，干预行为来检测生物指标的状态或变化；也可以从二者之间的关系出发，针对一些具有某种共同的心理或行为特征的被试，或另外一些具有相似生理状态的被试，分别考察这类心理现象或生理状态改变之间是否存在共变关系（图2-1）。

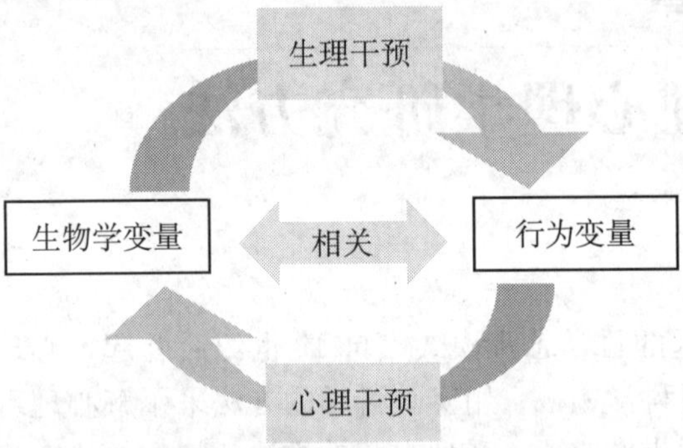

图2-1　生理心理学的研究思路

生物机体与心理或行为之间存在相互联系。生理状态的改变可以导致行为的变化，行为的改变也同样可以引起生理状态的变化。例如，适当强度的电流刺激可以激活神经细胞，释放兴奋性或者抑制性神经递质，引发兴奋性突触后电位（EPSP）或抑制性突触后电位（IPSP），从而使神经元活动以及行为发生改变；损毁脑的相关结构可以干扰某些相关的行为；等等。常用的干预生物学变量的方法是用不同手段激活或抑制神经细胞的功能，也可以通过改变激素的水平或者影响免疫系统等，从而达到改变机体活动的目的。干预手段可以是物理性质的，如电损毁、电流刺激、磁场刺激等；也可以是生物化学性质的，如注射受体激动剂或抑制剂、激素、免疫蛋白或多肽类等。我们根据干预生物学变量导致的某种心理或行为的变化，可以推测某种生物学变量与行为之间可能存在着的相互联系。反之，干预行为也可以改变生理状态。例如，反复的条件化学习训练能够促进突触发生或髓鞘发育等形态学改变，还可以更精确地观察神经系统的其他生物学变化，包括长时程增强（LTP）或抑制（LTD）等膜电位特征、递质释放、受体活性、细胞内信号分子或基因等变化。

干预行为或生物学变量的方法有助于确定自变量和因变量之间是否存在因果关系。共变关系的重要性在于有助于界定相关研究内容的适宜范围，使研究对象的范围更进一步明确。但是，共变关系的研究结果不能确立两个变量之间的因果关系。因此，采用不同的研究方法得出的实验数据要相互印证，才有助于得出更合理的科学解释。

二、动物实验与人类研究的关系

达尔文在《人类和动物的表情》一书中指出，行为功能是经过演化而来的。像其他生物学特征一样，心理或行为也是经过了长期演化才逐渐形成的。从进化的角度来说，人类与动物的生物特征和行为变化过程存在着连续性。已有的很多发现证实，人类与其他动物的行为之间存在许多共同的生物学机制。例如，神经系统的化学或电传导机制、性激素对性行为发展的影响、在学习记忆过程中海马的作用等等。因此，动物研究的证据对深入了解人类脑与行为的关系有重要的启示作用。鉴于动物与人类某些行为规律的相似性，也可以用某些特征性的行为作为实验模型，来探讨可能存在的人类相似行为的生物学机制。例如，操作性条件反应可作为主动学习的模型，条件性恐惧反应可作为情绪记忆的模型，印刻（imprinting）行为可作为子代的依恋模型，等等。

由于受到科学伦理以及方法的限制，从正常人类被试获得研究数据有一定的困难，致使大部分关于人类的重要的生物学数据来自患者。除非是因为疾病、事故或先天性缺陷等原因，任何科学实验研究都不能对人类被试进行伤害性的干预。在通常情况下，一些重要数据可以通过观察患有疾病或脑损伤的病人来获得，包括比较治疗前后患者生理或行为状况的变化。近年来，在对人类被试的研究中，无损伤技术正在被越来越广泛地使用，如影像学、脑电记录和脑磁图或经颅磁刺激等。但是，受到技术条件和实验方法的限制，这类研究还不能对细胞、分子层面的生物学变化进行更深入的观察。因此，在科学研究中，动物实验仍然具有不可替代的重要性和必要性。

动物研究可选择的方法比较广泛，实验条件也可以被精确控制。例如，可以用损伤性的方法直接干预脑的核团或神经生理活动，以观察其对某种行为的影响；可以根据实验的需要，取出相关的脑组织来观察形态学变化；等等。动物实验被广泛用于探索生物因素变量与行为之间的相互关系，对科学发展的贡献是巨大的。然而，动物不能自我报告，听不懂指导语，不能表达类似人类的主观感受。因此，到目前为止，还找不到合适的行为输出方式来研究与人类行为相关的许多复杂行为，包括抽象记忆、语言、概念、思维等认知活动。当然，人类也具有区别于其他动物的行为及其相应的生物学基础，比如，人类大脑两半球功能存在不对称性，大脑皮层有语言的听觉、阅读及表达等区域。换句话说，动物与人类在行为或神经基础上仍然存在着差异，动物或人类实验结果仍然需要交互印证。

第二节　行为学研究方法

行为学研究的方法主要以人类或动物的各种行为的实验范式或模型为基础。生理心理学通过可控的实验条件直接干预或观测神经活动，来考察脑与行为的相互关系。在本节里，我们主要讨论动物实验常用的行为学模式、方法和原理。

一、行为变量的测量与干预

动物的许多行为都具有特征性的表现形式。基于行为变化的可观察性，可以用一个或多个量化方式来描述某种行为或心理状态。例如，某种行为是否出现，或出现持续时间、强度、频率等，可以为客观地观察和记录行为的变化提供可能性。

动物行为有两种可观察的表现形式：一是本能动作模式的变化，例如，惊跳、僵滞、逃避或攻击等；二是习得行为的变化，例如，经过强化训练，为完成某种任务的主动压杆或趋近目标等行为。因此，可以直接测量动物表现出的动作“语言”，来判定行为状态的变化及性质。例如，大鼠毒品戒断后可见到“湿狗样”抖动、齿颤、竖毛等多种行为反应；大鼠的交配行为中可观察到爬跨、插入、射精等动作。正常大鼠在不同的环境中，也会表现出许多不同的特征性动作语言（图 2－2）。大多数心理学家强调根据环境变化的意义来观察行为，因为动物相同的行为模式可以出于不同的目的，不同的动作模式也可能具有相同的目的。例如，大鼠既会“啃”食物以充饥，也会“啃”木头来磨牙；在斯金纳箱中，大鼠为了得到食物，有时会用前肢压杆，有时也会用嘴巴或身体去压杆。

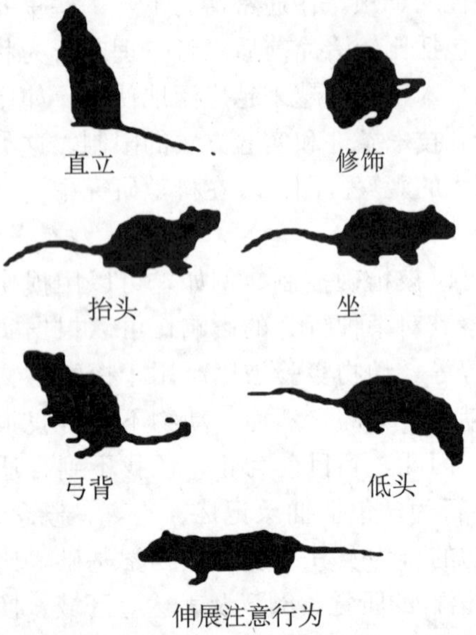

图2-2　正常大鼠常见的特征性行为表现

本能行为是动物在演化时被遗传保留下来的先天反应，属于非条件性反应。其中有一些具有种属特异性，例如，大多数啮齿类动物嗜暗，而大多数鸟类则惧暗，这是视网膜视锥或视杆细胞比例差异所导致的；而另一些本能行为是许多动物共有的，包括瞳孔反应、角膜反射、惊反射或摄食饮水、攻击或逃跑等行为。这类先天性行为的测量比较简单，主要通过某种行为是否出现来描述或记录。

习得行为属于后天经过学习而获得的反应，相对于先天性行为，后天获得的行为与学习记忆的关系尤为密切。在建立某种行为模型时，研究者们往往会利用动物的一些本能行为，通过条件化学习获得某种稳定的行为模型。例如，大鼠喜欢黑暗，如果在黑暗处给予电击，它们就会躲避黑暗，因此可根据大鼠是否躲避黑暗或者躲避黑暗的维持时间，来评价大鼠的学习或记忆能力。又如，在迷宫的尽头放置食物，饥饿的动物会尽力寻找食物，学习能力强的动物能很快地熟悉迷宫路径，寻找食物的时间也会大大缩短。

动物的行为是遗传和环境相互作用的产物。所谓环境指的是影响动物反应的所有的外在因素，而不是内在的生理条件。外在环境因素的改变可以影响内在的生理条件，从而导致动物行为的改变。例如，将雌雄动物放在一起，嗅觉或视觉刺激可以诱发它们的性行为变化；或者改变动物的实验环境，使其长期处于不良刺激中，从而造成它们的抑郁状态；还可以反复训练实验动物完成某种任务，使其学习或记忆行为发生变化。

二、行为学建模的原理和方式

在科学实践中，许多先驱不断探索适合实验研究的动物行为模型。根据行为学建模方式，行为模型可以被划分为条件化训练、仿真学习和环境模拟等三大类。下面，我们将对每种类型举例简要说明。

（一）条件化训练模式

许多行为模型是在条件化训练的基础上建立起来的。通过条件化训练，动物的行为能够被严格控制，并且向实验需要的方向发展。在学习或执行任务时，实验者可以根据动物的客观表现来判断其行为或心理状态。

1. 巴甫洛夫条件化

在经典或**巴甫洛夫条件化**（Pavlovian conditioning）实验中，将铃声与食物反复相继呈现，经过训练后的狗听到铃声后也会出现胃液分泌。这个实验中，铃声原来是一种与食欲无关的中性刺激，不能引起动物的生理或行为反应，而食物是能直接引起动物食欲反应的非条件性刺激。铃声与食物反复匹配后，单独呈现也同样能引发胃液分泌，这时的胃液分泌属于条件性反应。中性刺激与非条件性刺激的反复匹配是强化联系的过程。经过强化的中性刺激成为条件性刺激，能够引发条件性反应。许多常见的实验动物行为模型都基于经典条件反应原理建立。例如，在其他章节中提到的条件性被动回避、条件性位置偏爱以及条件性恐惧等等。

2. 操作性条件化

操作性条件化（operant conditioning）训练是基于桑代克、斯金纳等人的行为主义理论。与经典条件化不同，操作性条件化训练是让动物通过主动的方式学会把行为反应与相应的后果强化联系在一起，使再次发生的行为变成有目的、有预期的反应。以自身颅内电刺激为例，在实验动物脑内埋入电极，只要它按压杠杆，就会引发颅内脑区接受微弱的电刺激。在某些脑区，只要电流强度合适，动物会频繁地压杆获得这种“快乐”刺激，这部分脑区被称作“快乐中枢”。而某些脑区，电刺激后会使动物减少或终止压杆，这部分脑区被称作“惩罚中枢”。自身颅内电刺激、自身给药、果蝇的视觉飞行定向等行为模型都是利用操作性条件化的原理建立的，这在后面的章节里我们还会陆续谈到。

3. 操作性辨别学习

基于条件化的更复杂的行为模式有辨别学习模式。这种**操作性辨别学习**（operant discrimination）模式既包括经典条件化，也包括操作性条件化。例如，斯金纳箱内的鸽子学会啄键后，在红灯亮的时候啄键才能获得食物，而绿灯亮时啄键则没有食物。经过训练后，动物可以学会只在红灯亮时啄键以获取食物。将灯光换成情境也一样适用。情境辨别是指在一种情境下会有一种反应，而在另一种情境下没有或者引发另外的一种反应。动物也可以通过一系列的辨别训练学会情境辨别。

（二）仿真学习模式

在自然状态下，动物的学习行为往往受多种复杂因素的影响。仿真学习模式可以模拟环境的多种刺激对行为发生的真实影响，最常用的方法是使用各种迷宫。迷宫应用的先驱首推美国心理学家拉什利（Karl Lashley，1890—1958）。在 20 世纪 30 年代，为了研究脑内不同记忆存储的定位，他开创了用不同的迷宫任务来探索学习记忆行为与脑区关系的研究方法。迷宫实验的对象大多是啮齿类动物，主要是大鼠或小鼠（图 2 - 3）。

常见的迷宫类型包括十字迷宫、Y 迷宫、T 迷宫以及拉什利迷宫等（图 2 - 4）。这类迷宫实验基本上使用食物奖励作为非条件刺激，以训练和测试啮齿类动物对食物位置的学习和记忆状况。也有的用电击等负性的非条件刺激，使动物学会完成回避惩罚的目标任务。比如，在 T 或 Y 迷宫实验中，向左是目标任务，如果动物向右则会遭到电击等。一般都以任务完成的时间或者错误行为的发生次数，来判断脑的不同区域损伤对学习记忆的影响程度。对活体（in vivo）动物的特殊脑区细胞或分子机制的研究，如海马神经元电或分子活动的记录等，研究者更倾向于使用最简单的迷宫行为模型。

图 2-3　拉什利迷宫

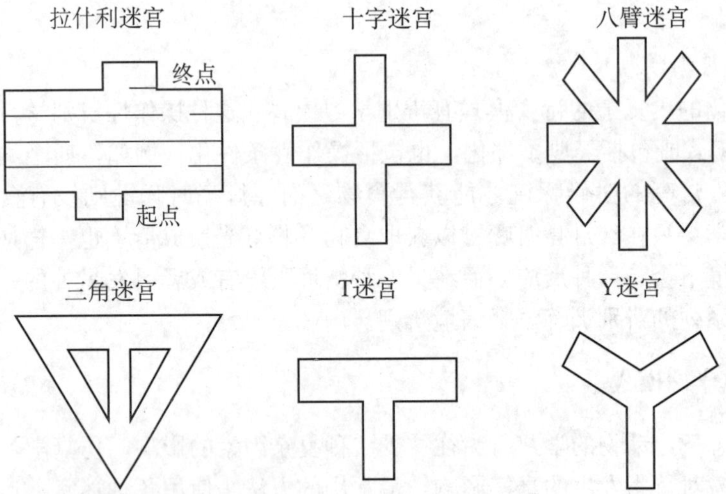

图 2-4　不同类型迷宫

图 2-5　多臂迷宫

多臂迷宫（图 2-5）主要利用了鼠类的觅食动机及其特点。动物觅食方式的特点最重要的有获取-停留（win-stay）或获取-转移（win-shift）。动物的觅食方式受生态环境、食源的集中或分散等因素的直接影响，也受动物自身对环境的学习记忆能力的影响。多臂迷宫由一个中央平台和四个以上的若干通道组成。将大鼠放入中央平台区，每个通道的尽头放一小块食物。然后训练大鼠探究迷宫，直到它收集到所有食物。经过多次训练，大鼠很少重复进入同一个臂，获取食物的行为变得很有效率。实验动物必须记住已经去过的或者还未去过的臂，才能较快地完成取食任务。完成此类任务时，动物首先需要学会对环境的整体认识，因而会涉及多种认知方式的参与，包括空间定位、线索记忆或工作记忆等。

莫里斯水迷宫（图 2－6）则利用了大鼠天生的避水逃生的本能，实验中需要观察大鼠寻找站台的学习或记忆过程。大鼠可能根据空间位置关系，或者周围局部线索，也可能基于本体感觉来寻找站台。与多臂迷宫一样，动物寻找站台位置会依赖多种学习或认知过程的参与。这种行为模型被广泛用于对学习记忆能力或空间认知加工策略的研究。

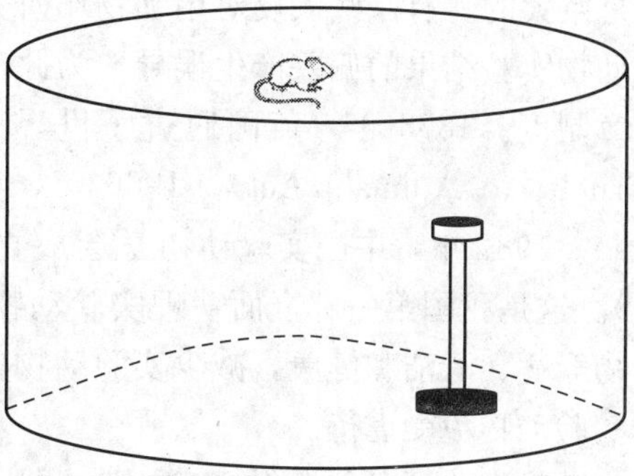

图 2－6　莫里斯水迷宫（站台位于水面下）

（三）环境模拟模式

环境模拟模式不需要对动物进行专门的训练。它通过一定的操作程序，单纯改变环境来干预动物的心理或行为状态。这类行为模型通常出现在情绪研究中，例如，对焦虑、抑郁等情绪的研究。从以下两个例子中，我们可以初步了解环境模拟模式的行为学建模过程。

1. 抑郁模型

在抑郁模型中，动物被长期暴露在多种低强度的应激刺激因素下生活，这些应激因素分别包括不定期禁水、禁食、噪声刺激、连续强光照射、置于隔离或拥挤的饲养环境等等。这属于环境模拟模式中的慢性温和应激，会导致动物情绪抑郁。由于实验动物不能表达情绪感受，通常可以根据它们的自发活动水平或糖水饮用量下降等作为判断抑郁状态的指标。实验动物糖水饮用量或自发活动水平下降代表快感缺乏或活动兴奋性降低。慢性温和应激真实模拟了在现实生活中人们遭遇的低强度的生活应激，快感缺乏或活动兴奋性降低反映了人类抑郁的核心症状。暴露于慢性温和应激的动物，其快波睡眠的时间会增加，慢波睡眠的时间会缩短，这与人类抑郁症患者的表现类似。

2. 焦虑模型

在焦虑模型中，实验大鼠或小鼠被置于高架十字迷宫的开放臂上，离地面保持一定的相对高度，并持续一定时间。高架十字迷宫的其中两个臂有约 50cm 高的侧壁保护的通道，而另外两个臂的通道是没有侧壁的。对动物来说，离地面较高的新异的环境具有潜在的威胁性，因而会产生较强的应激刺激而导致明显的焦虑。实验动物探索行为的变化可反映动物的焦虑情绪。可以观察到的行为指标的变化有：探索行为抑制，表现为动物进入开放臂的探索次数或停留时间减少；躯体应激反应增加，表现为动物的排尿、排便次数明显增加；等等。

三、动物研究的伦理问题

人类和动物在许多基本的生物工作机制上是相似的。因而，用动物作为实验对象了解疾病或行为异常的机制，对人类及动物健康的保护都是有益的。实验动物对科学发展的贡献是巨大的。有一些人反对用动物作研究对象，认为在动物身上实验残酷而不人道，或担心动物实验结果的偏差产生误导。为此，多数发达国家对动物和实验动物照顾有很严格的规章制度。1876 年，英国通过了世界上第一个动物保护相关法案**《防止虐待动物法》**（Cruelty to Animals Act）。1966 年，美国国会批准**《动物福利法》**（Animal Welfare Act）。1987 年，中国实验动物学会成立。原国家科委于 1988 年发布**《实验动物管理条例》**。这是我国第一部全面管理实验动物的法规。它要求实验室采用规范程序，确保实验动物舒适、清洁和健康，减少实验动物在手术前后的痛苦，防止实验动物出血和感染，保护实验动物免受虐待。

动物实验还必须遵循**3R 原则**，即 reduction（减少）、replacement（替代）和 refinement（优化）。“减少”是指尽量减少实验用的动物的数量和实验的次数；“替代”是指尽可能采用可以替代实验动物的替代物，如用细胞组织培养方法，或用物理、化学方法代替实验动物的使用；“优化”是指对待实验动物应做到尽善尽美。不仅是在动物选择上，在模型复制、指标的观察上也都要注意这种经济性原则。经济性原则不仅仅能节约金钱，节约实验动物，而且能保证实验研究的可持续性。

第三节　脑研究的方法

在脑的功能被了解之前，人们对心理或心灵来自身体的何处曾经做了种种的假想。现代科学技术的发展，推动了人类对神经系统与心理或行为关系的更深刻认识。神经系统可以从身体各个部位接收信息，进行加工处理并储存；同时，还可以对身体各个器官、组织发出指令，从而使我们能够吃饭、睡觉、交谈、劳动和思考。而脑作为神经中枢，在协调行为或心理活动中起决定性的作用。心理科学被认为是脑科学研究的终极目标，而生理心理学研究的是脑科学中的核心问题——脑与行为的关系。在研究脑与行为的关系的方法中，对神经系统活动的干预、测量或观察都是非常重要的环节。现代生物或神经科学技术的发展，为脑与行为关系的研究方法的选择拓展了更大的空间。根据脑与行为关系研究中常用的方法，我们将其分为两大类：一类是脑干预的研究方法，主要通过直接刺激或损伤脑组织而实现，目的是观察对脑的特殊区域的刺激所引起的行为改变；另一类是观察性的研究方法，可以通过其他间接的刺激或改变行为，观察脑的活动状态的改变。

一、脑立体定位手术

脑立体定位手术（stereotaxic surgery）是实现直接干预或观察脑活动的前提条件。例如，电刺激、局部损毁、单细胞电记录或微透析等都需要实施脑的定位手术。因此，脑的立体定位手术是实现脑的直接刺激和观察的基本方法。根据实验对象、目的和方法的不同，可能会将不同的材料植入脑内，包括电极、导管或探针等。以人类为对象的脑立体定位手术多应用于神经外科治疗，如脑内癫痫病灶的损毁或电刺激治疗其他脑疾病。

在进行手术之前，需要根据**立体定位图谱**（stereotaxic atlas）确定目标脑区的位置。我们以图 2-7 为例来说明如何阅读图谱。脑图谱的作用类似于我们日常生活中的地图。每一张图片代表在脑的每一个截面重要核团的分布，它的平面表述方式与地图上的经纬度坐标类似。但是，它对某一个核团或区域的定位是以立体的三维坐标的方式来表述的，并明示上下、内外以及前后的距离单位。在目标脑区的立体定位实验中，除了参照图谱以外，还必须结合手术后对切片的观察来校正坐标。因为年龄、发育或种类等的差异，都可能会使动物头部或脑的大小存在较大的误差。

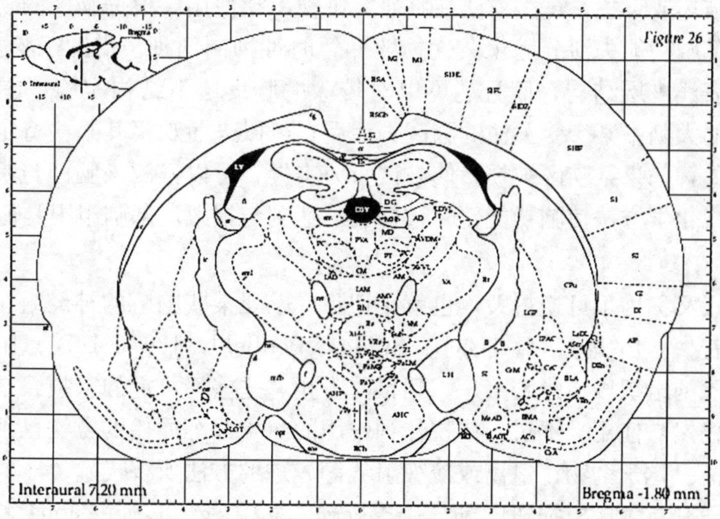

图 2-7 大鼠立体定位图谱中的脑截面示意图

资料来源：Paxinos G，Watson C. The rat brain in stereotaxic coordinates. 4th ed. San Diego：Academic Press，1998.

脑立体定位仪（stereotaxic instrument）是协助我们精确定位脑区或结构的工具，主要由固定被试头部的平台和带三维坐标的测量臂构成。根据实验动物种类的不同，可以分别用不同的立体定位仪来完成手术。实验对象被麻醉后，将其固定于定位仪上，剪开头皮，暴露颅骨。首先根据前囟和耳间线来确定零平面，然后根据图谱前后及内外坐标确定目标脑区的平面位置。垂直钻孔后，根据图谱上下坐标的深度，将导管或者电极植入目标脑区。颅骨上分别固定若干螺钉，并用黏合剂将螺钉、导管或电极共同固定于颅骨上。手术过程中应尽可能做到手术范围的精确。目前，在进行人的脑立体定位手术的时候，神经外科医生还利用精密的影像技术，来辅助确定手术位点并监控手术过程。

二、脑活动的干预方法

最初人们开始研究心理或行为的脑机制时，最重要的方法是脑切除术。从动物大脑中切除某一块组织，然后通过观察动物某种行为的减弱或消失，来推测该组织的正常功能。在 20 世纪早期，拉什利将实验动物麻醉后，打开颅骨，然后将一根烧红的导线插入脑组织以损毁某些区域。这种研究方法在当时曾被广泛使用。随着科学技术的进步，切除术日益精细，已经不局限于简单的切除，对于皮层下的结构也能准确地损毁。从 20 世纪后半叶开始，研究者发展出了一系列更成熟的技术方法，能在不同的时间窗（time window）

对脑的不同部位、不同水平的活动进行干预。这些技术方法不仅仅限于破坏脑功能，还能通过激活某些脑区的活动，来直接观察它们对行为的影响。直接干预脑活动的方法，对促进脑与行为关系研究的发展有极大的影响，而且在未来的研究中还将发挥极其重要的作用。

（一）局部脑功能失活

有许多不同的方法能使局部脑组织功能失活（disfunction）。失活是指大脑某部位组织的功能遭到破坏或干扰，这类方法在脑研究中被广泛使用。根据脑区的功能是否能够恢复，我们将局部脑功能失活分为永久性损毁和暂时性抑制两种。借助于脑立体定位手术，不仅可以破坏表浅皮层结构，而且还可以对较深的脑皮层下结构实施范围小而精确的损毁。实验动物的大脑中某个受关注的脑区失活后，可以进而观察其某些特定的行为有无缺陷的迹象。例如，如果某脑区被损毁使被试听力丧失，可以推测该脑区与听觉有关。也可以用其他物理或化学方法使脑功能暂时被抑制，达到与损毁局部脑组织类似的效应。

1. 永久性损毁

永久性损毁又称为不可逆损毁，也就是切除或杀死某些脑区的神经组织或细胞，导致其功能永久性丧失。历史上，潘菲尔德（Wilder Penfield，1891—1976）用切断胼胝体或抽吸技术来去除脑组织以治疗脑疾病。到目前为止，这些不可逆的脑损毁技术在临床治疗和基础研究中仍然被使用。不过，像拉什利曾用的热导线等原始的方法已经被摒弃，而更多地被使用电流、化学药物、电离或冷冻射线等先进的方法所替代。

射频电损毁 在**射频电损毁**（radio-frequency and electrolytic lesion）中，用绝缘漆包被，只裸露尖端的电极插入定位脑区，同时，将另一导电电极接入身体其他部位，使实验动物成为电流导体。通电后电极尖端周围的脑组织会被电流破坏，可以造成目标结构损毁，而不伤及电流经过的脑组织。根据电流方向可分为阴极或阳极损毁。相对于阳极损毁，阴极损毁范围一般较局限，易于控制损毁范围。射频电损毁的操作简单，效果稳定，重复性好，这些优点使其成为脑损毁常用的方法。但这种方法特异性不强，因为目标结构内的神经元和其他传入纤维都会被破坏。所致的后果既可能是损伤了目标神经元，也可能是伤及了其他部位到该区的纤维传导的缘故。更具特异性的方法是利用化学药物损毁。

化学损毁 **化学损毁**（chemical lesion）的基本原理是，利用某些化学药物对特定神经元的高度兴奋性作用损毁神经元。操作时，通过立体定位手术埋下的导管将这些化学物质注入特定脑区来造成损毁。常用于神经元损毁的化学药物有海人藻酸（kianic acid，KA）、鹅膏蕈氨酸（ibotenic acid，IA）、N-甲基-D-天冬氨酸（N-methyl-D-aspartic acid，NMDA）等，它们均属于兴奋性**神经毒素**（neurotoxin）。海人藻酸的神经兴奋作用比兴奋性递质谷氨酸强30到100倍。这类神经兴奋毒性氨基酸与突触后膜上的NMDA受体结合后，引起钙离子大量内流，对细胞造成不可逆性损伤。因为神经纤维上没有NMDA受体，所以化学损毁能选择性地损毁神经元胞体，对神经纤维不造成直接损伤。

另外，还有一些神经毒素能特异性地干扰某种神经递质的合成，有效地减少该神经递质，还可以杀死特定神经元。例如，6-羟多巴胺（6-OHDA）可以特异性地破坏多巴胺能神经元。当被注入富含多巴胺合成神经元的黑质时，6-羟多巴胺可杀死其中的多巴胺能神经元，导致多巴胺的合成与释放终止。基底节神经元失去了来自黑质的多巴胺激活，无法发挥正常功能，致使动物产生运动障碍，出现类似人类帕金森病的症状。利用 6-羟多巴胺制作帕金森病动物模型，可以探索帕金森病的发病机制以及治疗方法。

电离或冷冻损毁　电离损毁技术广泛应用于经立体定位以不同射线准确聚焦目标脑区产生损毁的研究。表层及周围的脑组织不会受射线影响，只有在射线会聚的焦点脑组织才会被破坏，如γ刀无创性手术治疗过程（图 2－8）。另外还有一种冷冻损毁方法，这种方法要求用立体定位仪将像电极一样的冷冻探针插入目标脑区。探针末端的温度可降至零度以下，冻结目标脑组织，使神经细胞死亡，产生损毁效果。

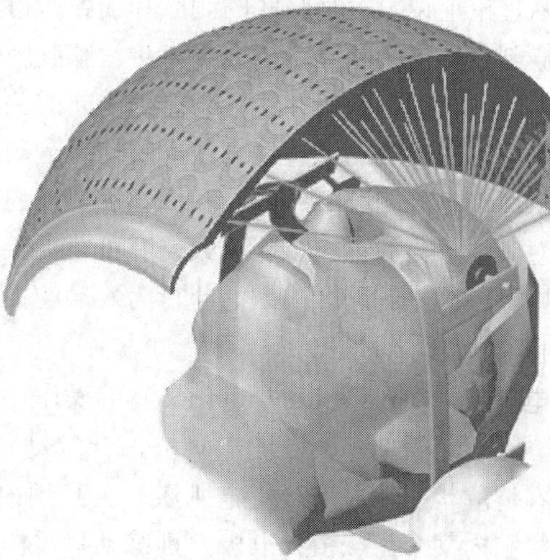

图 2－8　γ刀的作用原理

神经元一旦死亡就不能再生，因而接触直流电、射频电流、电离射线、毒性化学物或冷冻探针都会对大脑造成永久的损伤。神经系统是以网络的形式来工作的，若此路不通，它们可能会另辟蹊径。因而，脑区被永久性地损毁后，它的功能很可能在一段时间后被其他脑区代偿。这种情况下实验观察的结果会随着时间变化而改变。如果在实验的不同阶段，选择性地暂时性抑制脑功能，就能够弥补损毁方法的不足。

2. 暂时性抑制

破坏局部脑功能还可以使用一些可逆性的暂时抑制脑功能的方法。在某些条件下，神经细胞的活性可以暂时被抑制，一旦施加的条件被去除，神经细胞便可以恢复活性。用这些方法，可以很好地控制干预脑活动的时机，比如，在行为过程的哪个阶段干预脑活动、干预持续的合适时间需要多长等。暂时性的脑功能抑制可以采用以下多种不同的方法。

生理学方法　将氯化钾溶液通过立体定位仪注入研究脑区，使细胞电位超极化，难以产生动作电位，神经细胞活性受到抑制。当氯化钾被血液吸收之后，脑功能即恢复正常。或者用冷冻探针将局部脑组织冷却至 25℃～0℃，可暂时抑制脑功能。当脑组织回暖至体温，脑功能即恢复正常。

药理学方法　一些化学药物经导管注入脑组织，也可使其暂时失活。较常用的方法是用局部麻醉药物或γ-氨基丁酸（GABA）受体激动剂。例如，局部麻醉药物利多卡因可阻遏钠离子通道，致使兴奋传导阻滞，同时也阻断突触传递。通过同样途径发挥作用的还有河豚毒素（TTX）。比较而言，利多卡因作用时间短、不良反应少，而 TTX 毒性大，但作用时间长。但是，这两种方法会使局部所有的细胞和纤维传导失活，缺乏特异性。特异性较强的是使用 GABA 受体激动剂，如蝇蕈醇（muscimol），可选择性结合神经元胞膜上的 $GABA_A$ 受体，并激活氯离子通道。氯离子通道开放，使氯离子内流增加，可以导致细胞膜超极化，从而抑制神经元的兴奋。GABA 是一种抑制性氨基酸，其受体只分布在神经元胞膜表面。GABA 受体激动剂可以选择性地抑制神经元活性及其局部脑区的功能。

（二）脑刺激方法

从理论上说，对某脑区的刺激和损毁所得到的行为效果应该相反。相对损毁而言，用脑刺激判断特定的脑区功能会更直接。脑刺激是通过直接刺激脑区，使神经元活动发生改变，从而了解被刺激的神经元与行为之间的关系。运动控制的大脑皮层定位就是用脑区直接刺激的方法发现的。直接刺激大脑初级运动皮层的不同部位，可以观察到相应的运动反应，从而确定控制躯干、四肢和面部表情等的脑区。使用脑刺激方法也可以观察刺激某个区域对其他行为的影响。脑损毁研究可以提供完成某种行为所必需的候选脑区，而脑刺激方法则可以观察到脑区的激活与行为发动的关系。

1. 电刺激

电刺激（electrical stimulation）的操作技术类似于电损毁，只是选择的电流强度有所不同。在电刺激中，电极被定向植入麻醉动物的脑区，并锚定在颅骨上。动物手术恢复后，在清醒状态下即可接受电刺激。自身颅内电刺激模型就是采用了电刺激方法。例如，在动物脑内某个区域植入电极，训练动物压杆，压杆后电极会通电，从而使局部脑区受到电刺激。某些区域的电刺激会强化动物的压杆行为，从而使动物学会通过压杆来获得电刺激的快感。这些促进压杆的脑区被认为是构成奖赏系统的区域。用电刺激方法，欧兹（James Olds，1922—1976）和米尔纳（Peter Milner）于1954年首次确认了电刺激下丘脑某些区域，可以使大鼠产生极强快感效应。它们可以用100次/min的频率疯狂地压杆，以获得自身颅内刺激带来的快感。如果给极度饥饿的大鼠两个压杆选择，一个获得食物，另一个获得电刺激带来的快感，它们会更多地选择获取快感的电刺激。可见对于它们，快感刺激比食物吸引力还要强烈。

2. 化学刺激

化学刺激（chemical stimulation）可以通过预先定位埋入的导管注射化学或生化物质来实现。常用的化学物质包括干预递质或受体活动的药物、细胞内蛋白酶抑制剂或其他在不同水平改变神经元活动的药物。一些与递质具有类似空间结构及化学性质的分子可能与受体结合，能引发类似于递质效应的化学药物，被称为激动剂（agonist）；而另一些能与递质竞争性结合受体，但不能引起类似递质效应的药物，被称为拮抗剂（antagonist）。这些与受体有亲和力的药物被称为工具药。用这些工具药控制某些神经传导通路，可以观察由此引起的行为改变。拮抗剂能阻断相应受体，从而看到传导过程被阻断时产生的变化。这通常比激动剂所获得的结果更为可信。然而，拮抗剂和激动剂一样也有可能存在与其他受体的交叉作用。因此，拮抗剂也可能会干扰其他传导过程。另外，许多工具药的受体特异性都是相对的，有些也可能存在激动与拮抗双重的效应。

药物在体内的作用是复杂的，既受自身代谢动力学的影响，也受被试个体差异或状态的影响。因而，在使用化学药物进行脑干预的时候，应尽量选择合适的剂量以及恰当的干预时机。而且，需要尽量使用同一受体的多种激动剂和拮抗剂，综合考察相关神经传导过程对行为的影响。除直接注射药物以外，微透析技术也可以用于化学性干预。微透析技术能够将含有某些药物的液体与正常的细胞外液置换，改变脑区局部微环境。我们将在观察研究方法里进一步了解这种技术。

3. 经颅磁刺激

20 世纪 80 年代，巴克（Anthony Barker）等人开始用磁力线刺激人脑的运动皮层，成为**经颅磁刺激**（transcranial magnetic stimulation，TMS）的开端。磁刺激无须手术，很容易穿过颅骨到达大脑皮层。磁脉冲通过不接触头部的线圈发射至大脑，可以直接刺激脑皮层神经元。导电线圈通电时会产生磁场，使电容器产生电流，通过线圈产生磁脉冲。大脑皮层受磁脉冲影响产生可传导的逆向电流，从而改变兴奋性。根据刺激脉冲模式的不同，TMS 可以分为单脉冲、双脉冲和重复脉冲等三种。还可以调整 TMS 的不同参数，诸如模式、频率、强度、间隔、刺激时间及位点等，使脑内产生不同的生理变化。以重复脉冲为例，低频刺激可以降低皮层兴奋性，而高频刺激可以提高皮层兴奋性。于是，这种技术被用于在脑皮层上绘制功能分区，例如运动、注意、言语及视觉功能等。TMS 无创、无痛、较安全的特性，使其在临床精神类疾病的诊断中应用越来越多。目前，也多用于对群体的实验研究。

（三）脑活动的双向调控方法

1. 光遗传学调控

斯坦福大学卡尔·代塞尔罗思（Karl Diesseroth）实验室研究人员 2007 年在《自然》（*Nature*）上发表了关于光控制神经回路的文章，文章中所提出的方法被《麻省理工技术评论》评为该年度十大最有影响的技术之一。光遗传学（optogenetics）技术利用分子生物学、病毒生物学等手段，将外源的光敏感蛋白基因导入特定细胞中，使得细胞膜结构表达光敏感通道蛋白，然后通过特定波长光的照射，控制细胞膜结构上的光敏感通道蛋白的激活与失活，从而可以控制细胞膜上离子通道的打开或关闭，进而改变细胞膜电压的变化，如膜的去极化与超极化。膜电压去极化超过一定阈值就会诱发神经元产生可传导的电信号，即诱发神经元的激活；相反，膜电压超极化到一定水平就会抑制神经元动作电位的产生，即对神经元进行抑制。运用这种技术，能够在短时间内实时无损伤或低损伤地控制特异神经元的活动，来研究特定神经网络的功能，特别适用于在体、清醒动物的行为学实验。

2. 化学遗传学调控

化学遗传学（chemogenetics）是 20 世纪 90 年代开始兴起的交叉学科，主要利用生物活性小分子与蛋白的相互作用，来研究生物学相关系统。近年来，在神经生物的相关研究中也开始采用化学遗传学的原理对神经元进行调控。该方法通过对不同的 G 蛋白偶联受体进行改造，使其成为“设计药物专一激活设计受体”（designer receptor exclusively activated by designer drugs，DREADDS），该种特定的 G 蛋白偶联受体只能够接受外源性的配体的信号，并激活相应的信号通路，从而引发细胞不同的兴奋性变化。化学遗传学调控能够在一定时间内（30～40min）对特定的神经元进行兴奋或抑制的人为操控。与急性的光遗传学调控相比，化学遗传学调控更为缓和，也更适合相对较长时间的操控。

三、脑活动的观察方法

脑活动的观察方法有损伤性和无损伤性两类。例如，单细胞记录、多通道同步记录或微透析等技术属于损伤性观察方法，仍然需要对被试实施创伤性手术定位；而脑电记录、脑成像等技术属于无损伤性的观察方法，在无创伤的条件下就可直接观察脑的活动。在一些技术方法中，对脑活动的观察和干预可以同时进行。比如，微透析技术既可以观察脑内化学物质的变化，也可以注入药物干预脑的活动；单细胞记录、多通道同步记录既可以记录神经元的电活动，也可以刺激神经元的活动。无损伤性脑活动的观察方法被广泛用于研究人类被试，对推动人类认知研究的发展做出了突出的贡献。

（一）脑电记录

细胞自身存在电位，电位变化可以使信息在神经元之间传导。一系列的电位变化可反映神经细胞活动状态的改变。卡顿（Richard Caton，1842—1926）最早使用微量电流计来记录脑电活动。他还测量不同刺激对兔、猴等动物大脑电活动的影响，这些刺激包括闪烁光、声音、气味或触觉刺激等。与损毁和电刺激不同，脑电记录可以观察到行为或心理发生过程中脑的电活动变化。根据电活动记录部位的不同，可以将脑电记录分为单细胞内记录、单细胞外记录、多通道同步记录、脑电图描记（EEG）以及事件相关电位（ERP）记录等。其中，细胞水平的记录要求电极被置于脑组织内的相应部位，而脑电图描记、事件相关电位记录中电极常被置于头皮表面。

1. 单细胞记录

单个神经元的电活动记录可以通过微电极进行。通常是在实验动物麻醉状态下，将微电极插入细胞相应的位置。根据微电极插入位置在细胞内或外，又分为*单细胞内记录*和*单细胞外记录*。将微电极插入单个神经元内，可以记录一个神经元的电活动。这种细胞内记录可提供特定神经元功能的精确信息。在活体动物身上，进行单细胞内的记录非常困难，尤其是微电极在胞内的放置不易稳定。因此，对清醒动物的行为观察一般采用单细胞外记录。单细胞外记录是将微电极放置在单个神经元附近，收集神经元的动作电位信号。一般相同波峰幅度的电信号被认为来自同一神经元。另一种单细胞记录方法是膜片钳技术（voltage clamp technique）。这种技术常在离体（in vitro）情况下，用于研究离子通道的电位变化。它可以调控电压使胞膜保持一定的膜电位水平。在设定不同电压的条件下，可以通过胞膜电位变化测定离子流量。

2. 多通道同步记录

多通道同步记录可记录在电极尖端周围的一群细胞的放电频率，用于了解脑的结构内部细胞群的功能分工。从研究需要来讲，单细胞记录会丢失神经元的集群功能特性。赫布（Donald Olding Hebb，1904—1985）的学习律和细胞集群学说，涵盖了行为事件发生时神经元群体和细胞之间活动的可能规律。单细胞电刺激与放电记录证实了神经元突触可塑性（学习律）的存在。同时，在某些脑区，细胞群也存在一系列特有的按空间或时间顺序进行的细胞放电。由于神经元网络以编码的方式分布，仅仅记录单个神经元的活动不能分析细胞之间的相互关系，因而需要对多细胞多位点同时进行记录或刺激。在活体动物的行为任务实施过程中，用多通道同步记录技术可以实现多个神经元放电的同时记录。

3. 脑电图描记及事件相关电位记录

脑电图描记（electroencephalography，EEG）使用头皮电极，将盘状金属电极置于被试的头皮上。通过类似伏特计的装置将这种电活动信号放大输出，局部电压变化信号被描记在记录纸上。实验动物的头部相对较小，而且头皮电极不易固定，一般使用创伤性方法在头皮内植入电极来进行脑电图描记。EEG 的优势在于记录脑活动发生时间的精确性，可以反映脑在数毫秒之内的活动变化情况。然而，收集的电信号来自数百万个神经元的信号，因而定位功能很弱。

信息技术的发展加快了脑电分析处理的过程。通过在头颅表面各个位点放置 32 到 128 个之多的电极（图 2-9），可进行诱发电位（evoked potential）或**事件相关电位**（event related potential，ERP）的测量。ERP 是指给予或撤销一种特定的作用于感觉系统的刺激，在脑区引起的电位变化。可观察的指标有信号波形及其出现的时间。按出现时间分类，可分为早、中和晚三个成分；按刺激来源分类，可分为外源性和内源性成分。当刺激呈现给被试或让被试重复执行某项任务时，同时记录其 ERP。电脑对 ERP 进行高速处理，能够分辨数毫秒之内的大脑反应。多导分布式记录有可能区分刺激所激活的脑区范围。ERP 记录在人类认知研究中被广泛应用，可以分析在完成认知任务时，脑内各部分活动的时间进程等。

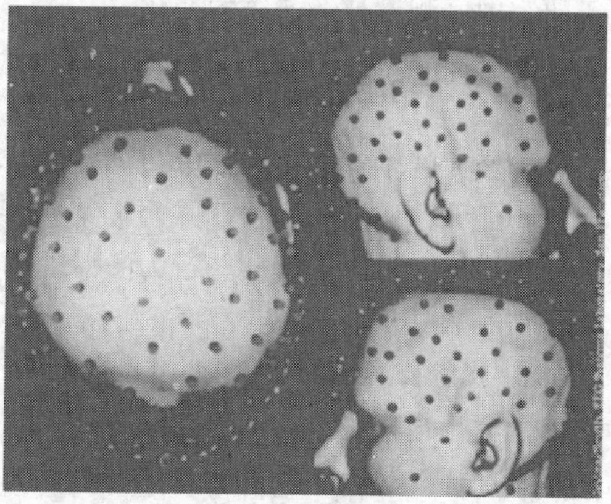

图 2-9 脑电记录时头皮表面电极位置

（二）脑磁图描记

神经元产生的微弱电流同样也能产生磁场。将超导量子干涉器件（SQUID）置于被试的头顶，能够监测脑活动时微小的磁场变化。同 EEG 一样，**脑磁图描记**（magnetoencephalography，MEG）能准确地记录毫秒级的脑活动。磁场能轻易穿透骨骼和皮肤，且能量损耗不大，这是 MEG 的优势。与 EEG 一样，MEG 也不能保证对脑活动定位的准确性。而且，MEG 非常昂贵，耗资比 EEG 大得多。EEG 能够测量皮层及脑干区域的电信号，而 MEG 不能收集大脑深处的信号。因此，如今多数研究者倾向于使用 EEG。

（三）微透析

如果需要对局部脑区内的特定的神经递质或调质进行定量观察，可以采用**微透析**（microdialysis）技术。将管状的探针置于局部的脑区内，可以采集麻醉或活动状态下实验动物脑内的化学物质。局部脑区内细胞外液通过探针末端半透膜进入管中，同时有少量的灌流液被泵入脑内（图 2-10）。对微透析收集的脑内混合液进行分析，可以判断细胞外液化学成分的变化。同时，微透析技术还能用于对脑活动的干预。可以利用微透析管内的灌流液将一些化学物质导入脑内，改变局部脑区化学成分来干预脑活动。在分析细胞外液中的化学成分时，微透析常与高效液相色谱法（high perform-

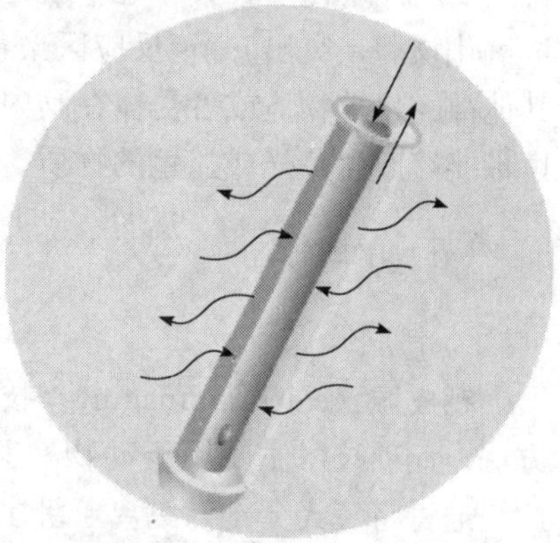

图 2-10 微透析探针的基本构造和原理

ance liquid chromatography，HPLC）联合使用。HPLC 的工作原理是通过高压推进的方式，使脑内混合提取液流经一个具有分离功能的固体物质构成的柱子，不同化学成分的物质流经柱子的速度不同，各种物质沿柱扩散，最终彼此被分开。收集到的样本可供进一步的定量分析。HPLC 与微透析的结合被广泛用于学习、记忆、注意、睡眠和长期物质滥用等研究中，测量神经递质的变化。

（四）脑功能活动的形态学定位方法

神经元的轴突产生动作电位，在与其形成突触的胞膜上可诱发突触后电位。与此同时，神经元代谢活动增强，并合成某些特定的蛋白，比如 c-fos 蛋白。通过鉴别这些生理物质的变化，可以了解某些行为激活了哪些脑区。检测技术有放射性自显影以及免疫细胞化学法等。

1. 放射性自显影

放射性自显影（autoradiography）能够追踪注入的被标记的化学物质沿着整个脑组织的运动。通过更换不同的化学物质，可以追踪大脑内多种不同的通路。将放射性标记物，如氨基酸或蛋白质等，注入活体动物特定脑区，这些标记物可以随局部血液流动扩散，被邻近的神经元摄取，并在 24 至 72 小时内沿着神经元的投射纤维扩散。然后麻醉动物，取出颅内脑组织，并切成薄片贴在载玻片上。脑片被显影处理后，放射性标记物的分布，可以显示被激活的神经元位置和活动涉及的范围。常用的方法有 2-DG（2-脱氧葡萄糖）法，其基本原理是：如果特定神经结构活动增强，其主要能量来源葡萄糖的代谢率也会增高；2-DG 与葡萄糖结构类似，也可以被细胞摄取，但不能正常代谢分解；若将标记了放射性的 2-DG 注入血液，越活跃的神经元消耗的葡萄糖越多，摄取 2-DG 量就越多，该部位的放射性越强。

2. 免疫细胞化学法

免疫细胞化学法（immunocytochemistry）是检测神经元活动变化的另一种技术。由于使用方便，不具放射性，正逐渐替代放射性自显影来鉴别脑活动的变化。常用方法有 c-fos 法，其基本原理是：在神经元激活时，细胞核内特定基因启动，产生一些短时存在的特定反应性蛋白质，其中之一就是 c-fos 蛋白。可以使这种蛋白的抗体携带染色剂或辣根过氧化物酶，突出 c-fos 反应区染色效果，从而鉴别被激活脑区的分布。另外，需要定位其他神经化学物质或者受体在脑内的分布时，也可以使用免疫细胞化学法。使相应的抗体携带能够产生荧光或显色的物质，就可以对该物质或受体在脑内的分布进行鉴定。

（五）脑成像

1. 钙成像

钙成像（calcium imaging）技术是指利用钙离子荧光指示剂监测组织内钙离子浓度的方法。此项技术主要用于动物实验中。动作电位到达轴突末梢时会引起钙离子内流，据此，通过将荧光分子与钙离子绑定，能够使得神经元放电时该神经元周围的荧光强度相应增加。与其他活体记录手段相比，钙成像技术的特点有：（1）能够同时记录的神经细胞数可达 10^4 数量级；（2）空间分辨率可达到单个神经元的水平；（3）可辨认神经元的空间位置；（4）可检测到非活动神经元。

近年来，钙成像在钙离子指示剂的开发和荧光检测技术上一直在不断发展。目前在神经科学研究中最常用的指示剂是 Gcamp6，其稳定性、荧光强度和敏感性均已得到很好的检验。而荧光检测技术的发展则更多依赖于工程学（成像技术和光学仪器）的进步，在体双光子钙成像早在 2003 年就已经应用于实验室，而这些年来主要朝着便携性和经济性的方向发展，目前已经取得一定的成果，在可自由移动的动物上开发出了两种在体钙成像检测手段——光纤光度测定（fiber photometry）和在体内置微透镜技术（*in vivo* microendoscopy）。前者类似于局部场电位记录，可以计算光纤埋置位置脑区的荧光强度的整体变化，比如卡尔·代塞尔罗思实验室的研究人员利用该方法检测了社交行为中伏隔核的神经活动。而内置微透镜在能够保证动物自由移动的同时，能够将细胞水平的神经元活动变化可视化，也是目前在体钙成像技术的发展新趋势。

2. 计算机辅助断层成像

计算机辅助断层成像（computerized tomography，CT）用 X 射线以各个角度透射头部，得到大量二维截面图片，再经计算机处理转化成三维图像。通过与正常脑区的扫描图像的比较，可以判断脑功能与行为障碍的关系。例如，如果某人有视觉障碍，而 CT 扫描显示在大脑枕部有脑组织损伤，可以推测这个脑区参与视觉处理过程。CT 与所有的 X 射线显像技术一样对坚硬组织成像效果最好，比如骨骼。大脑是软组织，故 CT 成像效果不佳。在 CT 扫描前，如果将 X 射线无法穿透的防辐射染剂注入受检者的静脉，染剂会被血流输送到全身并覆在血管壁上。此时，脑 CT 扫描可以显示出大脑的血管分布，通过某些脑区的血管分布的缺失或者充盈，可以推测出这些脑区损伤与行为或心理活动变化的关系。

3. 单光子发射计算机断层成像

单光子发射计算机断层成像（single-photon emission computed tomography，SPECT）是 CT 技术的扩展。这种技术使用可以发射单光子的同位素标记脑区位置。被试接受同位素注射后，如碘的同位素^{123}I，放射性同位素随血流被输送至大脑。因为脑活动增强时局部的血流会增多，所以激活的脑区会含有高浓度的同位素。用扫描器探测这些同位素发射的光子，就可以测定脑活动的状况。SPECT 适用于脑区活动的定位，比 EEG、MEG 更具优势。但是，它采集信息的时间会滞后 20 秒左右，比 EEG、MEG 慢得多。因此，它不适合用于认知的时间过程的研究。

4. 正电子发射断层成像

正电子发射断层成像（positron emission tomography，PET）使用可以发射正电子的同位素标记配体，来检测脑活动相关分子的分布。被试执行任务时，局部脑区的血流增多。被试摄入的发射正电子的放射性同位素，比如^{15}O、^{11}C 和^{18}F 等，使激活的脑区释放的射线增加。放射性同位素发射的正电子与电子彼此碰撞后，生成反方向放射的光子或者 γ 射线。由 γ 射线探测装置将收集的信息传输至计算机，经处理生成大脑活动区域的精细影像。除了观察脑区激活情况，PET 技术经过改进后可以用于脑内神经递质系统的研究。可以用放射性同位素标记某种受体的配体，利用配体与特定类型的受体结合，探测脑内递质受体分布的位点和密度。也可以利用其他放射性标记的化合物直接与脑内物质结合，检测脑内各种物质的分布密度和位置。

PET 扫描在脑功能定位上的效果比 SPECT 好，因为每一个正电子释放会产生两个光子，这使定位更加精确。PET 对脑的疾病诊断和认知功能的研究具有非常重要的作用。但是，PET 成像时间需要数分钟，而许多认知功能发生的时间是以秒为单位来计算的，因此，与 SPECT 相似，PET 也不能准确地记录认知活动的时间进程。另外，PET 中使用的放射性同位素造价较高，并可能给被试带来健康风险。

5. 功能性磁共振成像

基于传统的磁共振成像（MRI）技术，贝尔实验室的小川诚二（Seiji Ogawa）等人于 20 世纪 90 年代发明了**功能性磁共振成像**（functional magnetic resonance imaging，fMRI）测量技术。fMRI 的基本原理是，神经元被激活时血流量和葡萄糖消耗量会增加，含氧血红蛋白会在局部血管堆积（图 2－11）。fMRI 根据含氧血与脱氧血的血红蛋白磁性的不同，可以探测含氧或脱氧的血流之间的差异，从而凸显活动脑区。

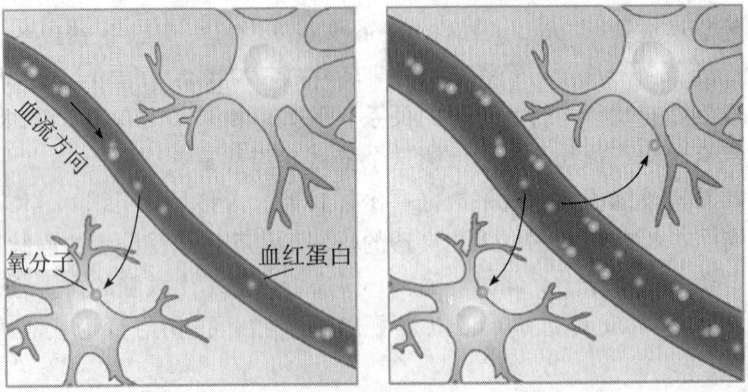

静息状态　　激活状态

图 2－11　fMRI 对脑区血氧变化的测量

左图为神经元未激活时；右图为神经元激活后，局部血流量增加，含氧血红蛋白堆积。

fMRI 无放射性风险，使用成本低，图像的精致性与 PET 相似，而脑活动与生成图像的时间差可达到 1 秒左右，远远低于 PET。与 EEG 与 MEG 相比，fMRI 对活动脑区的定位准确，但定时反应能力弱于 EEG 与 MEG。fMRI 的主要缺点还包括检测时需要被试的整个身体都置于扫描仪内，被试不能随意移动，头部也必须保持高度静止状态，这导致认知或行为实验范式的实施受限。另外，因为 fMRI 扫描仪有强大磁场，实验附加的其他电子仪器完全不能发挥作用，因而限制了研究应用的范围。例如，在 PET 中刺激被试的仪器，就不能在 fMRI 扫描仪的磁场环境中使用。

脑细胞成像研究

在对图像的处理方法上，上面提到的影像技术往往都采用配对影像减影法（paired-image subtraction method）。因此，通常要求被试在实验程序中执行配对的任务。例如，让被试盯住某点生成一次影像，然后，让被试看较复杂的视觉刺激，再进行一次扫描。实验任务与对照任务的影像相减，使两次任务执行时共同激活的脑区被抵消，最后得到的影像是实验任务激活的脑区图像。

第四节　行为遗传学及基因干预方法

生理心理学研究不仅关注群体共有的一些行为特征或规律，也关注个体行为的独特性及其背后稳定的生物学基础。在研究个体或群体行为特征的生物学机制时，需要借鉴行为遗传学或分子遗传学的基本技术和研究方法。**行为遗传学**（behavioral genetics）以解释复杂的行为形成和发展的遗传规律为根本目标，探讨遗传和环境的交互作用对人类行为的影响。现代分子遗传学研究也探讨人类与动物行为的进化、形成以及发展的遗传基础。到目前为止，研究证据倾向于支持个体行为差异取决于基因与环境的共同作用。对遗传与环境的关系，心理学家布鲁尔（Charles L. Brewer）做了形象的比喻："遗传理牌，环境出牌。"（Heredity deals the cards; environment plays the hand.）分子遗传学的发展为探索遗传与环境对个体的影响创造了条件。

现代行为遗传学着重于研究遗传与环境如何相互作用并影响个体行为的发展。其基本研究思路是，先寻找某种行为特质或者称为性状（trait），再筛选相关的基因、基因组（genome）以及环境变量。在 DNA 的编码序列中，特质的所有基因组成被称为**基因型**（genotype），而表达出来、可观察到的特质则被称为**表现型**（phenotype）。有时个体携带某种特质的相关基因，却不表现出外在特征。例如，某人习惯使用左手，他除了有左利优势的基因型外，还有相应的表现型；而另一个人并不是左利手，但可以携带左利优势基因。另外，我们在生活中经常可以看到，双胞胎在小的时候外表差别不大，长大后外表和行为特征却有了明显的区别，即使具有完全相同基因组的同卵双生子，也会出现类似的状况。传统的遗传定律无法解释这些现象，因而环境因素的影响不能排除。

早在 20 世纪 40 年代，沃丁顿（C. H. Waddington，1905—1975）就提出了**表观遗传学**（epigenetics）的假设，即 DNA 序列正常，但环境因素可能已经使基因的功能发生了某种变异。近年来，一些人类精神退化疾病研究证实了这种假设，例如，孤独症或脆性 X 综合征患者都表现为 DNA 序列正常，某些基因却发生了甲基化，导致基因表现型明显异常。进一步的研究还证实，这种表现型的异常甚至可以遗传到子代，因而又被称为表观遗传变异（epigenetic variation），其变异机制可能包括了 DNA 密码子被甲基化、X 染色体失活或 DNA 结合组蛋白被甲基化等等。

行为遗传学最初主要以人类被试为研究对象，有许多传统的方法可以鉴别人类疾病或行为特质是否具有遗传性。随着基因工程和分子生物学技术的发展，行为遗传学的研究范围已经大大扩展了。模拟人类遗传疾病或正常行为的动物模型，对推进人类认识遗传与行为之间关系的规律有极大的促进作用。

一、人类案例的分析研究

行为遗传学用关联研究（association study）来分析人类某种疾病或行为特质是否具有遗传性。通常用家系、双生子或寄养子研究来获得相关的样本和数据。

（一）家系研究

家系研究可以检查某种疾病或行为障碍在家族内的发生率、直系亲属的患病数目，尤其是父母、同胞及子孙后代的发病情况。即使家系发病率高，也只能提供遗传的可能性，因为家庭成员除了具有同样的基因以外，还有相似或共同的生活环境，因此，还不能排除环境因素对疾病的影响。比较有共同疾病或行为特质的其他人群，有可能发现共同存在的遗传信息，也是分析案例的有效手段之一。例如，通过比较发现某些特定的基因缺陷或基因修饰等。

（二）双生子研究

双生子属于研究疾病或行为特质与基因相互关系的天然样本。同卵双生子或单精合子来自同一个受精卵，因而具有完全一样的基因。异卵双生子或双精合子，由不同的受精卵发育而来，像非双生的兄弟姐妹一样，也有50%的相同基因。双生子由于这些明确的遗传和相似生活环境等特点，成为公认的遗传与环境作用关系研究的好样本。在双生子的样本中，同病率的比较是常用的研究方法。若同卵双生子某种疾病的同病率比异卵双生子高得多，就说明遗传因素引起的作用更大。因为同卵双生子或异卵双生子的生活环境都基本相同，而同卵双生子具有完全相同的基因。例如，普雷斯科特（Carol A. Prescott）等人1999年比较了1 546对同卵双生子和2 551对异卵双生子的酗酒率，发现同卵双生子的同病率显著高于异卵双生子。因此，他们认为遗传因素对酗酒有较大的影响。2002年，卡斯皮（Avshalom Caspi）等人对双生子攻击行为的研究表明，相同的单胺氧化酶（MAO）基因缺陷导致的攻击行为，受制于被试的生长环境和经历事件，也就是说环境因素的影响更大。

（三）寄养子研究

寄养子是由养父母抚养长大的儿童。研究寄养子的患病或行为障碍也是考察环境与遗传相互作用的天然样本。将养父母的患病率与生父母的同种疾病的患病率做比较，可考察生父母的先天遗传因素与养父母的抚育因素作用的影响比重。如果遗传在疾病发展过程中起重要作用，这种疾病在生父母上发生的概率要高于养父母。例如，许多研究显示，生父母酗酒的寄养儿童比养父母酗酒的儿童更容易酗酒，结论也是酗酒受遗传因素影响较大。

二、行为遗传学的数据分析方法

除了常规统计学方法以外，行为遗传学方法还包括一些特有的分析方法，包括分离分析（segregation analysis）、连锁分析（linkage analysis）和多变量遗传分析（multivariate genetic analysis）。

疑为单基因遗传病时，可以用分离分析检验实际分离比与理论分离比是否存在显著性差异，来判断该疾病是否符合假定的遗传方式。实际分离比来自子代同胞的测定，而理论分离比是某种特定遗传方式所决定的。分离分析常用来验证若干代家族疾病的遗传方式是否与预期的模式一致。例如，亨廷顿病通过显性基因遗传，预测大约有一半后代会遗传这种疾病，因此可以将其与实际测定的遗传比例进行比较，看是否一致。

研究者使用连锁分析的方法可确定某种基因的若干生物特征与疾病或行为特质的联系。换句话说，这种分析方法可以用于鉴定与疾病或某种行为特质相关的单个或多个基因的位点。

多变量遗传分析是为了评估不同的遗传效应测量的重叠程度。如果环境对遗传效应的影响与特质对遗传效应的影响重叠程度高，就提示遗传与环境之间存在着相互关联。

三、现代基因技术与动物实验

如果说案例分析在行为特质与基因之间寻求某种共变关系，那么通过干预基因而观察行为的改变，则有可能建立二者之间的因果关系。现代基因技术的发展不仅有助于研究行为与遗传的共变关系，而且为寻求特定基因对行为的调控作用提供了可能性。

已经有很多技术方法用来研究基因与行为特质的关系，包括转基因（transgeneic）、**基因敲除**（knockout）等。基因敲除是其中应用最广泛的技术之一。它可以通过去除单个基因来检测其在行为特质中的作用。研究某种行为特质与基因的关系，需要观察运动自如的动物。在动物的某段基因被敲除后，缺失基因的 DNA 会与干细胞的 DNA 整合生成新的变异细胞。这些带有变异细胞的动物就是基因敲除动物。这些基因敲除的动物交配后，会产生缺乏完整基因的杂合子后代。通过观察这些基因缺失动物的特征及其行为变化，可确立被敲除基因与行为之间的关系。

每个基因可能会控制神经元内一个特定事件，从而影响行为。而复杂的行为性状，并不由某一个单一的基因决定。因而在行为性状的基因研究中，并不是为了要找到与某种性状有关的单一基因，而是要找到能够影响该性状的多个基因，即数量性状位点（quantitative trait locus, QTL）。根据表观遗传学的观点，与基因组的序列一样，基因组的修饰也包含有遗传信息。针对基因修饰的实验研究，主要内容有 X 染色体失活、DNA 甲基化、与 DNA 结合的组蛋白修饰等。

谁在指挥捕食和逃跑？

→ 基本概念

巴甫洛夫条件化	操作性条件化	操作性辨别学习	《防止虐待动物法》
《动物福利法》	《实验动物管理案例》		3R 原则
脑立体定位手术	立体定位图谱	脑立体定位仪	射频电损毁
化学损毁	神经毒素	电刺激	化学刺激
经颅磁刺激（TMS）	脑电图描记（EEG）	事件相关电位（ERP）	脑磁图描记（MEG）
微透析	放射性自显影	免疫细胞化学法	钙成像
计算机辅助断层成像（CT）		单光子发射计算机断层成像（SPECT）	
正电子发射断层成像（PET）		功能性磁共振成像（fMRI）	
行为遗传学	基因型	表现型	表观遗传学
基因敲除			

→ 思考题

1. 动物行为学模型常用的模式有哪些？举例说明这些行为学模型在某一研究领域（例如学习记忆）中的应用。

2. 常用的生理心理学技术主要有哪些？各自的特点是什么？哪些可用于对正常人类被试的生理心理学研究？

3. 总结各种脑成像技术的优势及其局限性。

4. 结合某一个具体实验，讨论脑损伤研究的优点与局限性。

5. 行为遗传学的研究目的是什么？

6. 如何区分遗传和环境因素对某种行为特质的不同影响？可以用于研究的方法有哪些？

7. 请利用本章讲述的技术手段就感兴趣的某个课题设计一系列实验。

第三章

心理与行为的神经基础

从动物最简单的动作到人类最复杂的思想或情感反应都是神经系统活动的产物。伴随着神经系统的发生、发育和衰老等自然变化，心理或行为功能也会经历幼稚、成熟和退化的过程。神经系统由中枢和外周两大部分组成，是动物调节自身行为或状态以适应环境变化的最重要的器官。外周神经系统由接收感觉信息的传入神经、支配肌肉运动的传出神经以及调节内脏和心血管系统自主活动的植物神经系统构成。中枢神经系统是感觉信息加工和行为整合的关键结构。

第一节　神经组织的构成

尽管脑的功能十分复杂，神经系统的联络遍布全身，但神经组织却只包括两类细胞：神经元和神经胶质细胞。前者的主要功能是信息的加工、整合和传导，而后者则起到了多方面的辅助支持作用。

一、神经元的形态、功能及分类

（一）神经元学说

大部分神经细胞的直径在 0.01～0.05mm 之间，超越了人肉眼能够看到的极限。对神经细胞形态的基本认识始于 17 世纪后期显微镜的出现。到 19 世纪，尼氏（Nissl）染色方法使科学家能够将神经细胞区别于其他细胞，但尼氏染色只能展示神经细胞核周围的部分基质。直到 1873 年，意大利神经解剖学家高尔基（Camillo Golgi，1843—1926）将脑组织切片浸泡铬酸银溶液以后，使神经细胞核周围结构和神经突被清晰地染色，神经细胞的全貌才第一次被真正呈现（图 3-1）。

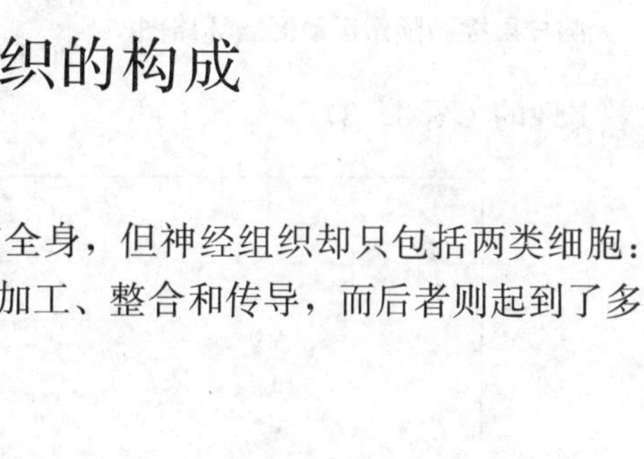

图 3-1　用高尔基染色法染色的神经元

西班牙神经解剖学家拉蒙-卡哈尔（Santiago Ramón y Cajal，1852—1934）是将高尔基染色法

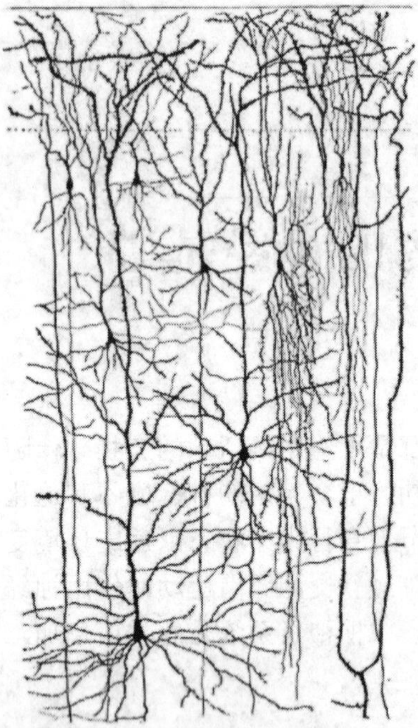

图 3-2　拉蒙-卡哈尔绘制的人类大脑皮层控制随意运动区脑环路图

应用得最成功的人。他观察到，高尔基染色下的神经元是分离的，不同神经元的突起彼此间不是连续的。他认为，神经元是神经系统结构和功能的基本单位，从表面看似乎独立的神经元必须通过接触来相互沟通。这个观点后来被称为**神经元学说**（neuron doctrine）。拉蒙-卡哈尔还认为，树突是输入端，轴突是输出端，信息只能沿着输入端向输出端传播，大脑及其神经元最重要的功能是对信息的处理。在之后的研究中，拉蒙-卡哈尔用高尔基染色法发现了许多脑区的环路（图 3-2）。

（二）神经元的形态和结构特征

与其他细胞的外部形态不同，**神经元**（neuron）由一个胞体（soma）和伸出的一些神经突（neurite）共同构成。大多数神经元从细胞体表面发出一个较长的突起，被称为**轴突**（axon），还有许多形状像树枝状的短突起，被称为**树突**（dendrite）。轴突的作用是将信息传递到其他相邻神经元的树突，而树突则主要负责收集或加工信息。神经元之间的联络是通过**突触**（synapse）来实现的（图 3-3）。

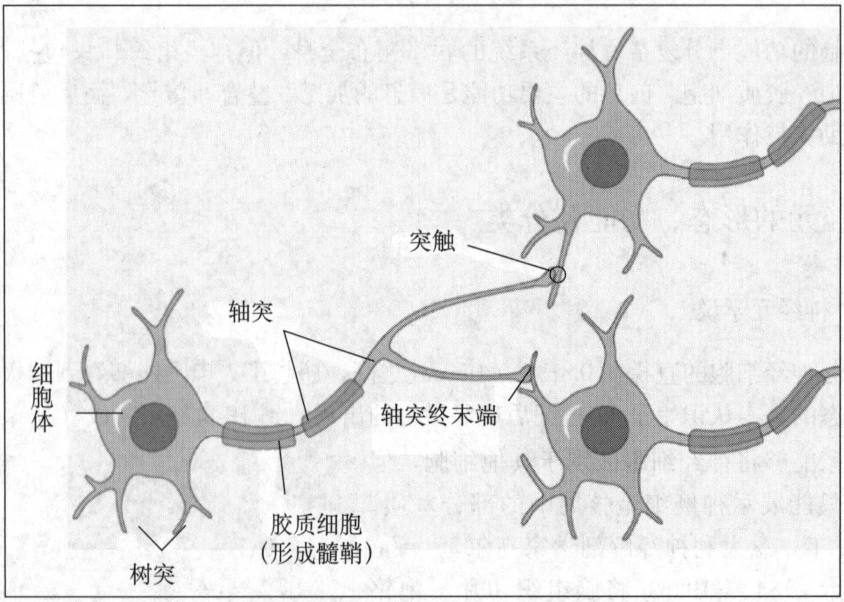

图 3-3　神经元的外部形态以及相互联络

轴突一般较长，有的可达 1m，直径也是可变的。轴突直径会影响传递速度，粗的轴突冲动传递得更快。人类神经元轴突的直径约在 1～25μm 之间变动，而枪乌贼的可达 1mm。与轴突的长度相比，树突一般要短小得多，大多数短于 1mm。作为神经元的触角，树突上遍布数以千计的突触。树突膜（突触后膜）上有许多特殊的神经递质**受体**（receptor)，负责接受其他神经元传来的化学信息。在树突上还布满一种被称为**树突棘**（dendritic spine）的特殊结构，它们对突触的活动量以及活动类型敏感。人的经历可能改变树突棘的数量与结构，表现出较强的神经**可塑性**（plasticity）。

（三）神经元的功能

神经元的工作就是信息处理，包括：(1) 收集信息，由树突从其他神经元、内部器官或者感官收集信息；(2) 加工信息，由树突、胞体和部分轴突共同对传入信息进行加工；(3) 传递信息，将经过加工的信息以电信号的形式，沿轴突传递到相邻或更远的位点；(4) 支配效应器活动，中枢的整合信息最终被传递到肌肉、腺体、器官等效应器，完成机体对刺激做出的最终反应。

在神经系统中，轴突属于能够长距离直接传递信息的结构。轴突一般较长，也不分支，只是在终端的末梢分叉出若干个**终扣**（terminal buttons）。终扣与其他细胞形成密切接触的结构被称为突触。突触由**突触前膜**（presynaptic membrane）、**突触间隙**（synaptic cleft）和**突触后膜**（postsynaptic membrane）三部分构成（图 3-4）。这也是经典的**化学突触**（chemical synapse）结构。突触前膜为轴突终扣的细胞膜，而突触后膜为另一个神经元的树突或胞体的细胞膜。突触前膜与后膜之间的空隙为突触间隙。在大多数突触中，沿轴突传递的电脉冲信号在轴突终末端引起神经递质的释放，并传递到突触后膜。不同的神经元可以释放不同的神经递质，突触后膜也存在不同的神经递质受体。在递质与受体结合后，化学信号可以被再次转换成为电信号（图 3-5）。

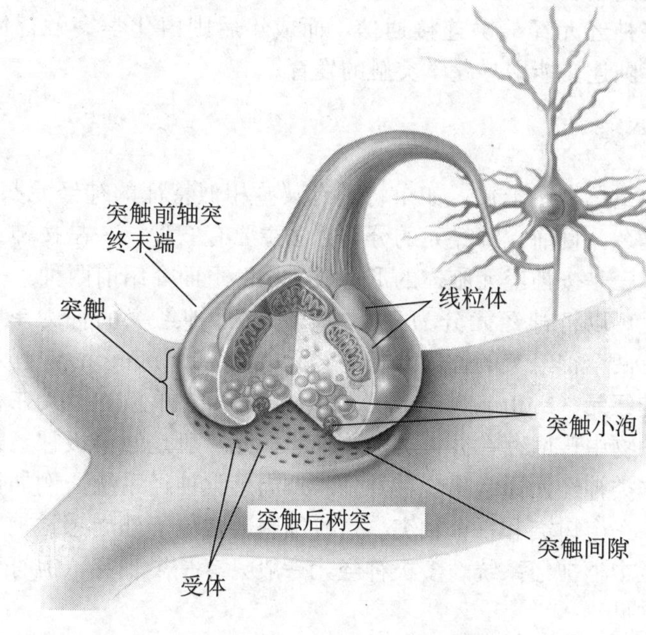

图 3-4　突触的结构和形态

电突触（electrical synapse）是神经元之间普遍存在的另一种信息传导形式。与化学突触不同，电突触之间没有间隙，它是由横跨邻接细胞的**缝隙连接**（gap junction）介导的电信息传递结构。缝隙连接有允许带电粒子通过的小孔，起电信息传递的作用。电突触

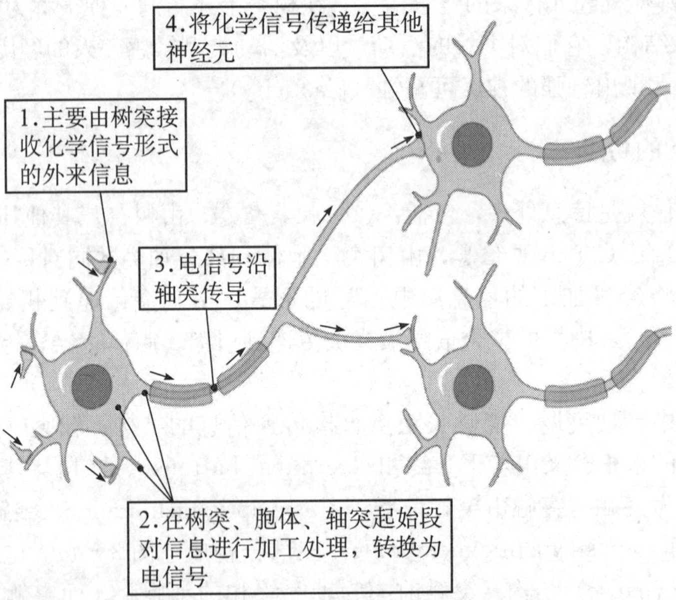

图3-5 神经元信号传递过程

在集群神经元的兴奋中有重要作用。当需要大量神经元同时兴奋来激活神经核团的某种功能时，缝隙连接的瞬时传导可以使这些神经元同时释放化学物质或递质。例如，下丘脑释放激素的分泌需要缝隙连接的同步电兴奋作用。缝隙连接似乎对脑的发育也有重要作用。新生的大鼠脑内某些神经元经缝隙连接通信，而成年后则由化学突触替代。已有研究证明，新生神经元的缝隙连接能引导化学突触的发育。

(四) 神经元的分类

人类神经元的数量可多达千亿。如果将具有某些相似特征的神经元归属于同一类别，神经元的分类并不复杂。目前，神经元的分类方法主要有三种：一是按神经突的数量，二是按神经元的功能，三是按神经元胞体的形态或大小。下面介绍前两种。

按神经突的数量可以将神经元分为三类：只有一个神经突的称为**单极神经元**（monopolar neuron)，有两个神经突的称为**双极神经元**（bipolar neuron)，有三个或三个以上神经突的称为**多极神经元**（multipolar neuron)（图3-6)。单极神经元在脊椎动物中较为罕见，但在无脊椎动物中普遍存在。人类的单极神经元一般是假单极神经元，神经突在胞体附近分为两支。这类神经元通常出现在脊髓和外周感觉神经系统，例如视网膜等。双极神经元有两个突起，一个树突和一个轴突。这些细胞通常位于外周感觉神经系统，将接收到的环境信息传导至中枢神经系统。多极神经元一般只有一个轴突，但有许多树突，在中枢神经系统中最为常见。

按功能神经元可分为三类：**运动神经元**（motor neuron)、**感觉神经元**（sensory neuron）和**中间神经元**（interneuron)。感觉神经元的细胞体一般位于外周神经系统，轴突进入脑或脊髓，将关于外界的信息传递到中枢神经系统。这些由轴突构成的神经纤维又被称为传入纤维或传入神经。运动神经元的胞体位于中枢，轴突的终扣散布于肌肉、腺体或外周神经节细胞之间，将信息从中枢神经系统传到外周的效应器。此类由轴突构成的神经纤

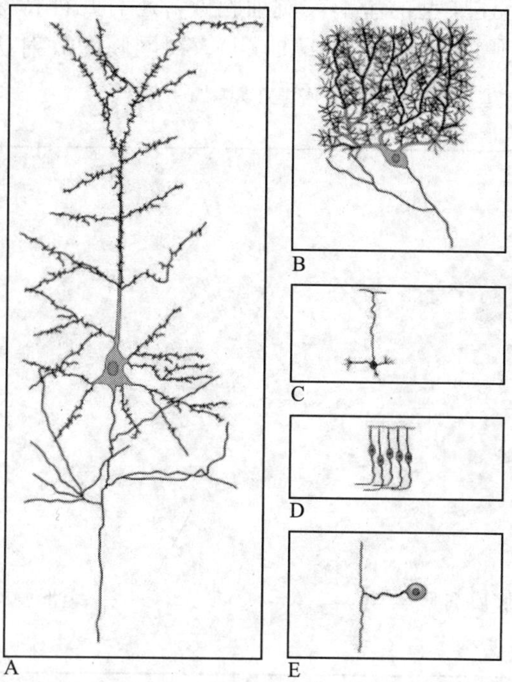

图 3－6　神经元的大小与形状

A 图：大脑皮层的大型锥体细胞（多极神经元）。B 图：小脑浦肯野细胞（大型多极神经元）。C 图：小脑皮层的颗粒细胞（小型多极神经元）。D 图：嗅觉感受细胞（双极神经元）。E 图：感觉神经节中的单极神经元（假单极神经元）。

维又被称为传出纤维或传出神经。中间神经元位于其他两个神经元之间，轴突和树突都很短，它们接收来自一个神经元的信息并将之传递给另一个神经元。在中枢神经系统中，大多数的神经元属于中间神经元。有时，神经元也可以按形态分成锥体细胞或星形细胞，或按大小进一步分成大锥体或小锥体细胞等等。

二、神经胶质细胞

神经胶质细胞（neuroglial cell）是神经系统中数量最多的细胞。它们的体积要比神经元小得多，但数量几乎十倍于神经元，所占脑容量超过 50%。胶质细胞与神经元一样也具有突起，但其突起不具有树突和轴突的功能。与神经元的不可再生性相比，胶质细胞终生具有分裂增殖的能力。胶质细胞在维持神经系统的营养、完整性以及对神经元的功能支持等方面起着重要的作用。

（一）胶质细胞的形态与分类

胶质细胞主要包括星形胶质细胞、少突胶质细胞和小胶质细胞，其中以星形胶质细胞数量最多、分布最广。

星形胶质细胞（astrocytes）在哺乳动物中枢神经系统内。星形胶质细胞的体积最大、数量最多。它们的胞体呈星形，并发出许多分支支撑于神经元的胞体和突起之间或毛细血管壁上（图 3－7）。除上述典型的星形胶质细胞外，还有几种特殊类型的星形胶质细胞，如小脑的伯格曼胶质细胞（Bergmann glial cell）、视网膜的放射状胶质细胞（radial neuroglial cell）和脑垂体等处的伸展细胞（tanycyte）。

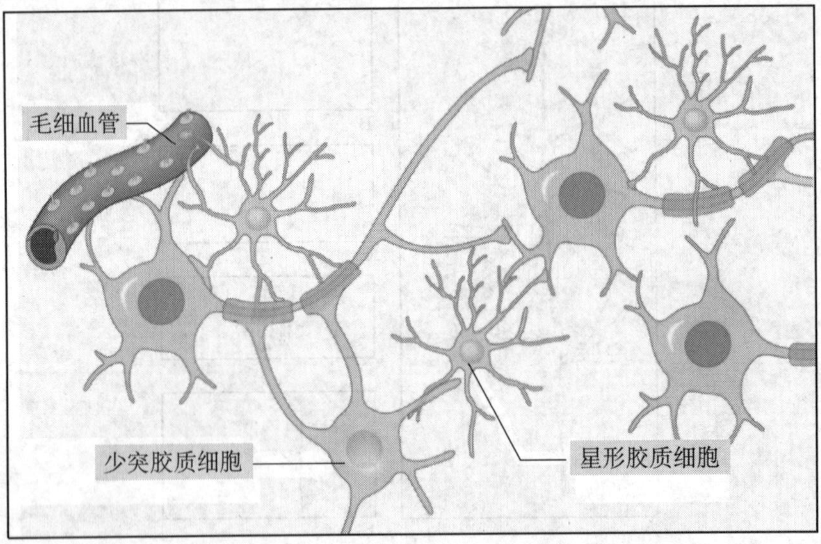

图 3－7　邻接毛细血管、神经元和突触的星形胶质细胞

另一类型的胶质细胞比星形胶质细胞小，其突起少而且较小，故被称为**少突胶质细胞**（oligodendrocytes）。少突胶质细胞在中枢神经系统内包绕轴突形成**髓鞘**（myelin sheath），为轴突提供隔绝外界的绝缘层。每个少突胶质细胞可环绕多个轴突，形成髓鞘（图 3－8）。

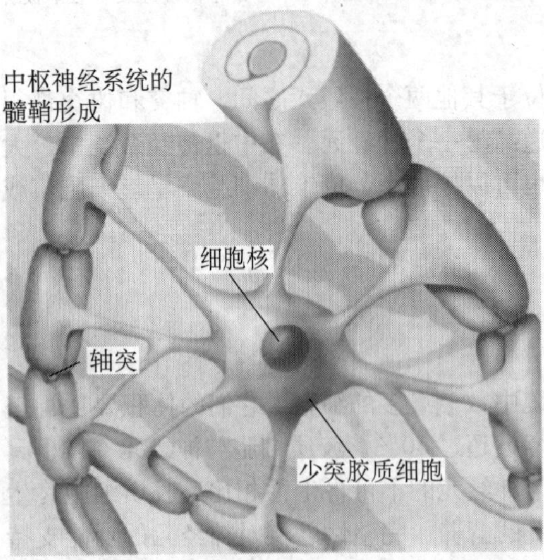

图 3－8　少突胶质细胞及其形成的髓鞘

还有一种最小的神经胶质细胞——**小胶质细胞**（microglia），其细胞体呈细长或椭圆形，分支的突起细长，表面有许多小棘突。它们在脑内起吞噬细胞的作用。

在外周神经系统，还有另一种形状扁平的胶质细胞，被称为**许旺细胞**（Schwann cell）。一些轴突被许旺细胞包绕形成髓鞘，而另一些只是镶嵌于许旺细胞的凹陷处形成无髓鞘轴突。

（二）胶质细胞的功能

神经胶质细胞有多种作用，对维持神经系统的结构完整与功能正常是必不可少的。

1. 为神经元提供营养和保护作用

星形胶质细胞的触角围绕并穿透血管，从血液中汲取营养物质输送至神经元，比如葡萄糖、水和氧等。它们也促使毛细血管壁细胞相互交叠和紧密连接，形成血液与脑之间的屏障即**血脑屏障**（blood-brain barrier），来阻隔可能对脑有害的物质进入。胶质细胞还分泌大量神经营养因子来维护神经元的正常机能，促进神经干细胞分化为神经元，引导发育神经元迁移并到达指定位置，调节神经元的正常凋亡等。

2. 代谢物的清除和免疫保护

神经元工作时会产生大量代谢物，比如二氧化碳和尿素，遭受损伤后也会出现死亡。胶质细胞特别是小胶质细胞和星形胶质细胞，会收集神经元的代谢产物或者死亡细胞，并将之吞噬处理。小胶质细胞还能分泌杀死微生物的化学物质，识别入侵者的蛋白质片段，激活免疫反应来消灭外来物质。

3. 对神经元的功能支持作用

胶质细胞会将轴突反复包绕，形成一种被称为**髓磷脂**（myelin）的脂肪物质。髓磷脂是将轴突与细胞外液隔绝的一种特殊绝缘层，也被称为髓鞘（图 3-9）。在中枢神经系统内形成髓鞘的胶质细胞为少突胶质细胞，而在外周为许旺细胞。一根轴突被多个胶质细胞分段包绕，但在相邻的髓鞘之间约有 1μm 长的轴突没有被覆盖，这个中断被称为**郎飞氏结**（Ranvier node）。在髓鞘神经纤维中，电信号能在轴突的郎飞氏结之间跳跃传导，因而可以保持快速又不衰减的传递。无脊椎动物没有髓鞘神经纤维，传导速度加快的途径是增大轴突的直径，例如，枪乌贼有直径巨大的轴突，以增加神经信号的传导速度。

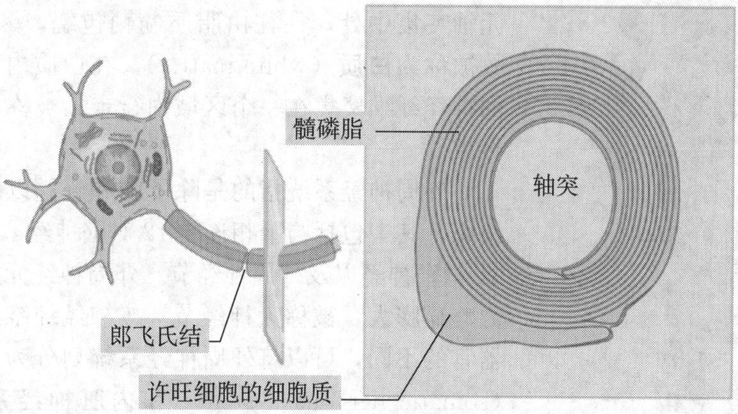

图 3-9　许旺细胞与有髓鞘的轴突

神经胶质细胞也有与其他细胞通信的受体或缝隙连接。例如，星形胶质细胞表面有大量不同类型的受体，可以被神经递质激活；缝隙连接在星形胶质细胞或其他神经细胞之间也能找到。另外，突触周围有 33%被星形胶质细胞包围。星形胶质细胞有促进突触成熟和维持突触稳定的功能，其突起在调节递质的释放和摄取过程中也起重要作用。

4. 对神经系统结构的支撑作用

除了为轴突提供覆盖层外，少突胶质细胞和许旺细胞还给神经系统提供结构上的支持。它们包裹神经细胞的胞体，将不同组的神经元分隔开来，因而形成神经系统结构的支撑框架。到神经元死亡时，不会有新的神经元来代替死亡细胞。此时，胶质细胞会来收拾残骸，星形胶质细胞会形成疤痕组织来填充死亡细胞留下的空间。

果蝇幼虫大脑部分神经元连接图绘出

第二节　神经系统的分类、结构和功能

一、神经系统概述

（一）神经系统分类

神经系统（nervous system）是动物协调机体内外活动以适应生存环境的重要器官。神经系统按所在位置可以划分为**中枢神经系统**（central nervous system，CNS）和**外周神经系统**（peripheral nervous system，PNS）两个部分（图3－10）。

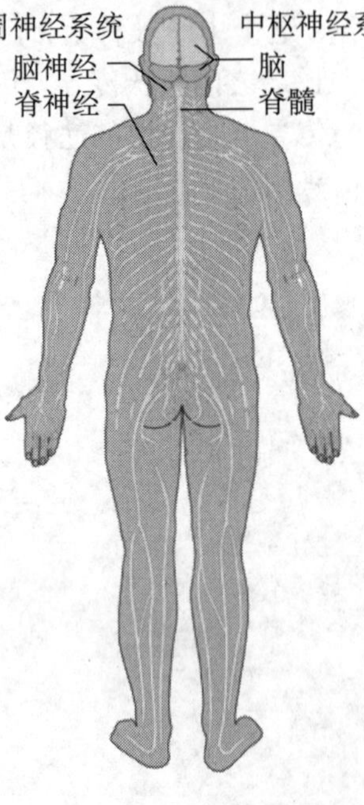

图3－10　中枢神经系统与外周神经系统

中枢神经系统被颅骨与脊柱包被，由脑和脊髓构成。在脑和脊髓内部神经元胞体和树突集中处，由于脂质髓鞘较少，色泽显得较灰暗，因而被称为**灰质**（gray matter）。除了神经元相对集中的皮层灰质以外，皮层下功能相同的神经元胞体聚集的灰质被称为神经核。而神经元轴突集中处，往往由脂质髓鞘包绕，因而颜色发白，故被称为**白质**（white matter）。在白质内部，功能相同的神经纤维聚集在一个区域内行走，被称为纤维束或传导束。

外周神经系统指的是除了脑和脊髓以外的所有神经组织，其中包括与脑相连的12对脑神经、与脊髓相连的31对脊神经以及外周神经节。外周神经元胞体聚集的地方略显膨大，被称为神经节。按神经纤维所联系或支配器官的不同，可以将外周神经系统划分为**躯体神经系统**（somatic nervous system）和**内脏神经系统**（visceral nervous system）。躯体神经包括感觉器官的传入神经和支配骨骼肌运动的传出神经，所支配的效应器活动可被随意控制。传入和传出神经分别起着外周向中枢或中枢向外周传递神经冲动的作用。内脏神经活动受控于**自主神经系统**（autonomic nervous system），所支配的效应器活动不能被随意控制，因而又被称为**植物神经系统**。内脏神经包括分布在内脏、腺体和心血管等部位的感觉传入纤维和控制平滑肌运动的传出纤维。内脏神经按其作用的不同可进一步分为**交感神经**（sympathetic nerve）和**副交感神经**（parasympathetic nerve）。

（二）脑（脊）膜、脑室和脑脊液

脑是身体中结构最精密、功能最复杂、状态最脆弱的器官。正常的脑组织呈胶冻状，非常柔软。以人类的脑为例，在离体状态下，平均重量为1 400g的新鲜脑组织不可能用手来完整地移动。如果没有某种保护机制，难以想象如此柔软而沉重的器官在激烈运动时如何保持完整。事实上，大脑除了被坚硬的颅骨保护之外，脑脊液的作用也同样重要。在封闭的颅腔内，脑脊液不仅可以增加脑的浮力，也可以缓冲外力对脑的振荡作用。此外，脑脊液在脑组织间隙的循环还可提供营养物质并清除代谢物、药物或其他化学物质。

脑和脊髓的表面都覆盖着一些膜组织，通称为脑（脊）膜。脑膜分为外、中和内三层。最外层的膜坚硬、柔韧而无弹性，叫**硬膜**（dura mater）；中间一层由薄而柔软的血管和液管系统组成，类似蜘蛛网，故称为**蛛网膜**（arachnoid layer）；紧贴大脑和脊髓表面的脑膜叫作**软膜**（pia mater）。硬脑膜与蛛网膜之间形成的间隙叫作**硬膜下腔**（subdural space）；蛛网膜与软膜之间形成的间隙叫作**蛛网膜下腔**（subarachnoid space）。外周神经系统只有硬膜和软膜覆盖在脑神经、脊神经和外周神经节的表面。除了脑膜间形成的间隙以外，脑组织内部还存在一些相互连通的较大的腔室，通称为**脑室**（ventricle）。**侧脑室**（lateral ventricle）是最大的脑室，分别位于左、右大脑半球内侧面，并与第三脑室相通。第三脑室位于脑的中线附近，通过大脑导水管连接第四脑室。在动物实验研究中，常常用脑室内注射药物的方法，观察药物扩散到周围一些核团以后对行为的影响。

脑室以及脑膜间隙内充满了流动着的**脑脊液**（cerebrospinal fluid，CSF），中枢神经系统浸泡在澄净透明的脑脊液中。脑脊液源自血液，成分类似血浆，日平均产量为400～500ml，主要由侧脑室、第三和第四脑室内的**脉络丛**（choroid plexus）产生。脉络丛分布于每个脑室壁，具有极丰富的血液供应。脑室脉络丛生成的脑脊液汇集流入整个中枢的蛛网膜下腔，并可以被重吸收入血液循环。蛛网膜有一种叫作**蛛网膜绒毛**（arachnoid villi）的特殊结构，它的作用类似于“单向阀”。当静脉压力低于脑脊液的压力时，蛛网膜绒毛打开，脑脊液流向血管；若静脉压力高于脑脊液的压力，蛛网膜绒毛则关闭，阻止血液流入脑室。这种结构可以保持脑内压力的平衡和稳定。

二、中枢神经系统的结构和功能

脑位于颅腔内，可分成前脑、中脑和后脑三个部分。前脑包括左右两个大脑半球和间脑，中脑主要有大脑脚和四叠体，而后脑包括小脑、脑桥和延髓。脊髓位于脊柱内，可分成颈髓、胸髓、腰髓、骶和尾等五节。

（一）大脑半球及其功能协调

大脑由形态较为对称的左右两个脑半球（cerebral hemisphere）组成（图3-11）。哺乳类动物的大脑半球包括大脑皮层、边缘系统以及基底神经节等重要结构。大脑皮层分为额、颞、顶和枕等叶，边缘系统包括岛叶、海马、杏仁核以及隔区等重要结构或核团。在演化上，大脑皮层属于新皮层系统，而边缘系统则属于古旧脑系统。

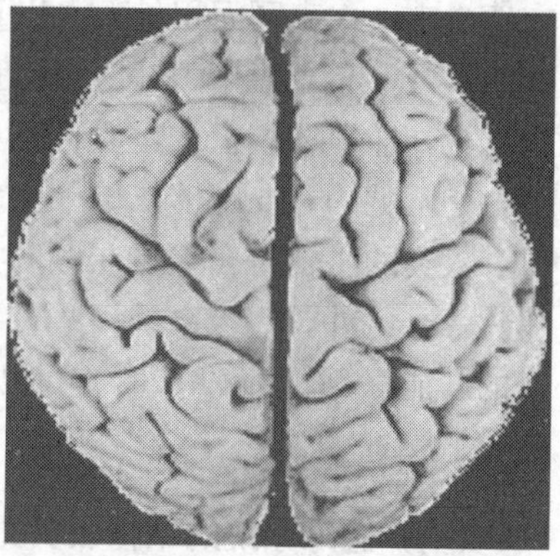

图3-11　两个脑半球

人类的大脑半球尽管在形态上对称，但在功能上已经出现较为明显的单侧化优势现象。许多研究结果都表明，人类在语言和逻辑功能上具有较突出的左侧半球优势，而在形象或音乐功能上存在右侧半球优势。但事实上，一些新的研究已证实两半球的协同工作具有更重要的意义。两个半球之间的信息交流和协调是通过**胼胝体**（corpus callosum）、**前连合**（anterior commissure）等联合纤维来实现的。除了两半球之间的协调以外，同侧半球的交流和协调则通过联合皮层来实现。感觉区和运动区以外的大脑皮层区域叫作**联合皮层**（association cortex）区，主要负责不同感官或感觉与运动的信息整合。该区在大脑皮层所占比例的大小也标志着演化程度的高低。

（二）大脑皮层的分区及其功能

大脑皮层（cerebral cortex）是神经系统演化的产物。在脊椎动物从低级到高级的演化过程中，大脑皮层占全脑的比例在不断增加，人类有 70%的神经元位于大脑半球外层的大脑皮层。从形态上看，人类的大脑皮层表面像布满皱褶的核桃，形成了许多沟、回和裂，而低等动物的大脑皮层表面相对平坦，沟回也很少。大脑皮层占全脑的比例及沟回的多少与脑功能的复杂性相关。哺乳类动物大脑皮层可按沟回划分成**额叶**（frontal lobe）、**颞叶**（temporal lobe）、**顶叶**（parietal lobe）和**枕叶**（occipital lobe）等四个区域（图 3 - 12；见书前彩图）。

演化过程中脑功能的皮层化倾向，导致人类大脑皮层区域的特异性功能定位较为明显。临床上很早就发现，左侧额叶中央前回的布洛卡区受损，患者能听懂或看懂语言，但不能用口语表达。后来的研究陆续证实，额叶后部的中央前回与躯体运动的控制有关。身体每一个运动部位在此处都有代表区，动作越精细的部分代表区面积越大，例如，手和嘴的运动区面积最大。额叶支配躯体运动的皮层被称为**运动皮层**（motor cortex）和**前运动皮层**（premotor cortex）。除了运动皮层和前运动皮层以外，额叶的其他部分被称为**前额皮层**（prefrontal cortex）。前额皮层涉及工作记忆、计划以及决策等诸多复杂的认知功能，例如，前额叶损伤的病人会出现智力、推理或社交等障碍。

人类大脑皮层的额叶、顶叶和枕叶同样具有特异性的功能定位。顶叶的初级和次级躯体感觉皮层位于中央后回，与额叶运动区隔中央沟相望。皮肤或躯体的所有感觉都在此加工，包括触摸、压力、温度以及疼痛等感觉。感觉中枢代表区面积的大小与身体感觉分布面积的大小无关，而与感觉的敏感性有关，例如，手和舌头等敏感性最高，因而在感觉皮层代表区面积最大。以顶枕沟为隔，枕叶位于顶叶的后方。枕叶的初级视觉区位于距状裂（布鲁德曼 19 区）附近，主要功能是加工处理视觉信息。初级视觉区病变会导致盲视，即视网膜正常，但看不见东西。枕叶是视觉语言主要加工区。颞叶位于大脑的两侧，是听觉的主要中枢。如果由上而下对颞叶进行刺激，将会“听到”音调由低向高的变化。人类的听觉语言主要在颞叶加工。颞叶还参与许多重要的感觉信息的加工，如味觉、嗅觉等。此外，边缘系统一些重要结构包括杏仁核和海马等位于颞叶内侧，与颞叶存在密切的功能联系。所以，颞叶的损伤也会影响面部表情、情绪活动或情绪相关的记忆功能等。

（三）边缘系统的结构及其重要功能

边缘系统（limbic system）是大脑在演化中最早发展起来的一些皮质结构，因结构之一“边缘叶”（limbic lobe）而得名。它尤其指位于大脑皮层内侧以及周围的一些较古老的皮质和核团，主要包括海马、杏仁核、边缘叶、岛叶、隔区、乳头体、中脑被盖以及下丘脑等结构（图 3-13）。边缘系统是低等动物获得应对环境变化经验的最高中枢，并控制着摄食、搏斗和繁衍等与生存有关的一系列本能行为。例如，海马的完整对动物学习记忆十分重要；杏仁核与情绪记忆关系密切；下丘脑与饮食、饮水、性活动等诸多行为控制有关，也是“快乐中枢”所在。

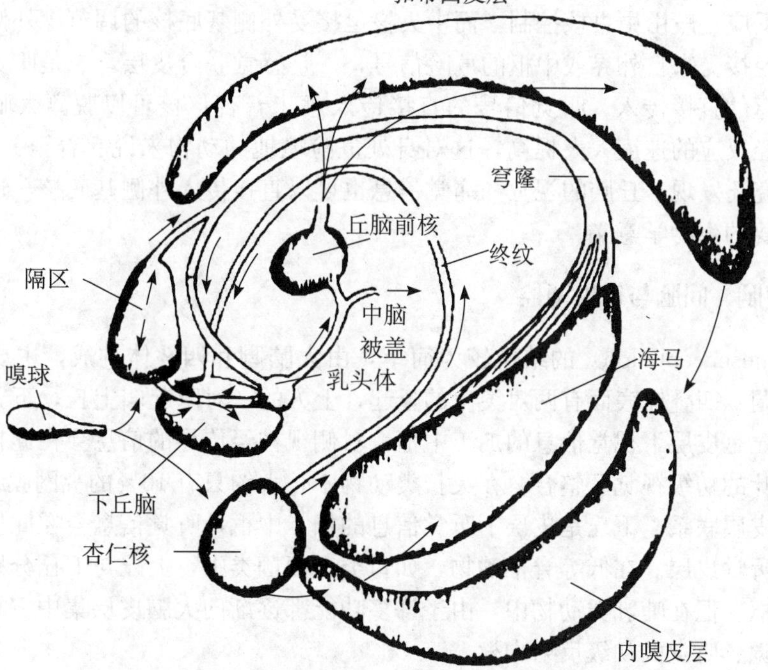

图 3-13　边缘系统的结构位置及示意图

在较早的时候，研究者更关心边缘系统与情绪反应的关系。帕佩兹（James Papez，1883—1958）曾提出情绪环路的概念。他认为扣带回→海马→穹隆→乳头体→丘脑前核→扣带回形成情绪反应的主要回路，新皮层可以通过扣带回调节情绪反应。这条通路又被称为帕佩兹环路。后来的研究证据进一步表明，引起情绪反应的通路不仅仅是帕佩兹环路，海马→杏仁核→下丘脑→前额叶→联合皮层→海马这一神经通路，对情绪反应具有更重要的作用。联合皮层既可以通过扣带回调节海马的情绪活动，也可以通过与海马的双向联系调控海马-杏仁核的情绪记忆行为。另外，大脑皮层、边缘系统和中脑之间还存在一些往返通路，控制着与奖赏或动机活动有关的行为。例如，前额叶→伏隔核、杏仁核→腹侧被盖→伏隔核以及海马→腹侧被盖→伏隔核等。

由于人类大脑新皮层的高度发展，低位皮层或核团的许多复杂的功能逐渐上移到高位皮层。在这个演化过程中，边缘系统的作用被大脑新皮层所调节，逐渐退居从属地位。但是，高位皮层仍然通过边缘系统控制着人基本的学习记忆、情绪反应、内脏活动以及一些本能行为。在一般情况下，即使高位中枢完好，若低位结构受损，也会引起行为障碍。例如，脑震荡引起的海马创伤会导致逆行性遗忘；切除患者的杏仁核与其他核团的联络，可以阻断成瘾者的药物依赖，但正常的情感体验或记忆也会丧失。

海马（hippocampus）是边缘系统最重要的结构。它在侧脑室底部形成弓形隆起，头端呈扇形膨大，尾部逐渐变细，形状类似海马。膨大的头端和延长的尾部合称为海马结构。有研究表明，海马在学习记忆中起着信息筛选或调度作用。海马头端主要通过旁嗅球联络大脑皮层不同感觉区，与不同类型的记忆保存和提取有关。它还联络中脑内许多重要核团，与情绪记忆、习惯学习以及本能行为的调节有关。

杏仁核（amygdala）由中央核和外侧基底核两部分构成，也是边缘系统中最重要的古老核团之一。面对环境的危险时，动物产生恐惧反应和逃跑行为是生存的基本需要。情绪生理或行为反应一般由中央核控制，而中央核也接受外侧基底核的调节。外侧基底核主要通过三条途径接受来自外界或中枢的危险信号，一是感觉联合皮层，二是听觉皮层，三是丘脑听觉中枢的直接传入。听觉信号的直接传入意味着杏仁核可以脱离大脑皮层独立工作，并使神经反应的速度大大提高，这对身处危险境地的动物来说起着至关重要的作用。近年来的研究还发现，丘脑的视觉和痛觉信息也可以直接传入外侧基底核，这对动物逃避危险具有重要的生物学意义。

（四）中脑、间脑与行为调控

中脑（mesencephalon）的结构较为简单，由大脑脚和四叠体构成，主要参与感知觉和运动的协调。四叠体表面有两对突出的隆起，上方的一对隆起叫上丘，下方的一对隆起叫下丘。上丘是皮层下视觉信息的加工中枢，对侧视神经传导的信息会在此换元后，再传导到同侧枕叶的初级视觉区整合。在灵长类动物中，大约只有10%的视网膜纤维通过上丘与大脑视觉皮层联系。下丘是皮层下听觉信息的加工中枢，听觉信息会在此换元后再发送到同侧颞叶听觉皮层。在低等脊椎动物，如鱼类、两栖类中，上丘与下丘分别是视觉与听觉的高级中枢。但在哺乳类动物中，由于许多功能都逐渐向大脑皮层集中，上、下丘仅为皮层下的视觉、听觉的初级反射中枢。

间脑（diencephalon）位于中脑的前上方，包括下丘脑、丘脑和后丘脑等三个主要部分，有许多感知觉或本能活动相关的重要核团位于其中。**下丘脑**（hypothalamus）位于间脑下丘脑沟以下，既是神经内分泌调节中枢，也是内脏活动调节中枢。下丘脑是高位中枢传出纤维的中转站，在大脑皮层的直接影响下，下丘脑将神经和体液调节融为一体，对激素分泌、体温、饮食、觉醒、快感、睡眠和性行为等进行广泛的调节。**丘脑**（thalamus）在后上方邻接下丘脑，被内侧Y形白质纤维板分割成前、内和外侧三大部分灰质。在这些灰质中有大量的与感觉相关的中继核团，来自全身的躯体浅、深感觉都先到达此处换元之后，才会发出新的投射纤维到达大脑皮层。也就是说，丘脑是全身感觉信息传入大脑皮层的最后一个中继站，也是皮层下感觉信息初步加工整合的中枢。若一侧丘脑有损伤，就会导致对侧身体的感觉障碍。丘脑后部的延伸部分称为**后丘脑**（metathalamus），主要包括内、外侧膝状体。内、外侧膝状体分别接受外周听觉和视觉的传入纤维束，再分别发出投射纤维到大脑颞叶和枕叶皮层。因此，内、外侧膝状体分别是听觉和视觉的传导中继站。在灵长类动物中，大约有90%的视网膜纤维是通过外侧膝状体换元后投射到视觉皮层的。

（五）后脑、脊髓的基本结构和功能

后脑（metencephalon；图 3－14）包括小脑、脑桥和延髓等结构，而延髓、脑桥通常又合称为**脑干**（brainstem）。

小脑（cerebellum）位于大脑半球后方，覆盖在脑桥及延髓之上，横跨在中脑和延髓之间。小脑的表层为灰质，称为小脑皮质，内部有若干灰质块，统称为中央核，其中最大的是齿状核。按机能可将小脑分为**前庭小脑**或称**古小脑**（archicerebellum）、**旧小脑**（paleocerebellum）以及**新小脑**（neocerebellum）。前庭小脑有调整肌紧张、维持身体平衡的作用；旧小脑控制肌肉张力和协调性；而新小脑影响运动的起始、计划和协调，包括确定运动的感觉、力量、方向和范围等等。小脑受损或发育不良，机体将不可能完成走路或跑步等动作的协调。此外，近年来发现小脑还与学习记忆功能有关。

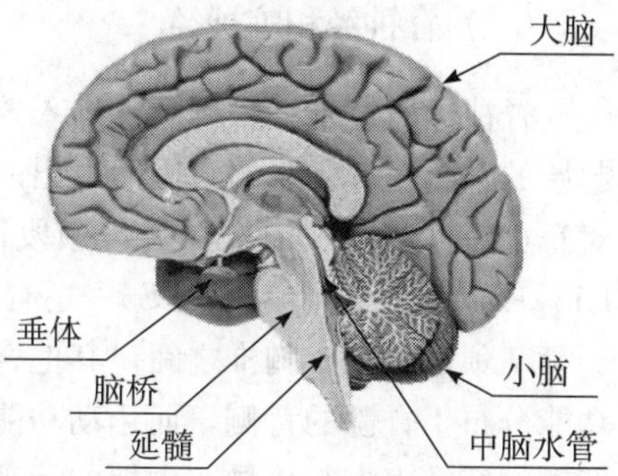

图 3－14　后脑的构成

脑桥（pons）位于中脑与延髓之间。脑桥的神经纤维经小脑皮质，可将神经冲动自一侧小脑传至另一侧，使之发挥协调身体两侧肌肉活动的功能。**延髓**或称**延脑**（medulla oblongata），上与脑桥相接，下与脊髓相连。有许多控制生命活动最基本的中枢都位于延脑，包括心率、呼吸、吞咽等。延髓还是许多感觉和运动纤维传导的必经之路，其中一些来自机体的上行冲动能传至大脑皮层，对睡眠或维持觉醒有重要作用，而高位中枢的下行冲动参与肌紧张和躯体运动的调节。另外，延髓内一些神经核团接受内脏感觉传入，参与内脏运动及腺体分泌的调节。

在间脑、中脑、脑桥和延髓的中央区域，有一些散在的神经细胞或小核团，它们的纤维纵横穿行交织成网，故被称为脑干**网状结构**（reticular formation）。网状结构的核团和纤维束有两个特点：一是没有感觉或运动功能的特异性；二是发出的纤维广泛地投射到全脑的许多区域。网状结构投射至大脑皮层的上行系统以激活功能为主，而下行系统以抑制功能为主。脑干网状结构大致包括几方面功能：

（1）反射性地调节内脏活动，如心跳、血压和呼吸等等。

（2）通过上行系统兴奋或抑制大脑皮层，调节觉醒或意识状态。

（3）通过下行系统调节肌紧张。

此外，新近的研究表明，网状结构还参与中枢诸多不同的功能的调节，如注意、感觉、学习记忆、情绪反应以及运动模式的组织等等。

脊髓（spinal cord）位于椎管内，起始于枕骨大孔，终止于尾骨，呈扁圆柱形。根据对应的身体部位，可将脊髓分成颈（cervical）、胸（thoracic）、腰（lumbar）、骶（sacral）和尾（coccygeal）等五段。脊神经共有 31 对，每一条脊神经都由外周的传入纤维和中枢的传出纤维构成，并通过脊髓传递着有关感觉和运动的信息。脊髓各段分别接受来自不同部位皮肤、肌肉和器官的感觉信息，并且传出冲动来控制身体特定部位的运动或活动：肩、臂和手部由颈段的脊神经支配；胸以上部位或器官由胸段的脊神经支配；腹腔脏器、腹部以及腿部、脚部由腰段的脊神经支配；骶段的脊神经支配骨盆内的器官，包括生殖

器、膀胱和直肠；有尾的动物，尾段脊神经可以控制尾巴的感觉和运动，而人类的尾段脊神经仅支配肛门周围的皮肤和肌肉。

三、外周神经系统的结构和功能

（一）脊神经和脑神经

脊神经通过椎管的椎间孔出入脊髓并与外部相连。前面我们已经提到，脊神经是根据起始的脊髓区域命名的，因而发出的脊神经数目与该段脊椎骨数目基本对应。人类的31对脊神经可按顺序依次命名：颈段依次为C1～C8，胸段依次为T1～T12，腰段依次为L1～L5，骶段依次为S1～S5，还有1对尾神经。C1出入于第一颈椎的上方，而C8出入于第7颈椎和第1胸椎之间，其他脊神经按此顺序分别出入于相应的椎间孔。脊髓的感觉功能分布于脊髓的背侧，而运动功能则受脊髓腹侧的调节。外周传入的感觉信息沿着脊髓背侧的纤维束上行传导，中枢的运动传出信息沿着脊髓腹侧面的纤维束下行传导。躯体感觉神经元的胞体位于脊髓的背根神经节，其轴突主干在胞体近端侧分出两支，其中一支与感觉器官相连，另一支进入脊髓后角。这类感觉神经元属于假单极神经元。腹根的运动神经元胞体位于脊髓灰质内，其轴突离开脊髓经腹根支配肌肉和腺体。这类运动神经元属于多极神经元。

脑神经共有12对。它们从脑内相应的核团发出，经颅底的孔裂出入颅腔，左右成对，主要分布于头面部，属于外周神经系统。脑神经的分类相对复杂，其中有些成分单一，但有些既包含躯体神经，也包含自主神经。按所含纤维的成分和功能的不同，可以把脑神经分为感觉神经、运动神经和混合神经等三类。视神经、嗅神经和前庭蜗神经等属于感觉神经，分别接受视觉、嗅觉或听觉和平衡觉等的传入信息；动眼神经、滑车神经、展神经、副神经和舌下神经等属于运动神经，分别支配眼球、颈部、舌、咽等部位的骨骼肌运动；而三叉神经、面神经、舌咽神经属于混合神经，它们除了分别接受味觉或头面部的不同部位感觉传入以外，还支配面部表情、咀嚼和吞咽等肌肉运动。迷走神经是脑神经中行程最长，分布范围最广的神经，属于副交感神经。它除了接受味觉传入以外，还弥散地分布在整个胸腔和腹腔，接受胸和上腹部内脏的感觉，并支配颈、胸和上腹部的平滑肌运动。

（二）自主神经系统

自主神经系统包括交感神经系统和副交感神经系统。交感运动神经元的胞体位于胸、腰段脊髓的灰质。这些节前神经元的纤维经腹根离开脊髓，在加入脊神经之后进入交感神经节。每个交感神经节与上、下临近的神经节相连，形成交感神经节链。节前神经元有些轴突可进入器官内的其他交感神经节内换元，再由节后神经元发出纤维支配脏器。副交感神经节前神经元的胞体位于迷走神经神经核和脊髓骶区灰质的中间角内。副交感节前神经元纤维可直接支配脏器，也可以在广泛分布于脏器附近的副交感神经节内换元后再支配脏器。

体内几乎所有的脏器的活动都受这两个系统调控，但是二者的功能有时却截然相反。

例如，交感神经兴奋使瞳孔收缩、血压升高、呼吸频率加快、心率加快、唾液分泌减少、肠蠕动减慢，而副交感神经兴奋则使瞳孔放大、血压下降、呼吸频率减慢、心率减慢、唾液分泌增加、肠蠕动加快等等。交感神经主要参与机体消耗能量的活动，如应激、搏斗或情绪激动等。副交感神经主要参与机体存储能量的活动，如情绪平静、睡眠状态等等。交感或副交感神经系统的作用有时还取决于相应的受体分布的类型，例如，同样的受体在不同器官中所起的作用截然不同，或者同类递质的不同受体亚型存在着相互拮抗作用等。交感神经系统和副交感神经系统之间的协调活动也会影响知觉、注意、学习和其他认知活动。

第三节　神经系统的形成和发展

神经系统的变化贯穿于个体发生、发育、成熟和衰老的整个生命发展过程。这个变化是以神经细胞增殖、迁移、分化、突触发生、凋亡、突触重建以及衰亡等一系列生物事件的发生为基础的。这些事件发生的最直接后果是脑的重量和体积发生改变，因而脑重量和体积的变化是反映神经系统变化过程的重要指标之一。在导论中我们已经呈现了人类脑重量一生变化的规律，在本节里我们还会进一步探讨脑的发生、发育、成熟和老化的基本过程，特别是在脑发育的关键期所发生的一系列事件的基本生物学机制。尽管大脑的结构和功能都极其复杂，但我们通过对发育过程基本特征的了解，可以加深对脑与行为相互作用关系的认识，从而有助于更好地理解个体行为的发生和发展。

一、神经系统早期的结构和形态变化

人类的神经系统发育始于胚胎早期。卵细胞受精后 12 个小时就开始分裂，3 天之后分裂成直径 200μm 的细胞簇。1 周之后，这些细胞簇分化成内、中和外三个不同的胚层。内胚层会向内脏器官演变，中胚层会成为骨骼和骨骼肌，而外胚层则形成皮肤、毛发和神经系统。

大约在卵细胞受精后 18 天，位于背侧中线处的外胚层开始增厚形成神经板，神经板的边缘逐渐突起成神经嵴，并沿纵向向内卷曲。在第 22 天，神经嵴彼此融合形成神经管。此后，神经管周围组织不断地延长和增厚，较细的后段衍化为脊髓，膨大的前段衍化为前脑、中脑和后脑。前脑由视泡和端脑泡组成，视泡最终会成为视神经和视网膜，而端脑泡分化成嗅球和大脑半球；中脑泡背侧发育成顶盖，腹侧成为被盖；后脑分化成为小脑、脑桥和延髓。到胚胎 3 个月时，脑雏形的分化已基本完成。在 5 个月时，胎儿大脑开始迅速发育。到 7 个月时，脑细胞的分裂出现第一个高峰。至第 10 个月分娩期时，脑的体积已显著增大，大脑皮层的沟回已明显形成。见图 3 - 15。

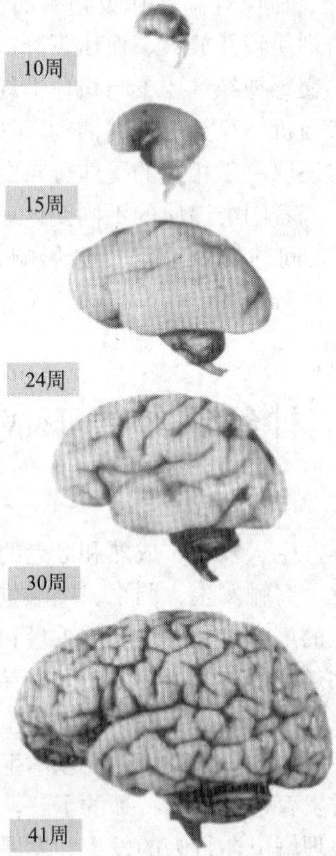

图 3-15　在人类胚胎发育的不同阶段，脑的体积、外形和皮层沟回形成的演变过程

资料来源：Larroche J C. Developmental pathology of the neonate. New York：Excerpta Medica，1977.

二、神经系统发育的基本过程

从一根管状结构成为包括上千亿个细胞的复杂结构，神经系统的发育经历了增殖、迁移、分化、突触发生、神经元凋亡和突触重建等六个主要事件。但是，这些事件并不一定按顺序发生，而是时间上相互重叠、机制上相对独立的过程（图 3-16）。

从卵细胞受精后的第 4 周开始，位于神经管内侧壁的神经干细胞快速分裂并转化成神经细胞。神经干细胞分裂、转化成神经细胞的过程称为神经细胞**增殖**（proliferation）。在人类脑泡壁细胞增殖的峰值期，新神经细胞的增殖速度可达每分钟 25 万个。哺乳动物的神经细胞增殖主要完成于胚胎期，到出生时，其神经元数目就已经基本确定了。因此，人类出生后脑重量的持续变化与神经元数量无关，而主要与胶质细胞或髓鞘数量增加有关。另外，神经元大小、树突分支或突触微结构的生长也是脑重量变化的重要原因。也有新的发现报告，在人类或一些哺乳类动物成年后，某些脑区仍然能产生少量新的神经元，其发生率与学习、丰富的经历或多变的环境有关。

新生的神经细胞并非无序移动，而是按一定规则向指定位置**迁移**（migration）。神经细胞的迁移始于卵细胞受精后第 6 周，大致止于出生早期。在此阶段内，一些信号分

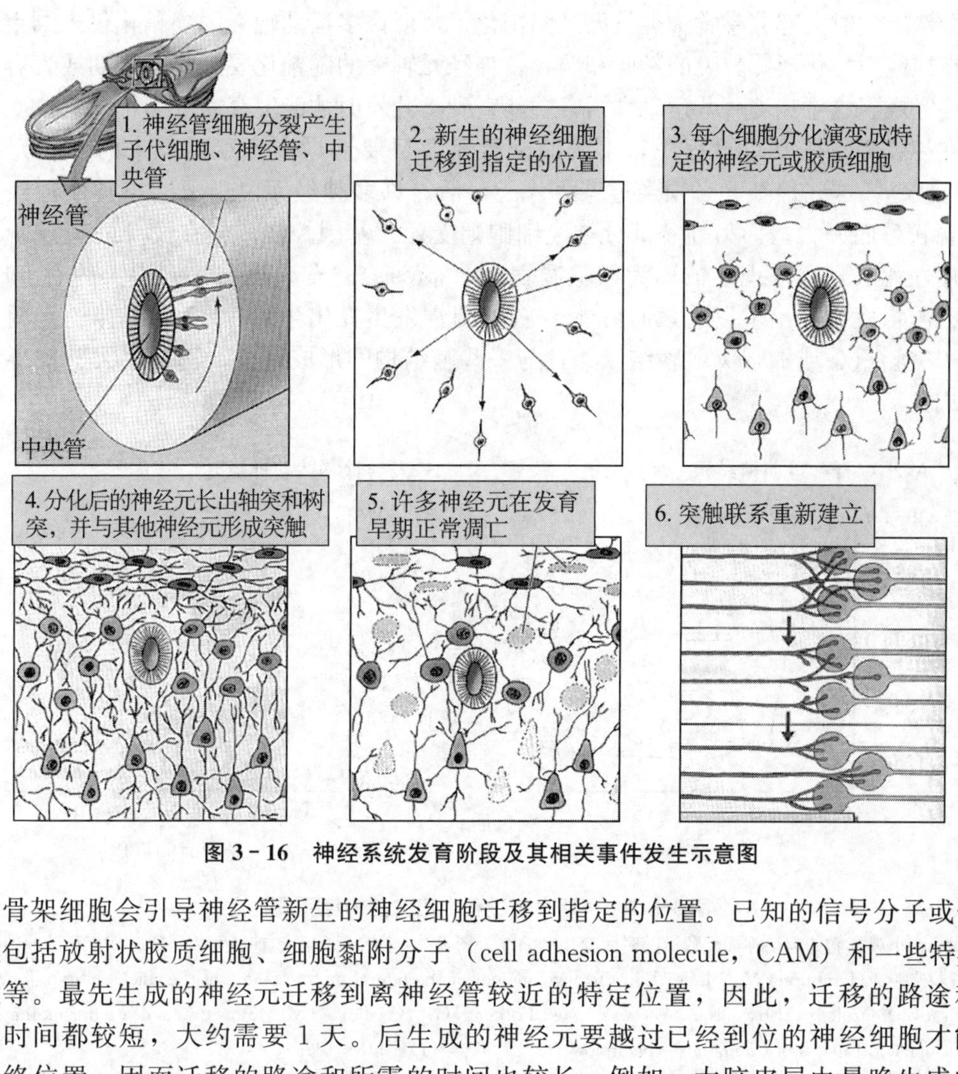

图 3-16　神经系统发育阶段及其相关事件发生示意图

子或骨架细胞会引导神经管新生的神经细胞迁移到指定的位置。已知的信号分子或骨架细胞包括放射状胶质细胞、细胞黏附分子（cell adhesion molecule，CAM）和一些特异性多肽等。最先生成的神经元迁移到离神经管较近的特定位置，因此，迁移的路途和所用的时间都较短，大约需要 1 天。后生成的神经元要越过已经到位的神经细胞才能到达最终位置，因而迁移的路途和所需的时间也较长。例如，大脑皮层由最晚生成的神经元形成，这些神经元要穿过所有已经增厚的神经结构，因而需要用大约两周的时间才能到达最终位置。每个神经元必须迁移到指定位置，才能保证脑的结构和功能正常工作。在这个重要阶段中，任何干扰神经元迁移的有害因素都会引起出生后脑功能的紊乱。

神经细胞在到达指定位置一定时间以后，开始发生形态上的变化，并逐渐演变成特定的神经元或胶质细胞，这个过程被称为神经细胞的**分化**（differentiation）。例如，神经细胞可以成为星形细胞、锥体细胞或胶质细胞等。人类神经细胞的分化起始于卵细胞受精后第 7～8 周，早生成的细胞早分化，晚生成的细胞晚分化。因此，神经细胞分化是伴随着神经细胞生成的时间进行的。

在神经生长因子（nerve growth factor，NGF）的帮助下，分化后的神经元突起，开始长出轴突和树突，并与其他神经元建立联系，这个过程被称为**突触发生**（synaptogenesis）。人类胚胎的突触发生期始于第 8～10 周，并一直持续到出生之前。因为人类大脑发育的成熟期较长，所以轴突成熟的时间也相对较长。轴突的成熟包括直径的增大和髓鞘化的完成。虽然出生时大部分感觉轴突就已经髓鞘化了，但许多运动轴突的髓鞘化仍未结束。特别是在神经元分化成熟较晚的额叶和颞叶，神经元轴突的髓鞘化要到儿童晚期或青春期才能最终完成。这意味着一些运动和语言功能直到十几岁时才能发育完全。

在神经系统的发育过程中，生成的神经元数目要远远多于存活下来的神经元总数（图 3-17）。这些神经元必须经过竞争才能存活。许多神经元由于不能与其他神经元形成突触联系而凋亡。而另外一部分神经细胞则受死亡基因控制，会在发育的特定阶段发生程序性死亡，这种现象被称为细胞**凋亡**（apoptosis）。有人推测，人类大约有 50%的神经元凋亡发生在出生以前，而另外 50%的凋亡发生在出生后 12 年内。神经元凋亡还有助于突触重建或加强突触联结，并且与一些脑结构的形成有关，例如，大脑皮层沟回的形成。

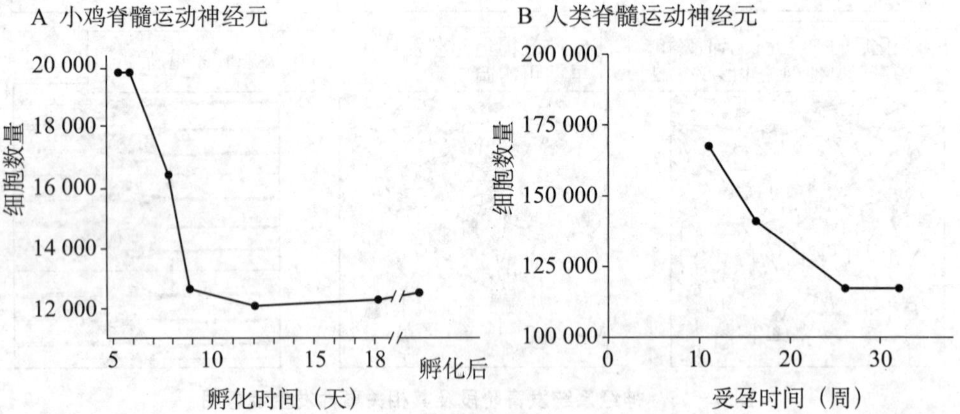

图 3-17　早期发育过程中正常的神经元凋亡

图 A：小鸡脊髓的运动神经元数量随时间变化的曲线。图 B：人类脊髓的运动神经元数量随时间变化的曲线。

资料来源：Hamburger V. Cell death in the development of the lateral motor column of the chick embryo. Journal of Comparative Neurology，1975，160（4）：535-546；Forger N G，Breedlove S M. Motoneuronal death during human fetal development. Journal of Comparative Neurology，1987，264（1）：118-122.

在凋亡发生后，原来的一些神经元的突触发生死亡，突触联系需要再建，此过程被称为**突触重建**（synaptic remodeling）。例如，凋亡幸存下来的某个神经元轴突会重新联系其他神经元，也可以接收多个神经元的轴突传入而形成新的突触联系。突触重建的过程始于胚胎末期，并且可以持续到出生后很久。从目前的研究结果来看，在人类脑发育过程中，有两次较大规模的突触重建发生，第一次是在胚胎末期，第二次是在青春期。从出生早期的快速增厚，再到青春期变薄，人类大脑皮层灰质的厚度变化能凸显突触重建的过程。也有研究报告，人类青春期的突触重建或修剪与智商的变化有关。研究证据还提示，持续的突触重建还可能与脑功能发育的关键期有关，例如，人类的视觉、听觉、运动或逻辑推理等能力的发展，存在较明显的阶段性优势。

三、发育关键期与脑功能障碍

在早期特定的阶段，任何影响神经细胞增殖、迁移或分化的化学、物理因素，例如，某些药物、辐射、疾病或营养不良等等，都可能导致不同类型的脑发育障碍（图 3－18）。用放射性标记 DNA 发现，脑内的神经元结构都由同龄的神经元构成，低位结构要早于高位结构，例如，海马的神经元生成早于大脑皮层。脑结构的发育顺序是由 DNA 控制的，如果在早期环境因素导致 DNA 发生变异，神经细胞正常的发育事件就会受到影响，从而干扰脑结构发育。DNA 突变或甲基化发生时间越早，脑发育障碍所涉及的范围可能越广。例如，唐氏综合征的病因与卵细胞分化或受精时 DNA 甲基化有关，21 号染色体上多复制了一个片段，从而导致严重的智力障碍。

A 发育不全：在细胞增殖阶段受到伤害

B 异位：在细胞迁移阶段受到伤害

C 发育不良：在细胞分化阶段受到伤害

图 3－18　早期干扰因素导致的脑发育障碍

左图为正常状态，右图为异常状态。

在胚胎发育早期，神经细胞的迁移和分化对神经系统的发育十分重要。有证据表明，神经元是由细胞黏合分子和靶细胞分泌的特异性多肽引导，沿着放射状胶质细胞的骨架向指定位置迁移的。其中任何环节出现问题，都可能引起神经元不能到达最终位置的后果，这种情况被称为神经元异位。例如，母亲怀孕期过量饮酒可致新生儿患胎儿酒精综合征（fetal alcohol syndrome，FAS），主要表现为脑功能发育严重受损（图 3－19）。患儿大脑皮层并非像正常人那样有清晰的神经元层，而是锥体细胞、星形细胞、粒状细胞混合堆积。主要原因是酒精的毒性作用能破坏脑内胶质细胞的迁移，使神经元失去胶质细胞的骨架引导而不能迁移到准确位置。母亲在怀孕期间服用其他药物，如可卡因或安定类药物，也可以引起神经元的异位，从而导致胎儿脑功能发育障碍。神经细胞的分化可能与一些受基因控制的蛋白质因子有关，如脑源性生长因子（BDNF）、神经生长因子（NGF）等。动物离体实验证据提示，NGF 在干细胞转化成少突胶质细胞或星形胶质细胞时起关键作用。

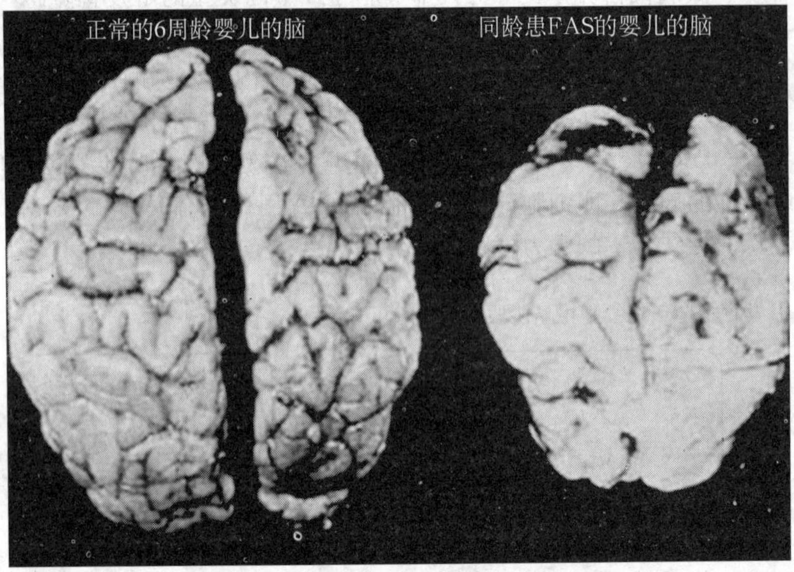

图 3-19　6 周龄正常婴儿与同龄 FAS 患儿的大脑比较

在胚胎发育后期，突触发生、凋亡和突触重建对促进脑的迅速发育起十分重要的作用。人类胎儿在 6～7 个月时，大脑皮层已经分化出 6 层细胞，表面的沟回逐渐清晰。但是，从体积和结构上来看，大脑还相对简单，神经纤维短而少，大部分还未髓鞘化。在神经元分化的同时，脑内的一系列蛋白质营养因子，如 BDNF、NGF 等，会促进树突和轴突的生长。若遇其他不利的环境因素或者母体不能提供足够的营养，突触发生将会受到干扰。例如，许多智力障碍儿童的神经元的树突分支少而细长（图 3-20）。在胚胎早期，母亲的情绪异常使胎儿过早接触较高的激素水平，也可导致脑发育障碍。例如，孤独症（autism）患者的脑发育异常，可能与母亲怀孕早期的应激有关。有证据表明，有些应激激素，如糖皮质激素，可诱导合成一些特殊的信号蛋白或免疫蛋白，从而启动神经细胞凋亡的发生。如果这些蛋白质信号在错误的时间产生，脑的正常发育就会受到影响。孕期母体应激与孤独症之间的相关性，已在灵长类或其他动物实验中得到证实。

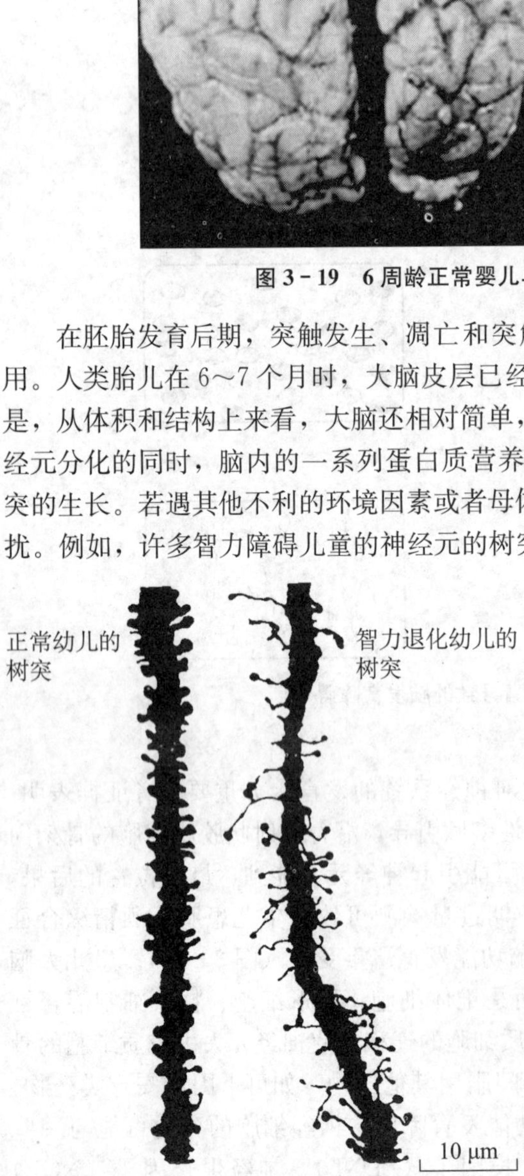

图 3-20　正常幼儿与智力退化幼儿的树突形态比较

资料来源：Purpura D P. Dendritic spine "dysgenesis" and mental retardation. Science，1974，186（4169）：1126-1128.

人类胎儿到 9 个月时，神经元数量已基本确定，到出生时，脑重大约是成人的 25%。在出生后的早期发育过程中，突触发生、凋亡和突触重建仍然在发挥重要作用。此时，脑发育的成熟和完善体现为树突、轴突的生长或纤维的髓鞘化。这些变化并非同时完成，而是按时间顺序进行的。例如，婴幼儿视觉功能最先发育完善，听觉系统稍后，运动系统较晚。脑的高级认知功能也是按时间顺序发育的。例如，2～3 岁时语言能力发展较快，4～5 岁时空间几何认知开始发展，6～7 岁时开始认识数字的抽象意义，直到 10 岁以后逻辑推理能力才真正发展起来。在婴儿出生以后，环境因素对脑发育的影响会起更重要的作用，来自环境的各种丰富的刺激会使脑功能得到快速发展。例如，无论是人或动物，早期的感觉剥夺都会导致难以逆转的感觉功能障碍。丰富的环境刺激有助于脑的正常发育，而单调的环境会抑制脑的发育和成熟。对于高等动物来说，环境因素是脑功能正常发育成熟的必要条件。

四、神经系统的老化与脑疾病

脑的变化贯穿于人类生命的始终。在大脑维持成熟状态一段时间以后，脑重量会随着年龄增长有缓慢下降的趋势，整体形态上也会出现明显变化，表现为大脑表面脑回之间的沟裂增宽，脑室腔的容积逐渐增大。主要原因是神经元数目减少和神经纤维退化。正常人的老化开始于 55～60 岁。脑老化的重要原因是轴突髓鞘的髓磷脂缺失。髓磷脂的缺失会使轴突髓鞘退化，从而导致大脑白质萎缩。另外，轴突功能退化可以导致与其联络的神经元死亡。正常老化所引起的神经元死亡每天可达 10 万个，但直到生命的末期才会影响脑的功能。神经元正常死亡时，轴突的退化可诱导神经生长因子的释放。神经生长因子可以刺激附近的其他存活神经元生成新的轴突或树突分支，来代偿已死亡的神经元的功能。但是，老化的大脑会逐渐失去这种能力。

老年人的许多行为改变与脑组织老化有关，包括睡眠困难、记忆衰退、智力减弱、运动能力下降、易焦虑以及情绪失控等。睡眠障碍或记忆衰退往往是脑老化的主要症状。在 55～65 岁有明显记忆衰退的老年人中，脑的海马结构萎缩最为常见。海马萎缩导致的乙酰胆碱递质生成减少，与短时记忆障碍有直接关系；若伴有海马 CA_1 区的 NMDA 受体减少，短时记忆向长时记忆的转化就会发生困难。在 70 岁时，额叶将失去高达 20%的神经元，绝大部分损失发生在前额叶背外侧皮层。PET 扫描显示，老年人在面孔再认等任务中，其前额皮层的激活程度明显降低。前额叶功能弱化还表现为控制行为或情绪冲动的能力明显降低。神经元老化和死亡还常常发生于黑质和小脑，黑质神经元多巴胺生成的减少与运动功能失调有直接关系。到 90 岁的时候，蓝斑内 40%的神经元已经死亡，去甲肾上腺素会大量减少，而去甲肾上腺素是维持脑觉醒或完成认知监测所必需的。

老年性痴呆泛指脑老化所导致的严重的认知障碍。阿尔茨海默病（Alzheimer's disease）是最常见的老年性痴呆类型，发病率在 65 岁左右的人群约为 7%，而 80 岁以上人群达 40%，偶尔也会发生在中年人身上。患者海马、额叶以及颞叶的神经元严重缺失，导致大脑全面萎缩，侧脑室显著扩大，脑内乙酰胆碱和谷氨酸等递质显著低于正常同龄人。病变的神经元胞质有大量神经纤维缠结（neurofibrillary tangles）和淀粉样斑块（amyloid plaques），属于异常脑老化的特征性病理改变。

帕金森病（Parkinson's disease）是由于黑质神经元缺失，多巴胺生成不足，导致黑质-纹状体系统退行性病变而引起的，主要表现为肌肉僵化、运动迟缓、静止震颤和姿态不稳。在帕金森病的晚期，大于 65%的患者会出现老年性痴呆早期的症状，比如，思维迟钝或缓慢等。路易氏体（Lewy bodies）是在病变的神经元胞质中所发现的特征性的病理改变。路易氏体有致密的蛋白核心，并从中央核辐射出细丝，其作用还不明了。虽然帕金森病可能与遗传因素有关，但多数的病例是散发的，多数病人并无家族史。有证据提示，环境毒素、代谢紊乱以及感染可能与多巴胺能神经元的加速老化有关。

→ 基本概念

神经元学说	神经元	轴突	树突	突触
受体	树突棘	可塑性	终扣	突触间隙
突触前膜	突触后膜	化学突触	电突触	缝隙连接
单极神经元	双极神经元	多极神经元	运动神经元	感觉神经元
中间神经元	神经胶质细胞	星形胶质细胞	少突胶质细胞	髓鞘
小胶质细胞	许旺细胞	血脑屏障	髓磷脂	郎飞氏结
神经系统	中枢神经系统	外周神经系统	灰质	白质
躯体神经系统	内脏神经系统	自主神经系统（植物神经系统）		交感神经
副交感神经	硬膜	蛛网膜	软膜	硬膜下腔
蛛网膜下腔	脑室	侧脑室	脑脊液	脉络丛
蛛网膜绒毛	胼胝体	前连合	联合皮层	大脑皮层
额叶	颞叶	顶叶	枕叶	运动皮层
前运动皮层	前额皮层	边缘系统	海马	杏仁核
中脑	间脑	下丘脑	丘脑	后丘脑
后脑	脑干	小脑	前庭小脑（古小脑）	
旧小脑	新小脑	脑桥	延髓（延脑）	网状结构
脊髓	增殖	迁移	分化	突触发生
凋亡	突触重建			

→ 思考题

1. 阐述神经元学说，并请简介其创立者。
2. 神经元的主要功能是什么？具体由哪些结构实现这样的功能？
3. 神经元可以分为哪几类？
4. 髓磷脂是什么？有什么功能？中枢神经系统和外周神经系统的髓磷脂有什么区别？
5. 分别说出大脑四个叶的名称及其功能。
6. 边缘系统如何影响大脑功能？
7. 小脑有什么功能？
8. 交感神经系统和副交感神经系统有什么不同点？试举例说明。
9. 个体神经系统的发育经历几个阶段？各有什么样的特点？
10. 细胞增殖期受到化学损伤会产生什么影响？细胞迁移期受到损伤会有什么影响？
11. 区分酒精在产前和产后造成的影响。
12. 老化的大脑有哪些变化？

第四章

神经元的电活动与信息传导

从动物简单的行为到人类复杂的情感思维都建立在神经系统活动的基础上。在漫长的物种演化过程中，神经系统保留了一套相对保守的共性特征，这就是以神经元的动作电位为主要信号，通过神经元之间的突触传递信息。

第一节　突触及其信息传递

一、突触的分类

早在19世纪末期，意大利学者高尔基就针对神经细胞之间的连接方式提出了网络假说。他曾认为神经系统是由神经细胞组成的网状组织，在神经细胞连接处，细胞的胞浆是直接相通的。西班牙神经解剖学家拉蒙-卡哈尔利用高尔基浸银染色技术确认了每个神经元都是一个独立的结构单位，并据此提出了著名的神经元学说。1897年，英国神经生理学家谢灵顿（Charles Sherrington，1857—1952）首次把神经元之间的接点称为**突触**(synapse)。“synapse”来自希腊语，“syn”意味着“共同”，而“haptein”意味着“紧紧相连”。突触概念的提出对神经科学研究具有划时代的意义。直到20世纪50年代，帕拉德（George Palade，1912—2008）等人才在电子显微镜下证实了神经细胞之间突触结构的真实存在。

突触是神经细胞之间或神经细胞与靶细胞（如肌细胞或腺体细胞等）之间传递信息的特殊结构。按照神经元轴突接触部位的不同，突触可以分为四种类型。

（1）轴突-树突型，即一个神经元的轴突末梢与下一个神经元的树突形成突触。

（2）轴突-胞体型，即一个神经元的轴突末梢与下一个神经元的胞体形成突触。

（3）轴突-轴突型，即一个神经元的轴突末梢与下一个神经元的轴丘或轴突末梢形成突触。

（4）轴突-靶细胞型，一些神经元轴突在效应器的靶细胞上形成突触联系，又被称为“神经-肌接头”或“神经-腺体接头”等。

按照释放递质的性质或功能的不同，突触又可分为兴奋性突触和抑制性突触。按照信息传递机制的理化性质的不同，突触还可分为化学突触和电突触。通常所说的突触一般指化学突触。

二、化学突触

神经元通过突触传递信息的方式被称为**突触传递**（synaptic transmission）。**化学突触**（chemical synapse）是通过化学物质在细胞间传递信息的。化学突触传递是神经系统中最常见的，也是最重要的信息传递方式。神经元的动作电位通常并不在神经元之间直接传导，而是在到达自身轴突的末梢后刺激该处储存的神经递质释放。释放出的神经递质会沿着突触间隙扩散至突触后膜，然后与相应的特殊受体结合，导致一些离子通道开放或关闭，从而造成突触后电位的变化。化学突触的实质是借助神经递质完成突触前后细胞之间的电信号转换。

化学突触由三部分构成：**突触前膜**（presynaptic membrane）、**突触间隙**（synaptic cleft）和**突触后膜**（postsynaptic membrane）。突触前膜和突触后膜较周边胞膜略为增厚，均为7nm左右，突触间隙指的是两膜之间的空间，宽度为20～30nm。前膜内侧附近的胞质中含有大量的**突触囊泡**（synapse vesicle），直径在40～200nm之间，内含传递信号的化学信使**神经递质**（neurotransmitter）。囊泡栏栅是附着在前膜内侧壁上的致密突起，可以引导囊泡与前膜内侧面接触，以便促进囊泡内递质的释放。突触前膜附近的胞浆内还有单个或多个线粒体，它们的主要作用是为突触活动提供能量和摄取流入的钙离子。突触后膜最具特征的结构是**突触后致密结构**（postsynaptic density，PSD），由微管蛋白、肌动蛋白和蛋白激酶等多种蛋白质组成，为直径300～500nm的盘状结构，厚度在50～60nm之间。此外，在突触后膜上还分布着受体蛋白、通道蛋白或一些能使神经递质失活的酶类。突触间隙与细胞外液相通，内含糖胺多糖和糖蛋白，它们有助于引导神经递质由前膜移向后膜。突触间隙也存在着一些使神经递质失活的酶类。

化学突触的传递过程主要包括：

（1）神经冲动沿轴突膜传至突触前膜，触发前膜上的电位门控钙离子通道开放。

（2）细胞外的钙离子进入突触前膜内，在钙离子、ATP（腺苷三磷酸）、微丝和微管的参与下，前膜内突触囊泡被移向突触前膜。

（3）突触前膜再以**胞吐**（exocytosis）的方式将囊泡内的递质释放到突触间隙。

（4）部分神经递质与突触后膜上的相应受体结合后，引起与受体偶联的化学门控离子通道开放，使相应的离子经通道进入突触后膜内。

（5）离子进入突触后膜后，使膜内外两侧的离子分布状况发生改变，因而导致膜电位的去极化（兴奋性）或超级化（抑制性），从而影响突触后神经元或效应器细胞的活动。

（6）神经递质发挥效应后会被一些特殊的酶灭活或被突触前膜重吸收。

化学突触及其信号的详细传递过程如图4-1所示。

使突触后神经元发生兴奋的突触被称为**兴奋性突触**（excitatory synapse），而产生相反效应的则被称为**抑制性突触**（inhibitory synapse）。突触的兴奋或抑制由神经递质及其受体的类型决定。一个神经元可同时接受不同类型的突触传递，其中有些是兴奋性的，而另一些是抑制性的。若兴奋性突触活动的总和超过抑制性突触活动的总和，该神经元会表现为兴奋状态，反之，则表现为抑制状态。

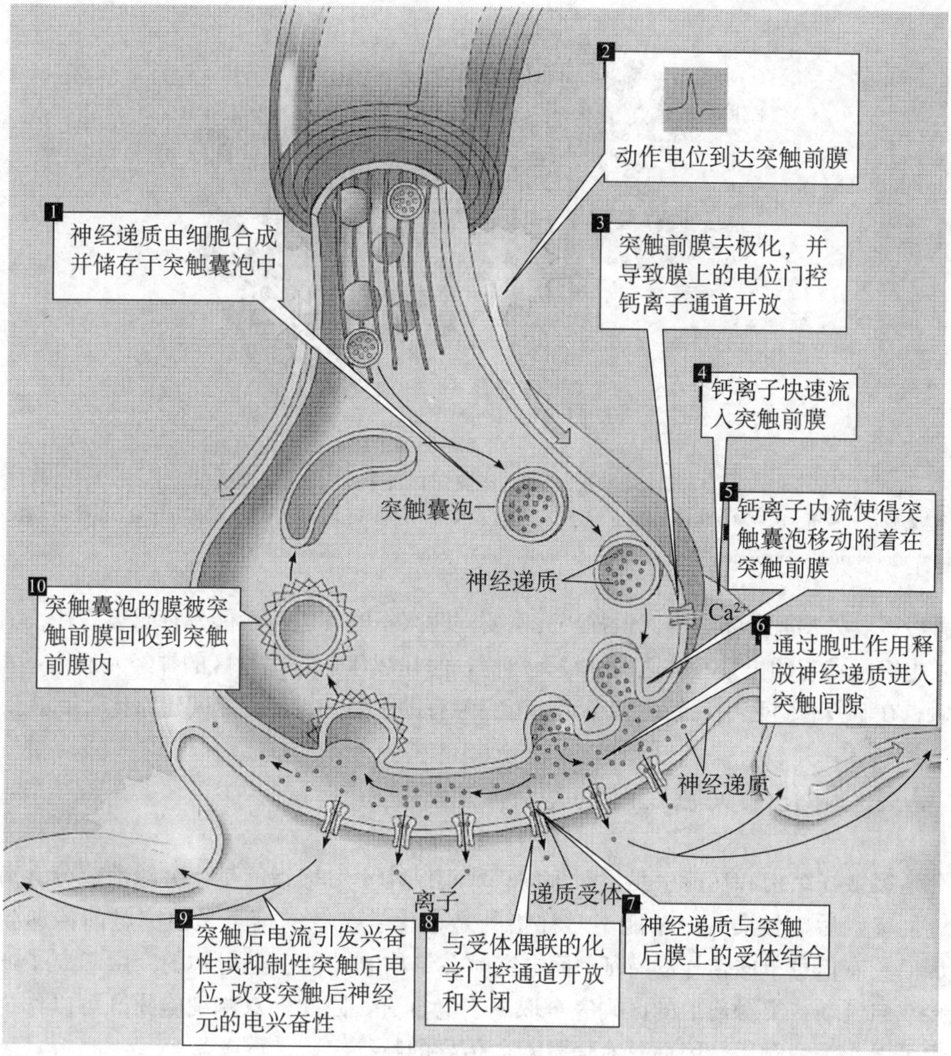

图 4-1 化学突触及其信号的传递过程

资料来源：Purves D，Augustine G J，Fitzpatrick D，et al. Neuroscience. 4th ed. Sunderland，VT：Sinauer Associates，2008.

三、电突触

借助于电信号直接传递信息的突触被称为**电突触**（electrical synapse；图 4-2）。电突触是神经元之间传递信息最简单的形式。电突触直径在 0.1～10μm 之间，前后膜的厚度基本相等，间隙仅 1～4nm。膜内含有呈六角形分布的颗粒状膜蛋白，跨越前后膜的全层，中心形成一个直径约为 2.5nm 的微小通道，此通道与膜表面相垂直。这些通道允许相邻神经细胞的离子和小分子直接交换，但阻止大分子通过。这种突触又被称为**缝隙连接**（gap junction）。

电突触有传递距离短、双向传递和无突触延搁等特点，因而使信息传送快而有效。电突触的形式多样，包括树-树型、体-体型、轴-体型和轴-树型等突触。这类突触最常见于鱼类和两栖类的神经系统，在哺乳类动物大脑皮层、小脑皮层、视网膜、动眼神经核以及

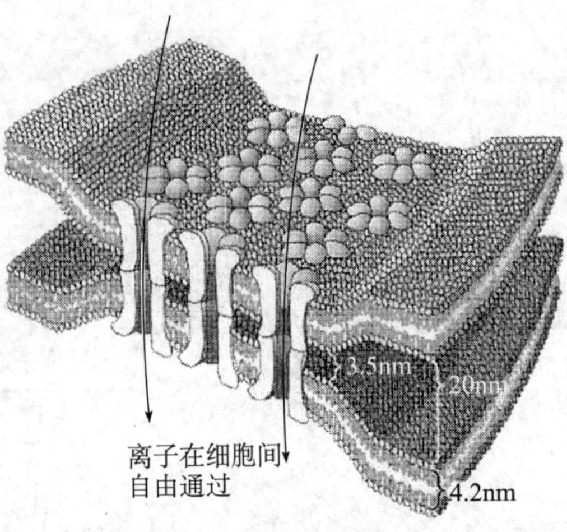

图 4-2　电突触的结构

资料来源：Breedlove S M，Rosenzweig M R，Watson N V. Biological psychology：an introduction to behavioral，cognitive，and clinical neuroscience. 5th ed. Sunderland，MA：Sinauer Associates，2007.

前庭神经核等处均有分布。当大量神经元需要同时兴奋时，电突触能发挥重要作用。有研究发现，电突触参与幼鼠某些脑区的神经元通信，但在成年后这些脑区的神经元通信不再使用电突触；在脑发育过程中，新生神经元的电突触有助于引导神经元之间建立化学突触。

四、电突触和化学突触之间的差异

化学突触在结构和功能上是不对称的。所谓结构不对称指的是，突触前成分含有递质囊泡，而突触后成分没有。功能不对称指的是，化学突触的信息是由突触前传递到突触后，因而具有信息单向传导的特征。而电突触在结构和功能上是对称的。由于离子通过缝隙连接双向流动，突触前后的区别完全取决于电负荷，因此，双侧细胞膜既可以作为突触前，也可以作为突触后，因而具有信息双向传导的特征。

电突触和化学突触之间信息的传递速度存在很大差异。在电突触中，电信号通过缝隙连接的传递时间几乎没有延迟，对突触后神经元的活动能即时产生影响。然而，在化学突触中，化学信号传递到突触后细胞至少要延迟 10ms 或更久，因为神经递质的传递必须经过一系列的生物化学反应过程。例如，突触囊泡被引导至突触前膜，神经递质被释放后再扩散通过突触间隙，与突触后膜上的受体结合，然后再产生突触后细胞反应，这些过程都需要许多生化分子或生化反应参与。

第二节　离子通道、离子泵与膜电位

神经系统中，神经元通过一系列的电信号和化学信号的相互转换完成信息传递。通过胞膜上离子通道和离子泵的活动，神经元在静息状态下维持着负性的跨膜静息电位。在各种刺激条件下，神经元产生并传导数字式的动作电位信号，并通过突触传递将电信号转化为化学信号传递给其他神经元。

一、离子通道

（一）离子通道及其特点

神经元的胞膜由磷脂、蛋白质和多糖分子组成，通常带电的离子无法自由穿过，只能通过特殊的**离子通道**（ion channel）出入。离子通道由胞膜上特殊的蛋白质构成，这些蛋白质在膜上形成可以开闭的小孔。只有当小孔打开时，离子才能够自由通过。大多数离子通道只允许某一种特定的离子通过细胞膜，例如，钠、钾、钙或氯离子都有高度选择性的专门通道。还有一些离子通道的选择范围较广，允许所有正离子进出细胞。离子通道的开放或关闭可受电、化学或机械等刺激的调控。离子通道是生物电活动的基础。在离子通道开放的状态下，特定的离子能高速通过，从而使胞膜产生相应的电信号。

（二）离子通道的类型

在各种生物体中已有 100 多种不同的离子通道被发现。根据通道开放的机制不同，离子通道可划分为四种基本类型：**电压门控离子通道**（voltage-gated ion channel）、**配体门控离子通道**（ligand-gated ion channel）、**离子门控通道**（directly-gated ion channel）和**非门控离子通道**（non-gated ion channel）。

电压门控离子通道（图 4－3）周围有对膜电位变化敏感的结构，在电场的作用下可以产生构象变化，导致通道的开放或关闭。这种类似于闸门的结构决定了离子的通透性，例如，钠离子通道在膜静息状态下是关闭的，当去极化达到特定的值时，其构象就会发生改变，从而使通道维持数毫秒的开放状态，这时钠离子由钠离子通道进入细胞膜内；当膜恢复至静息状态时，钠离子通道也随之关闭。从河豚中分离出来的河豚毒素（tetrodotoxin，TTX）能特异性地阻断钠离子通道的开放。电压门控离子通道包括钠、钾、钙和氯离子通道，主要参与动作电位传导和递质释放。

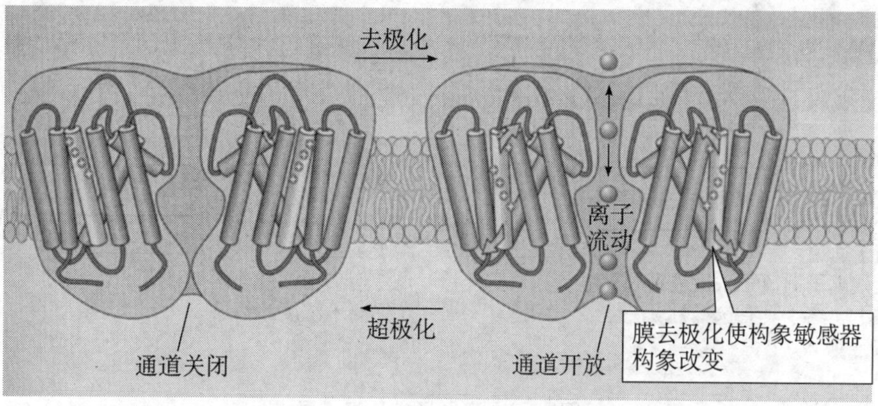

图 4－3　电压门控离子通道

资料来源：Purves D，Augustine G J，Fitzpatrick D，et al. Neuroscience. 4th ed. Sunderland，VT：Sinauer Associates，2008.

配体门控离子通道的开放或关闭受制于细胞膜上受体（receptor）的活动，属于对特异性化学物质敏感的离子通道。受体上有可与其他化学物质结合的特殊位点，这种结合会使通道的构象改变，从而维持通道的开放。例如，神经递质或者其他的化学物质与受体结合可以影响此类通道的状态，从而产生兴奋性或抑制性动作电位。能与受体结合的化学物质被称为配体（ligand），因此，这类通道被称为配体门控通道。

此外，离子门控通道对细胞内特定的离子浓度敏感，受胞内特定离子浓度的控制。而非门控离子通道总是处于开放状态，允许离子自由进出，例如，神经元胞膜的某些钾离子通道持续开放，使细胞内的钾离子能自由流出。

二、离子泵

离子通道允许离子顺跨膜浓度梯度由高向低扩散，属于不需要消耗能量的被动运输。但是，动作电位的产生首先需要建立起跨膜的离子浓度梯度，换言之，就是将离子由低浓度向高浓度一侧转运。这个过程由位于胞膜上特殊的离子转运蛋白**离子泵**（ion pump）来完成（图 4－4）。实际上，离子泵是一种被称为腺苷三磷酸酶（ATP 酶）的蛋白，被活化后先水解 ATP，再与水解产物磷酸根结合，导致构象改变，使离子通道开放，从而将离子由低浓度端转运至高浓度端。ATP 被水解后会释放能量，并提供给离子泵主动转运所需要的能量，使 ATP 的化学能最终转变成离子浓度梯度形式的电化学能。例如，水解一个 ATP 释放的能量可以输送三个钠离子到胞外，同时摄入两个钾离子，因而产生跨膜电位差和离子浓度梯度。神经细胞的离子泵主要有钠-钾离子泵、钙离子泵和质子泵等，其中最重要的是钠-钾离子泵。钠-钾离子泵需要消耗大量能量来维持神经元的负性静息电位，因此，即使神经元在“休息”时，也要消耗大量的葡萄糖、氧和水。毒毛花苷（ouabain）能特异性地结合钠-钾离子泵，并抑制其功能。

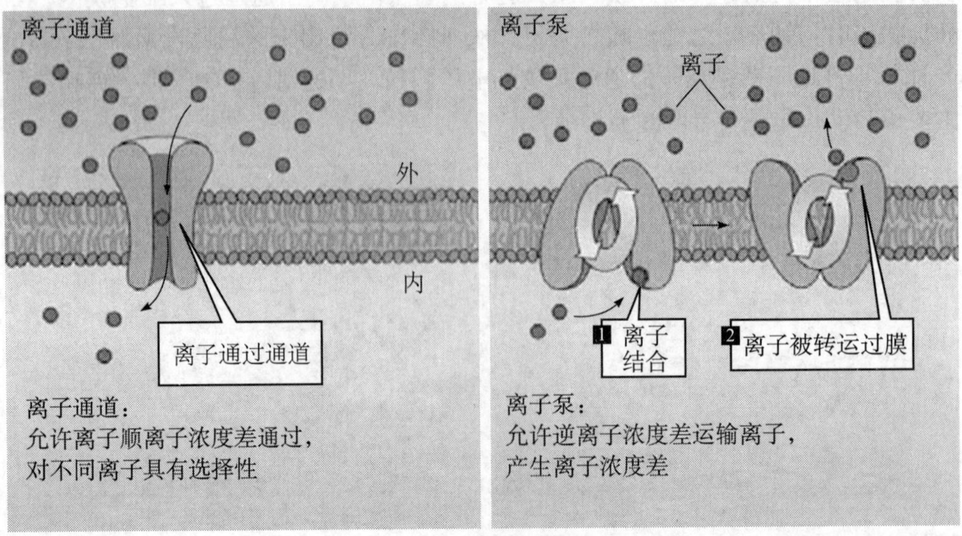

图 4－4　离子通道和离子泵

资料来源：Purves D，Augustine G J，Fitzpatrick D，et al. Neuroscience. 4th ed. Sunderland，VT：Sinauer Associates，2008.

三、静息电位

一个神经元不产生冲动时，被称为处于静息态。当神经元处在静息状态时，存在于细胞膜内外的电位差被称为**静息电位**（resting potential）或膜电位。在神经元膜内和细胞外液分别插入一根与电压表相连的银丝，就可以测量细胞膜内外的电位差。静息神经元的跨膜电位差一般在 40～90mV 之间，即具有 40～90mV 的负性静息电位。

离子通道和离子泵的活动使神经元胞膜两侧存在着跨膜离子浓度梯度差（表 4-1）。由于神经元胞内的钾离子浓度是外部的 20 倍，而在通常情况下钾离子通道又是开放的，因此，当神经元处于静息态时，钾离子会持续地向细胞外流动。随着胞内钾离子的减少，细胞内的正电荷也会减少，因而与细胞外液间形成负性的电位差。神经元细胞外液的钠离子浓度是细胞内的 10 倍，只要钠离子通道开放，钠就会流向神经元胞内。但是，钠离子通道通常是关闭的，这意味着钠离子平时不能轻易地进入胞内。因此，钾离子的移出或钾离子的跨膜分布不均是静息电位呈现负值的主要原因。大多数神经元内的静息电位一般在 −70mV 左右。

表 4-1　神经元胞膜两侧的离子分布情况

离子	浓度 胞外（mM）	浓度 胞内（mM）	比例 胞外：胞内	电化学平衡电位 （37℃）
K^+	5	100	1：20	−80mV
Na^+	150	15	10：1	62mV
Ca^{2+}	2	0.000 2	10 000：1	123mV
Cl^-	150	13	11.5：1	−65mV

四、动作电位

（一）动作电位的产生

动作电位（action potential）是指神经元受刺激而兴奋时，在膜两侧快速产生的扩散性电位变化。动作电位由上升支和下降支组成，历时 0.5～2.0ms，形成一次尖锐的脉冲，波形很像一个尖峰，又称为**锋电位**（spike potential）。霍奇金（Alan Hodgkin，1914—1998）和赫胥黎（Andrew Huxley，1917—2012）最先使用微小的玻璃电极（微电极）插入乌贼的巨型轴突，通过调控细胞内外的钠、钾浓度揭示了动作电位产生的离子机制。他们首次证明：去极化使轴突膜上的钠离子通道短期开放；发生小的去极化时，只有少数钠离子通道开放和钠离子流入；继而发生的去极化增强会导致更多的钠离子通道开放和大量钠离子流入细胞内；动作电位的上升支和下降支分别与钠的流入和钾的流出有关。

动作电位可分为五个相位（图 4-5；见书前彩图）。

（1）*初始状态*，即细胞膜电位为静息电位，此时，钠离子通道关闭，只有部分钾离子通道开放。

（2）*起始相*，神经元静息状态有大约 −70mV 的负性静息电位，任何从负的极性状态向0mV的转化被称为**去极化**（depolarization）。去极化是动作电位产生的前提，它的启动缘于不同离子的内流。

（3）升支和超射，去极化电位必须达到一个阈值才能激发动作电位。这个阈值一般高于静息电位10～20mV，被称为**阈电位**（threshold potential）。此时，电压门控钠离子通道打开，大量钠离子内流，膜电位陡然上升至正值水平。去极化的部分被称为升支，而超过0mV的正电位值则被称为超射。

（4）复极化，即膜内电位从峰值下降至静息电位水平的过程。在动作电位即将到达峰值之前，电压门控钠离子通道失活，钠离子内流停止，而电压门控钾离子通道开放，钾离子外流增加，膜电位开始向静息电位恢复。当膜电位将至静息电位时，电压门控钾离子通道会关闭。

（5）所有电压门控通道关闭，恢复静息电位。在膜电位完全恢复到静息电位水平之前，还要经历一些微小而缓慢的波动，称为**后电位**（afterpotential）。有时，因电压门控钾离子通道关闭较晚，钾离子仍在持续外流，出现膜电位低于静息电位的情况，称为**超极化**（hyperpolarization）。

（二）动作电位的特点

动作电位遵循**全或无定律**（all-or-none law）。全或无定律是指动作电位或者不产生，或者达到阈电位之后继而会到达峰值，并沿轴突传导至末端，其强度一直保持不变。例如，若一个神经元的阈电位值为－55mV，峰值是＋30mV，那么，不论启动刺激强度有多大，只要去极化超过了阈电位，动作电位总会达到＋30mV的峰值。

紧随一个动作电位之后的一段时间，神经元不易再次兴奋，这段时间被称为**不应期**（refractory period）。动作电位结束之后的几毫秒内，神经元完全无法再次兴奋，被称为**绝对不应期**（absolute refractory period）。绝对不应期中，任何强度的刺激都不能引发另一个动作电位。紧跟在绝对不应期之后的一段时间内，若给予高于正常强度的刺激，神经元可以产生另一个动作电位，这段时间被称为**相对不应期**（relative refractory period）。随着时间的推移，神经元反应逐渐地恢复，又能对正常刺激产生兴奋。

神经元根据动作电位的频率传递刺激强度的信息。也就是说，神经元能将动作电位的频率编码为刺激强度。刺激越强，动作电位的频率越高；相反，刺激越弱，动作电位的频率就越低。随着强刺激的持续，动作电位会以2～3ms的间隔继续产生。若再加上动作电位本身0.5～2ms的持续时间，大多数神经元每个动作电位的持续时间少于每秒200个。

（三）动作电位的传导

在无髓鞘的轴突中，去极化从轴丘的局部区域开始，动作电位形成以后沿轴突逐步下传至终扣，导致神经递质的释放。动作电位沿轴突传导的方式被称为**轴传播**（axonal propagation），其传导的速度大约为10 m/s。而在有髓鞘的轴突中，动作电位的传播则非常不同。由于髓鞘内的大部分轴突膜与细胞外液的钠离子隔绝，郎飞氏结以外的区域不能去极化，因此，动作电位只能在郎飞氏结之间传导，而不能像无髓鞘的轴传播一样沿轴突逐步传导。有髓鞘轴突在郎飞氏结之间的传导被称为**跳跃传导**（saltatory conduction），其传导速度可达到150 m/s。

跳跃传导比轴传播的速度要快得多，使动作电位在有髓鞘的轴突中的传导速度是在无髓鞘的轴突中的 15 倍。除了传导方式的差别以外，影响动作电位传导速度的因素还包括轴突的直径。就一般性规律而言，轴突直径越小，轴传播越慢。例如，动作电位在粗的有髓鞘的轴突中传播得最快，而在细的无髓鞘的轴突中传播得最慢。

（四）突触后膜的兴奋或抑制电位

突触释放神经递质与突触后膜的受体结合导致离子通道开放，使离子自由进出细胞，进而影响突触后神经元的兴奋或抑制性活动。一些神经元释放的神经递质可以使突触后神经元去极化，被称为兴奋性神经元；而另一些神经元释放的神经递质使突触后神经元超极化，则被称为抑制性神经元。一个突触后神经元可以接收来自兴奋性或抑制性两种神经元的不同刺激。

兴奋性神经递质可以开放突触后膜的配体门控钠或钙离子通道，使钠或钙离子内流，导致突触后膜发生去极化，产生**兴奋性突触后电位**（excitatory postsynaptic potential, EPSP）。在一般情况下，钠离子通道的开放时间为 10～100ms，若在此期间释放的神经递质足够，EPSP 就会叠加至膜电位阈值，从而引发动作电位。而抑制性神经递质可以开放突触后膜的配体门控氯或钾离子通道，使氯离子内流或钾离子外流，导致突触后膜发生超极化，形成阻抑神经元兴奋的**抑制性突触后电位**（inhibitory postsynaptic potential, IPSP）。

每个兴奋或抑制神经元只能使一个突触后神经元产生大约±0.5mV 的突触后电位，因此，单独一个神经元一般不能使另一个神经元兴奋或抑制。例如，为了使突触后神经元产生动作电位，许多突触前神经元必须同时兴奋，才能使突触后膜的 EPSP 达到阈值。由于一个突触后神经元常常与多种突触前神经元构成突触，因而其产生的突触后电位可能包括了 EPSP 和 IPSP。因此，突触后细胞的动作电位是许多突触产生的突触后电位的空间和时间整合的结果，突触后膜电位改变的趋势取决于 EPSP 和 IPSP 的代数总和。例如，当产生的 EPSP 使突触后膜电位抬高至临界值时，一个动作电位便会产生；而当 IPSP 的总和电位超过 EPSP 时，突触后膜则会发生超极化，使突触后神经元兴奋的可能性降低。在神经系统功能的平衡中，抑制起着非常重要的作用，可以防止突触后神经元对来自其他神经元的所有兴奋性刺激都发生反应。

离子通道的奥秘

第三节 神经递质、受体和神经调质

一、神经递质

（一）神经递质的基本概念

神经元主要通过突触进行细胞之间的信息传递和整合。一些担任突触传递信使的特异性的化学分子叫**神经递质**（neurotransmitter）。神经递质应该符合以下基本特征：

（1）突触前神经元应能合成该分子，同时，还具有合成该分子的前体和相应的酶系统。

（2）该分子储存于突触囊泡内，当兴奋冲动抵达突触前膜时，囊泡内的分子可被释放入突触间隙。

（3）该分子可在突触间隙扩散，并作用于突触后膜上的特异性受体而发挥生理作用。

（4）在突触内存在使该分子失活的酶或其他失活方式（如重吸收）。

（5）该分子的突触传递效应能被特异性受体激动剂所模拟，或被特异性受体拮抗剂所阻断。

传统的观点认为，一个神经元内只含有一种递质，其全部末梢只释放同一种递质，这一观点被称为**戴尔原则**（Dale's principle）。但近些年来的研究发现，有许多神经元不止释放一种神经递质，常有两种或两种以上的递质（包括神经调质）共存于同一神经元内，这种现象被称为**递质共存**（coexistence of transmitters）。神经递质共存的意义在于协调某些生理活动。

（二）神经递质的分类

神经递质可以大致分为氨基酸类、单胺类（monoamines）、肽类（peptides）以及一些不易归类的分子。氨基酸类递质以单个氨基酸的形式出现，主要有谷氨酸（glutamate）和**γ-氨基丁酸**（gamma-aminobutyric acid，GABA）等。单胺类递质分子都包含一个氨基酸，属于氨基酸的衍生物，主要有**5-羟色胺**（serotonin，5-HT）、**去甲肾上腺素**（norepinephrine，NE）和**多巴胺**（dopamine，DA）等。肽类递质主要包括一些由小分子氨基酸构成的单链或环状多肽分子，如内啡肽（endorphin）和胆囊收缩素（cholecystokinin，CCK）等。而另一些神经递质则不易归类，例如，**乙酰胆碱**（acetylcholine，Ach）、内源性大麻素（anandamide）和一氧化氮（nitric oxide，NO）等。

1. 乙酰胆碱

乙酰胆碱是第一个被发现的神经递质。20世纪20年代，德国生理学家勒维（Otto Loewi，1873—1961）在蛙心灌流液中首次分离出一种“迷走物质”（vagus substance），后来被确认为乙酰胆碱。在胆碱能神经元内，乙酰胆碱由胆碱和乙酰辅酶A在胆碱乙酰转移酶的催化下合成。乙酰胆碱受体在中枢和外周分布广泛，在脑功能和行为调节中扮演着重要角色。有研究表明，有严重记忆障碍的老年性痴呆患者，脑内的乙酰胆碱含量显著降低；在外周神经-肌接头处，神经末梢释放的乙酰胆碱能结合肌纤维上的受体，进而引起肌肉收缩。有些化学物质，如筒箭毒碱和眼镜蛇毒，能够竞争性结合乙酰胆碱受体，使乙酰胆碱刺激肌肉收缩的作用被抑制，因而可导致肌肉麻痹。

2. 氨基酸类

在人类神经系统中，绝大多数的神经递质都是氨基酸。谷氨酸是脑内最重要的兴奋性神经递质之一。谷氨酸在中枢内分布极为广泛，以大脑皮层和脊髓背侧部含量相对较高。谷氨酸与相应受体结合后会使钠离子通道开放，从而对突触后神经元起到兴奋作用。而γ-氨基丁酸（GABA）与相应的受体结合后，会打开突触后膜的氯离子通道，从而导致突触后神经元产生抑制性突触后电位。GABA广泛存在于中枢神经系统，是最重要的抑制性神经递质。

3. 单胺类

单胺类神经递质在调节情绪、睡眠、食欲和记忆等诸多方面发挥着重要作用。单胺类神经递质主要包括去甲肾上腺素、肾上腺素、多巴胺和5-羟色胺等。5-羟色胺的合成原料是色氨酸，去甲肾上腺素、肾上腺素和多巴胺的合成原料是酪氨酸。5-羟色胺参与睡眠、警觉、情绪或食欲等方面的调控。5-羟色胺能系统的功能失调，会导致情感障碍、焦虑障碍、强迫症、精神分裂症、进食障碍、偏头痛以及睡眠障碍等。由于去甲肾上腺素、肾上腺素和多巴胺都属于含有邻苯二酚结构的胺类，因而又被称为**儿茶酚胺**（catecholamine）。在神经元的胞质内，酪氨酸在酪氨酸羟化酶和多巴脱羧酶作用下先形成多巴胺。多巴胺进入突触囊泡后，再经多巴胺-β-羟化酶的催化而转变成为去甲肾上腺素。在部分脑干神经元和肾上腺髓质嗜铬细胞内，还存在苯乙醇胺氮位甲基转移酶，它可将去甲肾上腺素的分子结构甲基化而使之成为肾上腺素。多巴胺具有多种功能，涉及运动控制、情感反应和激素分泌。有许多病症都与多巴胺能系统功能失调有关，包括帕金森病、精神分裂症和成瘾行为等。

4. 肽类

目前，已经发现神经元分泌的肽类有近50种。这些作为神经递质发挥效应的肽类被称作**神经肽**（neuropeptide）。神经肽在神经元胞体内的核糖体中合成，而其他神经递质在突触前膜附近合成。大多数肽类神经递质的功能还不完全清楚，目前，对P物质（substance P）、胆囊收缩素以及内源性阿片肽了解得相对较多。P物质是最早被发现的神经肽，广泛分布于中枢和外周神经系统，与痛觉初级传导或情绪反应有关。胆囊收缩素在神经系统或肠道合成，与脑内胆囊收缩素受体结合后，调节疼痛、焦虑或饱食感。内啡肽泛指内源性阿片肽或其他类似结构的脑啡肽，主要在神经元胞体内合成，与吗啡在抑制疼痛和缓解应激方面有类似作用，并参与调节摄食、性活动、体温或学习记忆等行为。

（三）神经递质的失活方式

在神经递质产生生理效应之后，还需要及时终止其作用，并在末梢内形成新的囊泡，为下一次兴奋做好准备。若神经递质与受体保持持续结合状态，离子通道就会长时间开放，使去极化或超极化延长，因而会阻碍新的信息在突触间的传导，对脑功能也会产生破坏作用。因此，若要保证突触传递的灵敏性以及大脑功能的正常，神经递质需要快速与受体位点结合，发挥生理效应后迅速与受体分离，继而在突触间隙内失活。

在突触间隙内，神经递质的失活主要有三种方式：（1）酶促降解（enzymatic degradation）；（2）重吸收（reuptake）；（3）弥散（diffusion）。乙酰胆碱或肽类递质主要靠酶促降解，例如，乙酰胆碱与突触后受体解离后，被突触间隙内的**乙酰胆碱酯酶**（acetylcholinesterase）降解。乙酰胆碱酯酶把乙酰胆碱降解为乙酰基和胆碱，胆碱会被突触前膜重新摄取，再用于合成新的乙酰胆碱。单胺类递质的失活方式则主要依赖重吸收，部分递质可以通过酶促降解而灭活。例如，突触间隙的去甲肾上腺素主要被前膜重吸收，只有部分被酶降解失活。突触前膜表面的膜转运机制可逐渐将单胺类物质泵回胞内。重吸收灭活递质的方式要比酶促降解慢得多。若突触前膜释放递质过多，重吸收机制将会发生饱和，继而会产生递质的“溢出”现象，使邻近突触的受体被激活。神经胶质细胞的重吸收作用对于防止递质扩散到邻近神经末梢也非常重要，这样可以避免产生递质的非特异性“溢出”效应。递质的弥散失活是指递质自然扩散至突触间隙以外的其他区域，是酶促降解和重吸收失活的补充方式。

二、受体及其配体

（一）受体的概念及分类

受体（receptor）是指能够同神经递质、激素或细胞内的其他信号分子结合，并能引起细胞功能改变的蛋白质。此类蛋白质通常位于胞膜表面或胞质中，与信号分子结合后触发细胞自身的应答反应。能与此类受体结合的信号分子都被称为**配体**（ligand）。能称为受体的蛋白必须符合以下三个基本条件：

（1）特异性或专一性，受体最重要的特性是只能与具有某种特殊化学结构的分子结合。

（2）饱和性，由于受体的数量是有限的，因此，受体与配体的结合在剂量-反应曲线上会出现饱和现象。

（3）可逆性结合，配体与受体的结合是通过离子键、氢键或分子间引力而螯合的，因此，这种结合具有可逆性。

神经递质受体可以分为两大类型，一类被称为配体门控离子通道受体或**离子型受体**（ionotropic receptor），而另一类则被称为G蛋白偶联受体或**代谢型受体**（metabotropic receptor）。离子型受体的蛋白质分子本身不具有独立的功能，仅仅作为一个亚基与其他亚基共同组成跨膜离子通道，因此，又被称为受体通道复合蛋白。当神经递质与此类受体结合后，相应的离子通道构象会发生改变，导致离子通道开放。该类型受体介导的突触效应比较快速，持续时间通常以毫秒计算。作为一个功能独立的蛋白分子，G蛋白偶联受体可以不依附离子通道而存在。与配体结合后，它可以调节相应的G蛋白活动，使胞膜上腺苷酸环化酶被激活，进而导致离子通道的启闭和其他细胞效应。此类受体介导的突触效应要经过一系列生化代谢的过程，所以，又被称为代谢型受体。此类型受体的特点是作用较为缓慢，持续时间可达数秒、数分或更长。

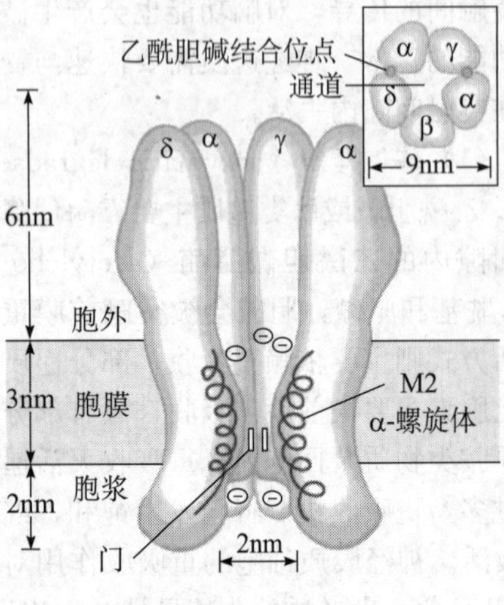

图4-6　乙酰胆碱N受体

（二）重要的神经递质受体及其亚型

1. 乙酰胆碱受体

乙酰胆碱受体有两大类型：一类能结合尼古丁，因而被称为**烟碱样受体**（nicotinic receptor）或N受体；而另一类能结合有毒蘑菇中的毒蕈碱成分，因而被称为**毒蕈碱样受体**（muscarinic receptor）或M受体。N受体有两种亚型，M受体有五种亚型。N受体（图4-6）是典型的离子通道受体，控制钠离子进入细胞。每个N受体由5个亚单位组成，包括两个α亚单位，β、δ和γ等亚单位各一个。五个亚单位环绕离子通道形成环状结构，并贯穿整个细胞膜。受体结合位点在α亚单位上的特定区域。乙酰胆碱与受体上的两个α亚单位紧密结合，引发该受体蛋白构象发生改变，允许钠离子内流，使突触后膜产生 EPSP。M 受体属于 G 蛋白偶联受体，可将胞外的信息传导到胞内。M 受体与乙酰胆碱结合后发生构象改变，再与 G 蛋白形成偶联，偶联后的 G 蛋白可以依次激活神经元内的一些酶，继而使胞内环腺苷酸（cAMP）生成增多，并将细胞外信息传递至胞内。

2. GABA 受体

GABA（γ-氨基丁酸）受体可分为 $GABA_A$、$GABA_B$ 和 $GABA_C$ 受体三种亚型。$GABA_A$ 和 $GABA_B$ 受体主要存在于中枢神经系统中，而 $GABA_C$ 受体仅存在于视网膜中。$GABA_A$ 受体属于离子型受体（图 4－7），而 $GABA_B$ 受体属于代谢型受体。$GABA_A$ 受体镶嵌于胞膜上，由包括 5 个亚单位的蛋白质组成，膜表面的受体位点与 GABA 结合后，构象会发生改变，导致氯离子通道开放，从而产生 IPSP。$GABA_B$ 受体则通过调控 G 蛋白偶联以及分子代谢活动，增加钾离子的外流，从而产生 IPSP。

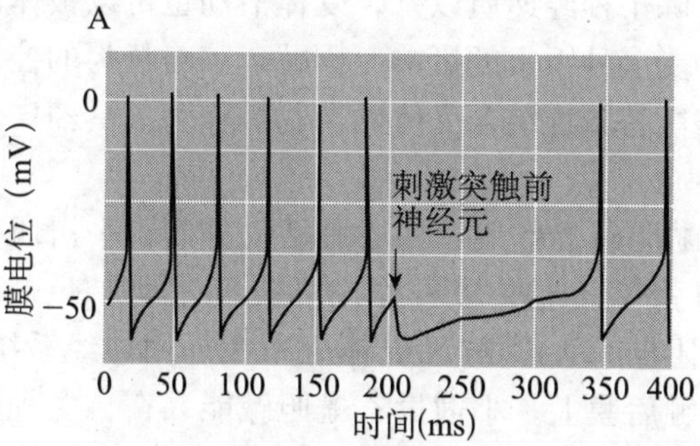

A.在箭头指示的时间对突触前GABA能中间神经元进行刺激可引起其突触后靶$GABA_A$受体中动作电位发放的瞬时抑制。B.离子型GABA受体含有GABA的两个结合位点和多个能结合药物并调节受体的位点。

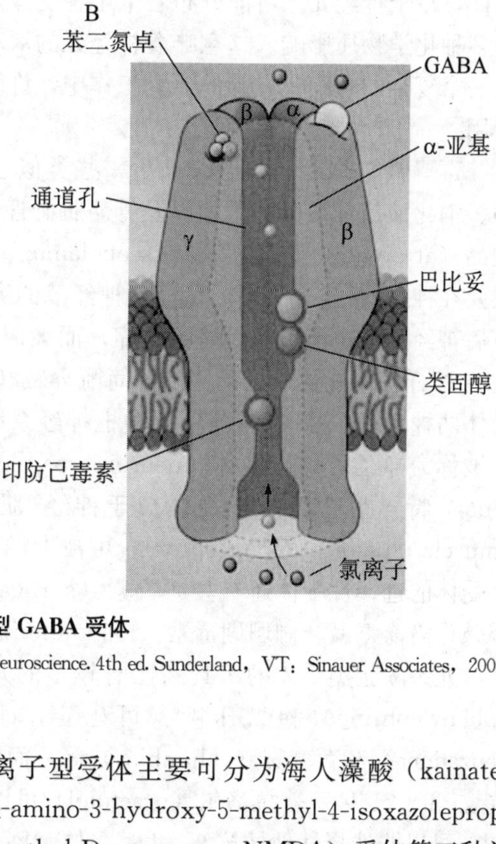

图 4－7　离子型 GABA 受体

资料来源：Purves D，Augustine G J，Fitzpatrick D，et al. Neuroscience. 4th ed. Sunderland，VT：Sinauer Associates，2008.

3. 谷氨酸受体

谷氨酸受体也有离子型和代谢型之分。离子型受体主要可分为海人藻酸（kainate，KA）、α-氨基-3-羟基-5-甲基-4-异恶唑丙酸（α-amino-3-hydroxy-5-methyl-4-isoxazoleproprionate，AMPA）和 N-甲基-D-天冬氨酸（N-methyl-D-aspartate，NMDA）受体等三种类型。KA 受体和 AMPA 受体过去统称为非 NMDA 受体，被激活时可导致钠离子内流和钾离子外流，而 NMDA 受体被激活时会引起大量的钙离子内流。一些离子型受体还可以进一步划分为不同的亚型，例如，NMDA 受体有 $NMDAR_1$ 和 $NMDAR_2$ 两种亚型，KA 受体有 $GluR_{5-7}$、KAR_1、KAR_2 等五种亚型，而 AMPA 受体有 $GluR_{1-4}$ 等四种亚型。代谢型谷氨酸受体（mGluR）主要通过 G 蛋白偶联激活磷脂酶 C 或腺苷酸环化酶等系统，来调节谷氨酸离子型受体的活动。已知的有 $mGLUR_{1-8}$ 等亚型存在。

4. 儿茶酚胺类受体

大多数儿茶酚胺类受体属于代谢型。肾上腺素受体可分为 α 与 β 两类，α 和 β 可分别

分为 α_1、α_2 和 β_1、β_2 等不同亚型。这四种受体亚型都是G蛋白偶联或代谢型受体。不同的亚型对与去甲肾上腺素和肾上腺素结合的选择性存在差异，例如，β_1 易结合去甲肾上腺素，而 β_2 则易结合肾上腺素。多巴胺受体有 D_{1-5} 等五种不同亚型，根据其作用机制的差异，又可分为 D_1 样和 D_2 样受体两大家族。D_1 和 D_5 属于 D_1 样家族，被激活后可升高cAMP水平；而 D_2、D_3 和 D_4 则属于 D_2 样家族，被激活后会降低cAMP水平。5-羟色胺受体有七种亚型，除了5-羟色胺3受体是离子型受体以外，其他都属于G蛋白偶联受体。每种受体亚型的功能取决于在脑中特定的分布区域。

（三）配体与工具药

每种神经递质都存在与其结合的受体，而每种受体又可以分为不同的亚型。据科学家估计，每个神经元上可能分布着上千种受体。除了神经递质以外，受体活动也可以被体内外多种化学物质影响。这意味着神经元的活动受多种因素的影响。因此，脑对行为的控制是一个复杂的过程。在脑的研究工作中，许多能特异性结合受体的药物被作为工具药广泛使用。

毒蕈碱与M受体结合会产生一些类似乙酰胆碱的作用，如心脏活动抑制、平滑肌收缩、消化液或汗液分泌增加以及骨骼肌血管舒张等。这些M样作用可被M受体拮抗剂阿托品（atropine）或东莨菪碱（scopolamine）阻断。大多数N受体分布在外周神经系统，主要在神经-肌接头的终板和自主神经节的突触后膜上。小剂量乙酰胆碱能兴奋自主神经节后神经元，也能引起骨骼肌收缩，而大剂量乙酰胆碱则可阻断自主神经节的突触传递。这些N样作用能被非选择性配体筒箭毒碱（tubocurarine）阻断。N受体可分为 N_1 和 N_2 受体两种亚型：N_1 受体分布于中枢神经系统和周围神经系统的自主神经节突触后膜上，又被称为神经元型N受体（neuron-type nicotinic receptor），可被六烃季铵（hexamethonium）特异性阻断；N_2 受体位于神经-肌接头的终板膜上，又被称为肌肉型N受体（muscle-type nicotinic receptor），可被十烃季铵（decamethonium）特异性阻断。常用的N受体的选择性配体还有骏河毒素（surugatoxin）、K-毒素（K-toxin），非选择性配体有烟碱、筒箭毒碱、柳珊瑚毒素（lophotoxin）和 α-蜗牛毒素（α-conotoxin）等等。

儿茶酚胺类受体的工具药已有较多的开发。α_1 和 α_2 受体的激动剂有去氧肾上腺素（phenylephrine）和氯压啶（可乐定，clonidine）等，拮抗剂有酚苄明（phenoxybenzamine）和育亨宾（yohimbine）等，而酚妥拉明（phentolamine）可以非选择性地拮抗 α_1 和 α_2 受体。普拉洛尔（practolol）可以选择性地拮抗 β_1 受体，普萘洛尔（propranolol）可以非选择性地拮抗 β_1 和 β_2 受体。D_1 样受体的选择性激动剂有SKF38393，选择性拮抗剂有SCH23390；D_2 样受体的选择性激动剂有LY17155（喹吡罗，quinpirole），而选择性拮抗剂有螺哌隆（spiperone）和舒必利（sulpiride）等。芬氟拉明（fenfluramine）可以选择性地促进5-羟色胺释放，并抑制其重吸收。

近年来，氨基酸类递质受体药物也有较多的研究和应用。例如，NMDA受体拮抗剂MK-801（5-甲基二氢丙环庚烯亚胺马来酸）、美金刚（memantine）和地佐环平（dizocilpine）等，AMPA受体拮抗剂CNQX（6-氰基-7-硝基喹喔啉-2,3-二酮）、NBQX（2,3-二烃基-6-硝基-7-氨磺酰苯基喹喔啉）等，代谢型谷氨酸受体拮抗剂MCPG（α-甲基,4-羧基苯丙氨酸）和MPEP（2-甲基,6-苯基乙炔基吡啶）等。这些拮抗剂均可抑制谷氨酸的兴奋效应。$GABA_A$ 受体的某些亚单位上也分布有结合其他化学物质的位点，例如，苯二氮卓类、巴比妥类以及乙醇等化合物可与这些位点结合，发挥抑制效应。

三、神经调质及其他信使

在神经细胞之间的信息传递中，除了经典的神经递质之外，还需要许多其他化学物质的参与，例如，一些非经典的神经递质、神经调质以及激素等分子。这些非经典递质包括一氧化氮、内源性大麻素以及 ATP 等。在此，我们仅简单介绍一些非经典的递质和神经调质，关于激素的信息传递效应将在后面的章节再详细讨论。

神经调质（neuromodulator）是由突触前膜释放的一类化学物质。它们本身不具有递质活性，但结合相应的受体后能增强或削弱其他递质的传递效应。神经调质的作用主要具有以下特征：（1）由神经细胞、胶质细胞或其他内分泌细胞分泌；（2）本身只调节突触前神经递质的释放或突触后神经元的反应，不直接负责跨突触的信号传递；（3）常能弥散到较远的距离而到达靶细胞，引起缓慢的突触后神经元的电位变化。另外，在某些情况下，递质可以起调质的作用，调质也可以起递质的作用，因此两者之间并无绝对明确界限。目前已知的神经调质达数十种，大多数神经肽类都属于调质。

近年来的研究发现，内源性大麻素和一氧化氮也符合神经递质的基本特征。目前已发现动物体内有 CB_1 和 CB_2 两种大麻素受体（cannabinoid receptor），均属 G 蛋白偶联受体。CB_1 受体主要存在于中枢神经系统中，CB_2 受体主要存在于外周神经系统中。四氢大麻酚（THC）是内源性大麻素的主要成分，可以与大麻受体结合，在情感、认知和运动控制方面发挥作用。一氧化氮也由神经元的突触前膜产生，但不像其他神经递质一样储存在囊泡里。一氧化氮的活性仅能维持数秒钟的时间，可以轻易越过胞膜和突触间隙，迅速到达突触后神经元。在突触后神经元内，一氧化氮可以激活环鸟苷酸（cGMP）等信号转导系统，继而影响神经元的活动。例如，抑制一氧化氮活性可以干扰记忆的形成，脑内一氧化氮水平降低可导致性欲降低、食欲下降或攻击行为增强。但是，一氧化氮往往与其他神经递质一起发挥效应。例如，一氧化氮对摄食行为的影响需要通过 5-羟色胺能系统发挥作用，一氧化氮对记忆的影响需要通过谷氨酸和 NMDA 受体的作用。

→ 基本概念

突触	突触传递	化学突触	突触前膜
突触间隙	突触后膜	突触囊泡	神经递质
突触后致密结构	胞吐	兴奋性突触	抑制性突触
电突触	缝隙连接	离子通道	电压门控离子通道
配体门控离子通道	离子门控通道	非门控离子通道	离子泵
静息电位	动作电位	锋电位	去极化
阈电位	后电位	超极化	全或无定律
不应期	绝对不应期	相对不应期	轴传播
跳跃传导	兴奋性突触后电位（EPSP）		
抑制性突触后电位（IPSP）		神经递质	戴尔原则

递质共存	γ-氨基丁酸(GABA)	5-羟色胺	去甲肾上腺素
多巴胺	乙酰胆碱	儿茶酚胺	神经肽
乙酰胆碱酯酶	受体	配体	离子型受体
代谢型受体	烟碱样受体	毒蕈碱样受体	神经调质

→ 思考题

1. 阐述突触的概念，并请说出其提出者。
2. 化学突触的结构是怎样的？
3. 请简述化学突触的信号传递过程。
4. 电突触与化学突触有何差别？
5. 什么是静息电位？请详述产生静息电位的原因。
6. 说出动作电位的产生过程。
7. 分别说出主要神经递质的名称及其特点。
8. 请解释受体和配体的概念。

第五章
激素、脑与行为

从低等动物到人类，机体内都可以分泌很多不同类型的**激素**（hormone）。这些激素在体内组成了一个庞大的家族，又被称为**内分泌系统**（endocrine system）。激素的主要功能是完成机体内细胞之间的化学通信，特别是可以与神经系统一起，共同调节机体细胞内外微环境的平衡，属于机体生殖、发育、物质代谢以及行为调节的重要活性物质。改变一些激素的水平，可以对中枢神经系统的功能产生巨大的影响，从而使认知、情绪或摄食、饮水、性等基本生命活动发生改变。

虽然体内激素的含量甚微，但若过多或缺少就会影响整个机体的生命活动。例如，体内有少量的激素变化，可以影响动物或人类的学习记忆能力，改变它们的摄食、饮水、睡眠、繁殖或哺育等行为的欲望，甚至决定它们面对威胁时是进攻还是躲避。在个体生长的早期，激素就对脑和内分泌腺的发育有重要影响，以至于会影响个体成年后的行为能力。激素在不同年龄阶段都起着举足轻重的作用，不仅对成年个体，而且对老年个体的生理或行为发挥重要的调节作用。成长过程中最重要的特征之一是机体对激素敏感性的改变。

内分泌系统作用的复杂性与生命的进化或演化有关。面对不断变化着的生存环境，有机生命体需要演化出重要的内源性保护机制。激素作为重要的内源性化学物质，普遍存在于动物或植物机体内，并在漫长的演化过程中发生了持续的变化。从无脊椎动物到脊椎动物，激素的种类和功能逐渐增多，并呈现复杂化倾向，使生物对环境的适应性逐渐增强。但许多古老的激素仍然存在并发挥重要作用，例如，人类松果体分泌的具有感光作用的褪黑素，不仅存在于高等动物和无脊椎动物体内，而且在单细胞动物甚至植物中也有发现。

第一节　激素及其一般作用方式

直到 19 世纪，人们还普遍认为行为控制或体内通信只依赖神经系统，只有少数研究者意识到内分泌系统可能发挥同样重要的作用。例如，在 1849 年，德国生理学家贝特霍尔德（Arnold Adolph Berthold，1803—1868）通过阉割年幼公鸡的实验，观察到其性行为和第二性征（鸡冠）均呈现显著衰退；之后，他又将睾丸放回到这些被阉割公鸡的腹腔内，同时还切断这些移植睾丸的神经联系，而这些公鸡还能重新恢复鸡冠和正常的性行为特征。实验表明，睾丸释放的某些“重要物质”，可以通过血液而非神经系统来启动性行为和第二性征。贝特霍尔德所提到的“重要物质”后来才被称为“激素”。这项研究成为第一个有重要意义的内分泌学实验研究。

19 世纪法国生理学家伯纳德（Claude Bernard，1813—1879）提出的细胞内环境理论对内分泌学的诞生起了重要的作用。他认为机体存在一个稳定的内部环境，这种内环境对于机体在变化的外环境中保持相对独立十分重要，同时还强调细胞的内环境处在外环境的调控之下。19 世纪后期，临床和实验研究又陆续发现一些重要的内分泌腺体，包括甲状腺、肾上腺皮质、下丘脑等，这些内分泌腺或神经组织对维持内环境稳定，以至健康和正常行为都有极其重要的作用。内环境思想和一系列实验研究发现，也孕育了内分泌学**内稳态**（homeostasis）理论，所谓内稳态指的是机体内存在保持内环境相对持续稳定的一系列调节机制。

内分泌学成为相对独立的学科，始于 1905 年贝利斯（William Bayliss，1860—1924）和斯塔林（Ernest Starling，1866—1927）对于胰泌素的实验研究。他们发现，当食物进入胃时，肠壁细胞可以释放某种物质进入血液，经血液循环后到达胰腺来刺激释放胰液。而一般的腺体是通过管腔将释放的物质输送到作用部位，如汗腺、泪腺或胃腺等，这些通过导管或管腔输送分泌物的腺体被称为外分泌（exocrine）腺。而内分泌腺被称为非导管腺，它们释放的特殊化学物质，经血液循环运送到远距离的特定的器官或组织，并调控这些器官或组织的功能活动，这些特定的器官或组织又被称为“靶器官”（target organs）或“靶组织”（target tissues）。由肠壁细胞分泌的特殊化学物质被贝利斯和斯塔林首次命名为“激素”。此后，由内分泌腺分泌的通过血液运输到达靶器官或靶组织的这类特殊化学物质都被称为激素。

一、动物机体的化学通信

激素是动物机体内一种最基本的化学通信方式，它们是以内分泌的方式选择性影响远距离靶器官或靶组织的活动。内分泌的本质特征是细胞释放的化学信号通过血液输送至靶器官或靶组织。化学通信是机体之间相互联络和协调的本质特征。比较其他不同的化学通信方式有助于进一步了解激素作用的基本特征。

动物机体存在若干不同的化学通信方式：

（1）**突触传递**（synaptic transmission）。神经元之间的信息传递主要依赖突触前膜释放神经递质到极小的突触间隙，然后扩散至突触后膜，引起突触后神经元活动改变，再传导到下一个神经元。这种典型的方式具有高度的局部传递特征，仅限于神经元之间以及神经元和效应器之间。

（2）**自分泌**（autocrine）作用。细胞释放的化学信号作用于自身，从而改变自身的活动。例如，神经元释放的递质除了作用于突触后膜影响下一个神经元活动以外，还可以作用于突触前膜中的自身受体，来影响自身的兴奋性。

（3）**旁分泌**（paracrine）作用。细胞释放化学信号扩散至附近的靶细胞，从而影响附近细胞的活动。例如，下丘脑中的一些神经内分泌细胞常以旁分泌的方式影响脑垂体的活动。

（4）**外激素**（pheromone）作用。通过外激素在环境中扩散的方式，同物种个体之间可以相互影响。例如，动物可以通过释放外激素吸引异性。

（5）**异源性外激素**（allomone）作用。一些物种可以释放一些外激素，去影响其他物种的活动，以利于自身的生存。例如，一些植物释放外激素吸引昆虫或鸟类接触，以利于花粉传播和杂交。

二、激素的化学分类

激素是内分泌系统与靶细胞之间经血液传递信息的化学媒介。根据激素的化学结构特性，可以将动物激素分为三大类型：

（1）蛋白质和肽类。主要是由大小不等的氨基酸链组成的蛋白或多肽，例如，下丘脑分泌的促生长激素释放激素、加压素、催产素等，或垂体分泌的促肾上腺皮质激素、生长激素、促甲状腺素等，或其他一些内分泌系统释放的胃肠道激素、胰岛素等。

（2）类固醇激素。主要由碳骨架构成的四环类固醇结构组成，例如性腺分泌的孕激素、雄激素、雌激素等，或肾上腺皮质分泌的糖皮质激素、盐皮质激素等。这类激素的共同特征是具有脂溶性，易于进入细胞膜。

（3）单胺类激素。此类激素的化学结构内含有单个氨基酸，如肾上腺髓质分泌的肾上腺素和去甲肾上腺素、甲状腺分泌的甲状腺素、松果体分泌的褪黑素等。

随着研究的进展，激素的经典概念正在发生改变。人们发现越来越多的非内分泌细胞所分泌的化学物质也在细胞之间传递特定信息，如一些神经肽类、前列腺素、生长因子或细胞免疫因子等。

三、激素作用的基本特性

激素种类繁多，作用复杂，但对机体生理或行为的调节机制却表现出一些共同特征：

（1）相对特异性。激素释放后可到达机体各个部位，会有选择性地作用于专门的靶组织或靶受体，但有的激素可作用于多个靶器官。

（2）信息传递或生物效能放大。激素通过血液可以完成细胞之间远距离信息传递，但激素信息能量不会像神经系统信息一样在传递过程中放大，而是在靶细胞内形成效能极高的生物放大系统。

（3）作用的多重性。一种激素可以发挥不同的作用，这取决于**激素受体**（hormone receptor）所在的不同器官的功能。

（4）激素的相互作用。某一器官或细胞的生理功能可受多种激素共同调节，此时，在激素之间存在着相互影响，表现为竞争、协同、拮抗或允许等作用，以维持机体功能活动的稳态。例如，有的激素本身不能对某些细胞产生直接的生物效应，但它的存在可使另一种激素的作用明显增强，这种现象称为**允许作用**（permissive action）。

（5）作用的持续性或节律性。激素对机体生理或行为的调节作用是逐渐发生的。即使激素释放结束，这种调节作用也可以持续数日、数周甚至数年；有的激素的释放受机体生物钟调控，表现为以日、月或年为单位的节律性。

（6）脉冲式释放。内分泌器官有时会以脉冲方式释放少量激素，以配合机体功能适应环境。

（7）与环境的相互作用。激素的释放受环境影响较大，环境中许多因素可以调控体内的激素水平。激素可以改变行为，行为也可以改变激素水平。

（8）对行为影响的或然性。激素可以改变机体已有行为反应强度和出现率，但并不能激活某种行为的开关。

第二节　内分泌腺及其功能调控

一、高等动物主要的内分泌腺

内分泌系统包括内分泌腺和分散于某些器官组织的内分泌细胞（图5-1）。高等动物体内主要的内分泌腺包括垂体、甲状腺、肾上腺、胰岛、甲状旁腺、性腺和松果体等，散在的内分泌细胞分布比较广泛，如下丘脑、胃肠道、心脏、肺、肾等器官或组织均有存在。内分泌系统和神经系统经信息整合后，能对机体内外环境变化做出适应性反应，调节机体新陈代谢、生长发育和本能行为等基本生命活动。神经内分泌系统与免疫系统之间也存在着密切关系，使神经内分泌和免疫反应协调一致。

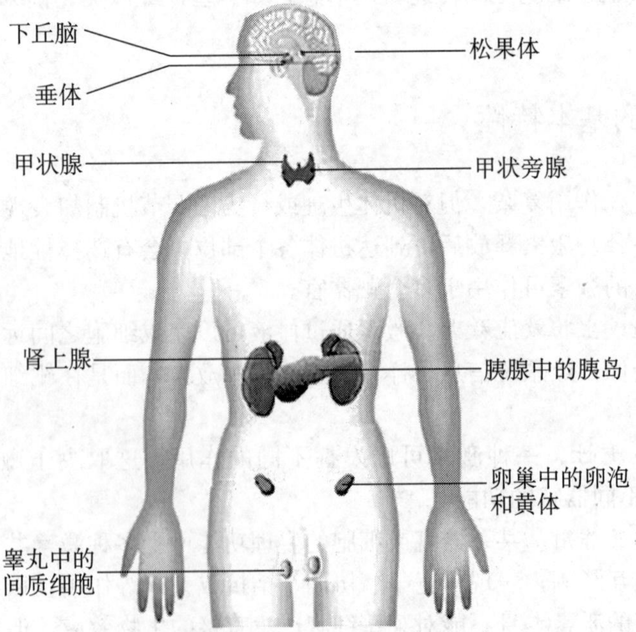

图5-1　人体主要内分泌腺

资料来源：姚泰．生理学．5版．北京：人民卫生出版社，2001.

（一）下丘脑和垂体

下丘脑（hypothalamus）和**垂体**（hypophysis）是最重要的神经内分泌系统，由下丘脑内侧基底部促垂体区、门脉系统和腺垂体构成。下丘脑和垂体在结构与功能上联系紧密，可分泌多种多肽类神经激素、垂体前叶激素、垂体后叶激素等。下丘脑主要分泌促生长激素释放激素（growth hormone releasing hormone，GHRH）、促肾上腺皮质激素释放激素（corticotropin-releasing hormone，CRH）、促性腺激素释放激素（gonadotropin-releasing hormone，GnRH）、加压素（vasopressin，VP）、抗利尿激素（antidiuretic hormone，ADH）和催产素（oxytocin，OXT）等调节肽，可经门脉血管输送至腺垂体，调节其激素的合成与释放。其中 ADH、VP 和 OXT 是在下丘脑合成并储存，最终经轴突被运送至垂体后叶释放，因此，垂体后叶又被称为神经垂体。由此可见，下丘脑既有典型的神经元功能，又有内分泌细胞的功能。换句话说，下丘脑神经元合成的神经激素既可经神经轴突传递，也可以经血液运输传递，它们可将大脑皮层或其他部位传来的信息转变为激素信息，把神经调节与激素调节联系起来。垂体前叶激素主要分泌促靶腺分泌激素，如生长激素（growth hormone，GH）、促肾上腺皮质激素（adrenocorticotropic hormone，ACTH）、促甲状腺素（thyroid-stimulating hormone，TSH）或促性腺激素（gonadotrophic hormone）等。见图 5-2。

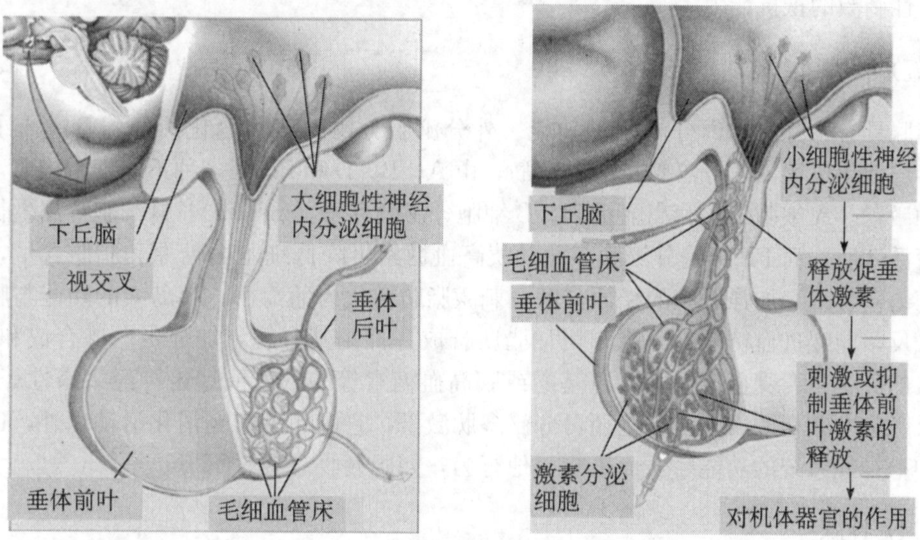

图 5-2　下丘脑-垂体的解剖结构和内分泌调控

（二）松果体

松果体（pineal body）位于脊椎动物间脑顶部的内分泌腺，又被称为脑上腺。松果体可分泌多种蛋白或多肽类激素，包括能调控生物节律的**褪黑素**（melatonin，MT）以及具有降低血糖或抗性腺成熟等作用的若干种激素。例如，鸟类松果体分泌的褪黑素，可被光照、温度等季节变化调节，并影响它们的繁殖或迁徙等行为。

（三）甲状腺

甲状腺（thyroid gland）是人类最大的内分泌腺，位于气管前端两侧。由其分泌的**甲状腺素**（thyroid hormone，TH）作用广泛且复杂，除了与核受体结合影响转录过程外，对转录后的过程、线粒体的生物氧化及物质跨膜转运功能等都有影响，主要参与促进机体的物质与能量代谢、生长及发育过程。体内甲状腺素水平能影响糖类代谢和多种酶的活性，从而影响神经系统和骨骼的生长发育。甲状腺功能亢进或低下都会对机体造成损害，例如，功能亢进可导致成人兴奋、失眠，功能低下可导致儿童智障或呆小症等。

（四）肾上腺

肾上腺（adrenal gland）位于两侧肾脏的上方，由皮质和髓质组成。皮质和髓质实际上是两个独立的内分泌腺。皮质由外向内又可分为球状带、束状带和网状带，分别合成和分泌**盐皮质激素**（mineralocorticoid）、**糖皮质激素**（glucocorticosteroid）和**性激素**（sex hormone）等。网状带也能合成和分泌少量的糖皮质激素和雌激素。这些激素由于都属于类固醇的衍生物，因此，又被通称为类固醇激素。类固醇激素作用广泛，包括调节水、盐、糖、蛋白质或脂肪等代谢以及血液循环等，对维持机体的基本生命活动十分重要。髓质主要分泌儿茶酚胺类激素。类固醇激素和儿茶酚胺类激素都可以调节机体神经系统兴奋性、心血管活动或免疫反应，以改变机体对应激刺激的生理或行为反应能力，或提高机体对伤害性刺激的抵抗能力。

（五）胰腺

胰腺具有外分泌和内分泌两种功能。外分泌腺分泌的多种消化液经腺管进入十二指肠，参与消化过程。内分泌腺指的是胰岛，由A、B、D和PP等多种不同细胞构成，并分泌多种激素。A细胞分泌胰高血糖素，B细胞分泌**胰岛素**（insulin），D细胞分泌生长抑素和血管活性肽，而PP细胞分泌胰多肽。胰高血糖素可降低细胞内糖原和脂肪含量，提高血液葡萄糖含量，加强肝脏的糖原分解，刺激脂肪转化为葡萄糖。胰岛素的功能与胰高血糖素相反，能促进血糖浓度下降，增加脂肪合成并抑制其分解，加强蛋白质合成和储存。胰岛素的分泌主要受血液中糖、氨基酸或胰高血糖素等的浓度或迷走神经兴奋性等调节。一些胃肠道内散在的内分泌细胞还可分泌多肽激素，它们除了影响消化活动以外，也可以改变中枢神经系统的功能，从而影响其他行为，如胆囊收缩素（CCK）等。

（六）性腺

睾丸是雄性哺乳动物的主性器官，主要由曲细精管与间质细胞组成。前者是生成精子的部位，而后者具有内分泌功能，可分泌雄激素，包括睾酮、双氢睾酮、脱氢异雄酮和雄烯二酮等。在这些雄激素中，双氢睾酮具有最强的生物活性。卵巢是雌性的主性器官，主要分泌**雌激素**（estrogen）和**孕激素**（progestogen），还可以分泌少量雄激素以及一些肽类激素。性激素除了控制与性相关的行为以外，也调节脑的功能活动，从而影响其他行为。

二、体内激素水平的调控机制

激素具有生物效能的放大作用。较小的激素波动就能引起机体生物功能的改变，从而导致生理或行为发生巨大的变化。因此，保持体内激素分泌水平的相对稳定，对内环境或功能的稳态起着十分重要的作用。大多数内分泌系统不仅能合成和分泌激素，也能监测和评价激素作用的即时效果。当激素分泌到达一定水平时，激素效应可以在不同层面上发出信号，以抑制内分泌系统继续合成或分泌激素。这种**负反馈**（negative feedback）调节方式是内分泌系统最主要的控制机制。

如图 5－3 所示，激素水平的负反馈调控可以发生在体内多个层面。

（1）激素的自分泌调控。内分泌腺分泌激素增加以后，部分激素分子可直接作用于自身细胞，并抑制这些细胞继续合成或分泌此类激素。这是最简单的激素负反馈调控机制（图 5－3A）。例如，糖皮质激素增加可以直接抑制肾上腺皮质分泌此类激素。

（2）靶细胞的生物效应调控。激素作用于靶细胞后产生生物效应，这些生物效应可以调控内分泌腺细胞，并抑制内分泌腺分泌此类激素（图 5－3B）。例如，胰岛 A 细胞分泌的胰高血糖素可升高血糖，而高血糖可抑制 A 细胞分泌胰高血糖素。

（3）下丘脑的生物效应对神经内分泌的调控。激素的生物效应可反馈性抑制下丘脑内分泌激素的释放，从而间接控制腺体激素的分泌（图 5－3C）。例如，应激反应发生时，增多的血糖、增强的心血管或神经紧张性反应可抑制下丘脑分泌 CRH，从而使腺垂体分泌促肾上腺皮质激素减少，导致肾上腺皮质激素分泌减少。

（4）下丘脑-腺垂体-靶腺轴的多重调控。下丘脑-腺垂体-靶腺轴主要对靶腺的激素分泌起调节作用，构成了上、中、下三级水平的激素功能调控轴（图 5－3D）。此功能轴主要调控肾上腺、性腺和甲状腺等的激素分泌活动。例如，下丘脑分泌的 GnRH 可以使垂体促黄体生成素（luteinizing hormone，LH）分泌增加，黄体生成素可以刺激性腺分泌性激素等。从总体上说，下位腺体是上一级腺体激素的靶腺，上位腺体的激素对下一级腺体的激素分泌起促进作用，下位腺体分泌的激素对上位腺体的活动有反馈作用，其中大部分以负反馈为主。功能轴的负或正反馈作用可维持激素水平的相对稳定，如果其中任何环节发生障碍，血液激素水平的稳态将被破坏。低位靶腺激素对下丘脑和腺垂体的反馈被称为长反馈，而腺垂体的促激素对下丘脑的反馈被称为短反馈，下丘脑的某些释放激素可以直接影响自身其他细胞的内分泌活动，因而又被称为超短反馈。

在少数情况下，激素分泌的调节也可以出现正反馈。例如，催产素在下丘脑合成经垂体后叶分泌，在分娩期可以加强子宫肌收缩，在胎儿娩出时，子宫肌收缩加强可以进一步刺激垂体分泌催产素。又如，于月经周期，雌激素一般对下丘脑分泌的 GnRH 起负反馈作用，但在排卵前雌激素水平达到高峰时，雌激素却增加 GnRH 释放，以促进形成黄体生成素的高峰并引起排卵。

除了下丘脑以外，内分泌腺还接受神经系统直接或间接的支配。当支配内分泌腺的神经纤维兴奋时，激素分泌也会发生变化。例如，交感神经兴奋可增加肾上腺髓质分泌肾上腺素和去甲肾上腺素，并协同动员机体的多种功能，以适应内外环境的变化；而迷走神经兴奋可促进胰岛素分泌，有利于机体储存能量。此外，激素的分泌还受到体内生物节律的影响，例如，皮质激素水平在 24 小时内呈周期性变化，性激素也按季节或周期呈规律性变动。

三、激素作用的分子生物学机制

作为细胞或器官之间传递信息的化学信使，激素必须与相对特异的靶细胞膜受体或细胞内受体结合，再诱导细胞内分子信号转导系统启动，并引导产生最终的生物效应。这个复杂过程至少包括激素与受体的相互识别、激素受体复合物的信号转导和转导信号后生物

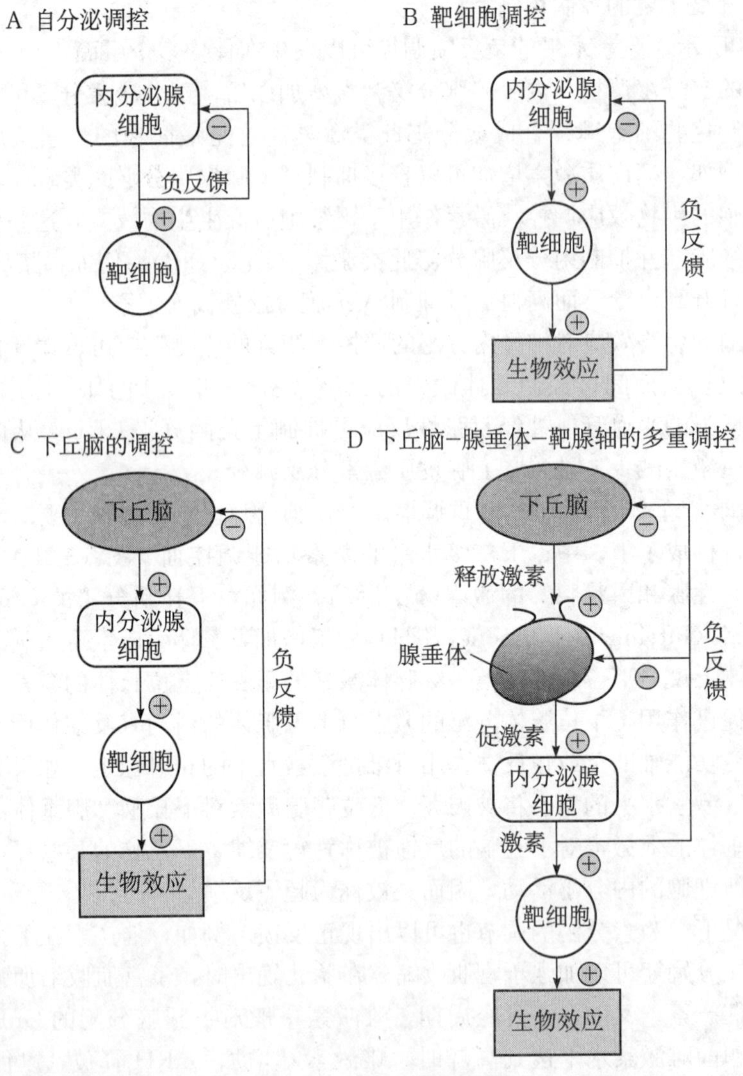

图 5-3　内分泌负反馈环

效应等基本的关键环节。但是，不同类型激素作用的生物学机制也存在一些差异。

根据物理特性，体内激素大致可分为水溶性和脂溶性两大类。水溶性激素主要由一些蛋白、多肽或单胺类等较大的分子结构构成，如生长激素、胰岛素、肾上腺素等。它们不能穿过脂质的细胞膜，因而只能与细胞表面受体结合，并进一步引起细胞内腺苷酸环化酶活性的变化，使胞内第二信使 cAMP 及代谢等活动发生改变，从而导致各种生理反应。体内脂溶性激素以类固醇等小分子结构为主，如肾上腺皮质激素、性激素和甲状腺素等。这类激素一般能够穿过细胞膜进入细胞质或细胞核，并与其中分布的受体结合成激素-受体复合物。这些复合物作为调控因子再移动至特定的 DNA 序列上，调控或启动基因的转录，从而引发特异蛋白合成的改变。还有一些脂溶性激素既存在于胞质或核受体内，也存在于细胞膜表面受体内，但此类膜受体的功能仍需深入了解。例如，在神经元表面，糖皮质激素膜受体具有快速反应性，兴奋后会影响其他递质受体的亲和力，从而影响学习、记忆等认知或行为反应。

第三节　生物节律、生长发育和性别差异的激素控制

一、生物节律及其激素控制

昼夜的明暗交替、一年四季气候的变化、海洋的潮起潮落，地球环境这些周而复始的规律性变化赋予了生命节律性活动的特征。在自然进化中，这种外在的节律逐步转化成了生物体的内源性节律。在自然环境中，一些动物昼伏夜出，而另一些动物则相反；植物花蕊按季节开放或凋谢，绝大部分动物存在生殖和生理周期；人类也存在着各种形式的生理节律，例如，脑电以微秒级的周期扩散传导，心脏以每分钟 70 次左右的频率跳动，体温和血压在 24 小时内规律升降，细胞分裂在夜间旺盛而在白天相对静止，等等。事实上，所有生物即使短暂脱离环境刺激后，仍会按照自己固有的节律继续运转。以进化论的观点来看，**生物节律**（biological rhythm）就是生命适应环境的产物。在漫长的演变过程中，自然选择的力量使生物与环境的变化保持和谐，这是生物延续的基本条件。

在生物体内，存在若干不同层次的生物钟调控，涉及基因、细胞、器官或系统等层面。神经递质和激素信息是调节生物钟活动的最重要的化学信号。特别是在体液中，不同的激素浓度以日、月、季、年或更长的时间为周期起伏，因而控制了生物基本的活动节律。例如，肾上腺皮质通过分泌糖或盐皮质激素调节水、盐、糖代谢，甚至调节心血管活动或中枢神经的兴奋性，因而形成以 24 小时为单位的规律性变化，夜伏动物昼高夜降，而昼伏动物则相反；人类女性卵巢分泌的雌激素是以月为单位周期性波动的；由于生存环境恶劣，大多数动物的性激素活动或生殖周期是以年为单位波动的；而有些激素不但与短周期节律有关，也与生长发育、成熟或衰老等长周期节律有关，因而会以整个生命周期为单位呈规律性变化，如生长激素、性激素或糖皮质激素等。

到目前为止，了解较多的是关于性周期和昼夜节律的激素控制机制。性周期的激素控制会在有关性行为的章节中详细描述，此处不再赘述。在哺乳动物中，昼夜节律主要由视网膜-视交叉上核（下丘脑）-松果体轴调控，并大范围地调控机体其他生理和行为节律。其中，视交叉上核是昼夜节律整合中心和起搏器，一方面受光照周期等外界环境因素的影响，另一方面也接受机体一些内源性化学物质的调节，并将整合信号输送至松果体。松果体是与昼夜节律相关的神经内分泌转换器，既能合成对多个器官节律性活动起调节作用的褪黑素，又能辅助视交叉上核完成昼夜节律的起搏功能。褪黑素可将光照周期信号以昼夜节律的形式有效地输送到中枢神经系统、视网膜、内脏、性腺以及血细胞等处。松果体褪黑素主要在暗期合成，因此又被称“暗信号”。在正常环境的影响下，褪黑素的合成呈现明显的昼低夜高的节律性。对于人类而言，褪黑素可使体内生理、生化与环境周期同步，从而影响睡眠-觉醒等一系列节律行为。实验还观察到，大鼠松果体切除可导致体温、心率、免疫等昼夜节律的紊乱。近年来的研究表明，褪黑素不仅调节机体昼夜节律，还影响年节律或性节律活动。动物繁殖、生态习性等昼夜节律或年节律也受光周期调控，明暗信号作用于机体影响褪黑素分泌量，从而导致性器官的活动或沉默，以保证在最适宜环境求偶或繁殖后代。

二、生长发育、老化及其激素基础

（一）生长发育

激素几乎伴随生命过程的每个阶段，动物的生长发育需要不同类型激素的调节，其中最重要的激素有**生长激素**（growth hormone）和甲状腺素。生长激素由垂体前叶分泌，能促进机体细胞的分裂或增殖，促进蛋白质合成，从而使骨骼和肌肉的生长发育加快。甲状腺素能调节机体细胞的代谢速度，在发育期间有促进组织分化、生长和成熟的作用。早期的研究已表明，摘除幼年动物垂体后，生长发育就会停滞，但及时补充生长激素后，生长发育即可恢复；摘除幼年动物甲状腺也可导致发育停滞。从临床病例中也可观察到，若生长激素在幼年期分泌过多，会患**巨人症**（gigantism），若在成年期则会表现为**肢端肥大症**（acromegaly）；幼年期分泌不足，会导致生长停滞或身材矮小，又称为**侏儒症**（dwarfism）。在生长发育过程中，甲状腺素和生长激素有协同作用，甲状腺素缺乏可影响生长激素发挥作用。

除了协同生长激素促进机体生长以外，在特定时期，甲状腺素还是促进脑发育的关键激素。例如，幼年期缺碘或甲状腺功能低下，同样会导致身材矮小，同时还会伴随脑发育不良或智力低下，被称为**呆小症**（cretinism）。脑内的病理性改变包括神经纤维髓鞘发育不全，神经细胞变小，神经细胞内蛋白质、磷脂和递质的含量减少，某些酶的合成发生障碍，以致发生脑功能障碍或智力低下。拉比厄（Alan Rabie）等人在 1979 年首先发现，甲状腺素缺乏可导致大鼠小脑颗粒细胞的核固缩增强。内维厄（Isabelle Neveu）等人发现，甲状腺功能减退可使幼鼠脑内颗粒层神经元凋亡增加。后来陆续的研究证实，甲状腺功能低下可以导致一些动物脑内细胞凋亡数量增加，且高峰延长。在不恰当的时间，尤其在突触形成期，神经元细胞凋亡发生过多或延迟，会导致神经元的空间分布或分化时相的异常，进而影响神经元之间的相互识别或突触建立，使脑功能发育或成熟遇阻。甲状腺素对脑发育的调节存在明显的关键期。例如，人类妊娠期前三个月、妊娠晚期或出生后 1～2 年，脑对内外环境的变化极为敏感，此时甲状腺素缺乏可引起严重的脑发育障碍。在神经细胞信号转导系统通路中，甲状腺素还通过影响酶的活性，来调节多种神经递质以及其受体的功能活动。

（二）青春期发育及其激素影响

青春期最重要的特征是生殖器官快速发育成熟。伴随着性腺的逐渐成熟，性激素出现周期性分泌高峰，为完成生殖行为做好了充分的生理准备。雄性睾丸分泌大量睾酮，以维持雄性特征和生殖能力。雌性卵巢分泌大量的雌性激素，主要包括雌激素和孕激素，以维持雌性特征和周期性排卵，为受孕做准备。性激素以调节性器官及其附件的生理功能为主，但同时也作用于其他组织器官，包括中枢神经系统。

人类性激素与青春期行为变化的关系是一个值得深入研究的课题。在青春期，青少年会普遍出现明显的行为和情绪变化，这些变化在内因上与生物学基础改变有关。例如，青春期男性的性活动与睾酮水平呈显著的相关，而与第二性征发育程度关联度较低；攻击性行为与睾酮或雄激素存在直接关系。在青春期早期，青少年一些行为变化更易于受到情感变化的影响，如情感压抑、不安或躁动等，较严重的可能会导致不良后果。有研究表明，11～15 岁男性血浆中睾酮水平与体格、攻击行为和言语均呈显著正相关；睾酮水平较高者更倾向于以自我为中心，表现为漠视命令或反抗权威，情绪易激动、烦躁，也缺乏耐心或耐受挫折的能力较差。后来的研究还表明，睾酮与男性青少年的空间思维或逻辑推理能力有明显的正相关，这可能与睾酮能促进蛋白质的合成和代谢，或对脑的组织和功能发育有促进作用有关。

（三）老化与激素

随着老化，机体新陈代谢能力会降低，内分泌腺的功能也会逐渐退化，与此同时，几乎所有激素的分泌都呈下降趋势，如生长激素、性激素、胰岛素或甲状腺素等。但是，来自基础和临床的研究结果却表明，这些激素的缺乏并不是导致衰老的直接因素。例如，摘除相应的内分泌腺体，对机体的衰老进程并无显著影响。

老化对脑功能的影响是研究者关心的重要问题之一。老化会导致脑功能障碍，表现为学习和记忆能力渐进性下降，甚至使人不能应对简单的生活环境，严重的则被称为老年性痴呆。脑老化的内在机制仍然有待揭示，其中激素水平的影响一直被高度关注，临床上也曾用多种治疗方法对抗激素降低，但收效甚微。与其他激素的分泌规律相反，肾上腺分泌的糖皮质激素随年龄增长呈递增趋势。高水平糖皮质激素对脑老化的影响机制被研究者广泛重视。海马是学习记忆至关重要的结构，正常老化和阿尔茨海默病都会使海马功能受影响。动物实验证据表明，持续高水平的糖皮质激素有促进海马老化或诱导神经元死亡的作用，并能引起记忆或定向等认知障碍；也有纵向追踪研究报告，与正常糖皮质激素水平的同龄老人相比，持续 5 年以上严重的低水平糖皮质激素状态会造成海马容积减少达 14％ 。这些研究表明，糖皮质激素可能在海马萎缩等正常脑老化中发挥作用，并且与其作用的时间长短有关。

新的研究证据表明，糖皮质激素可以通过钙离子信号通路增加特定类型细胞的凋亡；糖皮质激素也可以通过电压敏感类钙离子通路调节钙离子依赖的后超级化，从而改变神经元的兴奋性，例如，高浓度的糖皮质激素可降低神经元兴奋性，而低浓度则相反；糖皮质激素还能降低糖原向神经元内的转运，从而影响神经元的能量供给。在老化的神经元上，糖皮质激素的这些作用更加明显，可能与神经元对此类激素作用的敏感性增加有关。糖皮质激素诱发的神经元易损性与老化之间的关系有待深入研究。

三、行为的性别差异与激素

（一）激素对性分化的影响

性别发育包括性别决定和性分化。性别取决于性别决定基因，在卵子受精的瞬间就决定了。在性别已被决定的基础上，性分化是指个体向雄性或雌性发育的过程。20 世纪 40 年代，通过胎兔性腺摘除的方法，乔斯特（Alfred Jost，1916—1991）等人证实了性别决定和性分化之间存在差异，最早认识到性别由睾丸分泌的睾酮和抗缪勒氏管激素（anti-Müllerian hormone，AMH）决定。20 年之后，进一步的研究才逐渐发现哺乳动物睾丸的形成依赖于Y染色体。近年来的研究表明，有一种被称为睾丸决定因子（testis-determining factor，TDF）的编码基因SRY存在于Y染色体上，它可以决定生殖嵴是否发育成精巢或睾丸。哺乳动物性分化方向最终由胚胎精巢或睾丸分泌的激素控制。在性分化之前，无论性染色体是XX还是XY的胚胎，都有缪勒氏管和沃尔夫氏管等两套相同的生殖导管和未分化的性腺。在性分化的过程中，胚胎有无精巢可以决定两套生殖导管的性分化走向。若性腺为精巢，则精巢支持细胞分泌的缪勒氏管抑制因子（Müllerian inhibitory substance，MIS）使缪勒氏管退化，随后精巢间质细胞可分泌睾酮，从而诱导沃尔夫氏管发育为雄性生殖器官。若没有精巢，也就没有MIS和睾酮，导致沃尔夫氏管退化，缪勒氏管则发育成为雌性生殖器官。可见，胚胎期有无精巢，决定了个体性分化的方向，而MIS和睾酮决定了生殖器的雌雄差异。

（二）激素影响性别行为

有实验表明，雄性啮齿类动物出生后睾丸被阉割或服用雄激素合成阻断剂，成年后爬跨等雄性性行为将出现明显减退，而脊柱前弓等雌性性行为却会增多；若雌性一出生就服用雄激素，成年后雌性的性行为会明显弱化，并表现出较多的雄性性行为。在人类中，性别差异不仅存在于生殖系统上，也存在于脑或身体的其他属性上，甚至延伸至解决问题的行为方式上。有大量的研究结果提示，性激素对脑的影响在生命早期就已经发生了。行为学、神经病学和内分泌学等多方面的研究也进一步提供了脑性别差异的证据。

人类被试的研究也证实，男性平均的空间旋转认知或数学推理能力优于女性，而在语言识别或物体运动速度的判断方面，女性却明显优于男性。除性染色体之外，男性或女性的遗传材料都基本相同，但在激素或环境因素的影响下，大脑的生理差别会有所体现。这种性别之间的差别可能反映出不同激素对大脑发育的影响。雄激素不仅将生殖器官变成雄性器官，还影响雄性行为的表现。在胚胎期，男性睾丸分泌大量睾酮等雄性激素，这些激素会延缓左脑的发育，使右脑相对发达，从而导致空间认知能力相对较好；而女性的脑早熟可能与雌性激素有关，语言皮层可能会较早体现优势。因此，在关键期，早期性激素的生理效应可能会永久地改变脑的功能，而在晚期，这种激素效应则不存在。激素作用不仅限于性行为或生殖行为，在特定时期，几乎对所有的已知行为都发生影响。例如，在20世纪70年代以前，孕妇广泛服用各种合成的甾类化合物，导致女性胎儿生殖系统男性化。在早期，这种生殖系统男性化可被药物矫正，但对脑部的影响则不可逆转，会使女性儿童行为与男性儿童接近。

性激素对脑或行为影响的更多证据来自动物研究。动物性激素水平的周期性上升或下降的变化，可能与季节、生殖或生存有关。例如，在繁殖期较高的睾酮水平，有助于雄性动物探索更复杂的空间生存环境，而高雌激素水平可以增强发音或运动能力，有助于雌性动物吸引配偶。在进化上，认知和行为方式的性别差异被证明有利于种族的生存和繁衍。

（三）亲代抚育行为的差异与激素

亲代抚育行为（parental care）是指亲代对子代的保护、照顾和喂养等直接有利于子代生存的活动，也包括筑巢等间接活动。抚育行为可以表现在受精、产卵或产仔的前后，抚育任务可以由双亲共同承担，也可以由一方承担。在动物界，亲代抚育的任务可以由一方为主，或者双亲共同承担，或完全由一方承担（图 5-4）。

图 5-4　亲代抚育行为

在哺乳类动物中，以母性或父母共同承担抚育任务为主。母性抚育行为主要表现为筑巢、哺乳、关爱或护仔等一系列本能行为，主要受一些雌激素、孕激素、催产素和催乳素等激素控制。因此，母性行为往往是激素依赖性的，但其发动却需要来自子代的信息刺激，雌性激素是母性行为发动的重要基础。例如，注射生理剂量的雌二醇和孕激素，可以使未经产大鼠在将来子代出生时产生良好的母性反应；先注射孕激素，再注射雌二醇，能快速地引发母性行为，但单纯注射孕激素不能激发母性行为。这些结果表明，孕激素能增加雌二醇所诱发的母性行为的敏感性，雌性激素对母性行为的调节是协同性的。还有人发现，雌性激素对母性行为的激发作用具有明显的妊娠时相性，例如，在大鼠妊娠终止时注入雌二醇效果更明显，而此时注入孕激素反而会抑制雌二醇诱发母性行为。这可能与下丘脑内侧视前区（MPOA）对雌性激素的敏感性变化有关。

还有研究表明，妊娠时性激素可使未经产大鼠的母性反应逐渐增强，长期接触幼子也可以诱发成年未经产大鼠的母性行为，但发生得较慢，强度也相对较低。若在中枢注入**催乳素**（prolactin）、催乳素加孕激素或催乳素加雌二醇，则能加速激发母性行为。催乳素通常是通过长期慢性的刺激方式来唤醒母性行为的，但与其他雌性激素的协同作用也会产生短期效应。

近些年来，还有人证实肾上腺皮质激素与母性行为的产生有关。除了啮齿类动物以外，灵长类动物的研究结果也表明，类固醇皮质激素与母性行为的唤醒有关。例如，狒狒母亲的婴儿导向性行为与机体内雌性激素和**皮质醇**（cotisol）的变化有关。产前高水平皮质醇使母性的婴儿亲近行为明显增加，而促进皮质醇释放的激素 CRH 可导致母亲对幼子的攻击行为增加。

第四节　认知或社会行为与激素

一、学习记忆与激素

（一）糖皮质激素与学习记忆

糖皮质激素是动物对外界刺激产生最直接反应的重要激素之一，其受体广泛分布于动物脑内，海马是此类受体分布的重要部位之一。海马也是哺乳动物学习记忆最重要的脑区，糖皮质激素在此与其相应的受体结合，来调节学习记忆等行为。糖皮质激素对海马功能的影响，目前研究较多的是对长时程增强（LTP）或长时程抑制（LTD）等的影响，从而了解糖皮质激素对记忆可塑性的影响机制。例如，过量的糖皮质激素或过度应激，可导致海马 CA_1 区齿状回颗粒细胞功能受损，或 CA_3 区锥体神经元树突萎缩，从而导致认知或学习记忆能力受损。但少量的糖皮质激素或短时轻度应激可兴奋 LTP，从而可能增强学习记忆的功能。事实上，无数的研究已经证明，糖皮质激素对 LTP 的影响是剂量依赖性的，其效应呈倒 U 形。换句话说，轻微的应激能增加神经系统的敏感性，从而提高学习记忆效率；而过度应激会导致神经抑制，从而损害学习记忆能力。

（二）性激素与学习记忆

性激素是维持性正常生理和行为所必需的内源性活性物质。它们不仅作用于脑内与生殖相关的回路，影响生殖过程，而且还作用于与认知功能相关的其他脑区，从而影响学习记忆或认知功能。早在 20 世纪 70 年代，雌激素改善认知的作用就开始被研究者认识。流行病学调查显示，男性老年性痴呆患病率高、女性患病率低与雌激素水平有关，雌激素水平低则患病危险增高。临床上也用雌激素来预防老年妇女老年性痴呆的发生。

神经元树突棘在脑的信息加工和记忆形成中起重要作用。有研究表明，海马内给予雌二醇能改善老年大鼠或卵巢切除的大鼠的空间记忆或协同能力；成年雌鼠去卵巢后，其海马 CA_1 区锥体神经元的树突棘数量会明显减少，雌激素治疗可扭转这种变化，并诱导海马树突棘的形成；雌激素还可以通过影响 NMDA 受体钙离子依赖性的 LTP 或 LTD，来诱导海马锥体神经元形成新的突触或改变其可塑性。还有证据表明，雌激素可以增加海马内胆碱能 M 型和 N 型受体的密度或亲和力；雌激素可以改善海马 CA_1 区 NMDA 受体的兴奋性或亲和力，促进乙酰胆碱或兴奋性氨基酸的生成，从而改善学习记忆能力。

（三）其他激素与学习记忆

自从范·维莫斯马·格雷达努斯（T. B. Van Wimersma Greidanus）于 1975 年发现了加压素缺陷小鼠患学习障碍以后，对加压素在学习记忆中作用机制的研究就一直在进行。有研究发现，加压素的促记忆作用可能通过促进肾上腺素能递质的活动来完成。用加压素来治疗老年性痴呆、酒精中毒或外伤导致的进行性或逆行性记忆障碍，在临床上也获得一定疗效。除了前面谈到的糖皮质激素、性激素或加压素以外，许多其他类型的激素受体在中枢神经系统中都有广泛的分布。这些激素对脑功能的调节作用也是十分复杂的，取决于相应受体在中枢的部位。近年来的研究表明，许多神经内分泌协同作用可以改变脑的认知或学习记忆能力。例如，盐皮质激素、甲状腺素、肾上腺素、ACTH、CRH 等等，它们通过神经元发育、信号转导、受体活性或功能可塑性等发挥影响，从而改变脑的认知或学习记忆能力。

二、社会行为与激素

（一）合作或利他行为

自然选择能使动物更适应所在环境的变化，包括改变动物自身的行为方式。为了个体的生存或繁殖，有时动物不会顾及物种或群体的利益，例如，争夺食物、领地或交配权。在一定程度上，一些利己行为符合自然选择的法则。但是，动物的行为方式并不都是自私的，在自然界，相互合作的行为方式经常可见。例如，亲代对子代的养育或保护，群狮的合作捕猎，一些鸟类、哺乳类群居动物对同伴的鸣叫示警或掩护撤离，兵蚁保护种群内其他个体，蜜蜂用舞蹈传递蜜源方向，工蜂采蜜供奉其他个体养育后代。这类行为被称为**合作或利他行为**（altruistic behavior）。

对蜜蜂的社会行为分工的研究表明，工蜂的生理状态和行为方式主要由保幼激素控制，而且工蜂还可以分泌一种“抑制素”，抑制群体中其他哺育蜂的保幼激素分泌。如果工蜂群体数量减少，抑制素分泌就会相应减少，导致哺育蜂保幼激素的“启动素”上升，从而使群内哺育蜂转变成成熟工蜂。群内工蜂和哺育蜂的比例决定哺育蜂是否能成为工蜂。由此可见，激素可以影响社会群体的生理状态或行为分工。对雌性哺乳类动物的合作或利他行为的研究也发现，催产素起着重要作用。例如，催产素可增加雌性田鼠的社会接触，减少彼此间争斗，也可增加小白鼠的社会接触或安逸行为，如相互舔毛、嗅触或梳理等。动物接触实验表明，催产素或内啡肽水平高的动物之间愿意彼此接近，说明了催产素或内啡肽在社会交往行为中可能起到重要作用。

人类被试的研究证据表明，催产素或内啡肽可能也是社会联系的重要生理基础，包括母婴、配偶或亲友之间的依恋关系。与所依恋的对象交往有助于降低交感神经系统和神经内分泌反应，或者易于从应激状态中恢复。由于催产素的原因，女性提供的社会支持比男性更具优势。内啡肽分泌与人的乐观程度相关，因而乐观的人也能提供更具优势的社会支持。内啡肽作用机制研究表明，内啡肽除了直接调节情绪活动以外，也调节脑内催产素或其他肽类物质的释放，从而可能影响人类或动物之间的社会行为。哺乳类动物体内还有很多其他激素会影响社会交往行为，例如，性激素会影响异性之间的亲密程度，肾上腺髓质或皮质激素可导致机体处于应激状态，同时也能增加彼此之间的争斗或疏离等行为。

（二）统治地位与激素

动物的生存和繁衍需要保护食物、窝巢、配偶或子代。当共同需求的资源有限时，动物之间就会发生种内或种间的冲突或竞争。动物的种内竞争导致领地或社会等级的形成，因而使强壮或有经验的个体担当首领，并领导群体合理保护配偶、后代或生存资源，以利于种族生存。竞争也会给个体带来不利，如双方势均力敌可能导致两败俱伤。屈服、逃避等行为可以缓解竞争带来的不利影响。自然选择会使竞争行为朝着有利于繁衍生存的方向发展。

在群居动物中，优势个体享有获得食物或配偶的优先权。个体优势主要缘于基因，可表现为相应的外表或生理状态等遗传表型。例如，赫里氏带鹀群集觅食，社会等级越高羽毛越黑。罗维尔（Sievert Rohwer）等人的研究发现，把等级较低的赫里氏带鹀的羽毛染成黑色再将其放入群体，不能使其免遭攻击；不改变羽毛色泽而注射睾酮，也不能避免其被攻击；而同时注射睾酮并染黑羽毛，可明显提高其社会等级。结果提示，社会地位不仅与优势外表有关，也与激素状态有关。

在进化上，攻击行为是动物具有的原始而高度保守的行为。与攻击行为有关的脑区包括额叶皮层、杏仁核、海马、视前区中部、下丘脑、纹状体等多个核团或结构，其调控机制也相当复杂，与情绪活动的调控环路具有较高的重合性。这些脑区或核团功能障碍会增加攻击和暴力行为。目前的研究证实，影响攻击行为的激素主要有性激素、加压素和去甲肾上腺素等；而攻击行为的神经内分泌活动主要由性激素介导，包括雄激素和雌激素。在不同非灵长类哺乳动物的研究中发现，睾酮具有易化攻击行为的作用。雌激素也是睾酮的芳香化代谢物，对攻击行为具有易化作用。例如，睾酮介导 C57BIM6J 品系小鼠的攻击行为，而 CF-1 品系小鼠的攻击行为则主要由雌二醇介导。近些年来，雌激素对攻击行为的影响受到较多的关注。性激素受体分布研究证据也表明，与攻击行为相关的脑区分布有丰富的雄激素或雌激素受体，包括杏仁核、内侧视前区、中缝背核或隔外侧区等区域。相关研究还证实，雌激素受体分为 α（ER_{α}）和 β（ER_{β}）两种亚型，雄性小鼠 ER_{α} 被敲除后其攻击行为会减少，但 ER_{β} 被敲除后表现为正常或攻击行为增加。相反，雌性小鼠 ER_{α} 被敲除后却表现为攻击行为增加。

除了性激素以外，影响攻击行为或社会行为的其他激素也一直被关注，包括加压素和去甲肾上腺素等。例如，在下丘脑前区注射加压素 V_{1A}受体拮抗剂，可以抑制小鼠攻击行为；敲除小鼠加压素 V_{1B}受体则会使其攻击行为明显减少。有关去甲肾上腺素与人类攻击行为的直接证据仍然较少，但有研究表明，攻击行为较多的人群的去甲肾上腺素代谢产物水平高于普通人群。实验提示，降低去甲肾上腺素可降低实验动物攻击行为的发生率。临床观察也发现，一些提高去甲肾上腺素水平的抗抑郁药会导致攻击行为增加；去甲肾上腺素 β_1 阻滞剂可减少重度精神发育障碍者的攻击行为。

三、情绪活动与激素

（一）应激状态下的激素分泌

应激（stress）是机体对内外环境变化所做出的非特异性反应。能唤起机体非特异性反应的刺激又被称为应激源，例如，冷热、饥渴、疼痛、恐惧或意外事件等刺激。应激源可以改变机体神经系统、内分泌系统或生理状态的持续稳态，调动机体更有效地防御不利因素的影响。应激源长时间存在或刺激过强，会导致机体的内稳态持续失衡，从而产生负性的生理、情绪或行为反应。

应激刺激的相关信息被大脑整合后，再被传送至下丘脑。下丘脑是脑内应激信息转换成生理指令的最后中转站，在维持神经系统和机体内环境稳态中发挥重要作用。下丘脑室旁核最终将应激信息转换成生理指令并释放 CRH，CRH 可刺激脑垂体分泌 ACTH，ACTH 直接促进肾上腺皮质合成和分泌糖皮质激素。糖皮质激素可以加强糖原或脂肪分解，或增加血糖利用率，为处于应激状态的机体提供更充足的能量。少量糖皮质激素还可以增加神经系统的兴奋性，使机体对内外刺激做出反应的敏感性增强。例如，适当的应激可以增加运动反应的敏捷性，或提高工作效率；但大量的糖皮质激素却会导致神经系统的反应性被抑制或损害，因而过度应激有时会使动物出现木僵反应，或出现情绪紧张、焦虑状态。糖皮质激素还能激活一系列蛋白酶的活性，或抑制免疫和炎症反应，使机体能对应激刺激做出更有效的反应。此外，糖皮质激素能影响细胞核内基因的转录或蛋白质合成，从而会对机体生理和心理方面产生长期的影响。例如，一些恐惧经历的记忆在脑中会被长久保存，与糖皮质激素能增加记忆蛋白的合成有关。

在正常情况下，血中糖皮质激素水平可以反馈性抑制下丘脑或垂体释放 CRH 或 ACTH，从而控制肾上腺皮质释放糖皮质激素。慢性应激主要以下丘脑-垂体-肾上腺（HPA）轴负反馈环失控为特征，HPA 轴始终处于激活状态，使机体的糖皮质激素持续保持较高水平。有研究表明，负反馈失控可能与下丘脑分泌过多的抗利尿激素有关，因为抗利尿激素与 CRH 有类似的作用，可以刺激垂体持续分泌 ACTH，从而维持血液中糖皮质激素的高水平。持续的高水平糖皮质激素可造成脑损害，其机制可能与海马兴奋性谷氨酸的释放增多有关。已有研究证实，过多的兴奋性谷氨酸可产生毒性作用，导致锥体神经元树突的不可逆萎缩。慢性应激还可以使人产生明显的紧张、焦虑或不安的情绪状态。而急性应激还常常伴随交感神经兴奋，导致肾上腺髓质分泌较多的肾上腺素或去甲肾上腺素，从而使机体在短时间内处于亢奋状态，表现为血压升高、心跳加快或情绪激动等等。

（二）情绪行为的激素控制

面对攻击、侵扰、恐惧或危机事件等威胁时，动物要生存下来就必须依赖自身有效的应对能力。作为最基本、最典型的本能应对方式，动物的争斗或逃避反应在进化中被逐渐保留并遗传。动物采用何种行为方式常常取决于对危机状况的判断。当发现威胁不可战胜时，动物会做出逃避反应，而存在取胜机会时则可能选择争斗。争斗或逃避行为与机体内强烈的情绪反应几乎是同时发生的。在 20 世纪前叶，坎农（Walter Cannon，1871—1945）曾提出行为反应在先，而情绪生理反应在后，或者说，因逃避而引起恐惧，因争斗而产生愤怒。也有人持相反的观点，认为生理反应在先而行为反应在后，例如，交感神经兴奋导致肾上腺素或去甲肾上腺素分泌增多，因而产生愤怒的感觉。近年来的研究表明，认知判断才是情绪体验或生理反应启动的关键原因。除了受脑活动的调控以外，哺乳类动物的情绪行为反应，主要受交感或副交感神经兴奋性变化的影响，也受多种不同的激素调节。

激素在情绪调节中的作用较为复杂。例如，CRH 或肾上腺皮质激素可增加神经系统的兴奋性，也可以增加紧张或焦虑感，增加疼痛感；催产素可以增强副交感神经活动，舒缓紧张或恐惧情绪，也可以抑制肾上腺皮质激素的释放，从而缓解应激、疼痛或焦虑；对怀孕雌性来说，较多的催产素能增加逃避倾向，这对保护后代有重要作用；在遭受应激时，皮质醇可以刺激雄性睾酮分泌增加，因而使争斗倾向增强，此外，睾酮还可以增强交感神经兴奋，增加愤怒或敌意情绪。有研究表明，在大多数物种中，雄性的攻击倾向在出生后脑发育的早期就被决定了，可能与未来在领地或防御方面雄性承担的责任有关。

（三）情绪障碍的激素影响

1. 抑郁状态与激素

HPA 轴通过各级的内分泌激素反馈调节靶腺激素活动。已有大量研究证据表明，CRH、ACTH、皮质醇及其受体状态均与抑郁症或抑郁状态有关。下丘脑释放的 CRH 属于神经内分泌多肽，可直接促进垂体细胞释放或合成 ACTH。在正常情况下，CRH 的释放过程表现为脉冲式节奏，并呈现昼夜周期节律，释放量一般在夜间最低，清晨达到高峰，与 ACTH 和皮质醇的分泌同步。正常的 ACTH 或皮质醇峰值水平可以使人在清晨保持清醒和较佳的情绪状态。若静脉注射 CRH，正常人在短时间内血中 ACTH 浓度会增加

5～20倍。若机体遇到应激刺激，如低血糖、失血、剧痛以及精神紧张等，刺激信息经整合后汇聚于下丘脑，可以引起CRH释放增加，从而导致垂体和肾上腺皮质的内分泌过度反应。

动物研究证据提示，幼年期过多的应激刺激会导致CRH过度分泌或HPA轴功能亢进，导致成年后抑郁症发病率增高，例如，出现食欲、性欲下降或失眠等一系列抑郁样症状。临床证据也表明，抑郁症患者的下丘脑CRH神经元数量或CRH的mRNA表达增高，脑脊液、血液CRH水平及其代谢产物也增高。抑郁症患者垂体前叶体积增大或肾上腺皮质增生、ACTH或血浆皮质醇水平升高，也被临床研究广泛报告。研究还发现，随着抑郁症状的缓解，肾上腺皮质增生也随着皮质醇分泌的正常化而逐步消失。在药物治疗前后或缓解期，有人还比较了严重抑郁症住院病人的睡眠脑电图和夜间皮质醇分泌水平，发现患者皮质醇浓度会随着治疗进程而呈明显下降趋势。但是，也有临床研究表明，慢性抑郁症患者皮质醇分泌低于正常人。

也有研究认为，HPA轴的负反馈调节缺陷可能是抑郁症的机制之一，而糖皮质激素受体（GR）的敏感性下降也是重要原因之一。许多研究都发现，抑郁症患者GR数量和亲和力显著下调。当抑郁出现时，GR功能的改变导致了糖皮质激素效应的弱化，因而可能切断了对其他相关激素的负反馈作用，从而使HPA轴处于持续的活跃状态。当用抗抑郁药盐酸阿米替林治疗后，某些重要脑区内GR的亲和力或mRNA的表达均会增强，与此同时，抑郁样行为也会被明显逆转。这表明一些抗抑郁药能恢复GR对皮质醇的敏感性，从而恢复HPA轴对糖皮质激素的负反馈调节作用。当HPA轴负反馈调节作用被恢复后，与抑郁相关的CRH、ACTH或皮质醇激素水平就会下降，从而使抑郁状态得到减轻。

2. 雌激素与女性情感障碍

除了HPA轴的功能异常，抑郁症还与其他神经内分泌的生理或病理反应密切相关。流行病学调查表明，在10岁以上每一年龄组，女性抑郁症发病率均高于男性，45岁前后最为明显；女性重症抑郁症患病率高于男性；生育年龄内女性抑郁症发病率高于月经来潮前及绝经后女性。临床研究发现，在生育期，女性抑郁症易反复发作，例如**经前期综合征**（premenstrual syndrome，PMS）或**产后抑郁症**（postpartum depression）等。

已有证据表明，PMS病人雌激素升高，孕激素降低，替代治疗后症状会缓解，但替代治疗却能使正常对照组出现PMS症状；更年期抑郁症患者排卵期雌激素降低，黄体生成素降低，更年期持续时间越长，抑郁症发病率越高，说明雌激素降低持续时间较长可能与更年期抑郁发作有关。在卵巢切除、停经或产后等雌激素降低期，女性易于出现情感障碍或抑郁症高发，这种观点又被称为**雌激素撤退学说**（estrogen withdrawal hypothesis）。男女比较研究还发现，女性较男性脑内5-羟色胺含量更少，脑内5-羟色胺受体结合位点数也更少，而脑脊液5-羟色胺的代谢产物5-羟吲哚乙酸（5-HIAA）却更多。动物研究也发现，雌激素变化会影响脑内神经递质5-羟色胺受体功能，雌激素影响5-羟色胺的合成、转运、含量及其受体活性，例如，卵巢切除或在月经周期中雌激素减少，可以使脑内5-羟色胺含量及其受体亲和力下降。一些生殖激素可通过调节5-羟色胺及其受体活性来抗抑郁，如雌激素等；而影响5-羟色胺的重吸收或能恢复其受

糖皮质激素引起肥胖的研究

体活性的另一些药物，如 SSRI（5-羟色胺重吸收抑制剂）、丙咪嗪等，也具有明显的抗抑郁作用。

→ 基本概念

激素	内分泌系统	内稳态	突触传递
自分泌	旁分泌	外激素	异源性激素
激素受体	允许作用	下丘脑	垂体
松果体	褪黑素	甲状腺	甲状腺素
肾上腺	盐皮质激素	糖皮质激素	性激素
胰岛素	雌激素	孕激素	负反馈
生物节律	生长激素	巨人症	肢端肥大症
侏儒症	呆小症	催乳素	皮质醇
合作（利他）行为	应激	经前期综合征	产后抑郁症
雌激素撤退学说			

→ 思考题

1. 什么是激素？激素作用的一般特性是什么？
2. 人有哪些主要内分泌腺？各分泌什么激素？主要功能是什么？
3. 激素如何影响行为？
4. 简述褪黑素在昼夜节律中的作用。
5. 与生长、发育和老化相关的激素有哪些？简述其对于生长和老化过程的作用。
6. 简述人类大脑的性别差异以及激素在其中的作用。
7. 简述在亲代抚育行为中发挥主要作用的激素及其功能。
8. 简述糖皮质激素在学习记忆中的主要作用。
9. 合作和攻击行为的进化意义分别是什么？哪些激素在其中发挥作用？
10. 与抑郁障碍相关的激素有哪些？各发挥什么作用？

第六章
感觉与知觉

通过感受器的能量转换，动物将机体的内外刺激信息传递到脑内的过程称为**感觉**（sensation）。例如，光线进入视网膜、声音传入耳蜗、食物刺激味蕾、气味传入鼻腔、触摸皮肤或疼痛等，都可以引起不同类型的感觉。视、听、嗅和触等感觉系统属于机体应对外界刺激的第一信号系统，它们是动物生存所必需的。通过积极的选择和组织，大脑可以将感觉信息整合成有意义的模式，这个过程叫作**知觉**（perception）。例如，天敌的气味不仅仅是单纯的气味，而且是与天敌的其他特征或受到威胁的经验相联系的；面孔的识别也不仅仅涉及脸型的几何图案，而且与熟悉的背景特征相关。通过知觉对刺激类型和性质的分析，动物实现了对周围环境反应的精确和完善。

在自然竞争中，动物之所以能够幸存，主要得益于其祖先遗传下来的敏锐的感觉和知觉能力。这些敏锐的感知觉有助于它们发现食物、防范天敌或回避危险。在演化的过程中，动物会不断根据生存环境的变化去调整自身状态，以适应外界环境变化，达到趋利避害的目的。从多细胞动物起，机体就出现了感受周围环境刺激的专门感受器，如对光、声音、温度、化学等刺激敏感的细胞。到节肢类动物，感受器官已经高度发展，并且能形成复杂的知觉整合功能，例如，昆虫的复眼可以感受多方位的视觉刺激，还可以完成复杂的知觉-运动整合。到高级的脊椎类动物，许多物种可以综合运用视觉、嗅觉、味觉、触觉等感知觉，来精确探究环境刺激的各种属性。随着生活环境或方式的不断变化，动物自身器官的功能及其结构也逐渐复杂化，进而产生了与感觉、知觉、表象等相联系的复杂神经活动。

第一节　感知觉加工的一般规律

以感知觉辨别信息，并采取与感知觉匹配的行为方式，对动物的生存而言至关重要。这些感知觉或行为能力可以通过先天遗传和后天学习两条途径获得。然而，亲代的习得经验并不能直接遗传给子代。经过环境的长期自然选择，动物的感知觉学习或行为能力可以通过基因选择的方式被保存下来，并像身体的构造一样遗传给子代。

由于遗传的原因，动物在出生早期就能感知某些与生存相关的情境，并做出适当的本能反应。例如，避免从高处坠落的视觉“断崖”恐惧反应、避免食入伤害性物质的味觉厌恶反应、引起警觉的听觉朝向反应或惊反应等等。这些遗传的感知觉技能使动物天生就具有一定的躲避危险和自我保护能力。一些演化水平较低的动物几乎完全依赖本能的感知觉能力，其感知觉的范围相对有限，方式也是以刻板固定的模式进行。例如，蜂群也会表现出知觉习得的可塑性，但主要局限于对“家”的位置的识别学习，而其他知觉辨别能力几乎全被遗传固定。

随着动物的演化，感知觉的复杂性也会逐渐增加，环境对感知觉能力的影响也在逐渐加大。动物的演化等级越高，感知觉系统的发育和成熟就越晚，而环境对感知觉能力发展的影响也越大。为了适应生存环境，不同物种的感觉器官会逐渐被专门化。专门化的感官可以探测到环境中不同的能量变化，并通过能量转换的方式将特殊的能量信号转换成化学或电信号，进而在中枢神经系统进行加工与整合。

一、感受器的类型及其适宜刺激

感受器（sensory organ）是动物体内感受不同形式能量的特殊结构。这些特殊结构像是环境刺激的过滤器，可以发现不同形式的刺激变化，并做出相应的反应。感受器中的感受细胞可以感受特定形式的能量刺激，并将这些刺激转换成化学或电信号传递给大脑。在动物世界里，感受器为动物的生存提供了多种多样的信息。例如，除了视、听、嗅、味、触等基本感觉之外，蛇还可以利用红外线感官系统识别周围带有热源的物体，并且能准确地定位猎物；蝙蝠可以根据超声波捕捉飞翔的昆虫；蜜蜂可以根据磁场定位巢穴的方向，也可以根据鲜花反射出的紫外线来选择蜜源；而大多数哺乳类动物主要以视、听、嗅、味、触等多种感觉来辨别周围环境的信息变化。

高等动物感觉系统的发展促进了神经系统的完善，使脑对外界信息的分析与综合能力也同步演化。例如，人类除了可以分辨物体的颜色、形状、位置等基本视觉特征以外，还能阅读复杂的文字；除了可以听到来自周围环境的各种声音，也能听懂复杂的言语。通过感觉系统的帮助，人类可以认识这个丰富多彩的物理或抽象世界。事实上，感觉系统的构成包括觉察能量变化的感受器、负责筛选和传递信息的神经传导通路以及整合这些信息的大脑。

每一种感受器都有各自的**适宜刺激**（adequate stimulus）。这些不同形式的刺激可能是机械的、光的、温度的、化学的或电的等等。例如，它们分别可能是作用于耳朵的振动波、进入眼睛的光波或入口的食物分子等等。不同种类的能量刺激需要不同的感受器将其转换为神经信号。表 6－1 总结了动物普遍存在的主要感觉系统及其适宜刺激。

表 6－1　　感觉系统的分类及其适宜刺激

刺激的性质	感觉形式	适宜刺激
机械的	触	身体被触及或变形
	听	空气或水中的声波
	前庭	头或体位变化
	关节	位置和运动
	肌肉	压力
光的	视	可见光线
温度的	暖、冷	皮肤温度的变化

续前表

刺激的性质	感觉形式	适宜刺激
化学的	嗅	气味分子
	味	刺激味蕾的物质
	一般化学的感觉	pH、渗透压的变化
	犁鼻器感受的特殊气味	外激素

二、感觉信息的加工机制及其特征

感觉信息加工始于感受体细胞。感受体细胞的主要功能是将刺激的物理能量转化为跨膜动作电位，这个过程也被称为**感觉换能**（sensory transduction）。不同类型的感受器可以将不同的能量转化为神经动作电位的形式传导至大脑。因此，感受器也被称为换能器。

感受器对传入信息的处理并不是直接简单地传递到中枢，而是有选择地对传入信息进行加工和分析，然后再传递到大脑。因此，大脑从感受器和感觉通路接收到的信息只是有限的或被加工过的信息。对大量的感觉信息的选择和分析是在感受器和感觉传导通路上完成的。有多种因素影响感官对信息的选择和分析，包括感受器的适应、动作电位编码、感受野的特征、感觉传导通路的特征、信息阻抑以及感觉系统的交互作用等。

（一）感受器的适应

当同样的刺激连续作用时，感受器会减少对刺激的反应。连续或重复的刺激导致感受器反应性降低的现象称为**适应**（adaptation）。所有类型的感受器都有适应现象，包括痛觉、视觉、听觉、味觉及触觉感受器。在感受器细胞发生适应时，外界刺激会使该感觉神经传导纤维放电频率明显降低或动作电位消失。但在此时，其他类型的感觉传入纤维放电正常，这表明感觉适应发生在感受器细胞而非神经系统上。例如，强光刺激会使视觉细胞内**视黄醛**（retinene）大量消耗，导致感光能力下降，这种现象称为视觉的明适应；进入暗环境后，视黄醛合成会逐渐增加，感光功能因此恢复，这种现象称为视觉的暗适应。

（二）动作电位编码

在外界刺激被转换为神经动作电位时，感受器不仅发生了能量的转换，而且把环境变化的信息也转移到了动作电位序列中。因此，动作电位不仅起到了输送信息的作用，也包含了**编码**（coding）信息的作用。例如，刺激强度信息可以通过动作电位频率和神经纤维兴奋数量来编码。

（三）感受野的特征

能引起感觉兴奋或抑制的区域被称为**感受野**（receptive field）。感受野的大小、形状或范围与特定感觉刺激的强度和数量有关。感受野存在于感受器、神经传导通路以及大脑皮层等特定的区域。通过记录神经元对不同刺激的放电状况，可以了解不同层次感受野的分布范围。例如，在外周视网膜上，感受野呈若干圆形，具有中心-周边拮抗性作用：若中心是兴奋的，周围就是抑制的；若中心是抑制的，周围就是兴奋的。从视网膜、传导通路到视觉皮层等不同层次都存在给光（ON）或撤光（OFF）反应区域。在这些区域内，兴奋和抑制功能相互拮抗，构成了视觉刺激的感受野。

（四）感觉传导通路的特征

每一种感觉系统都有自己特定的感觉传导通路。大部分触觉或痛温觉传导纤维先在脊髓换元，传导至丘脑后再次换元，然后才投射到大脑皮层的相应区域；而视觉、嗅觉或听觉的传导纤维却直接在丘脑换元，然后投射到大脑皮层不同区域。远距离感觉信息的换元过程减少，意味着反应速度加快，这可能对动物生存有重要生物学意义。从感受器到大脑的每一级通路，感觉信息都会得到一些基本的加工。例如，痛觉刺激可以引起四肢反射性缩回，这个动作在脊髓环路层次就能完成。每一级感觉通路最终都会将处理后的信息送到大脑皮层，在那里完成更复杂的信息加工。

（五）信息阻抑

对动物生存而言，感觉的意义并非全然反映外界刺激，还包括能有效地**阻抑**（suppression）许多无关的刺激，从而捕捉有意义的信息变化。若对刺激不加选择的话，感觉系统就会不堪重负。阻抑不仅能减少感觉系统无为的代谢活动或能量消耗，还能确保对重要信息进行有效的加工。感觉系统可以通过多种方式实现对信息的阻抑：其一，在感受器细胞层面，以感觉适应的方式完成对信息的阻抑作用，例如，视觉的明或暗适应；其二，在感受器以外，通过感觉附属器官来完成机械阻抑作用，例如，眼睑闭合可以减少光线进入视网膜，中耳肌肉收缩可以减少传入内耳的声音强度；其三，在神经系统层面，通过高位传出神经抑制低位传入神经元活动，选择性控制感觉信息的传入。

（六）感觉系统的交互作用

某个感觉系统的活动往往会协同或干扰其他感觉系统的活动。大脑许多感觉区可以处理多种类型的感觉输入，**联合皮层**（association cortex）内的部分细胞不仅对视觉刺激敏感，也对听觉或触觉刺激敏感。若某一种感觉输入缺失，那么这些细胞加工其他感觉信息的能力会相应提高。例如，年幼失明的盲人比正常人有更好的声音定位能力。

三、知觉加工及其特征

脑对感觉信息的加工往往是无意识的选择或自动加工的过程。经过积极的选择和自动加工，大脑可以把传递到中枢的感觉信息分层加工并整合成有意义的模式。脑的自动化加工与知觉经验有关，因而得到的知觉图像既可能是不变的，即**恒常性**（constancy），也可能成为被主观扭曲的模式，即**错觉**（illusion）。例如，人对熟悉物体的判断不会因为距离远近而改变；却常常会因为起对比作用的参照系变化，对陌生物体的长度、位置、大小或运动产生错误的判断。

在神经系统内，知觉加工主要通过自下而上（bottom-up processing）和自上而下（top-down processing）两条途径来实现。在自下而上的知觉过程中，以局部感觉特征的加工开始，逐步形成接近完整的知觉模式。例如，学习新的语言时，先从感知音素、语素或音节开始，逐渐听懂有意义的词或句子；在认识新的几何图形时，先从边、角或线等特征开始，逐渐形成完整的图形知觉。自下而上的知觉机制更多地体现了知觉的学习特征。

而自上而下的加工是将已有的知觉经验与感官捕捉到的特征自动结合或匹配(match)，从而得到一个有意义的知觉模式。这个过程体现了知觉在神经系统内加工的组织性和经验性等特征。例如，可以根据说话或脚步声来判断熟悉的人等。动机、环境背景、暗示或经验都有可能使人按特定方式去知觉，从而产生**知觉定势**（perceptual set）。例如，“一朝被蛇咬，十年怕井绳”就形象地表达了经验在知觉定势中的作用。

四、注意与感知觉

环境中随时有大量的刺激作用于感官。但是，在同一时间内，感官接受外界刺激的能力也是有限的，只能感知环境中有限的对象，因而有必要进行选择性加工。要想获得对事物清晰和完整的知觉，就需要使心理活动有所指向。心理活动对刺激源有选择地加工或指向的属性被称为**注意**（attention)。注意不是一种独立的心理过程，而是反映心理活动指向性的特征。根据注意是否具有随意指向性，又可分为随意注意和非随意注意。在感知觉过程中，被动的**朝向反应**（orienting reflex）属于非随意注意，而主动的**选择性注意**（selective attention）属于随意注意。

（一）朝向反应

一定强度的新异刺激都会引起动物的朝向反应。例如，突然出现的声、光或触觉刺激都可以引起动物出现朝向反应，表现为正在进行的活动终止，眼、耳、头或躯体转向刺激源方向。朝向反应是注意的本能表现形式。随着刺激的多次重复，朝向反应不再出现，这种现象称为**习惯化**（habituation)。这是由于大脑对某种重复刺激的反应减弱，导致注意力降低所致。而此时其他新异刺激仍然能引起朝向反应，因此，习惯化并非疲劳，而是对无关刺激的积极抑制反应。朝向反应能使动物随时注意周围环境中变化的信号，采取主动的准备状态，因而对其生存有重要的意义。

朝向反应包括了感觉、中枢神经以及其他系统的参与，例如，会表现出瞳孔扩大、呼吸频率降低、心率变慢、四肢血管收缩、肌肉紧张或皮肤电升高等，脑电图中会出现去同步化快波。新刺激与脑内已有模式暂时不匹配是朝向反应形成的基本机制。反复出现的外部刺激会引起稳定的脑反应模式，若传入刺激与已经形成的反应模式相匹配，朝向反应就不会发生；若两种模式不匹配，脑就会从不反应转化为反应状态，从而提高对刺激的辨别能力。参与朝向反应的重要脑结构主要包括**网状激活系统**（reticular activation system）和**被盖**（tegmentum)。网状激活系统可以绵延至丘脑、顶叶和颞叶等区，通过调控初级感觉-运动中枢，来完成非随意的朝向反应活动。

（二）选择性注意

在清醒的时候，动物面临许多不同的内外刺激的冲击。随意注意的基本功能就是在这些刺激中选择有意义的信息，同时忽略无关的信息。脑的选择性处理内外信息的过程称为选择性注意。选择性注意主要包括两类：一类是对环境信息的感知觉注意，用于观察或搜索物体；另一类是对内在动机或动作的注意，它接受工作记忆调节以便完成预期任务，但与感觉系统无关。选择性注意有两个特点：它能使我们对注意到的刺激的认知得以放大，对我们对没有注意到的刺激的认知加以干扰。例如，在嘈杂的机场里，当你把注意力放在一个对旅程可能很重要的公告上时，你听清楚相关广播的可能性会增大，但同时你很有可能会忽略掉同伴在同一时间内对广播的评论。

选择性注意的另一个重要特点是会产生鸡尾酒会现象，这是指即使你全心全意地投入一段对话当中，完全忽略周围环境的其他交谈，但一旦其他对话中提及了你的名字，你的注意力也会马上被吸引过去。这个现象说明人脑可以有意识地阻断某部分刺激，而不会漏掉特殊信息。因为人脑会持续地对已经被拦截的刺激进行无意识监控，以免忽略某些需要引起注意的重要信息。

对人类注意的研究也证实，前额叶与主动注意有关，后顶叶（posterior parietal lobe）对注意力集中也起着重要的作用。例如，前额叶损伤的患者对任何无关刺激都会产生冲动反应，不能按照言语指示控制注意力；后顶叶损伤的患者会忽视对侧的视觉刺激。用经颅磁刺激的方法暂时抑制后顶叶皮层的功能，被试也会忽视面部表情等变化。fMRI、EEG等研究结果也显示，参与选择性注意的脑区包括额叶、后顶叶和网状上行激活系统等三个主要部分，它们分别与有意识注意、记忆提取以及维持警觉状态有关。

第二节 视觉

动物觅食、躲避天敌、求偶、筑巢等基本的生存行为都离不开视觉的参与，视觉对生存的重要性不言而喻。在演化早期，动物只有简单的光感细胞，后来逐渐形成“眼斑”。最初的眼斑只能感受光线的明暗，但不能分辨光线来源的方向。随着动物的演化，眼斑逐渐呈现“茶杯”状外形，此时光线可以从特定角度激活光感细胞，从而使动物能判断光源的方向。在探究光源方向的适应过程中，杯口逐渐缩小，感光细胞逐渐增多，杯状结构也不断地加深，眼孔开始出现。此后，杯状结构被透明液逐渐填充，从而起到屏蔽辐射、提高遮光率和优化光线过滤等功能。晶状体和角膜由眼斑表面的细胞分化而来，两层之间的组织细胞继续分化出虹膜、房水、睫状肌等结构。这些结构使眼睛拥有了更大的视角和图像分辨率。见图 6－1。

根据不同的生存环境需要，动物逐渐演化出数量、大小、形状、功能或类型等全然不同的眼睛（图 6－2）。例如，一些软体动物演化出若干**小眼**（ommatidia），如水母等；节肢动物则演化出由若干小眼构成的**复眼**（compound eyes），如果蝇等。小眼只能感受局部的视像，而复眼能把所有小眼看到的局部视像汇集起来，形成一幅完整的画面。复眼还能辨别方向或颜色，但不能调焦，因而看到的图像较模糊。虽然脊椎动物都有双眼，但生存环境导致视觉特征有较大区别。例如，食肉动物需要捕猎，双眼聚焦功能较好，使视像清晰，有利于距离判断，因而能准确定位猎物；大多数食草动物双眼分别位于头部两侧，视野范围大，有利于防止被捕杀，但不利于视像聚焦；大多数鸟类日间在空中活动范围大，飞行速度快，需要远距离判断目标，因此，视锥细胞发达，视敏度极高，而光敏度极低，

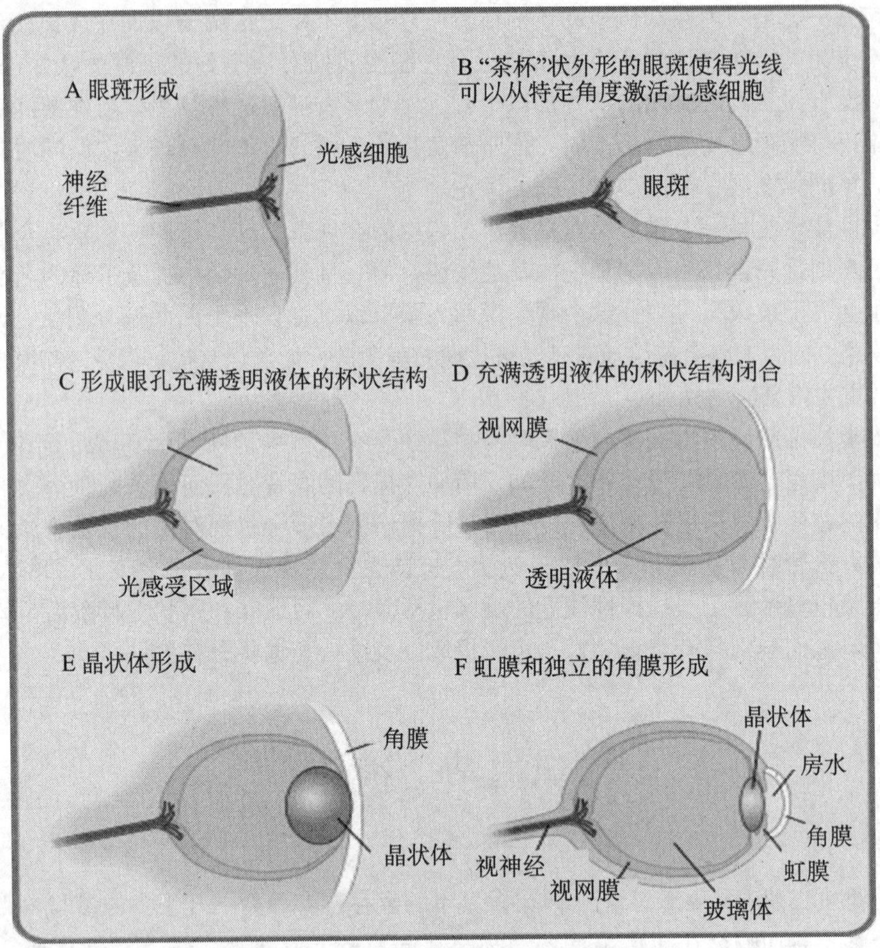

图6-1　眼睛的形成和演化过程示意图

有利于发现远距离食物或猎物；而夜行动物视杆细胞发达，光敏度较高，暗视觉能力强，而视敏度极低，因此，往往需要与其他感官共同定位猎物，如猫头鹰捕猎时就需要视听系统共同定位。

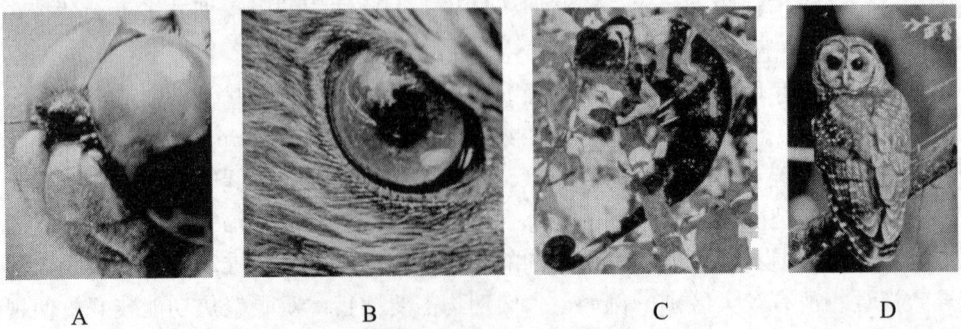

图6-2　不同类型的眼睛

A图：蜻蜓既有复眼，也有单眼。B图：鹰眼的视敏度极高，以利于在高空发现地面的猎物。C图：变色龙可以单眼运动。D图：猫头鹰的眼睛适合夜间觅食。

随着视觉器官的演化和发展，与视觉相关的脑结构和功能也在不断地分化。对于人类而言，视觉不仅参与辨别环境等生存活动，也是进行艺术欣赏、阅读等高级认知活动的重要感知觉系统。人类大约30%的大脑皮层在视觉信息的分析中直接起作用，视觉认知功能的皮层化倾向也越来越明显。

一、视觉感受器及其结构

视觉系统包括眼睛、视觉传导通路以及大脑初级视皮层。大部分动物的眼睛外观呈球形，最外层的前部由**角膜**（cornea）覆盖，其他的部分则被**巩膜**（sclera）包裹。无色透明的角膜是光线进入眼内的第一屈光媒介，而白色不透明的**虹膜**（irises）可以阻止光线的进入。光线进入眼睛的多少由角膜内侧的**瞳孔**（pupil）的大小调节，而瞳孔的大小由虹膜调节。光线通过角膜、房水、瞳孔后，再经透明**晶状体**（lens）的折射，将物体的视像聚焦于玻璃体后的**视网膜**（retina）上（图6-3）。睫状肌通过收缩和舒张改变晶状体的形状和焦距，来调节物体在视网膜上成像的大小或清晰度，从而感知物体的远近。

视觉的最初加工始于视网膜。视网膜有**光感受器**（photoreceptor）、**双极细胞**（bipolar cell）和**神经节细胞**（ganglion cell）等三层结构。按照形态分类，光感受器有**视杆细胞**（rod cell）和**视锥细胞**（cone cell）（图6-3）。人类的视锥细胞在视网膜**中央凹**（central fovea）附近最密集，有物体色彩和细部特征辨别力，但光敏性较差，只有在强光条件下才能保证视觉图像的清晰度，因而视锥系统又被称为**明视系统**（photopic visual sys-

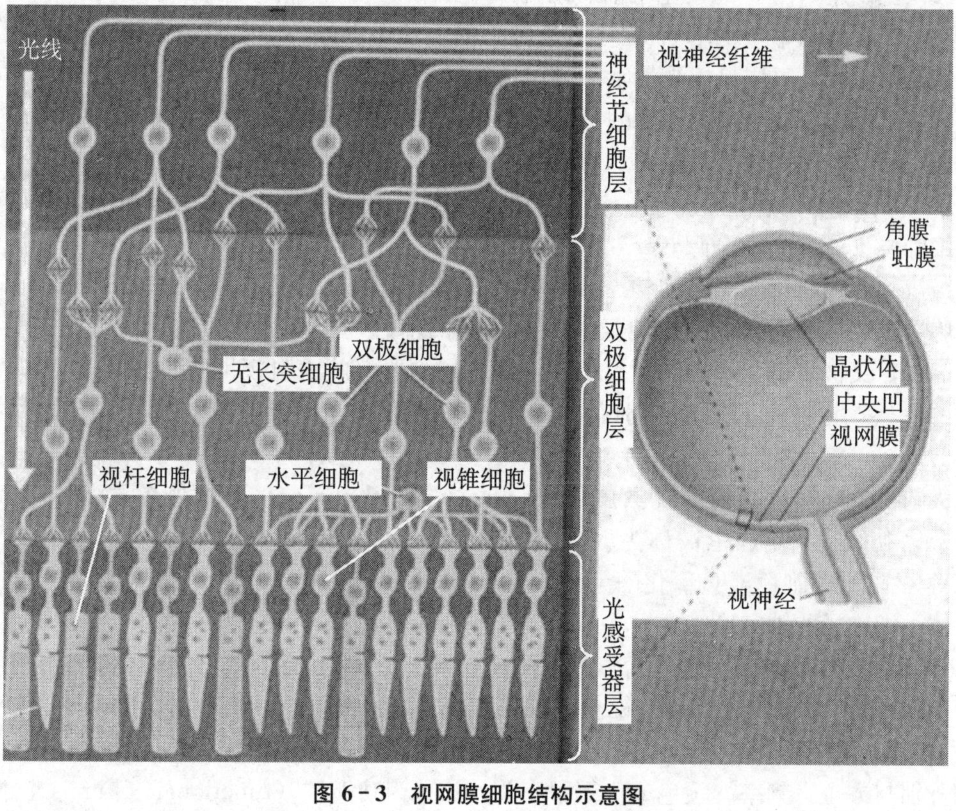

图6-3 视网膜细胞结构示意图

tem)；而视杆细胞的分布呈离中趋势，离中央凹越远密度越大。视杆细胞对物体细节的分辨力较差，也无法形成色觉，但光敏度较高，能在暗环境中感受弱光的刺激，因而又被称为**暗视系统**（scotopic visual system）。有些夜行动物只有视杆细胞，表现为“日盲”，只能在暗环境下其视觉才能被激活，如猫头鹰。而另一些动物只有视锥细胞，属于“夜盲”，只有在明亮的环境中才有敏锐的视觉，如大多数鸟类。

在视神经离开视网膜处，还存在由神经节细胞轴突聚集而成的**视盘**（optic disk）。由于视盘处无感受细胞，因此又被称为**盲点**（blind spot）。双极细胞位于感受细胞和神经节细胞之间，其胞体有两个明显的纤维突起，一个与感受细胞的传出突起相连，另一个与神经节细胞树突相连。此外，视网膜内还有**水平细胞**（horizontal cell）和**无长突细胞**（amacrine cell），它们也与光感受器和神经节细胞存在突触联系，起着信息整合的作用。神经节细胞可分为三类：M 型、P 型和非 M 非 P 型。M 型与运动知觉有关，P 型与形状知觉有关，而非 M 非 P 型与色彩知觉有关。视网膜既是感光器，也是信号初级处理器。

二、视觉传导通路及脑结构

视觉传导通路起始于视网膜的神经节细胞。由神经节细胞轴突聚集而成的**视神经**（optic nerve），经过**视交叉**（optic chiasm）后形成**视束**（optic tract），并投射至丘脑的**外侧膝状体核**（lateral geniculate nucleus，LGN）。在 LGN 换元后，再投射到双侧大脑后部的初级视觉皮层（图 6－4；见书前彩图）。

在哺乳类动物中，LGN 是视觉信息传导的重要中继站，由六层神经元组成，最靠近腹侧的为第 1 层，每层只接受由某一侧传递来的信息。例如，1、4、6 层接受来自对侧的信息，而 2、3、5 层则接受同侧的信息。由于 LGN 腹侧的两层细胞的直径明显大于上面的四层，因此，底部两层被称为**大细胞层**（magnocellular layers），而顶部四层被称为**小细胞层**（parvocellular layers）。另外，在每一层的腹侧还存在由许多微小的神经元组成的**颗粒细胞层**（koniocellular layers）。大细胞层主要接收来自视网膜神经节 M 型细胞的信息，与辨别物体的轮廓、运动状态或空间关系有关，因此，又被称为“where”通路。而小细胞层主要接收来自视网膜神经节 P 型细胞的信息，与辨别物体的形状或细部特征有关，因此，又被称为“what”通路。颗粒细胞层主要接收来自视网膜神经节非 M 非 P 型细胞的信息，与物体的颜色辨别有关。这三条通路最终都投射到同侧大脑的初级视觉皮层。

大脑视觉皮层包括**初级视觉皮层**（primary visual cortex）和**纹外皮层**（extrastriate cortex），初级视觉皮层也被称为 V_1 区。王-莱利（Margaret Wong-Riley）于 1978 年发现，V_1 区能被细胞色素 C 氧化酶染色形成深色的**斑点**（blob）。斑点区内的神经元与外侧膝状体小细胞层的轴突形成突触联系，接受视锥细胞传来的信息；而染色较浅的**斑点间区**（interblob）则与大细胞层的轴突联系，接受视杆细胞传来的信息。大、小细胞层的信息到 V_1 区以后，再被转送到其他视觉加工区。以 V_1 区为中心，纹外皮层向外逐渐扩展为 V_2、V_3、V_4 等区。在这些皮层区域内，还存在许多直径 0.5～1mm 的柱状细胞群结构，它们分别与方位、频率、颜色或优势眼有关，被称为**功能柱**（functional columns）。此外，中颞区（middle temporal visual area，MT）和内上颞区（medial superior temporal visual area，MST）也与视知觉加工相关，MT 区又被称为 V_5 区。研究证据表明，V_2 区与 V_1 区的视觉加工功能接近，与立体、方位和视差有关；V_3 区与形状知觉有关，V_4 区与色觉有关，而 V_5 区和 MST 区与方向和运动视觉有关。还有人认为，人类大脑中起始于 V_1 区投射至 V_4 区和颞叶的通路与物体识别或记忆有关，而投射至 V_5 区和顶叶的通路与方向或位置辨别有关，它们是大脑皮层的“what”和“where”通路（图 6－5；见书前彩图）。

三、视知觉及其加工

视觉刺激是电磁谱中具有一定频率的电磁波，即可见光。在电磁谱中，可见光的波长范围在 380～760nm 之间。视觉的加工过程涉及感受器、传导通路以及大脑皮层等不同层次。

（一）颜色知觉

色觉能够让动物准确感知外界环境的变化，因而是许多动物生存的必备能力。例如，食草动物通过辨别植物的颜色来获取合适的食物，蜂鸟通过识别花的颜色来判断食源。色觉涉及对不同波长光线的识别和分辨。例如，对于苹果的红色，眼睛需要识别其反射出的光线波长。决定色彩知觉的物理特性有三个：**色调**（hue）、**明度**（brightness）和**饱和度**（saturation）。色调是对光波长度的感知，明度是对光波强度的感知，而饱和度是对纯色所占比例的感知。

在大多数灵长类动物中，视网膜内分别存在对红、绿和蓝三种颜色敏感的视锥细胞，视觉系统依靠这三种细胞感知色觉变化。这些视锥细胞有功能缺陷，可导致色盲或色弱。1802 年，托马斯·杨（Thomas Young，1773—1829）最先创立了三原色理论，即用红、绿、蓝三原色可以组合成被人感知的各种不同颜色。直到 20 世纪 70 年代末，灵长类动物视网膜 S、M 和 L 三种类型视锥细胞的存在才被证实。S 型对波长较短的蓝光敏感，M 型对波长中等的绿光敏感，而 L 型对波长较长的红光敏感。三原色理论很好地解释了视网膜的色觉加工机制。

颜色信息并不是以红、绿或蓝等专门通路向中枢传递，而是以成对拮抗的编码形式传递的。这种观点被称为**对立加工论**（opponent-process theory），它很好地解释了色觉在神经系统不同层次的加工机制。在视网膜节细胞水平上，节细胞特异性地响应成对颜色，其中，红与绿一对，蓝与黄一对。于是，视网膜上共有两种颜色敏感性节细胞：红-绿细胞与蓝-黄细胞。多数节细胞以一种中心与外周对立的方式进行反应。例如，某种节细胞感受野的中心被红色激活，被绿色抑制，但其外周的反应方式则恰好相反。节细胞的对立加工方式能够很好地解释为什么我们从未见过发红的绿色或发蓝的黄色：发送红或绿（蓝或黄）信息的节细胞轴突的发放率要么增加，要么减弱，两种情况不可能同时发生。

除了视网膜水平以外，视神经节或中枢也能进行“红或绿”“蓝或黄”和“白或黑”等拮抗性编码。例如，某个神经元的放电对红光刺激敏感，而绿光能抑制其放电，那么这个细胞就定为＋红/－绿色谱拮抗细胞。但是，不同的拮抗色可以同时编码，例如，红色和黄色可编码为橙色。除了相应的色谱拮抗细胞以外，还存在觉察明暗的拮抗细胞。例如，在视网膜神经节上，既存在对红或绿刺激都兴奋的明觉细胞（+红/+绿），也存在对红或绿刺激都抑制的暗觉细胞（−红/−绿）。见图6-6。后来的研究逐步发现，LGN颗粒细胞层和大脑视觉皮层都有色谱拮抗细胞和明暗拮抗细胞。

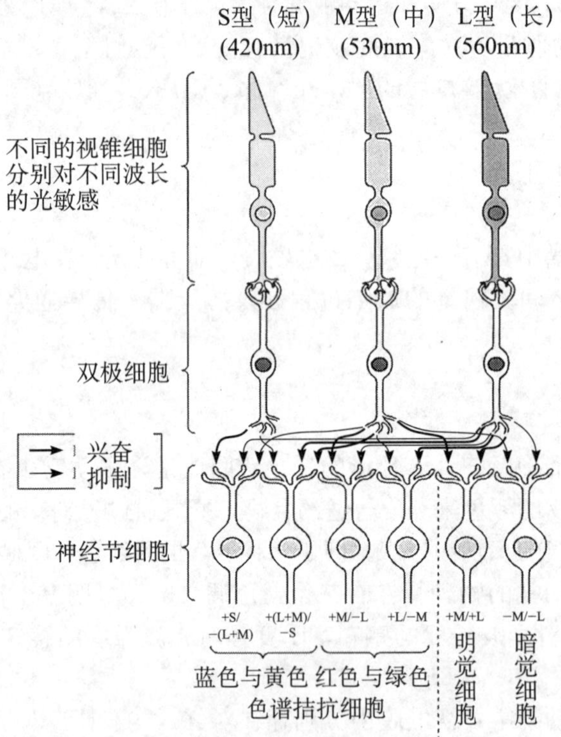

图6-6　色谱与明暗拮抗细胞联系模式图

（二）形状、方位和运动知觉

对基本几何形状、空间位置或运动物体的知觉是动物先天具有的能力。例如，与亲代喂养行为有关，新生的银鸥偏好啄食类似喙形的物体；小鸡一出生就具有分辨食物形状和位置的能力；蛙类能准确地捕捉运动着的昆虫。研究还表明，动物对形状、方位或运动的知觉能力是通过漫长的演化而形成的，并且是已被遗传特征决定了的，而不是通过学习而获得的。例如，两栖类动物的脑内已存在对直线、边角或运动刺激放电敏感的不同神经元。兔的视网膜神经节有运动方向探测细胞。哺乳类动物的视觉皮层感受野主要由小细胞和大细胞构成，小细胞感受野范围相对小，对直线、方位和边界等形状特征敏感；而大细胞感受野所占面积较大，对边界或直线的位移等运动特征敏感。

目前已经知道，V_1区和V_2区具有初级皮层性质，加工范围广泛；V_3区与V_2区的联络呈对应的镜影效应，参与形状知觉加工，还可以将这些信息传递到前额叶、颞叶做进一步分析和整合；V_4区参与形状、方位和色彩特征的整合；人类的梭状回与V_4区有重叠，与文字或颜色识别有关，此区损伤的病人会出现“词盲”或“皮层色盲”，科恩（Laurent Cohen）等人2000年将此区命名为视觉词形加工区（VWFA）；V_5区位于上颞沟内侧，直接接受V_1区的传入信息，90%的细胞存在方向选择性，50%的细胞对双眼视差敏感，对物体大小和运动速度敏感；V_5 区和 MST 区与空间运动知觉加工有关。

四、环境与视觉神经系统发育

对哺乳类动物来说，早期的环境刺激对感觉系统的发育起着重要的作用。因为感官的刺激可以促进神经传导和大脑皮层的发育。虽然遗传决定了视觉系统发育的时间顺序，但早期的环境刺激可以增强突触可塑性，从而提高个体应对环境变化的能力。

（一）视觉剥夺与视知觉发育的关键期

环境对视觉系统演化的影响极大。若长期没有光线刺激，动物视觉系统会逐渐退化。例如，在长期黑暗的喀斯特地貌河流中，鱼类都退化成“无眼”的盲鱼，这是**视觉剥夺**（visual deprivation）的结果。视觉剥夺还常被用于探索早期环境刺激对视知觉功能发育的影响或关键期。

以下我们通过猫的视觉剥夺实验，来了解一下如何考察视觉发育的关键期。猫一般在出生后 8 天左右睁眼，此时双眼发育基本完成，视网膜已经形成了视反应感受野，双眼协同活动能力初步具备，而此时大脑皮层细胞的成熟突触只有 1.5%。若此时缝合幼猫的单侧眼睑，3 个月后再将其打开并缝合另一侧眼睑，迫使其用从未用过的眼睛来适应环境，猫就会出现不可恢复的视觉与运动的协调障碍，如行走时碰撞物体或从高处坠落等。若缝合期在出生后 4 周以后，就不会出现类似的缺陷。这表明动物的视知觉发育存在一个关键期。

不少的研究也证实，动物视知觉的发育易受环境因素的影响，关键期的长短与种属有关。例如，大鼠的视觉发育关键期在出生后两周左右，猫的关键期在出生后 4～5 周，而猴的关键期在出生后 2～18 个月。来自临床的证据表明，人类视觉发育的关键期持续时间更长，幼年期短暂的视觉异常经历也会引起视觉缺陷，例如，儿童白内障患者即使早期得到治疗，也仅能恢复部分视力，成人后仍可伴有形状感知异常或双眼协调障碍等缺陷。

（二）早期环境与视觉皮层功能

脑的视觉功能的正常发育需要丰富的环境视觉刺激。在正常情况下，动物视觉皮层感受野对水平或垂直线条刺激敏感的细胞数量相等。但是，这种数量比可以因饲养环境的差异而改变。有实验证实，若幼猫被饲养在水平条纹壁的环境中，对水平方向刺激反应的细胞数会逐渐增多；若在垂直条纹壁环境中饲养，则对垂直方向刺激反应的细胞数会增多。若在每天的部分时间让幼猫戴一副特殊的条纹眼镜，使一只眼只能看见水平条纹，另一只眼只能看见垂直条纹，其余时间生活在黑暗中，经过一段时间后会发现，视觉皮层感受野的细胞只能被其中一种条纹所兴奋，从而失去双眼知觉的协调性。

早期环境的影响在人类的散光眼患者身上也得到了印证。在发育早期，人眼的角膜和晶状体球面发展不均匀，使大约 70%的婴儿存在散光，表现为对某个方向的线条视觉模糊。随着眼球的正常发育和球面曲度的逐渐完善，到 4 岁时散光继续存在的概率就会降低。在视觉皮层发育的关键期，眼睛存在严重散光，会导致患者视觉皮层对某些方向的线条辨别模糊。若不在 3～4 岁之前及时矫正，这种视觉皮层发育缺陷会伴随终生。在视觉发育的关键期内，环境和经验可以使视觉神经系统的结构和功能发生显著变化，也就是说此时的视知觉神经系统具有相当大的可塑性。成人的视皮觉层也可以因视觉环境影响而发生改变，但影响效应比较弱。

第三节 听觉

听觉器官可以感受声波振动的刺激，并以机械牵拉刺激的方式将声能转换成动作电位传至中枢。听觉的加工方式具有时相顺序性特征，可以觉察连续性的声波振动刺激。与视觉系统的“对立加工”不同，听觉系统可以同时分辨复杂声音中的不同频率的声波，例如，人能分辨交响乐中不同乐器发出的声音。听觉是感知环境信息变化最重要的感觉之一。

一、听觉感受器的结构

听觉感受器一般由外耳、中耳和内耳组成。外耳由汇聚声波的耳郭和外耳道构成，中耳主要包括控制传声作用的鼓膜、听小骨链、鼓室、中耳肌和咽鼓管等结构，内耳的司听结构被称为**耳蜗**（cochlea）。脊椎动物的听觉都依赖于内耳的瓶状囊，其演化的最高形式就是耳蜗。耳蜗是由卷曲数圈的骨质外壳包绕的管状结构，由前庭阶、鼓阶和蜗管组成，管腔内充满了淋巴液。耳蜗的卷曲数目与听觉发达程度有关，例如，视觉较差而听觉发达的豚鼠可达4圈，而人类仅为2.5圈。内耳除了感受听觉以外，又是身体的平衡感受器。分割蜗管与鼓阶的膜状结构称为基底膜，听感受器或称为**螺旋器**（spiral organ）位于基底膜上。

螺旋器由**毛细胞**（hair cell）、支持细胞和感觉神经末梢组成，又被称为**柯蒂氏器**（Corti's organ）。毛细胞是听觉换能器，表面有上百条排列整齐的纤毛，胞体位于基底膜，而较长纤毛嵌入胶状的盖膜内。若前庭阶和鼓阶内的液体被声波振动，基底膜会发生移位，导致毛细胞被牵拉激活，并引起毛细胞底部的神经末梢兴奋。毛细胞又分为内、外两种，内毛细胞对低音或振动敏感，而外毛细胞对高音敏感。在演化等级较低的鱼类中，类似的毛细胞群位于侧线系统或皮肤内，可以感受周围水的流动和低频振动。

听觉感受器是机械性感受器，振动导致的外力牵拉可以使其兴奋。声源通过空气振动而产生疏密波，再经过内耳的换能作用声波产生的机械能被转换成听神经电位，然后传递到大脑的听觉中枢。

二、听觉传导通路及脑结构

来自耳蜗的信息由**听神经**（acoustic nerve）传递至中枢神经系统。听神经进入中枢后最先与**蜗神经核**（cochlear nucleus）发生联系，蜗神经核包括蜗神经腹侧核和背侧核，有对单耳声音快速反应的神经元，但对声音的分辨能力有限。听神经在蜗神经核换元后，再进入与音频加工有关的**上橄榄核**（superior olivary nucleus）。上橄榄核是处理双耳信息的初级中枢，其中一些神经元可以分别被对侧、同侧或双侧的传入刺激兴奋或抑制，对双耳刺激的强度差极为敏感。上橄榄核发出向下的少量投射进入耳蜗和蜗神经核，还发出两条向上的投射通路：一条到达网状结构和小脑，可能与警觉和动作反应有关；另一条则到达听觉系统的重要中继站**下丘**（inferior colliculus）。在下丘和上橄榄核都发现了一些对双耳刺激的时间差敏感的神经元。从下丘出发的大部分纤维到达同侧的**内侧膝状体核**（medial geniculate nucleus，MGN），由此再发出轴突投射到同侧的颞叶听觉皮层（图 6－7）。

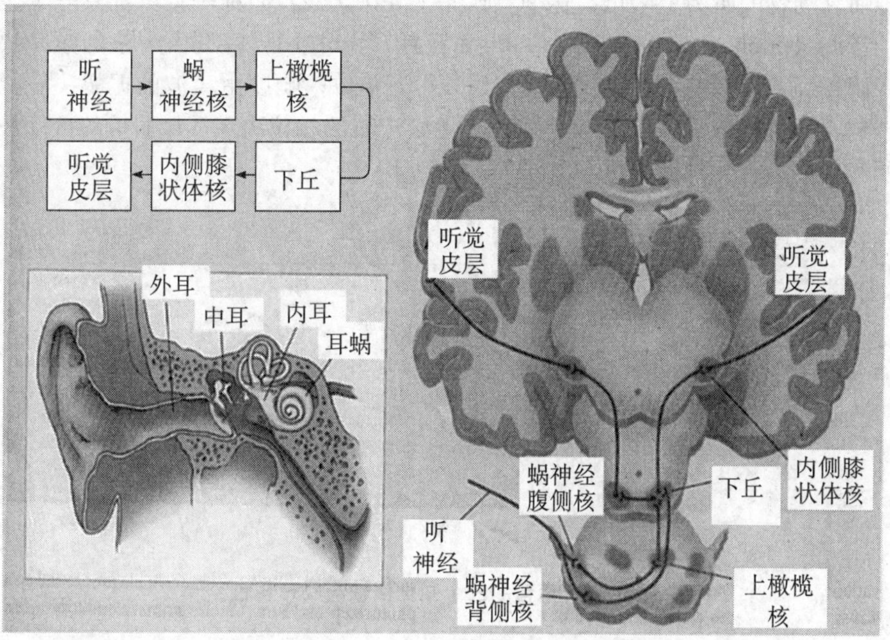

图 6－7　听觉的传导通路

对声音的各种特征复杂和精确的信息的处理发生在各级听觉中枢。低位中枢主要编码频率或强度等简单模式，而高位中枢能编码听觉特征或形象知觉等复杂模式。例如，人类语言或鸟类鸣啭等复杂声音模式主要在高位中枢被分析和处理，其特点是按时间顺序进行加工。大多数听觉皮层的神经元能对连续的声音刺激做出持续几毫秒的迅速反应，而一个短声刺激也可以引起耳蜗神经核或听觉皮层的大部分神经元的兴奋。也有实验证实，听觉皮层不参与纯音的感知和辨别，例如，猫的听觉皮层被切除后仍然能辨别不同的纯音，但对复合音辨别的能力明显受损。而事实上，在自然状态下大部分的声音刺激不是纯音而是复合音，如脚步声、动物叫声等。

复杂的声学特征可以在中枢不同部位被分拣，因为中枢存在不同的“特征检测器”细胞。例如，手术时用电流刺激颞叶皮层某些部分的细胞，病人会自我报告听到音乐声；在一些动物听觉中枢也发现对声音频率、强度、空间或时间等特征敏感的不同细胞。来自灵长类动物的研究证实，在颞叶**初级听觉皮层**（primary auditory cortex）到大脑皮层其他区域之间存在两条重要的通路：一条起始于初级听觉皮层的前部，终止于腹外侧前额叶，与声音的节奏和频率等性质的辨别有关，被称为“what”通路；另一条起始于初级听觉皮层的后部，终止于背外侧前额叶，与声源定位等空间信息加工有关，被称为“where”通路。

三、听觉刺激及其加工

声波是物体机械振动导致周围空气分子产生的周期性压缩的疏密波，传播速度为340m/s。人的听觉器官所感受的振动波频率范围介于20～20 000Hz之间，最佳频率为1 000～5 000Hz，而小于20Hz或大于20 000Hz的振动就不易被人察觉。许多动物能听到20 000Hz以上的声音，如蝙蝠等；有些动物能听到30 000Hz上下的声音，如黑猩猩等；还有很多哺乳动物的听力上限可高达90 000～120 000Hz，如狗等。声音有三个主观的知觉属性：**音调**（pitch）、**响度**（loudness）和**音色**（timbre）。音调由声波的频率决定，频率越高音调越高，以赫兹（振动次数/秒，Hz）为单位；响度由声波的振幅决定，振幅越大声音越响，通常以分贝（dB）为单位；音色由声波的相位决定，最简单的振动波形为正弦波，所产生的声音为**纯音**（pure tone）（图6－8）。

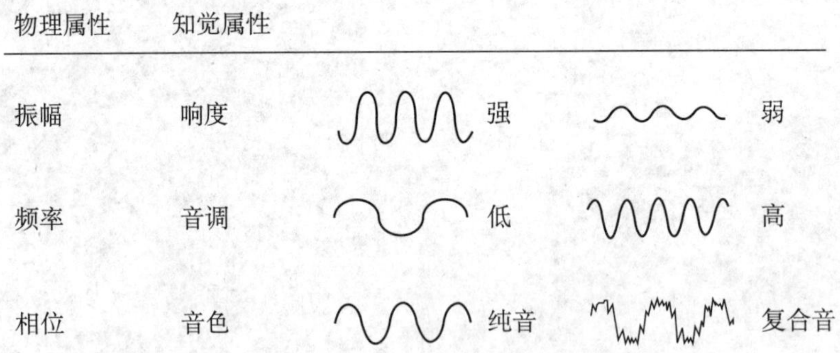

图6－8　声音的三个知觉属性与物理属性

（一）听觉的定位

在自然环境中，许多动物以听觉定向为主。在正常情况下，人类主要根据双耳听觉差来精确定位声源。有些动物还可以发射定向声波，并根据回声来确定物体位置。例如，海豚或鲸能发出20 000Hz以上的声波进行回声定位，蝙蝠用20 000～120 000Hz的超声波定位障碍物或猎物，盲人也可以利用敲击手杖的回声来定位。

与声源定位有关的双耳听觉差主要有强度和**相位**（phase）的差异。相位是周期性波形的某一波段。由于双耳的空间位置不同，声波在某一瞬间到达单耳的强度或波形是不对称的，因而单耳对声音响度和音色的感受也会有差别。例如，声源来自左侧时，左耳感受的声音响度要比右耳强，感受音色波形的时间差也不同于右耳。脑内的听觉中枢可以分析和计算响度或相位差来确定声音的来源。头颅较小的哺乳类动物主要根据响度差来确定声源的方向，如啮齿类动物。响度差适宜于大于5 000Hz声音的定向或定位，相位差则适合小于1 000Hz声音的定位。

（二）音调与音色的加工

声波的频率或振幅分别决定音调或响度。早在100多年前，赫尔姆霍茨（Herman

von Helmholtz，1821—1894）就推测耳蜗基底膜的毛细胞可以加工声波频率，并提出了音调知觉的**位置理论**（place theory of pitch perception）。20 世纪 50 年代，贝克西（Georg von Békésy，1899—1972）的研究结果证实，声波是从耳蜗基底部逐渐向顶端移动的，高频行波在基底部振幅最大，因而基底部毛细胞对高频声刺激敏感；而高频行波到达耳蜗顶部时振幅会逐渐衰减，导致耳蜗顶部毛细胞对低频声刺激敏感。他揭示了耳蜗水平的音频形成机制，并因此获得诺贝尔奖。他的理论被称为**行波论**（traveling wave theory）。

然而，位置理论或行波论都不能解释中或高频声波如何在脑内传递，因为每根神经纤维的冲动频率一般不超过 200Hz。后来，**齐射论**（volley theory）很好地解释了中高频声音在中枢的传递机制。这种理论认为，由于大多数神经元的发放频率不超过 200Hz，若要传递中高频冲动，神经元需要轮流发放动作电位，使神经纤维的总和频率与声波相位同步。例如，向大脑传送 350Hz 的声波，需要多个神经元的低频冲动分时相发放，最终组合形成传导纤维 350Hz 的总和冲动。

环境中的声音大部分是不同频率或波形的复合音，纯音只能在实验控制的条件下产生。在繁殖季节，许多动物都先通过复杂的叫声吸引异性。例如，雄鸟或雄蛙都以鸣啭的方式寻找配偶，鸣啭对异性的吸引力与音调或音色复杂程度有关。这表明低等动物已经具备辨别复合音的能力。随着脑的演化，高等动物对复合音的知觉能力也逐渐增强。皮层诱发电位研究证实，灵长类的初级听觉皮层对纯音和复合音刺激都有反应，而功能演化较晚的**次级听觉皮层**（secondary auditory cortex）却对复合音刺激产生优先反应。

四、脑发育与听觉整合

现实世界充满了各种各样的声音。复杂的听觉刺激不仅能促进听觉皮层发育完善，还能促进脑内多模式细胞的发育，增强感觉信息整合能力和听知觉的准确性。例如，猫头鹰的听觉和视觉核团在中脑顶盖处几乎重叠，核团之间的大部分皮层细胞属于多模式细胞。这种毗邻的知觉结构和多模式细胞的存在，使猫头鹰的视-听觉整合反应时间极短，有助于准确而敏捷的捕食行为。由于这种典型的脑结构和行为模式，猫头鹰成为探索早期经验对视-听功能整合发育影响的模式动物。

有一系列的重要证据表明，早期经验可以使猫头鹰的听觉或视觉皮层功能发生可塑性改变。例如，给幼年和成年猫头鹰单耳分别戴上耳塞，使它们出现声音定位错误；随着时间的延续，幼年被试可以逐渐适应并减少行为错误，而成年被试的行为偏差却不能改变；若剥夺幼年猫头鹰的视觉输入，它的听觉适应也会消失。另一项实验研究表明，若让幼年猫头鹰戴上棱镜，使其视觉偏移正常视角 10 度，那么它的听觉定位也会出现偏差；若早期摘掉棱镜，行为偏差可以恢复，若成年后摘掉棱镜，则偏差不易恢复。

在人类中，刚出生的婴儿已经具备了简单的听觉反应能力。在发育早期，复杂声音的刺激对听觉中枢或脑功能发育十分重要，这在语言或音乐等复合音的分辨能力方面表现得尤为突出。例如，在出生后半年内，婴儿就能够分辨母语或非母语的所有音素和语素，但随着年龄增长，对非母语的音素和语素的分辨能力会逐渐减弱，这与发育关键期受到的特殊音频刺激有关。潘蒂夫（Christo Pantev）等人发现，在感知纯音方面，接受过早期音乐训练的音乐人与普通人的脑区活动并无明显差异；但在感知钢琴演奏等的复合音时，音乐人的大脑区域比普通人有更多的激活。在加工音乐时，普通人两侧大脑都参与，音调加工在右侧大脑，节奏加工在左侧大脑；而音乐人只有左侧半球兴奋。新近的研究还发现，学习音乐时年龄越小，成人后大脑内加工音乐区的面积会越大，联络双侧大脑的胼胝体结构也会越厚。较厚的胼胝体可以促进两侧半球更多的信息交流，从而协调两侧大脑皮层对复杂的复合音的分析与整合功能。

第四节　躯体感觉

躯体感觉（somatic sensation）包括皮肤觉、运动觉、平衡觉和内脏感觉。在身体的各个部位都存在这些感觉的相应感受器，它们可以提供发生在身体表面和内部的信息变化。例如，皮肤的触觉感受器传递外力触压信号，肌肉、关节和肌腱的感受器提供身体的运动状态和位置信息，而内脏器官感受器感受体内器官生理状况的变化，等等。躯体感觉也是动物适应环境的最基本功能之一。

一、躯体感受器及其功能

躯体感受器的类型很多，在体内分布也很广泛，主要包括三大类。

（1）与本体感觉有关的**高尔基腱器**（Golgi tendon organ）、**肌梭**（muscle spindle）和**前庭器**（vestibule）。高尔基腱器和肌梭都位于骨骼肌内，可以感受关节的空间位置和自动控制肌肉的伸缩运动；前庭器位于内耳，与身体的平衡觉以及骨骼肌运动控制有关。

（2）皮肤神经末梢及其附属结构，与触觉、温度觉或痛觉有关。这些附属结构主要包括**环层小体**（pacinian corpuscle）、**麦斯纳小体**（Meissner corpuscle）、**鲁菲尼终端**（Ruffini ending）、**梅克尔盘**（Merkel disk）等，它们对振动、触压或温度等物理刺激敏感。

（3）分布于内脏的感觉神经末梢，对化学或物理刺激敏感。

皮肤感受器可以感受到机械触压、温度变化以及伤害性疼痛。人的皮肤表面还布满呈点状分布的独立神经末梢或附属结构，其中约有20万个对温度刺激敏感，50万个对触压刺激敏感，300万个对痛觉刺激敏感。皮肤表面的感觉点分布密度与该部位感觉的敏感度呈正比。换言之，感觉越敏感，感受器的分布密度越高。例如，人类触觉敏感度在指尖和口唇处最高，胸腹部次之，手腕或足等处最低。

任何形式的适宜刺激都可以兴奋皮肤感受器。触压觉的适宜刺激主要是机械的，温度觉的刺激主要是物理的，而痛觉刺激较为广泛，包括机械、物理、化学或心理等刺激。感受器兴奋可以引起门控通道的开放以及离子内流变化，从而产生感受器电位。感受器电位变化达到阈电位时，感觉传入神经纤维便可产生去极化动作电位，经过中枢不同部位编码后，再被送到大脑皮层的感觉区。

运动觉、平衡觉以及痛觉的加工机制将会在运动和疼痛章节里进行详细论述。

二、躯体感觉传导通路与脑区

外周的感觉传入神经主要有四种类型纤维：Aα、Aβ、Aδ 和 C。Aα 的直径最大，由于还有较厚的髓鞘包绕，因而动作电位传导速度最快，主要传导肌肉的本体感觉；Aβ 的直径较大，也有髓鞘包绕，动作电位传导速度较 Aα 稍慢，主要传导皮肤机械感受器的冲动；Aδ 的直径细，有少量髓鞘包绕，动作电位传导速度更慢，与温度或疼痛觉的传导有关；而 C 纤维直径最细而无髓鞘包绕，动作电位传导速度最慢，主要与痛或痒等感觉传导有关。

躯体感觉信息传入后经脊髓或延髓三叉神经核（颌面部躯体感觉）上行，部分纤维进入丘脑后，再经**丘索通路**（lemniscal pathway）投射到对侧大脑顶叶的中央后回**初级躯体感觉皮层**（primary somatosensory cortex）。痛温觉传入纤维在延脑交叉后，经**旁索外通路**（extralemniscal pathway）直接投射到对侧大脑顶叶的**次级躯体感觉皮层**（secondary somatosensory cortex）。初级躯体感觉皮层接受来自身体对侧特定区域的感觉信息。例如，来自右脚的感觉信息传递到左侧中央后回足感觉区，来自左面部的感觉信息传递到右侧中央后回颌面部感觉区。初级躯体感觉皮层的神经元数量与感觉神经末梢在体表的分布密度相对应。例如，在大脑皮层的感觉代表区，手或口部的感觉神经末梢分布多，大脑皮层中的神经元数量就多，而躯干的感觉神经末梢分布少，大脑皮层中的神经元数量就少（图 6-9）。

图 6-9　人类大脑感觉皮层神经元数量与人体各部位感觉神经末梢分布密度关系形象图

三、躯体感知觉的加工与重塑

与其他感知觉的脑加工机制类似，初级躯体感觉可以将感觉信息再传递至皮层的次级感觉或其他区域，进行“what”和“where”的知觉加工。例如，后顶叶的次级感觉区参与触觉的移动、位置和空间关系等信息的知觉加工，还参与触觉与视觉信息的整合，并产生运动或姿势判断的躯体意识。顶叶下部损伤患者可以通过视觉辨认物体，但不能通过触觉识别物体，这一症状被称为**触觉失认症**（tactile agnosia）。

同种系动物躯体感觉皮层的定位没有明显的差别，但触觉经验可以改变躯体感觉皮层的功能。这提示躯体感觉皮层也具有可塑性，可以随个体经历的差别而发生变化。例如，盲人躯体感觉皮层的大小与指尖阅读有关，指尖阅读者的躯体感觉皮层远大于非指尖阅读者；小提琴演奏者左手手指的皮层感觉区大于非演奏者。也有临床个案报告，若触摸截肢患者的其他部位，如面部或躯干等，他会感到触摸来自被截的肢体，这表明肢体感觉区的功能已被其他感觉区所取代。目前，对感觉皮层重塑的机制所知甚少，一般认为可能与感觉废用后脑功能的代偿机制有关。

第五节 嗅觉和味觉

化学刺激作用于特殊感受器所引起的“气味”或“味道”的主观感觉，被称为**嗅觉**（olfaction）或**味觉**（gustation）。嗅觉和味觉感受器由最古老的化学感受细胞演化而来，可以直接感受环境中重要的化学信号，对动物生存具有普遍重要的意义。即使是最简单的单细胞动物，有选择地摄取营养物或回避有害环境也要依赖化学感受细胞。味觉和嗅觉的感受机制与其他感官不同，其感受作用取决于化学分子的可溶性，因而保持感官适度的湿润是必不可少的先决条件。对于大多数的动物来说，嗅觉和味觉的主要功能是趋利避害，也是认识外部世界的最重要的信息来源之一。例如，嗅觉或味觉都有助于辨别环境或食物的安全性，嗅觉还有助于寻找水源、辨别天敌、标记领地、吸引异性以及沟通信息等。

一、嗅觉

许多动物的嗅觉系统高度发达，具有通过气味认识环境的超常能力，许多气味也可以影响它们的行为。像人类依赖语言一样，许多动物靠气味来协调自身行为，以适应复杂的生存环境和状态。这些气味信息可能来自食物、水源、天敌、同伴、配偶或亲属等。在演化等级较低的昆虫中，气味就被用于召唤同伴、指引行踪、告警危情或辨别等级等行为。除了嗅觉的基本作用以外，大部分哺乳类动物还通过嗅觉识别亲代和子代，以维持血缘或基因关系的纯正。在人类中，由于抽象认知能力的高度进化，嗅觉的重要性也相对被弱化，但基本的功能依然保留，例如，觉察环境安全、分辨食物、警觉烟火或寻找配偶等。对于其他感官缺失的人来说，嗅觉也能起到重要的代偿作用。

（一）嗅觉感受器及其特点

嗅觉感受器位于鼻腔顶端的**嗅黏膜**（olfactory mucosa），表面为黏液，内层由感受细胞、支持细胞和基底细胞构成。每个感受细胞有数十根纤毛直接伸入黏液层，感受器的受体镶嵌于纤毛上，纤毛与神经元树突末梢形成膨大的终扣。有气味的化学分子必须溶于嗅黏膜表面的黏液，才能与纤毛上的感受器受体结合，因此，水溶性差的物质不易刺激嗅觉感受器。

可引起嗅觉反应的**嗅质**（odorant）达 50 余万种。每个嗅觉感受器内都有特异性嗅蛋白，嗅蛋白上有结合嗅质分子的位点。不同种类动物的嗅觉系统在结构和功能上差别很大，因此，感受嗅质的方式或类型也存在较大的差异。昆虫的嗅觉感受器多位于触须上，因而可以敏锐地感知空气中微弱的嗅质。例如，雄蛾可嗅到 3～4 公里以外的雌性；鱼类可以敏锐地感知水中的嗅质，因而能远距离发现食物或完成迁徙。人的鼻腔内有 1 200 万～2 000 万个嗅觉感受器，可以辨别大约 1 000 种不同的气味。狗的嗅觉细胞可达 2 亿～3 亿个，是人类的 15～20 倍，黏膜面积比人类大 4～8 倍，因而嗅觉灵敏度高于人类 20～30

倍。脊椎动物的嗅觉细胞还有再生功能，这意味着嗅觉细胞被化学损伤后可以自然恢复。

除了辨别气味的嗅觉系统以外，许多动物还具有附属嗅觉系统——**犁鼻器**（vomeronasal organ）。犁鼻器位于鼻腔底部，专门接受**外激素**（pheromones）信号。外激素是动物体内分泌的固醇类化学物质，主要与异性之间的性吸引或社会行为调节有关。例如，雄蝶前翅上有一些斑片能发出具有特殊气味的外激素，可以吸引雌蝶交配；如果此斑被刮除，雄蝶在进行交配时会屡战屡败。人类也有犁鼻器，但在演化过程中逐步退化，外激素对人类性行为的调节作用也因此被弱化。

（二）嗅觉信息的神经传导及其加工

嗅神经元对不同嗅质的反应有较大的差别，嗅质浓度也影响嗅神经元的反应。一些嗅神经元只对某种嗅质的反应敏感，而每种嗅质也可以兴奋若干个同类神经元。因此，嗅觉信息既可以按感觉专门通道，也可以按感受野的空间分布进行编码，但是否存在时间编码模式仍然不清楚。

嗅觉加工的脑区主要在古旧皮层区域，包括**嗅球**（olfactory bulb）、**前梨状皮层**（prepyriform cortex）和**眶额皮层**（orbitofrontal cortex）等，前梨状皮层属于初级嗅觉皮层，而眶额皮层则属次级嗅觉皮层。嗅觉神经元的轴突细而无髓鞘，在嗅黏膜基底层汇聚成嗅觉神经，经颅骨孔进入颅腔抵达嗅球。嗅球是嗅觉的初级加工站，其内有无数微小的纤维球囊，每个纤维球囊只加工一种气味。一部分气味信息在此加工后首先被转入前梨状皮层和丘脑，换元后再投射到眶额皮层；而另一部分信息被传至杏仁核，然后再传入内嗅皮层以及海马附近的区域，此通路与嗅觉引起的情绪记忆有关。嗅觉信息传到这些皮层后不仅能产生嗅觉，还能将这些嗅觉与情绪活动建立起记忆反应，从而积累相关的嗅觉经验。

来自附属嗅觉系统的信息不进入嗅球。当外激素兴奋犁鼻器内的感觉神经元时，动作电位会直接传入下丘脑和脑干，然后再将信息传向其他皮层下区域。由于犁鼻器信息不进入嗅球以及新皮层，因此，外激素刺激所产生的嗅觉一般不会被感知，属于无意识的自动加工。

二、味觉

味觉是辨别饮食味道的重要感官，除了能防止有害物进入体内以外，也能鉴别有利于生存的营养物。因此，在自然演化的过程中，许多动物会将味觉所引起的情绪体验与记忆形成密切的联系。由于味觉对动物生存的重要性，愉快或不愉快的味觉经验都能被记忆迅速而持久地保存，一些典型的味觉反应能力还能遗传给子代而成为本能行为。例如，让新生小鸡啄食一次蘸有苦味奎宁的红珠，当红珠再次呈现时，它们会表现出恐惧、惊叫或摆头等厌恶反应，并在相当长的时间里不再啄它。此类行为称为味觉厌恶回避反应，被研究者用来作为记忆的行为模型。

（一）味觉感受器及其特点

味觉感受器是位于舌和口腔内表面的**味蕾**（taste bud）。人的口腔内大约有 4 000～10 000 个味蕾，大部分分布在舌的表面。除了感受味觉以外，味蕾还可以感受触压和温

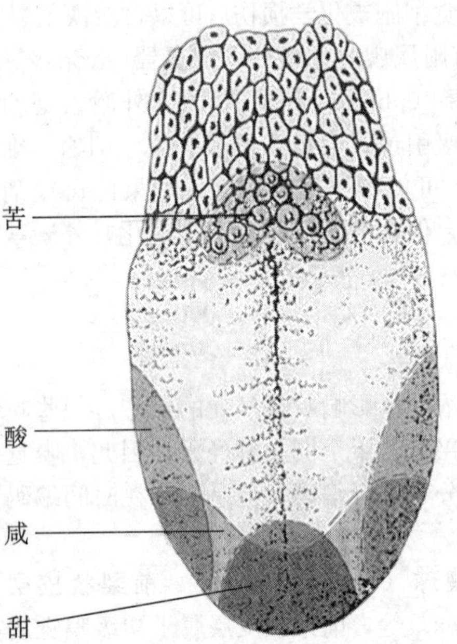

图6-10　舌表面对不同味觉敏感的区域

度。每一个味蕾都由若干个味细胞、分泌细胞和基底细胞构成，顶端表面有直径数微米的味孔，味孔被味细胞的纤毛包围，分泌细胞可使味蕾保持湿润，基底细胞是味细胞的前体，味细胞大约1～2周被更新一次。

味觉刺激是溶于水的化学物质。唾液可以溶解和分解固体食物，使其化学分子与味觉感受器结合。人类有分辨甜、酸、苦、咸等四种基本**味质**（tastant）的味觉感受器。在研究味觉时，蔗糖、盐酸、奎宁和氯化钠常常被作为味觉的标准刺激物。这四种基本味觉以外的其他味觉是多种感觉组合而成的复合感觉，例如，辣的感觉与痛觉或温度觉的参与有关。不同味觉在舌面的敏感程度呈一定的空间分布，与相应的味质感受器的分布密度有关。例如，舌的前端对甜和咸最敏感，两侧对酸敏感，而后部对苦最敏感（图6-10）。

（二）味觉信息的传导及其加工

味细胞纤毛上有味觉受体，底部与神经末梢相连。一根味觉神经纤维可有多个末梢分支，分别与若干个味细胞相连。味觉刺激物与这些纤毛上的受体结合，可诱发味细胞产生动作电位。味细胞兴奋有两类换能方式：一类是直接影响离子通道的关闭或开放。例如，咸味由含钠离子的刺激而产生，钠离子可以直接通过纤毛上的钠离子通道进入胞内，使味细胞去极化。另一类是通过活化味细胞内的第二信使系统得到激活，从而导致离子通道的改变。例如，蔗糖与甜味受体结合后会使该受体与G蛋白发生偶联，从而活化腺苷酸环化酶，进而激活蛋白激酶A，导致钾离子通道关闭，钾离子在胞内的聚集最终能导致味细胞去极化。两种途径产生的动作电位都可以兴奋味细胞底部的突触，使与之相连的神经末梢兴奋而传入大脑。

味觉信息的编码也是按照专门通道、感受野分布以及时间等模式进行的。味觉信息主要由三对脑神经在口腔内分布的传入纤维末梢传递。面神经主要分布于舌前，对咸和甜较敏感；舌咽神经主要分布在咽喉部和舌后1/3，对苦和酸敏感；而迷走神经分布在口腔底部和咽喉部，对酸较为敏感；口腔内三叉神经末梢分布广泛，以痛温觉为主，辛辣食物可以刺激三叉神经兴奋。

延髓的孤束核是三对脑神经的初级中枢，传入纤维在此处汇聚后分出三支：一支投射至脑干内的一些核团，与吞咽、恶心或呕吐等消化系统反应有关；另一支经下丘上行至边缘系统中的杏仁核和海马等区域，与食欲、味感以及情绪记忆有关；还有一支行至丘脑腹后内侧核，在此核进行初步分析和处理后，再转入岛叶或顶叶等初级味觉皮层，与味觉判断和主观感受等信息整合有关。初级味觉皮层损伤会导致味知觉障碍，表现出味知觉丧失或不能辨别熟悉的味道。

嗅出的人类性别

→ 基本概念

感觉	知觉	感受器	适宜刺激
感觉换能	适应	视黄醛	编码
感受野	阻抑	联合皮层	恒常性
错觉	知觉定势	注意	朝向反应
选择性注意	习惯化	网状激活系统	被盖
小眼	复眼	角膜	巩膜
虹膜	瞳孔	晶状体	视网膜
光感受器	双极细胞	神经节细胞	视杆细胞
视锥细胞	中央凹	明视系统	暗视系统
视盘	盲点	水平细胞	无长突细胞
视神经	视交叉	视束	外侧膝状体核(LGN)
大细胞层	小细胞层	颗粒细胞层	初级视觉皮层
纹外皮层	斑点	斑点间区	功能柱
色调	明度	饱和度	对立加工论
视觉剥夺	耳蜗	螺旋器(柯蒂氏器)	毛细胞
听神经	蜗神经核	上橄榄核	下丘
内侧膝状体核(MGN)	初级听觉皮层	音高	响度
音色	相位	位置理论	行波论
齐射论	次级听觉皮层	躯体感觉	高尔基键器
肌梭	前庭器	环层小体	麦斯纳小体
鲁菲尼终端	梅克尔盘	丘索通路	初级躯体感觉皮层
旁索外通路	次级躯体感觉皮层	触觉失认症	嗅觉
味觉	嗅黏膜	嗅质	犁鼻器
外激素	嗅球	前梨状皮层	眶额皮层
味蕾	味质		

→ 思考题

1. 试述感受器的类型及其适宜刺激。
2. 试述知觉加工的机制及其特征。
3. 视觉系统包括哪些主要部分?
4. 简述听觉信息的加工机制。

第七章

学习与记忆

学习（learning）和**记忆**（memory）是神经系统的基本功能。动物主要是通过学习记忆来调节自身的行为方式，以适应不同的生存环境的。学习和记忆的过程既有区别又相互联系。学习是指那些适应环境的行为或知识的获得（acquisition）过程，而记忆是指这些行为或知识的储存（storage）和提取（retrieval）过程。但是，学习和记忆的神经过程又是同时发生的，属于同一神经过程的不同侧面，这体现了脑对环境信息加工的复杂性。简单地说，学习就是脑将环境信息转变成经验的编码过程，而记忆则是脑对这些经验的储存或提取的编码过程。在脑内，这些编码最终以生理或生物化学变化的形式存在。

第一节　学习记忆行为及其演化

一、动物学习记忆能力的普遍性

对简单事件的学习和记忆是动物普遍存在的基本能力。除了一些遗传的本能行为以外，几乎所有高等动物的大部分经验或行为是通过后天的学习而获得的。经过学习获得的经验，可以引起动物相对持久的行为改变。这种经验不是对环境信息的简单保存，而是基于神经元对环境刺激的编码及其反应方式的改变。许多低等动物也具备适应环境的基本学习记忆能力，例如，软体动物海兔（aplysia；图 7－1A）会用**防御性缩鳃**（gill and siphon withdrawal）行为来躲避可能带来危害的刺激，如触摸等。若被给予多次重复的无害刺激，这种防御性反应就会停止，这个过程被称为**习惯化**（habituation；图 7－1B）。习惯化属于无意识的简单学习记忆，对所有动物的生存都具有同样重要的意义。例如，习惯化可以使动物忽视那些无关紧要的刺激，从而更好地注意那些更有意义的信息。比如，当人们在工作或学习的时候，习惯化学习可以使人自动忽略与任务无关的噪声或其他干扰刺激。

类似的无意识学习和记忆还包括**敏感化**（sensitization）和**去习惯化**（dishabituation）（图 7－1B）。与习惯化相反，敏感化表现为当另一个强刺激存在时，脑对弱刺激的过度反应。例如，某人在黑暗寂静的夜晚行走于荒郊野外，稍有响动就可能引起恐慌。这是因为黑暗这一强刺激使人对其他弱刺激产生敏感化。当机体脱离习惯了的环境刺激以后，对已经不发生反应的刺激重新产生反应，被称为去习惯化。比如，当人们再进入曾经习惯了的工作或学习环境时，无关的噪声和干扰仍然会重新引起注意。去习惯化的过程是脑功能的

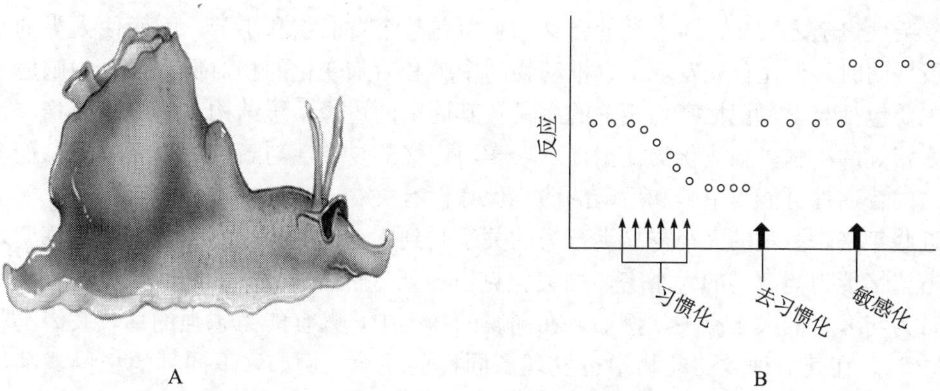

图 7-1　海兔的学习记忆行为

A 图：海兔。B 图：习惯化、去习惯化和敏感化等非关联性学习过程中的缩鳃反应变化。

资料来源：Sweatt J D. Mechanisms of memory. Amsterdam：Elsevier Academic Press，2003.

自动恢复过程。美国哥伦比亚大学教授坎德尔（Eric Kandel）利用海兔的习惯化行为建立了学习和记忆的条件反应模型。他多年来的研究成果为揭示学习记忆的基本过程及其机制做出了重要贡献，从而获得 2000 年诺贝尔生理学或医学奖。

习惯化、去习惯化和敏感化是神经系统对环境刺激无意识的获得和保存过程。此类学习的特点是，刺激和行为反应之间不形成必然联系，因而又被称为**非关联性学习**（nonassociate learning）。例如，同样的响动在夜间令人惊恐，但在白天并不让人害怕。与非关联性学习相比，条件性学习的过程要复杂得多。条件性学习是指两种不同的刺激在一定时间内多次相继出现，动物能够预期两种刺激之间的关系，并做出某种行为反应。例如，动物可以根据声音或气味等条件刺激来辨别天敌的远近，以决定是否需要逃避。条件反应的实质是两种以上刺激在脑内形成联系的过程。这种条件性学习被称为**关联性学习**（associate learning）。经典条件反应（classical conditioned response）和操作性条件反应（operant conditioned response）是关联性学习的两种基本形式。

二、脑的演化与学习记忆

不同物种动物脑的演化导致学习记忆能力存在着巨大的差异。20 世纪初，解剖学家艾丁格（Ludwig Edinger，1855—1918）最先比较了一些四足类脊椎动物的“新脑”（neencephalon）演化与行为变化的关系（图 7-2）。他发现，软骨鱼的新脑所占比率最小，行为复杂性最低；到了爬行类动物，新脑逐渐增大，开始适应陆地生活；到哺乳类动物，新脑显著增大，行

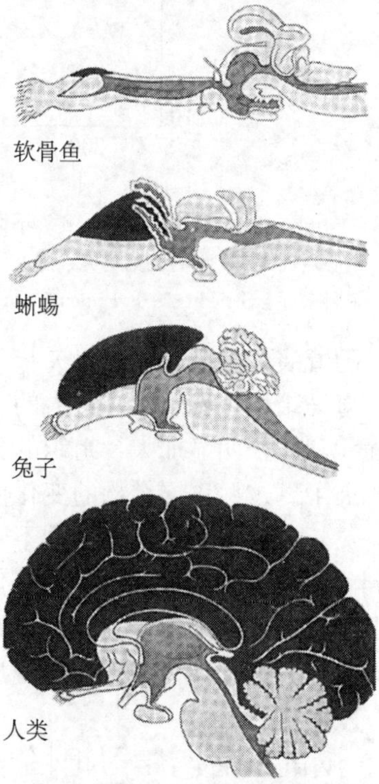

图 7-2　软骨鱼、蜥蜴、兔子和人类新脑（黑色实体部分）与全脑比例示意图

资料来源：Striedter G F. Principles of brain evolution. Sunderland，MA：Sinauer Associates，2005.

为的复杂性也随之增加；而人类的新脑几乎覆盖整个古旧脑和小脑，因而使人类的智力登峰造极。同时，他还首先发现了脊椎动物的中脑和后脑变化的相对保守性。中脑属于古旧脑，主要包括与学习记忆密切相关的海马及其周围的边缘系统结构，后脑主要指与运动技巧学习相关的小脑。脑演化的证据提示，学习记忆的复杂性与新脑的增大有关，而学习记忆能力的普遍性可能与中脑和后脑的演化保守性有关。

近些年来，海马的大小与鸟类行为的关系受到广泛的关注。相当多的发现证实，鸟类的学习记忆能力与海马的大小密切相关。克雷布斯（John Krebs）的研究发现，鸣禽类的贮食行为与海马的大小有关。例如，在同属的鸟类中，贮食能力越强的鸟，其海马就越大（图7－3)。在其他种类的动物中也发现了同样的规律。例如，不同种的袋鼠或啮齿类动物，空间记忆能力越强，海马也越大。最近，一项针对人类被试的fMRI研究也发现，由于空间地图的识记需要依赖海马结构，伦敦职业出租车司机的海马结构普遍大于普通人。

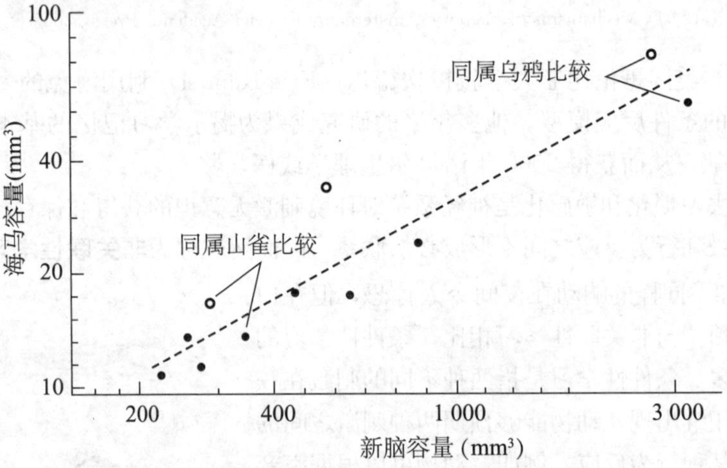

图7－3　不同种属的鸟类海马与新脑容量变异率比较

空心点代表有贮食行为的鸟类，黑点代表无贮食行为的鸟类。注意同属的乌鸦或山雀之间的比较。

资料来源：Striedter G F. Principles of brain evolution. Sunderland，MA：Sinauer Associates，2005.

随着演化等级的提高，灵长类动物的新皮层高度发展，大脑皮层的沟回增加最为明显，海马结构也发生了非常大的变化（图7－4；见书前彩图)。沟回的增加使新皮层所占的面积和体积明显加大，组织的分层进一步完善，功能的分化更加突出，联合皮层也大大地扩展了。这些皮层结构的变化使灵长类动物已经具备初级的抽象概括能力。值得注意的是，灵长类动物的海马比例并不随着演化等级增高而增大，而是逐渐缩小。这与我们曾了解到的鸟类和其他动物的海马变化的规律似乎不一致。事实上，这正是大脑新皮层增加使古旧脑皮层的功能逐渐上移所导致的。在大脑高度进化的灵长类动物中，这种皮层化倾向表现得尤其明显，因而使古旧脑皮层比例相对变小。

三、脑的发育与学习记忆

学习记忆能力随年龄而变化。在幼年时，短时记忆较易形成，而长时记忆不易形成；在老年时，短时和长时记忆都会表现出明显衰退。这种变化既与神经系统的发育、成熟和衰老等功能状态有关，也与环境的变化和刺激有关。在个体发育过程中，环境变化同样可以调节脑的结构和功能。特别是在神经系统发育的关键期，环境刺激对脑功能发育的影响尤为重要。

下面以一项研究日龄小鸡的实验为例，简要说明发育关键期的作用。鸡的孵化期为 21 天，其神经系统早熟，一出生就有很强的躲避伤害性味觉刺激的学习记忆能力。以躲避伤害性味觉刺激的行为作为模式，可以研究早期环境因素对脑功能发育或学习记忆能力的影响。在正常情况下，从胚胎期第 17 天开始，小鸡的右眼就能接受更多的光线传入，而左眼始终面向身体，不能接受光线传入。由于小鸡的视神经在脑内完全交叉，即左眼视神经进入右脑，右眼的视神经进入左脑，这使胚胎期光刺激传入不对称。这种不对称的光线传入，导致小鸡出生时左脑就比右脑发达。若在胚胎期完全切断光线传入刺激，小鸡出生后的学习记忆能力会明显下降；若在胚胎期不同的时间分别给予光照，暗孵化导致的学习记忆障碍可以得到反转，特别是在第 19～20 天对光照刺激尤其敏感。也就是说，小鸡胚胎发育的第 19～20 天是神经系统发育的关键期。在此关键期之外的其他阶段，光线刺激的影响会显著减弱（图 7－5）。

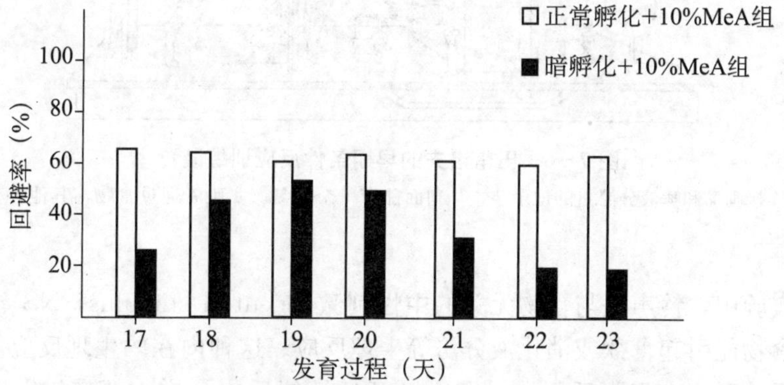

图 7－5　小鸡胚胎神经系统发育的关键期与学习记忆能力

对于正常孵化＋10%MeA 组，从胚胎期第 17 天到出生后两天每天分别给予 20 小时的光照，并在一出生给予 10% MeA（即 10%邻氨基苯甲酸甲酯，一种苦味剂）；对于暗孵化＋10%MeA 组，只在胚胎期第 19 和 20 天给予相应的光照，并在一出生给予 10%MeA。从图中可以看出，在胚胎期第 19 天和 20 天给予光照可以反转暗孵化导致的记忆障碍。

资料来源：Sui N，Rose S P R. Effects of dark rearing and light exposure on memory for a passive avoidance task in day-old chicks. Neurobiology of Learning & Memory，1997，68（3）：230－238.

还有很多实验证实，与丰富的刺激环境相比，动物在单调的环境中生存可导致脑容量明显降低。另外，反复的行为训练同样可以改变脑的结构和功能，包括学习记忆能力。人类脑发育的成熟时间要远远长于其他动物。这是因为人类所面对的生存环境比其他动物更复杂，需要学会的应对技巧也相应复杂得多。人类在 20 岁左右大脑才接近成熟，此时对复杂事物的认知和学习记忆能力可达到相对较高的水平。

第二节　行为学习的基本规律

一、经典条件反应

20 世纪初，俄国生理学家巴甫洛夫提出了**条件反应**（conditioned response，CR）的概念。他认为学习是条件反应的建立过程，记忆是条件反应的巩固过程。两个不同的事件或刺激通过强化在脑内建立联系，这是条件反应形成的机制。**强化**（reinforcement）就是不同的刺激在脑内建立联系的神经活动过程。在早期，巴甫洛夫将食物和铃声同时呈现给狗，观察狗的唾液或胃液的分泌反应（图7-6）。他发现经过一段时间的训练后，即使单独呈现与食物反应无关的铃声，狗也会出现唾液或胃液分泌反应。换句话说，巴甫洛夫成功地使声音和食物信号在狗的脑内建立了联系，使狗对无关的声音刺激形成了与食物刺激相关的条件反应。

图7-6　巴甫洛夫的早期条件反应训练装置

有一根导管连接狗嘴和唾液分泌量的记录装置。狗面前有一个食盘。实验者通过食物与其他各种条件刺激结合，建立狗的条件反应。

在这个实验中，铃声是与食物无关的**中性刺激**（neutral stimulus，NS）。而在通常情况下，只有食物能引起食欲或消化液分泌等生理反应。这种内在的生理反应，就像人类的抓握反射、吸吮反应、瞬眼反射或一些不随意的情绪反应一样，都是与生俱来的本能行为，而不是后天学会的。因此，这类反应都被称为无条件或**非条件反应**（unconditioned response，UR）。能引起无条件反应的刺激，被称为无条件或**非条件刺激**（unconditioned stimulus，US）。巴甫洛夫所提出的条件反应，也被称作**经典条件反应**（classic conditioned response）。

二、操作性条件反应

经典条件反应是被动的行为反应。在接受条件或非条件刺激时，“巴甫洛夫狗”完全是被动的，甚至不需要主动的运动功能参与。事实上，很多动物在自然状态下的学习过程完全是主动的。与巴甫洛夫建立的被动的条件反应不同，在较早的时候心理学家桑代克就创立了另一种实验模式。他让动物通过自主的方式反复尝试错误，自己去学会并完成某种任务或解决某个问题。如果完成正确，可获得奖赏或者逃避惩罚。这种条件反应后来被称为**操作性条件反应**（operant conditioned response）或称为**工具性学习**（instrumental learning）。

在操作性条件反应中，学习者是主动地操作自身行为以适应环境。因此，操作性条件反应是一种主动的或自主的学习行为。与经典条件反应不同，操作性条件反应的获得是建立在自身的行为所导致的“后果”之上的。换句话说，操作性条件反应以行为后果作为“条件刺激”的。每当动物做出一个行为反应之后，总会出现一个后果。这个后果可能是得到奖赏或者惩罚，也可能是中性的。不同的后果决定动物的某种行为反应是否会被强化。操作性条件反应的实质是：动物通过主动的方式，学会把行为反应与相应的后果强化联系在一起，使再次发生的行为变成有目的、有预期的反应。

为将操作性条件反应变成可以观察的行为，美国心理学家斯金纳发明了研究动物主动学习行为的实验装置，被称为**斯金纳箱**（Skinner box）。斯金纳箱内可安装一个或若干不同的踏板，按压踏板可有不同后果。例如，按压后能切断电源以躲避电击，也可以成为提供水、食物或药物的开关等。基于经典或操作性条件反应理论建立起来的动物行为实验模型，目前都已经被广泛应用于学习记忆机制的相关研究中。

三、突触修饰和可塑性

19 世纪末，西班牙神经解剖学家拉蒙-卡哈尔就提出：通过发育或学习，神经元的轴突或树突之间都可以建立新的联系。但是，当时还没人知道神经元之间产生的联系具体是指什么。1897 年，英国神经生理学家谢灵顿最先提出了突触的概念，并认为神经元之间的突触联结对学习非常重要。同时代还有许多研究者都推测，学习过程可能涉及神经元之间联结强度的变化。但是，这种联结强度变化的内容还得不到任何证实。

1949 年，加拿大心理学家赫布提出了神经元之间功能关系的突触假说（Hebbian synapse）。他的假说有两个基本内容：其一，如果神经元 A（突触前神经元）的轴突与神经元 B（突触后神经元）之间空间位置足够接近，并且持续地重复激活它（神经元 B），那么，两者之一的生长过程和代谢会发生改变。突触的可变性或可修饰性是赫布假说的核心内容。其二，学习的信息或经验会在被激活的神经环路中产生瞬间的振荡（reverberate）活动，从而导致记忆形成。这种振荡活动可以被神经环路短时间保留。如果这种振荡活动有效，神经环路就会出现稳定的改变，从而保持长时记忆的痕迹（trace）；如果无效，痕迹就会消失。这是赫布关于学习的**双重痕迹假说**（dual-trace hypothesis）。

赫布还认为，所有的心理功能，如记忆、情绪和思维等，都是神经系统内以特定方式联结的细胞活动所致。当细胞活动时，它的突触联结就会变得更加有效。赫布的突触假说经过多年的研究已被逐渐证实。1973 年，英国年轻的博士后布利斯（Timothy Bliss）和挪威科学家勒莫（Terje Lømo），用高频电流短时间刺激兔子脑内的海马结构，首先发现了突触后膜的放电会引起**长时程增强**（long-term potentiation，LTP）现象。这个生理现象对于推动学习记忆及其突触可塑性的神经机制研究具有突破性贡献。关于 LTP 的形成机制，我们会在后面关于学习记忆的神经基础中进一步讨论。

后来的研究证实，LTP 和**长时程抑制**（long-term depression，LTD）都与学习记忆过程中的**突触可塑性**（synaptic plasticity）有关。所谓突触可塑性，就是赫布假说中所提到的突触的可修饰性或可变化性。这种可塑性可以是短时的，也可以是长时的。近些年来，神经系统电生理研究结果也进一步证实突触活动的效能和规律符合赫布假说。突触效能可以表现为短时程的兴奋性变化，也可以涉及长时程的突触结构改变。现代神经科学关于学习记忆的生物学机制的研究，基本上是围绕着对赫布突触假说的证伪过程开始并发展的。

第三节 学习记忆的分类

一、学习记忆的基本特征与分类

伴随着脑的演化，行为的复杂性也逐渐发生变化。从低等动物发展到高等动物，一些动物逐渐出现了复杂的学习记忆能力。例如，人类的学习记忆可以是*有意识的*（conscious），也可以是*无意识的*（unconscious），而许多其他动物的学习记忆则是无意识的。所有非遗传行为的获得都离不开学习记忆的参与，包括对事件的认知、情绪活动或运动技能等等。在多数认知活动中，学习记忆是有意识和无意识、简单和复杂的结合。但为了研究方便，科学家们更愿意将复杂的行为分解为简单的具有特征性的成分，以便于在脑结构、细胞和分子层面上找到与此成分相关的特殊反应或机制。

目前，学术界更倾向于按照行为能否被自我觉知（self-awareness），将学习记忆行为划分为有意识和无意识两大类。同时，根据学习记忆外在的行为表现形式和脑内工作内容的变化，将学习和记忆过程分成获得、储存、提取以及行为来源等四个层次（图7-7）。这样的系统分类方法，既凸显了高等动物复杂的学习记忆特征，也涵盖了所有动物简单的学习记忆行为，更有助于我们了解学习记忆分类研究的整体概况。这个分类系统也是开放的，有利于我们对学习记忆的新知识的了解和归类。在后面的讨论中，我们还会陆续涉及分类中提到的相关概念。

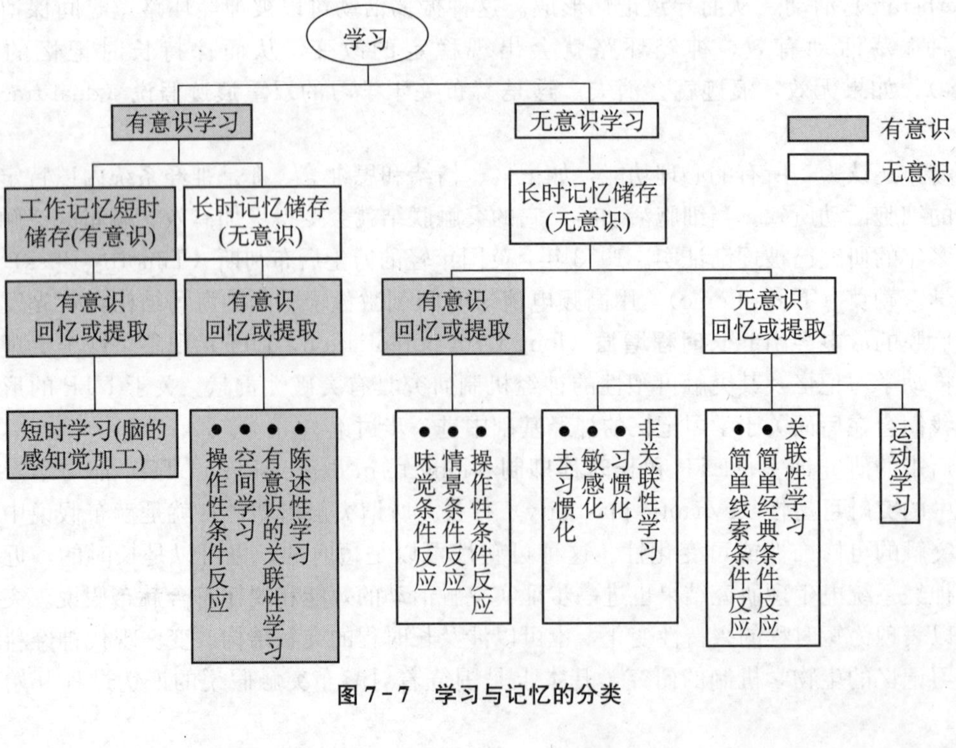

图7-7 学习与记忆的分类

二、人类记忆的特点

与其他的动物相比，人类除了保持所有的学习记忆功能以外，还出现了对事件的形象或抽象记忆的能力，并可以随意地提取和表述这些信息。例如，对于熟悉的朋友，你不仅能随时叫出他的名字，还能想起与此人相关的很多事情，包括他的音容、职业、家庭或经历的相关事件。这种记忆被称为**陈述性记忆**（declarative memory）。陈述性记忆有两种形式：**情景记忆**（episodic memory）和**语义记忆**（semantic memory）。这类记忆显然与脑认知能力相联系，包括特殊脑区对情景或抽象符号的加工能力。到目前为止，相关的研究证据主要来源于正常人和脑损伤病人。对动物类似的记忆研究仍然无法进行，主要是因为还找不到研究这种记忆输出的行为模型。

除了特有的陈述性记忆以外，人类还有像动物一样通过无意识行为表现出来的**非陈述性记忆**（nondeclarative memory），如情绪反应或反射性活动；也包括**程序性记忆**（procedural memory），如运动技巧或习惯行为等。非陈述性记忆可以在执行动作时被直接回忆，当动作达到熟练状态时就不需要有意识地提取。例如，像走路或跑步的经验和技巧，只有在动作执行过程中才会被唤醒。

了解人类记忆的机制是一项具有挑战性的工作。我们可以从一个著名案例入手，简要地了解人类记忆活动的基本规律和相关脑区。H. M. 在 9 岁时因事故导致脑的内侧颞叶（medial temporal lobe）中部受损，后来成为癫痫病人。因为癫痫的频繁发作，在他 27 岁时，医生决定将他两侧的内侧颞叶中部和邻近的海马组织一起切除（图 7－8）。米尔纳（Brenda Milner）对这个手术后的病人跟踪研究了近 30 年。她报告，H. M. 的**短时记忆**（short-term memory，STM）能力仍然表现正常，可以维持数分钟。只要谈话时间不长或者话题局限，他可以进行正常对话，可以在短时间内记住多位数或者是一幅图。这种有意识地对信息进行短时识记和记忆提取的能力被称为**工作记忆**（working memory）。在人类中，与工作记忆相关的脑区主要为前额皮层（prefrontal cortex）。由于 H. M. 的前额皮层被完整地保留，因此，他的工作记忆能力表现得相对正常。另外，他能够记住母语，可以回忆起许多童年的往事，可见早年存在的**长时记忆**（long-term memory，LTM）完好无损。但是，他很难回忆起手术前十年所发生的事。越是接近事件（如手术、创伤等）发生之前的事越不能回忆，这种障碍被称为**逆行性遗忘**（retrograde amnesia）。在进入老年之后，H. M. 脑中的自己还是 50 年前的样子，他认不出自己新近的照片或镜子里的自己，对事件发生之后的新信息不能形成记忆，这种障碍被称为**顺行性遗忘**（anterograde amnesia）。由于内侧颞叶和海马的不完整，H. M. 缺少将短时记忆转变为长时记忆的能力，刚发生的事情也会很快遗忘。

对 H. M. 的研究结果表明：（1）记忆存在时程差异，可分为短时和长时记忆；（2）在人类大脑中，短时和长时记忆是分开储存的，可能依赖不同的脑结构，海马参与短时记忆向长时记忆的转化，内侧颞叶参与长时记忆的保存；（3）前额皮层对工作记忆是重要的。近些年来，对人类脑功能成像的研究也证实，颞叶和海马参与陈述性长时记忆的形成。海马更多地参与长时记忆的编码，内侧颞叶与长时记忆的提取有关（图 7－9；见书

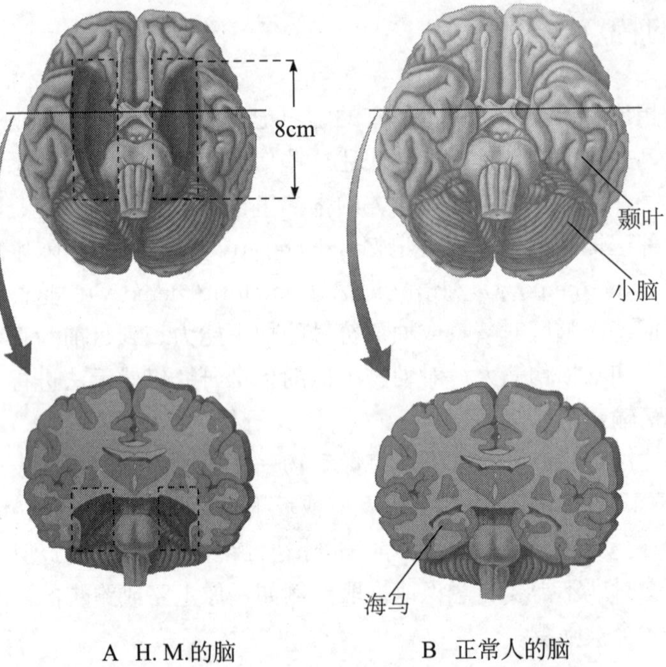

图7-8 H.M. 手术后的脑与正常人脑的比较示意图

A图：虚框部分显示 H.M. 的脑被切除的海马、内侧颞叶中部。B图：正常人的脑。

资料来源：Bear M F，Connors B W，Paradiso M A. Neuroscience：exploring the brain. 3rd ed. Philadelphia，PA：Lippincott Williams & Wilkins，2007.

前彩图）。在表述陈述性长时记忆时，如果谈自己过去的事情，右半球的额叶和颞叶会被更多地激活；但在讲述别人过去的事情时，额叶和颞叶的激活却没有表现出右半球优势（图7-10）。

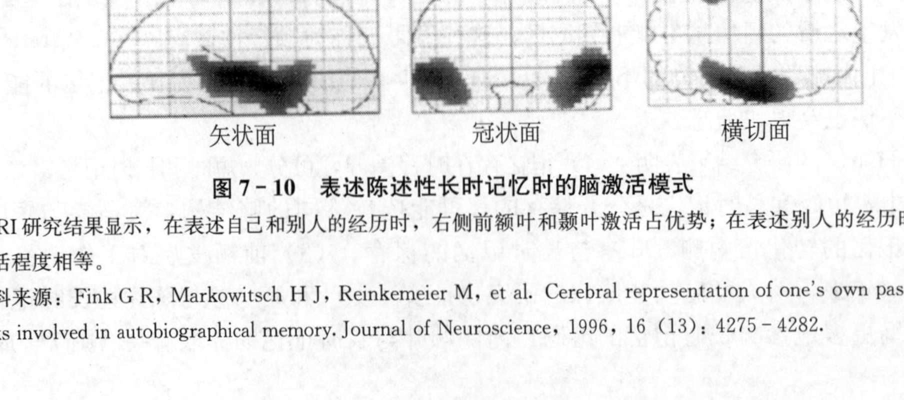

图7-10 表述陈述性长时记忆时的脑激活模式

fMRI 研究结果显示，在表述自己和别人的经历时，右侧前额叶和颞叶激活占优势；在表述别人的经历时，两侧颞叶激活程度相等。

资料来源：Fink G R，Markowitsch H J，Reinkemeier M，et al. Cerebral representation of one's own past：neural networks involved in autobiographical memory. Journal of Neuroscience，1996，16（13）：4275-4282.

三、记忆的时程与分类

根据记忆保持时间或形成过程的阶段性，可将记忆分为**感觉记忆**（sensory buffer or iconic memory）、短时记忆、**中时记忆**（intermediate-term memory，ITM）和长时记忆等四个阶段（图7-11）。

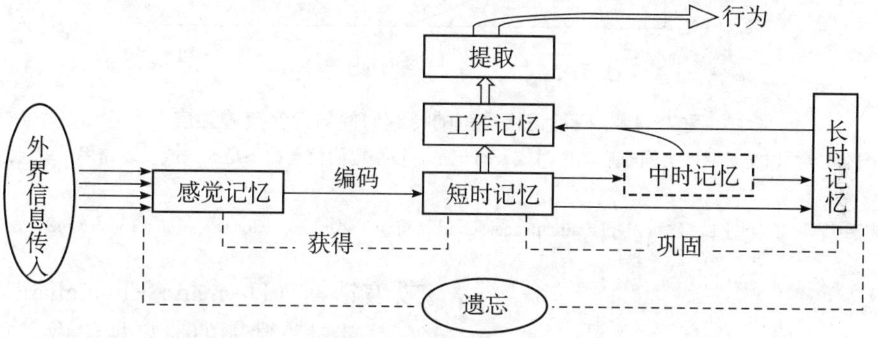

图7-11　记忆形成的不同阶段和工作模式

外界刺激通过感觉传入被**编码**（encoding），并被感觉器官短时间保留，如视觉后像或听觉回声等，被称作感觉记忆。这些被编码过的感觉信息若被注意选择，就会进入脑的某些短时记忆加工区域，如海马等结构。这些短时记忆信息最初是以电信号的形式存在，会被短时记忆系统暂时保持。被编码过的感觉信息进入短时记忆系统保持的过程称为获得。短时记忆的保存时间是以秒或分为单位计算的，可能更多地与神经元之间电传导和离子通道的活动有关。

经过短时记忆系统的加工，编码信息会被分送到大脑皮层相应的中枢加工整合，如枕叶、颞叶或顶叶等。若中时记忆启动，胞膜离子泵活动或胞内的蛋白质磷酸化会发生改变，持续时间以数十分钟或天为单位计算。长时记忆并无确切的时间概念，发生的时间可能在数十分钟到数年之间，涉及蛋白质合成和突触结构的改变。研究证据也提示，中时记忆与长时记忆并无截然的分界线。例如，在中时记忆启动时，钙离子泵活动使钙离子内流增加，钙离子可以激活腺苷酸环化酶，使cAMP水平升高，激活蛋白激酶A（PKA），磷酸化基因片段中的启动子（promoter）上的cAMP应答元件结合蛋白（cAMP responsive element-binding［CREB］protein），启动基因转录，促使蛋白质合成增加。中时和长时记忆发生的起始时间和蛋白质合成机制均有重合（图7-12）。**巩固**（consolidation）是记忆信息被反复强化的过程，这个过程是以突触传递特性和蛋白质合成的变化为基础的。除了与信息编码有关以外，蛋白质合成的增加也可以改变突触传递的可塑性。蛋白质编码和突触可塑性的改变是长时记忆保存的生物学基础。

记忆的获得、保持、巩固和提取过程会受到相当多因素的干扰，如感官信息未被编码、脑功能状态不佳以及先前经验或新刺激导致的干扰等，这些因素都会使对记忆信息的再认或提取发生困难。弗洛伊德（Sigmund Freud，1856—1939）认为，记忆是永恒的，所有遗忘源于无意识的自我防御机制，它阻止不愉快的记忆进入意识领域。他的观点提示了影响提取的两个正常的因素：情绪和脑的自主活动状态。在20世纪早期，德国心理学

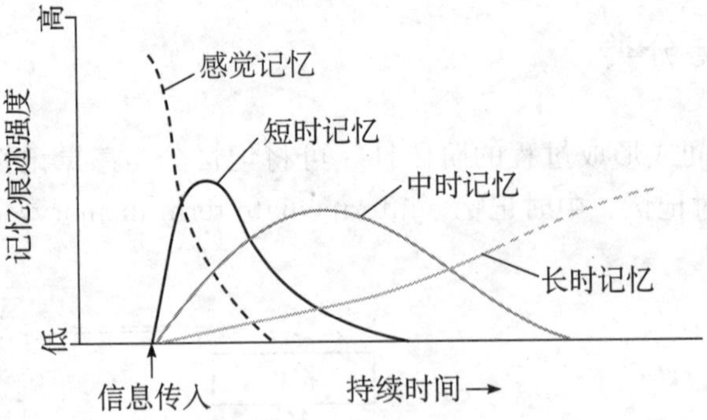

图7-12　四种记忆类型的持续时间与记忆痕迹强度

感觉记忆进入短时记忆后，会同时启动中时或长时记忆。被编码的信息如果足够强或反复作用，就会进入长时记忆保存。

资料来源：McGaugh J L. Time-dependent processes in memory storage. Science，1966，153（3742）：1351-1358.

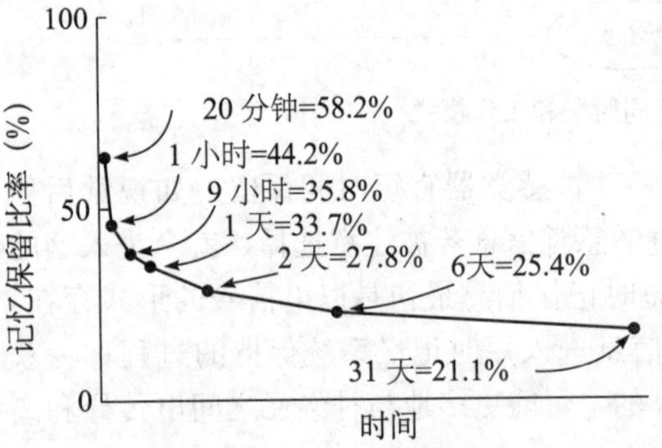

图7-13　艾宾浩斯遗忘曲线

家艾宾浩斯（Hermann Ebbinghaus，1850—1909）就对正常人的遗忘规律做了首创性的研究。他通过让被试学习无意义的音节，绘制了不同时间条件下被试的记忆保持曲线（图7-13）。遗忘曲线表明，在达到一定量的学习任务后，早期发生的遗忘的速度较快，随着记忆保持内容的减少，遗忘日趋缓慢。艾宾浩斯遗忘曲线提示，遗忘是脑正常生理功能的组成部分。

第四节　动物学习记忆的行为模型

为了研究学习记忆及其相关的机制，需要运用一些特征化的学习或记忆行为模型。在本节中，我们会介绍一些学习记忆研究中常见的动物行为模型。这些行为模型的基本原理，仍然遵循经典和操作性条件反应理论。经过近一个世纪的探索、验证、发展和实践，这些行为模型已被研究者广泛接受，成为当代学习记忆研究的基础。

一、条件性回避

（一）海兔的习惯化和条件性缩鳃反应

海兔是海生腹足类软体动物，天生具有躲避危害的防御性缩鳃反应。这种反应被用于研究习惯化、去习惯化和敏感化等非关联性学习的神经电生理机制。海兔神经结构简单，神经元胞体很大，便于记录电活动。坎德尔实验室的研究人员通过观察发现，喷水可引起海兔暂停呼吸和缩腮等非条件反应，但捅戳海兔却不会对它的行为产生影响。他们用捅戳作为条件刺激与非条件性的喷水刺激相继呈现，经多次结合之后，捅戳就可以引起海兔的条件性缩腮反应。他们的工作证实了海兔可以形成条件性回避反应，并为关联性学习的神经生物学机制研究提供了最简单的动物行为模型。

（二）果蝇视觉定向飞行回避学习

果蝇的脑大约有 10 万个神经元，比海兔的神经系统复杂得多。但如果要研究基因与脑发育或行为之间的关系，果蝇是具有优势的实验动物。因为它的生命周期短，繁殖力强，突变体多，染色体数目少，遗传背景简单。对果蝇学习记忆机制的研究，始于 20 世纪 70 年代。1974 年，遗传学家奎恩（William Quinn）等人将条件化学习的方法，首次用来训练果蝇群体的学习行为。他们将一定数量的果蝇放在一个长玻璃管内，两端呈现对果蝇有同等诱惑力的不同气味。它们若接近其中一种气味，将会遭到电击。他们发现，有 90%的果蝇可以学会躲避与电击相关的气味。1976 年杜达伊（Yadin Dudai）等人报告，他们在学不会躲避电击气味的果蝇中找到了一种突变的基因，这种基因被命名为“傻瓜”（dunce）。后来又有许多与学习记忆相关的基因在果蝇中被相继发现，如 cabbage、turnip、rutabaga、amnesiac 等，为记忆及其阶段性理论提供了基因证据支持。

果蝇飞行模拟器以视觉图形为条件刺激，通过辐射热等负强化方式训练果蝇视觉定向飞行，建立操作性条件化学习模式（图 7 - 14）。果蝇飞行模拟器由扭矩、图形呈现、红外惩罚和数据采集处理四个系统构成。扭矩位于圆筒中心。在实验时，被固定在扭矩探头上的果蝇只能围绕扭矩柱纵轴做旋转飞行。当它们飞行时，翅膀产生的扭力被转换为圆筒做反向转动的速度信号。圆筒被分成四个象限，每个象限透明的筒壁上贴着大小相等的不同视觉图案，如正 T 或倒 T。红外惩罚是通过透镜辐射果蝇腹部实现的。每当果蝇盯着非目标图案飞行时，热红外光源会自动开启，使果蝇遭受热惩罚；而当果蝇盯着目标图案飞行时，如倒 T，热红外光源会被自动切断。经过训练，果蝇很快可以学会在两个刺激之间做出正确选择。

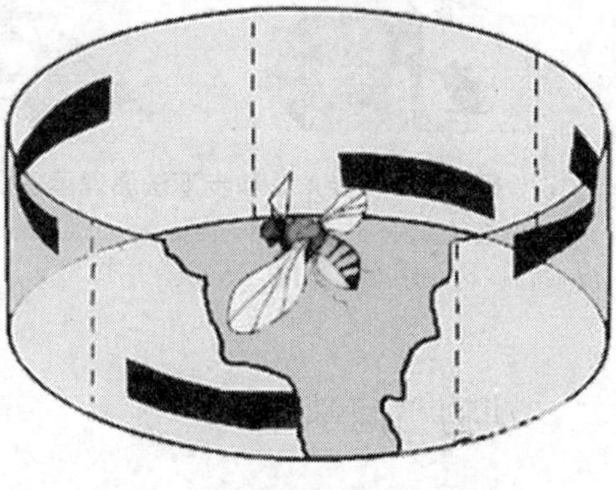

图 7 - 14 果蝇的视觉辨别学习

（三）啮齿类动物被动和主动条件回避行为

啮齿类动物一般都缺乏视锥细胞，喜欢在暗光下活动，光线好的环境反而使它们的视觉能力下降，并可能带来恐惧或不安。根据啮齿类动物的天性，较早就有人设计**步入法**（step-through）研究动物被动学习或记忆行为。实验装置由明暗相连的两个箱子组成，中间相通，暗箱一侧底部有电击系统。由于自然本性的驱使，动物进入箱子后会对暗箱有更多的偏好。如果动物进入暗箱时，给予足部电击惩罚，动物很快就会学会躲避暗箱。躲避暗箱的持续时间，又被称作潜伏期（latency），是反映动物学习和记忆能力的重要指标。如果脑的相应结构被破坏，或者被影响学习记忆的药物干扰，那么回避暗箱的潜伏期就会大大缩短。

类似的行为模型还有**步下法**（step-down）。它的基本原理是利用动物不愿待在高处的本性，在平台上设置了较高的站台或爬竿。动物如果在高处停留，将会避免电击；若下到平台处，将会被电击惩罚。动物在高台持续停留的时间，被作为学习或记忆能力的重要指标。步入法和步下法属于被动回避模型。无论是步入法还是步下法，都会使实验动物的行为处于完全被动的状态（图7－15）。在实验过程中，动物没有任何主动选择的机会，主动权完全在实验者控制之中，实验者单方面决定实验的时间进程。

于是，根据操作性条件反应的原理，有人设计了主动回避的实验模型，如穿梭箱主动回避（shuttle-box active avoidance）行为模型（图7－16）。在这一类模型中，电击不是持续存在的，而是条件信号出现以后的一定时间内才会出现的。动物可根据条件信号，如灯光或声音信号，决定自己的躲避行为。目前，这几类动物行为模型在学习记忆研究中仍然被广泛使用。

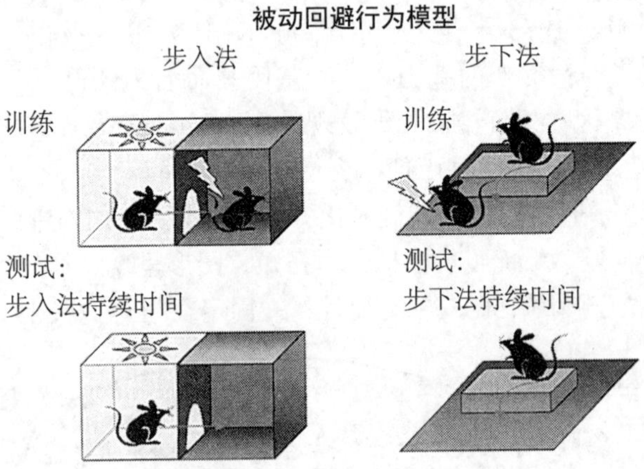

图7－15　步入法和步下法原理示意图

资料来源：Sweatt J D. Mechanisms of memory. Amsterdam：Elsevier Academic Press，2003.

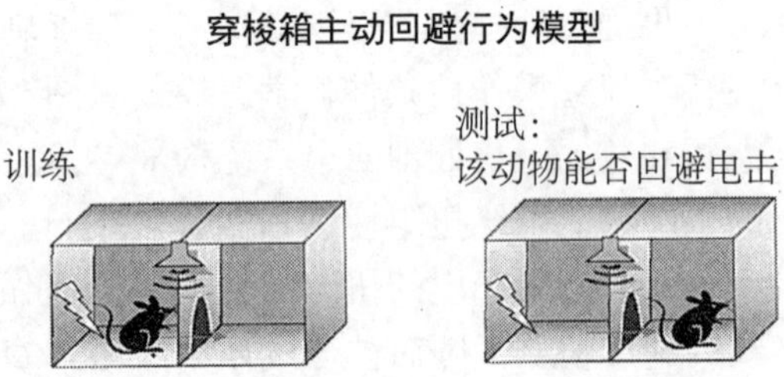

图7－16　穿梭箱主动回避行为模型原理示意图

资料来源：Sweatt J D. Mechanisms of memory. Amsterdam：Elsevier Academic Press，2003.

二、动物空间学习

（一）多臂迷宫的空间辨别或定位模型

20世纪70年代中期，约翰·霍普金斯大学的奥尔顿（David Olton）和萨姆尔森（Robert J. Samuelson）最早设计了多臂迷宫（radial maze）。多臂迷宫由中心平台及与其相连的多个向外延伸的通道臂组成（图7－17）。一般会在通道臂的尽头放置食物，动物的任务是学会尽可能少去食物已被吃尽的通道。因此，动物必须记住所有的视觉或空间信息，以便于判断哪些通道是曾经去过的。奥尔顿和萨姆尔森的多臂迷宫设计起因于和伦敦大学的奥基夫（John O'Keefe）对海马作用的争论。奥基夫提出了海马的“认知图”理论，认为海马中存在一个对环境位置编码的特殊空间位置图。他的主要依据是随着实验动物周围空间环境的扩大，微电极在海马的锥体细胞中可记录到“位置反应”的电变化，这种细胞被命名为“位置细胞”（place cell）。后来很多的实验结果证实，海马的功能不是单一的，既有空间定位功能，也有其他的记忆功能。

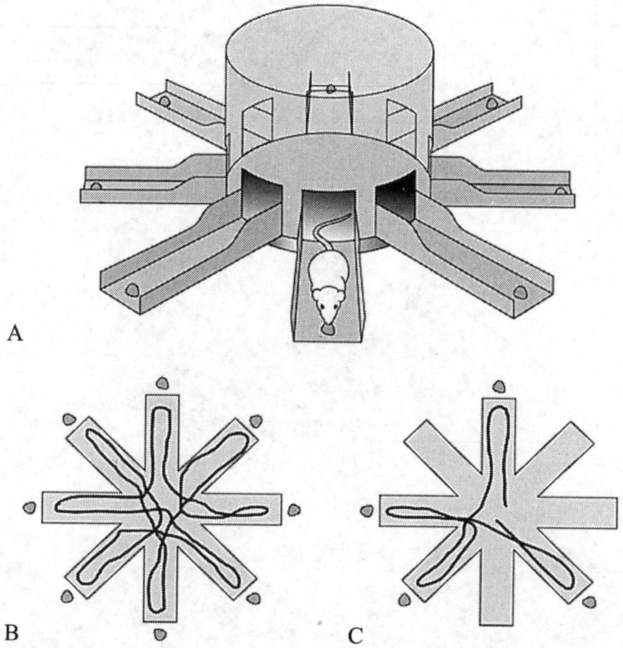

图 7-17 多臂迷宫示意图

A 图：八臂迷宫。B 图：在每一个通道都有食物，动物取食时间越短，记忆成绩越好。C 图：特定的通道有食物，反复训练后测定动物取食时间，判定记忆成绩。

（二）莫里斯水迷宫与空间学习记忆

莫里斯水迷宫为英国爱丁堡大学的莫里斯（Richard G. Morris）于 20 世纪 80 年代发明，现在已经成为测试啮齿类动物学习记忆能力的普遍工具。该迷宫系统包括半径不等的圆形水池、隐匿的站台以及与计算机相连的视频自动监控和处理系统。训练前，将池内注水并没过站台，达到动物无法直接看到池内站台的程度（图 7-18）。动物在不同位置被强迫入水，但它们可根据周围视觉线索寻找站台位置以便逃生。自动监控和处理系统可记录动物寻找站台的时间、走过的距离、搜索目标的朝向、搜索轨迹、运动速度等反映学习记忆能力的指标。事实上，莫里斯水迷宫是利用动物本能的逃生动机，来测量它们主动应对环境的综合能力的。因此，除了空间学习记忆以外，其他行为如线索记忆、动机或运动等效应也可以测定。

三、味觉条件学习

动物会回避不宜食用或能引起异常反应的东西。这种回避行为是动物适应生存环境最基本的学习记忆行为之一。条件性味觉厌恶反应也是一种关联性学习的结果。动物一旦获得了某些味觉经验，有时甚至会将它们保持一生。这些经验在何处保存、为何能持久保存、工作机制如何，都是研究者感兴趣的问题。

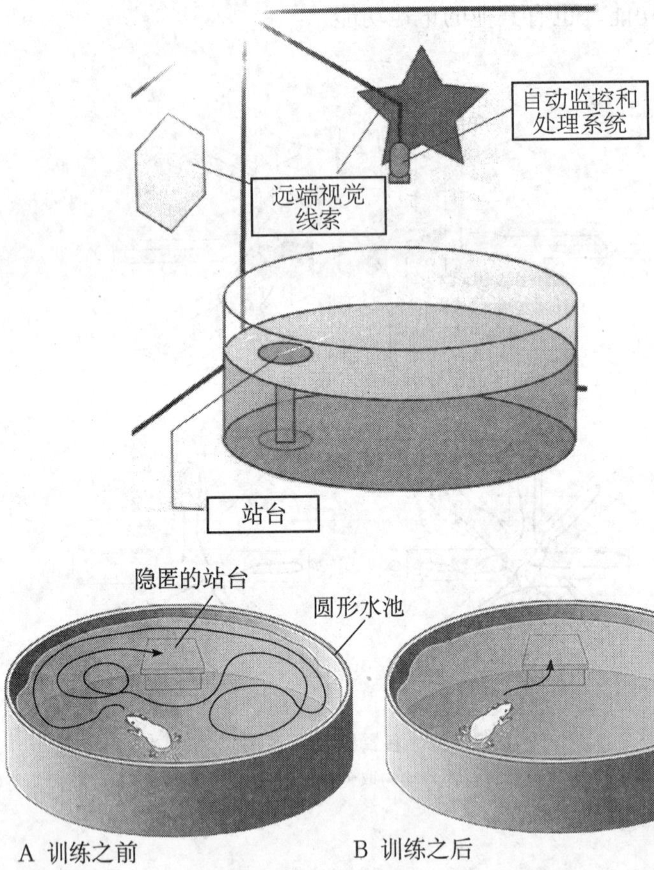

图 7－18　莫里斯水迷宫示意图

A 图：训练寻找站台之前。B 图：记住站台位置以后。

(一) 小鸡的味觉一次性被动回避行为

小鸡天生偏好啄食细小的物体，若遇一次味觉不适刺激便能学会躲避。幼年动物的此类本能行为被洛伦茨（Konrad Lorenz，1903—1989）称为印刻（imprinting）行为。基于这种本能的啄食行为，谢尔基亚（Arthur Cherkin）等人最先建立了小鸡的味觉一次性回避学习（one-trial avoidance task）的行为模型。他们将某种颜色的小珠蘸上苦味液体，如奎宁或邻氨基苯甲酸甲酯（MeA）等，呈现给刚孵化出来的小鸡。小鸡啄食后便立即出现厌恶反应，如摇头、张嘴或猛烈的蹭嘴等动作。当再次呈现该颜色的小珠时，它们便不再啄食，但对其他颜色的小珠仍然啄食。对该珠的回避率越高，说明记忆保持越好（图 7－19）。小鸡神经系统早熟，味觉回避行为学得快，而且记忆保持可维持数天到一周时间，人们可以在学习后数分钟、数小时或数天内测定小鸡的记忆保持状态。

(二) 啮齿类动物的味觉厌恶性条件反应

在建立动物的条件性味觉厌恶反应时，通常用能引起味觉或胃肠道不适的制剂或药物作为非条件刺激，而用新的食物作为条件刺激。例如，让小鼠吃 10 分钟的草莓饼，一组吃完后立刻注射能引起恶心反应的 LiCl（氯化锂），对照组注射 NaCl（氯化钠）。在断食

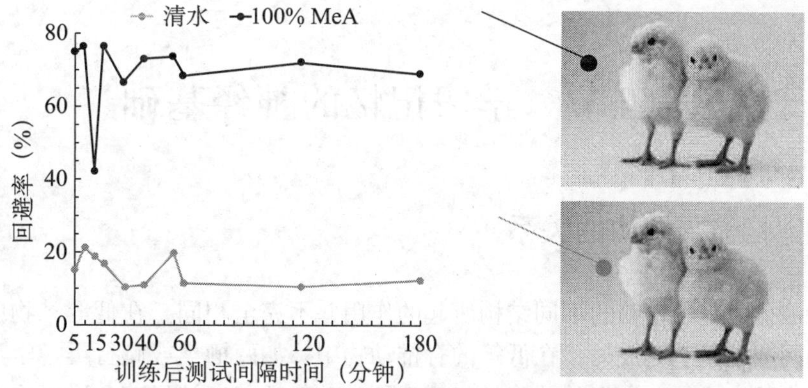

图 7-19 日龄小鸡啄食蘸有苦味液体的红色小珠后，在不同时间间隔内再次面对不同颜色小珠时的回避率

24 小时之后，让它们第二次接触草莓饼时，注射 LiCl 的小鼠摄食量远远少于对照组。也有人用糖精水作为条件刺激，以能引起动物胃肠道不适的环磷酰胺作为非条件刺激，建立味觉厌恶性条件反应，然后通过测定动物的饮水量来观察条件反应的建立情况，用这种方法来研究厌恶性学习记忆或条件性心理免疫。

四、灵长类动物的记忆模型

多数灵长类动物的大脑与人类大脑相近。自 20 世纪中叶以来，很多科学家以灵长类动物为实验对象研究大脑新皮层的功能。对灵长类学习记忆的研究，主要采用延迟匹配（delayed match）或延迟交替作业的方法，来探索前额叶和颞叶等新皮层与学习记忆的关系。延迟匹配作业是在猴子的注视下，把食物随机放入两个容器之中的一个，然后用幕帘遮住猴的视线，在几秒到几分钟时间不等的延缓期过后，让动物选择有食物的容器。动物必须记住食物放在哪个容器中，才能做出正确的选择而获取食物。延迟匹配作业被用于研究灵长类动物的短时记忆功能。

延迟交替作业是一种**延迟非匹配刺激**（delayed non-match to sample，DNMS）作业模式。它要求猴子记住前一次的正确反应，并在下一次做出与之不同的选择。例如，前一次右边容器有食物，下一次食物就会出现在左边容器。实验记录不同间隔时间后动物记忆的保持状况。正常猴子经过训练，保持时间可达到数分钟。20 世纪 80 年代，米什金（Mortimer Mishkin）和斯夸尔（Larry R. Squire）等人用 DNMS 作业的方法，研究了双侧颞叶中部损毁的恒河猴的记忆状况。他们发现在 DNMS 作业很短的时间间隔内，内侧颞叶损毁对动物的记忆没有明显影响，但随着间隔时间的延长，它们的记忆能力显著下降。颞叶损伤的猴子与前文提到的 H. M. 的临床症状表现出很大的相似性。实验除了证实了颞叶在长时记忆中的重要作用以外，更重要的是实验中颞叶损伤的猴子在短时间内仍然能对 DNMS 作业程序保持完好的再认，体现出额叶对灵长类工作记忆的重要性。近年来，已经有很多研究表明，双侧前额皮层损伤的猴子，很难完成上述作业。DNMS 作业已经成为研究灵长类大脑记忆功能的经典方法。

第五节　学习记忆的神经基础

一、学习记忆与脑结构的关系

在动物演化过程中，脑的不同结构所起的作用并不完全相同。在低等动物中，学习记忆是由神经网或神经节完成的。在低等的脊椎动物中，如两栖类或爬行类，学习记忆更多是由前脑和小脑完成的，它们的前脑类似于哺乳类动物的基底神经节和边缘系统。在哺乳类动物中，海马结构除了与边缘系统的诸核团具有紧密联系以外，还通过内嗅皮层、嗅周皮层等旧皮层与大脑新皮层建立了广泛的双向纤维联系。这种联系对哺乳类动物具有重要的生物学意义，使它们能够完成更复杂的学习、记忆和认知活动。

（一）边缘系统与海马结构

边缘系统在进化上属于古老的神经结构，包括海马、杏仁核、隔区（septum）等许多与学习记忆有密切关系的结构。海马是边缘系统最重要的结构之一，主要由 CA_1、CA_2、CA_3 等部分构成。海马信息主要是由 CA_1 区的投射纤维先传入内嗅皮层（entorhinal cortex）、嗅周皮层（perirhinal cortex）等旧皮层，在此换元后再与大脑新皮层形成广泛的双向联系（图7-20）。海马还与边缘系统内许多重要核团有直接的往返联络（图7-21）。海马结构对短时记忆的重要性普遍体现于哺乳类动物中，大多数哺乳类动物海马结构的作用

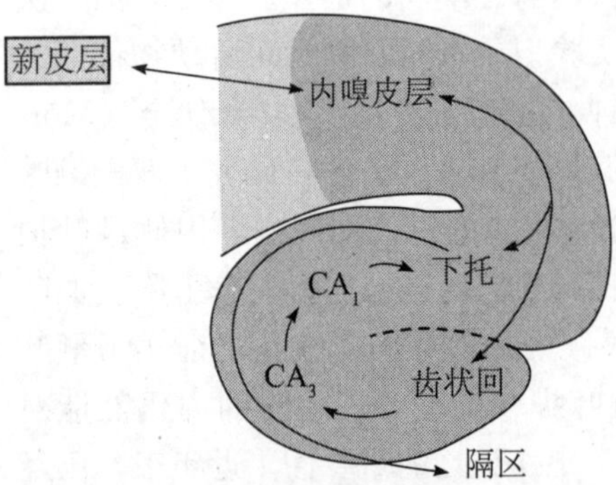

图7-20　哺乳类动物的海马与边缘系统内其他结构以及新皮层的基本联络通路

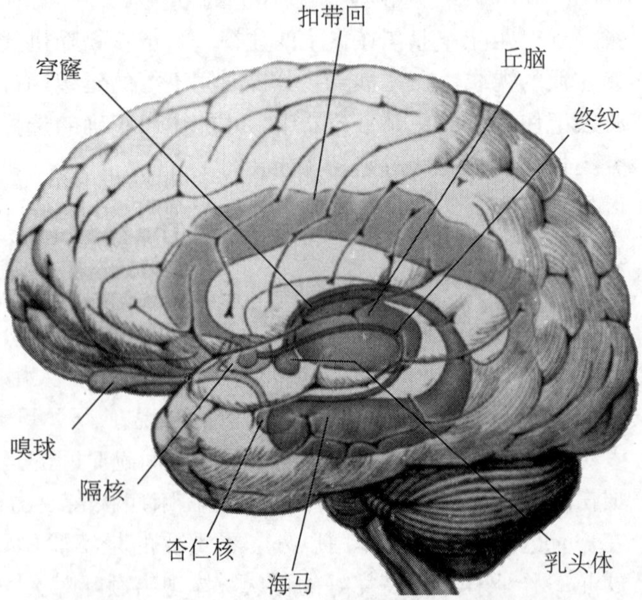

图7-21　海马与边缘系统内主要核团的联系

资料来源：Breedlove S M，Rosenzweig M R，Watson N V. Biological psychology：an introduction to behavioral，cognitive，and clinical neuroscience. 5th ed. Sunderland，MA：Sinauer Associates，2007.

与人类相当接近。目前已经了解的海马认知功能涉及空间、时间和物体关系等。

在学习记忆机制研究中，哺乳类动物海马的反应模式已被广泛采用。研究结果普遍表明，哺乳类动物的海马结构是短时记忆形成的关键结构。它的作用类似于一个加工平台，负责接收和暂时保存信息，并将有意义的记忆编码后分送到其他脑区长期保存。当海马受到损伤时，近期记忆不能保存，而远期记忆不受影响。这一特征对临床上一些疾病的早期诊断或定位诊断有很大帮助，如阿尔茨海默病、颅脑创伤以及颅内出血或肿瘤等。阿尔茨海默病是一种大脑神经退行性疾病，特别是在发病早期，当这种退行性病变出现在隔-海马区域时，患者会表现出严重的短时记忆缺陷。颅脑创伤最容易使海马震荡受损，患者主要表现为逆行性遗忘。如果脑出血或肿瘤的位置出现在海马附近或压迫海马，也会表现出与上述疾病类似的短时记忆障碍。

除了上面提到的短时记忆保存以外，海马最重要的功能是把编码信息分送到其他脑区进行长期保存。在转入长时记忆之前，它必须将编码信息维持很长时间，直到记忆在相应的区域被巩固。海马在巩固过程中的作用是研究者十分关注的问题。目前只知道它能起到一个缓冲的作用，这个缓冲的时间可以达到数小时甚至数天。但是这个缓冲是通过什么途径实现的，仍然是一个没有定论的问题。我们会在后面关于突触可塑性的讨论中进一步了解它。

除了海马以外，边缘系统其他重要核团如杏仁核、隔区等，也与不同类型的学习记忆存在着密切的关系。杏仁核实际上是由几个神经核组成的复合体。杏仁核复合体与大脑皮层的所有感觉区都有直接或间接的联系，它是把感觉及其伴随的情绪体验转化为记忆的关键部位。感觉输入信号会在杏仁核会聚，并被投射到与情绪活动有关的下丘脑进一步加工整合。研究也证实，条件性恐惧行为的学习和记忆与杏仁核有直接的关系。隔区存在大量的记忆和定位细胞，它与海马之间有密切的往返纤维联系。这些往返纤维沿着基底节到海马形成**隔-海马通路**（septo-hippocampal pathway）。这条通路通过胆碱能神经元直接参与学习记忆，并且被证明与阿尔茨海默病的记忆障碍有关。对哺乳类动物的研究也证实，基底神经节内的纹状体结构是习惯化行为形成、保持的重要脑区，前额皮层、海马和杏仁核通过对腹侧纹状体（ventral striatum，VS）直接调控习惯化学习记忆的保持和提取。

（二）大脑新皮层与小脑

哺乳类动物大脑皮层主要包括额叶、颞叶、顶叶和枕叶等主要区域。感觉信息最初由海马加工，然后再被分送到大脑皮层相关的部位进一步加工和保存。例如，嗅觉或味觉信息被输入到内嗅皮层，听觉信息被输入内嗅皮层，视觉信息被输入枕叶皮层，而本体感觉信息被送到顶叶皮层保存等（图 7-22）。有很多证据表明，感觉信息的加工和保存是海马与相应的大脑感觉皮层共同整合完成的。但是，要深入了解大脑复杂的整合机制，仅靠传统的研究方法是相当困难的。于是，许多对被试无损伤的新技术应运而生，如 fMRI、CT 和 PET 等，这些新技术使研究者能更直观地看到完成某些任务时，被试脑内不同结构的动态活动过程。

人类前额皮层的功能较为复杂。除了少量的正常被试或病人以外，大多数的研究结果来自灵长类动物。雅各布森（C. F. Jacobsen）等人 1935 年就发现，在完成延迟非匹配交

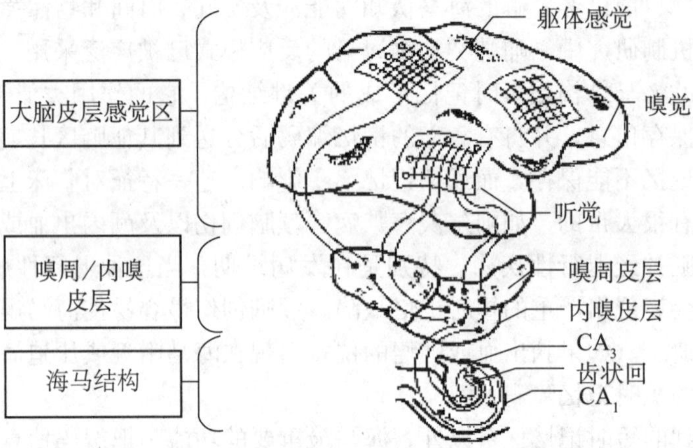

图7-22 海马通过内嗅皮层和嗅周皮层与大脑皮层的往返联络

资料来源：Sweatt J D. Mechanisms of memory. Amsterdam：Elsevier Academic Press，2003.

替作业时，猴子前额皮层背外侧46区被冷冻失活，会使空间记忆受损；而前额皮层45区失活，则会导致物体识别障碍。对以往实验的回溯性研究表明，这些障碍可能是工作记忆功能受损造成的。此外，来自临床的研究表明，前额皮层受损导致的额叶综合征（frontal lobe syndrome）病人具有严重的工作记忆和执行功能障碍，表现为明显的难以集中注意力或有计划、有顺序地做事。近些年来，大量的PET、fMRI研究结果表明，在人类或灵长类动物中，前额皮层参与了面孔、物体、方位和言语识别等工作记忆任务。

前额皮层是执行工作记忆任务时最重要的结构，但并不是唯一的结构。实际上，几乎任何记忆都需要对多种感官信息的复合编码，因而需要脑内多个感觉区共同参与整合。例如，用fMRI和PET扫描可以看到，在猴子和人执行物体识别任务时，除了前额皮层以外，颞叶皮层也会兴奋。多部位的单细胞放电记录显示，猴子在完成空间位置工作记忆任务时，其大脑右半球区域，包括前额皮层背侧和前运动区、后顶叶以及海马均被激活。fMRI的研究还显示，人类在执行言语工作记忆任务时，除了左侧额叶的布洛卡区以外，同侧颞上回的听觉中枢威尔尼克区以及联结两半球的扣带回也会同时被激活；在学习的时候，海马能整合皮层的各个兴奋点的信息，而记忆的提取则主要由前额皮层来完成。

小脑的主要功能是配合大脑皮层完成感觉和运动的功能整合。小脑也是程序性和关联性学习记忆的关键脑区。比如，兔的**瞬眼条件化**（eye-blink conditioning），它是以声音或灯光作为条件刺激，以向角膜吹风或眶周电击作为非条件刺激，训练兔子建立眨眼条件反应。这是在小脑学习记忆机制研究中被广泛应用的模型，涉及感觉和运动的整合学习。后来的研究还发现，小脑浦肯野细胞还存在AMPA受体（一种谷氨酸受体），除了参与与感觉运动整合有关的学习记忆以外，可能与更复杂的认知学习有关，比如空间认知等。

（三）神经递质和神经肽的调控

谷氨酸是中枢神经系统内重要的兴奋性神经递质。谷氨酸能神经元在脑内分布广泛。在所有的突触传递中，有谷氨酸参与的大约占50%。关于谷氨酸能神经元对学习记忆的调节，已经比较清楚的有以下几条重要通路。

（1）从海马 CA_3 区到 CA_1 区的**谢氏侧枝通路**（Schaffer-collateral pathway）主要由谷氨酸能神经元的轴突控制。来自大脑皮层的信号可通过影响 CA_3 区的谷氨酸能神经元控制谢氏侧枝通路活动。同时，这些谷氨酸能神经元还受乙酰胆碱能、去甲肾上腺素能和 γ-氨基丁酸能等神经元的轴突侧枝调控。这是迄今为止对记忆形成、保持和提取作用了解得最清楚的通路（图 7－23）。

（2）前额叶到纹状体的谷氨酸能直接纤维投射，增强习惯化行为的学习及其记忆提取。

（3）来自其他大脑皮层的谷氨酸能间接纤维投射影响海马的学习记忆整合功能。

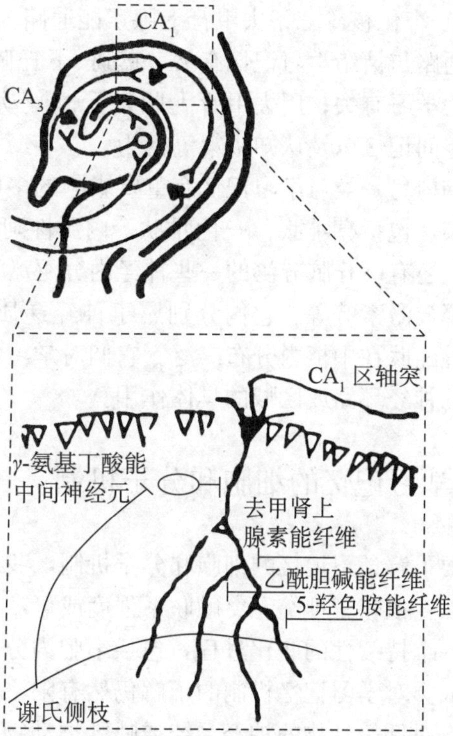

图 7－23　海马 CA_3 区到 CA_1 区的谢氏侧枝谷氨酸能传递通路

轴突侧枝显示了其他递质调控。

资料来源：Sweatt J D. Mechanisms of memory. Amsterdam：Elsevier Academic Press，2003.

γ-氨基丁酸能神经元是另一种分布广泛的抑制性神经元，参与调节各神经环路功能的平衡性。有证据表明，γ-氨基丁酸在大脑皮层许多区域可暂时性抑制记忆的提取，其受体激动剂可破坏记忆的保持，而拮抗剂则对记忆保持有增强作用；前脑基底神经节和隔区的胆碱能神经元有丰富的 γ-氨基丁酸 A 型受体，向这些部位注射 γ-氨基丁酸受体激动剂会损害多种学习记忆行为。γ-氨基丁酸能神经元对学习记忆的影响，取决于它们对局部环路功能的平衡性调节。换句话说，γ-氨基丁酸对学习记忆的影响并不都是负性的。例如，小脑颗粒细胞与浦肯野细胞之间的 γ-氨基丁酸能抑制性突触，就是感觉和运动整合学习的必要结构。这提示我们，学习记忆过程中不仅有兴奋性突触在起作用，抑制性突触在信息编码中同样重要。

乙酰胆碱能神经元主要发源于两个皮层下核团：一个是脑桥延髓被盖（pontomesencephalic tegmentum），主要投射到丘脑、海马和隔区，间接分布到大脑皮层的广泛区域，与维持脑的觉醒有关；另一个发源于基底神经节附近的中隔区，沿着基底神经节到海马形成隔-海马通路，直接参与海马的学习记忆整合。在这些相应的部位，乙酰胆碱受体拮抗剂，如东莨菪碱能阻断记忆的形成；而乙酰胆碱酯酶活性抑制剂则具有相反的作用，如毒扁豆碱可以促进记忆形成。老年性的记忆障碍、脑震荡引起的逆行性遗忘以及老年性痴呆，都被证明与隔-海马通路的乙酰胆碱能神经元功能弱化有关。

去甲肾上腺素能神经元主要存在于外周自主神经系统和中枢延髓的蓝斑核（locus coeruleus）内。发源于蓝斑的去甲肾上腺素能纤维在中枢有广泛的投射区域，包括小脑、下丘脑、杏仁核，以及大脑皮层的前额叶、颞叶等区域。其中，蓝斑-前额叶、蓝斑-下丘脑和蓝斑-杏仁核等三条去甲肾上腺素能通路，可能分别参与不同类型的学习记忆。蓝斑-杏仁核通路与情绪学习记忆有关；蓝斑-下丘脑通路与快感相关摄食、饮水以及探索新环境等行为学习有关；用去甲肾上腺素受体激动剂或拮抗剂干预猴子前额叶，可影响工作记忆、空间记忆以及认知决策等行为。

脑内另一类对学习记忆有重要影响的多肽类物质被称为神经肽。这些神经肽的类型较为复杂，包括亮啡肽、β-内啡肽等内源性阿片肽，以及脑源性生长因子、胆囊收缩素、加压素，还有下丘脑分泌的一些神经内分泌激素，如α和β促黑色素生成素、促肾上腺皮质激素释放激素等等。它们分别属于神经递质或神经内分泌激素。与氨基酸类神经递质一样，神经肽在中枢内分布广泛。它们对学习记忆的正性或负性影响，取决于它们的受体在相关的神经环路或区域的具体作用。

二、学习记忆的细胞和分子机制

要了解学习记忆的细胞和分子机制，我们将以以下两个基本假设为出发点：其一，记忆的保存依赖于神经元突触联系强度或可塑性的改变；其二，与学习记忆相关的一系列事件是一个持续性的变化过程，包括细胞内分子生物化学的一系列改变。由于研究方法的限制，人类对学习记忆机制的了解仍然有限。迄今为止，关于细胞或分子水平的重要结论主要来自对低等动物的神经系统或哺乳类动物的海马的研究。

（一）突触的可塑性

1973年，布利斯和勒莫在挪威的安德森（Per Andersen）实验室，用短阵式高频电流（100Hz）刺激兔子的内嗅皮层投射到海马齿状回（dentate gyrus）的传入纤维，在齿状回颗粒细胞层内首次记录到持续数小时的兴奋性突触后电位（EPSP）。他们把这种生理现象命名为长时程增强（LTP）。这种现象与科学家推测的信息刺激和记忆保持模式极为接近。因此，在此之后的数十年里，LTP的机制被无数的研究者深入探究，对学习记忆细胞机制的研究起了巨大的推动作用。研究者还发现，用低频（1～5Hz）电流刺激海马CA_3区到CA_1区的传入通路，可在CA_1区记录到另一种与LTP相反的长时程抑制（LTD）现象（图7-24）。

LTP和LTD在海马中的共存表明复杂的记忆编码可能需要LTP和LTD的共同参与。

突触效能（synaptic efficacy）、突触形态和突触数量的变化是突触可塑性的重要表现形式，LTP和LTD可以间接反映这些突触传递效率的变化。突触前动作电位的变化，可引起突触前膜递质释放的易化或抑制效应，进而使突触后膜产生数秒到数分钟的EPSP或IPSP（抑制性突触后电位）。在海马某些部位，如果突触活动重复出现，会产生持续的EPSP，使LTP维持时间可以达到数小时、数天或更长时间。长时间的LTP维持还伴随有突触结构的形态和数量发生变化，包括突触前后膜的增厚、新突触的形成或沉默性突触的觉醒等。脑内的突触结构并不是静止、固定的，它们在发育和成熟的整个过程中都在发生适应性变化，包括数量增减、新旧更替以及形态变化等。突触结构的可塑性是其功能可塑性的物质基础。

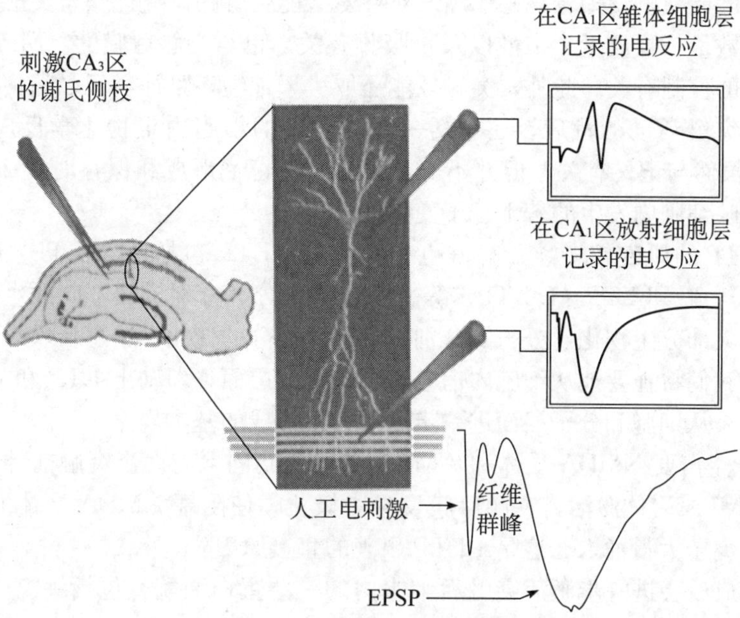

图 7-24　LTD 和 LTP 现象的记录

在海马 CA_3 区分别用低频和高频阵发性电刺激，在 CA_1 区可记录到 LTD 和 LTP 现象。

资料来源：Sweatt J D. Mechanisms of memory. Amsterdam：Elsevier Academic Press，2003.

通过海兔的习惯化和敏感化过程，我们可以进一步了解突触效能的可塑性机制。在海兔腹神经节内，感觉神经元轴突与运动神经元树突形成突触联系。另外，在感觉神经元的树突末端还有其他神经元的轴突终止，并通过突触调控感觉神经元的突触递质释放。用微电极对腹神经节内神经元之间的突触前、后膜电位进行记录，可直接观察到习惯化或敏感化过程中突触电位的变化。短时间刺激海兔鳃旁的喷管，会使突触前膜兴奋性神经递质释放增加，导致 EPSP 增强并兴奋运动神经元，引起海兔的缩鳃行为。如果长时间反复刺激感觉神经元，突触末梢递质释放量会减少，导致 EPSP 逐渐减弱，使运动神经元不再兴奋，海兔的缩鳃防御行为停止。习惯化行为形成的原因在于重复的刺激抑制了突触前膜递质释放，这个现象叫突触前抑制。这是由于递质释放减少，使突触前膜钙离子通道失活及其内流减少，递质囊泡与钙离子结合率降低，使递质释放量持续下降。敏感化与习惯化的形成机制正相反，它是突触前易化造成的。电击海兔尾部可激活中间神经元，促使感觉神经元释放更多的 5-羟色胺。5-羟色胺与突触前膜上 G-蛋白偶联后，能使突触前膜细胞内 cAMP 合成增加，进而激活蛋白激酶 A（PKA）使不同蛋白磷酸化。钾离子通道蛋白的磷酸化会使钾离子通道关闭，并延长动作电位。延长的动作电位促进钙离子内流，钙离子结合的突触囊泡增多，使更多的递质被释放到突触间隙，导致运动神经元 EPSP 增强，并引起缩鳃反应增加。事实上，习惯化和敏感化都与突触传递效能的改变有关。

（二）学习记忆与 LTP、LTD 形成的细胞生物学机制

从海马 CA_3 区到 CA_1 区的谢氏侧枝通路是记忆形成和保持的最重要的通路之一，其

中兴奋性谷氨酸能突触发挥着核心作用。对谷氨酸能突触的研究证实，突触效能与突触前膜谷氨酸囊泡数量、释放量、扩散以及重吸收有关，也与突触后膜的AMPA受体数量及其对离子通道的控制有关。此外，突触效能还取决于神经环路神经元之间突触共同活动的数量。在这些突触活动的背后，还包括一系列复杂的细胞内生物化学反应过程。因此，LTP和LTD虽然与记忆有关，但并不等于记忆。在记忆形成和保存时，LTP和LTD能比较客观地反映细胞内发生的若干分子变化的过程。

目前对LTP的研究较多，了解得也相对清楚。LTP包括诱导LTP（I-LTP）、早期LTP（E-LTP）、晚期LTP（L-LTP）等三个连续成分，分别依赖不同的生物化学机制而变化。细胞内大部分生物化学分子能分别影响这些成分的变化，这也反映了学习记忆的复杂性。在此，我们将扼要地从细胞内信号转导系统的层面，勾勒出LTP和LTD形成的大致轮廓，以利于从细胞和分子层面进一步了解记忆形成的基本规律。

LTP的产生需要NMDA受体和AMPA受体的共同参与。当突触前神经元释放大量谷氨酸时，AMPA受体激活，突触后膜发生去极化，使阻塞NMDA受体的镁离子移出，通道开放，钙离子大量涌入。这是I-LTP出现的直接原因。

I-LTP形成后会进一步激活突触后细胞内的一些蛋白激酶，包括钙离子/钙调蛋白依赖性激酶Ⅱ（Ca^{2+}/calmodulin-dependent protein kinase Ⅱ，CaMK Ⅱ）和蛋白激酶C（PKC）等，并启动一些钙离子依赖的蛋白质磷酸化过程，使第二信使cAMP系统和一氧化氮合成酶（NOS）保持活跃，这对维持稳定的钙离子内流、一氧化氮扩散以及持续的EPSP具有重要作用。这个过程是形成E-LTP主要的生物化学机制。E-LTP可以维持数小时到数天，也会涉及神经元树突形态和功能的改变。例如，PKC可以参与突触后神经元树突的AMPA受体合成，从而增加结合谷氨酸的容量。

L-LTP的产生和维持涉及的分子变化更为复杂。突触前神经元谷氨酸的不断增多和持续有效的释放，是LTP长久维持的前提条件。L-LTP的维持，和与突触前或突触后的细胞内若干钙离子调控相关的重要信号转导通路有关。其中最重要的有两条途径：一是第二信使cAMP系统到CREB蛋白的转导通路；二是细胞外信号调节激酶（extracellular signal-regulated kinase，ERK）到CREB蛋白的转导通路。CREB蛋白即cAMP反应元件结合蛋白，可以结合DNA，促进基因转录和蛋白质的合成。这两条信号转导通路激活的生物活性分子最终都可以结合CREB，开启基因密码片段，并完成蛋白质的表达。这种蛋白质表达的变化涉及的范围是广阔的，包括从离子通道、受体、信号转导调控酶到突触结构等的一系列变化。已有的证据表明，L-LTP与基因活化、新的树突或轴突生长及新蛋白的合成有关。蛋白质的合成会使神经元的功能发生巨大的变化，因而可能是长时记忆得以保持的最根本的生物化学基础。

目前，对LTD是否参与记忆编码的研究仍然很少，还缺乏实质性的证据。也有人提出另一种假设，认为LTD可能是突触功能衰退的表现，是否与遗忘有关还不得而知。从海马得到的证据也仍然不能解释记忆储存的大脑皮层机制。然而，我们已经认识到海马LTP的活跃对记忆保持的重要性，也开始了解在不同阶段LTP与细胞内某些特殊的生化反应和基因活动的联系。学习记忆的奥秘还有待于进一步深入探索。

三、基因变异与脑功能退化

除了老年性痴呆以外，还有一类以学习或记忆障碍为特征的综合征被称为人类精神退化综合征（human mental retardation syndrome），包括唐氏综合征、脆性 X 综合征、威廉姆斯综合征和神经纤维瘤病等，主要的发病原因可能与基因变异有关。目前，对这类疾病的研究主要集中在细胞内分子及其基因的调控方面，特别是 ras/ERK 和 CaMKⅡ等信号转导系统的分子功能改变。ras/ERK 系统与 L-LTP 产生有关，CaMKⅡ系统与 E-LTP 和 L-LTP 的产生都有关。它们最终都通过结合 CREB 蛋白打开基因片段，导致不同蛋白质合成而影响长时记忆的保存。

唐氏综合征（Down's syndrome）最主要的表现是脑功能的发育障碍。人们曾认为唐氏综合征是遗传性疾病，因为患者的 21 号染色体多复制了一个片段，又被称为 **21 位三倍体**（Trisomy 21）。但是，近年来的研究表明，唐氏综合征并不是遗传性疾病，也不是基因突变导致的，到目前为止在 21 号染色体上还找不到可导致病变的异常基因。因此，有人认为唐氏综合征是在卵细胞分化或受精时某种基因发生了甲基化（methylation）而造成的，甲基化的原因与早期环境因素的影响有关。有两个候选蛋白酶的控制基因受到研究者的关注：一个被称为超氧化物歧化酶（superoxide dismutase，SOD），它在唐氏综合征病人中表达过多；另一个被称为双特异性酪氨酸磷酸化调节激酶 1A（dual specificity tyrosine-phosphorylation-regulated kinase 1A，DYRK1A），控制它的基因在果蝇 21 号染色体上被发现，这种人类的同源基因参与果蝇脑发育的控制。SOD 参与激活 PKC 系统，DYRK1A 属于丝裂原活化蛋白激酶（mitogen-activated protein kinase，MAPK）家族，它们都参与海马依赖的 LTP 的形成，因而与记忆障碍有关。

脆性 X 综合征（Fragile X mental retardation，FMR）又称为**脆性 X 精神退化**，表现为学习障碍、语言发育迟缓、多动、注意力不集中和交流障碍，可分为Ⅰ型（FMR1）和Ⅱ型（FMR2）。FMR2 的症状表现略轻于 FMR1，原因在于基因发生异常的位置不同。人类 DNA 序列的复制是以三位体（又称密码子）形式重复进行的，如 CGG 或 CCG 等，这种方式被称为"三位体重复"（triplet repeat）机制。FMR1 的病因是在 DNA 序列第 200 个三位体处，有一个密码子 CpG 的 C 位被甲基化，当 DNA 序列合成到此处时基因表达被终止，因此导致相应的 mRNA 缺失，使蛋白合成的转译异常，并形成异常的 FMR 蛋白。FMR 蛋白可以与不同的 mRNA 结合，从而影响正常的蛋白质合成。格里诺夫（William T. Greenough，1944—2013）等人证实，FMR 蛋白与谷氨酸受体的偶联蛋白的功能完整性有关，同时，也影响谷氨酸能神经元树突和突触前膜的修饰功能。FMR2 的病因是 DNA 序列外显子 1 区的 CCG 被甲基化，导致出现与 FMR1 类似的异常合成的蛋白质，被称为 FMR2 蛋白。在小鼠 FMR2 模型中，FMR2 蛋白的表达大量出现在与记忆相关的海马和杏仁核区。FMR1 蛋白和 FMR2 蛋白都在动物模型上被证实与海马 LTP 及其学习记忆障碍相关。FMR1 在人群中出现的比例大概是 5/10 000，FMR2 出现的比例是 1/50 000，远远低于 FMR1。

威廉姆斯综合征（Williams syndrome，WS）表现为特殊的社交倾向，不认生，对每个人都像家庭成员一样，对陌生人过分热情，并给予毫无依据的肯定；在认知上，表现为视觉空间认知障碍。病因主要是 7 号染色体上的相关基因缺失或重复，使受此基因控制的蛋白激酶发生变异，包括 LIM 激酶-1、LIM 激酶-25、LIM 激酶-26。这些酶在 PKC 系统的转导中起重要作用，并最终参与树突结构的形成。

神经纤维瘤病（neurofibromatosis，NF）也是一种基因变异型的脑功能退化症，致病基因杂合子被称为 NF1 和 NF2。NF1 主要通过影响 ras/ERK 系统的蛋白质激酶合成而干扰脑功能，特别是学习记忆功能。

除了上述提到的精神退化综合征以外，还有许多智力障碍性疾病与基因变异有关，其中有的是遗传性疾病，有的是因为基因被甲基化。

记忆长什么样？

→ 基本概念

学习	记忆	防御性缩鳃
习惯化	敏感化	去习惯化
非关联性学习	关联性学习	条件反应
强化	中性刺激	非条件反应
非条件刺激	经典条件反应	操作条件性反应
工具性学习	斯金纳箱	双重痕迹假说
长时程增强	长时程抑制	突触可塑性
陈述性记忆	情景记忆	语义记忆
非陈述性记忆	程序性记忆	短时记忆
工作记忆	长时记忆	逆行性遗忘
顺行性遗忘	感觉记忆	中时记忆
编码	巩固	步入法
步下法	延迟非匹配刺激(DNMS)	隔-海马通路
瞬眼条件化	谢氏侧枝通路	突触效能
唐氏综合征	21 三倍体	脆性 X 综合征(脆性 X 精神退化)
威廉姆斯综合征	神经纤维瘤病	

→ 思考题

1. 解释敏感化和去习惯化的区别。
2. 影响长时记忆的储存的因素有哪些？
3. 海马损伤能够导致哪些遗忘症状？
4. 在海兔的长时程增强和经典条件反应中蛋白激酶起什么作用？

第八章

语言与通信

瓦苏（Washoe）是一只雌性黑猩猩，从它11个月大的时候，碧翠西·加德纳（Beatrix Gardner）和艾伦·加德纳（Allen Gardner）就开始训练它学习美式手语（American sign language，ASL）。重复和强化训练是必不可少的程序，无论是在散步、吃东西还是在玩耍时，总有人使用手语与它交流。人们期待它能够像人类聋儿那样通过模仿学会手语。在22个月大时，瓦苏就学会了30个手势。4岁以后，它能掌握的手势达到132个。最令人意外的是，它还能够将已学会的手势重新组合并形成新的意思。例如，它看到天鹅后打出了"水"＋"鸟"的手语。1969年，加德纳夫妇在《科学》杂志上的这份报告引起了人们对动物"学语言"问题的关注。

然而，特雷斯（Herbert S. Terrace）等人十年后在《科学》上发表的另一篇研究报告使人们对动物学语言不再持乐观态度。他们采用加德纳夫妇的方法，训练了一只名叫尼姆（Nim）的雄性黑猩猩。尼姆在4年期间学会了125个手势，也能组合2～3个手势来表达一定的意思，比如"我"＋"喝"或"抱"＋"尼姆"等。这种表达方式看起来类似于人类婴幼儿自发产生的话语。但随着年龄的增长和词汇量的增加，人类幼儿的自发话语会逐渐变长（图8－1），而黑猩猩则不会。通过分析尼姆和瓦苏的录影带，研究者们还发现，在很多时候，黑猩猩的手势只是对训练员刚刚做过的动作的重复。特雷斯等人据此提出自己的观点：黑猩猩还不具备创造句子的能力。

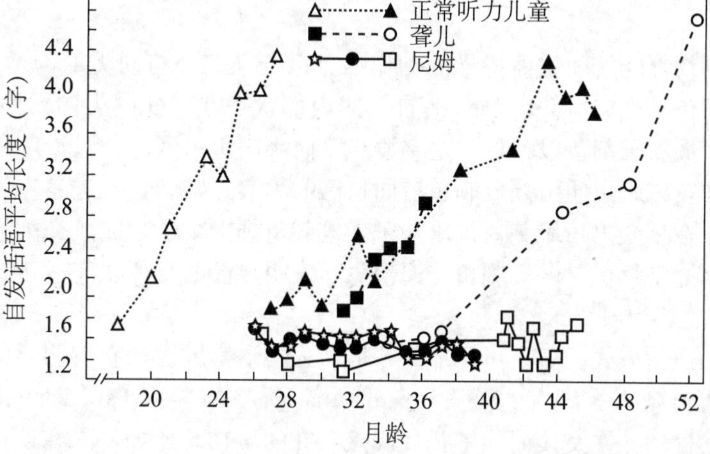

图8－1　黑猩猩尼姆、两位正常儿童以及两位聋儿的自发话语长度随年龄变化的趋势

尼姆的三条折线分别代表它使用三种不同符号系统的情况。

资料来源：Shettleworth S J. Cognition，evolution，and behavior. New York：Oxford University Press，2010.

语言易化了人与人之间的交流，丰富了人类的精神世界。人类的祖先是在获得了抽象的语言能力之后，才真正从动物界中脱颖而出的。为什么科学家们这么热衷于教动物学说话呢？实际上，研究动物语言的根本目的还是探讨人类自身语言的产生机制。有人认为，人类语言的诞生是质的飞跃，从现存的动物中无法找到线索。也有人坚信，研究动物的沟通能力能够帮助我们破解语言进化之谜。

第一节　物种通信方式的差异

动物有无“语言”？如果按照人类语言的标准去衡量，答案似乎是否定的。但动物们的确在以各种各样的方式交换着信息。比如，雄鸟以优美动听的歌声吸引异性，狗在战斗前发出低吼震慑敌人，海豚通过尖叫声与伙伴保持联系，猴子发现捕食者后以叫声警示同类，等等。除了与人类相似的发声行为（vocal behavior）以外，动物还可以借助超声、姿势、动作、气味等媒介进行有效的沟通。

人类大约有7 000种发声语言，每一种语言都由规则的声音和符号组成。人类语言的本质是一种间接的符号系统，借助这个间接的符号系统人类可以彼此交流或沟通。但是，这样的定义仍然不能将动物“语言”与人类语言严格地区分开来。例如，动物也能通过“阅读”动作、遗留的气味等间接的符号来辨别天敌、领地或性配偶的信息。

了解动物“语言”的秘密有助于我们理解行为和智能之间的演化关系。更重要的是，科学家们希望通过研究动物的沟通方式获得与人类语言形成和演化有关的线索。例如，动物的沟通方式能否具有与人类语言相似的特征？沟通方式的复杂程度与脑的进化程度有没有关系？在语言的形成和演化中，人类与其他动物的某些神经结构是否具有同源性或可比性？

一、体态、动作与通信

许多低等动物都能借助物种特异的动作信号系统来完成与同类的沟通。以刺鱼为例，我们来了解一下鱼类是如何向同类传达自己的内部状态并改变同类的行为的（图8-2）。每到繁殖季节，成年雄刺鱼以一种“之字舞步”向雌刺鱼示爱。一旦雌刺鱼被吸引，并以同样的舞步回应，雄刺鱼便引领雌刺鱼游向自己的巢穴。雄刺鱼扎进巢穴入口后，雌刺鱼也会跟随进入。在巢穴内，雌刺鱼排出卵子，雄刺鱼排出精子，完成交配行为。在交配之前，雄刺鱼借“之字舞步”向雌刺鱼传递信息，表明自己的身体状态适于交配，并用此信号改变了雌刺鱼的行为。

虽然鱼类的通信方式具备了可沟通性，但与人类语言属性仍有着明显的不同。鱼类的信号系统显然不具备人类语言的语义（semanticity）和置换（displacement）属性。语言的语义性和置换性使人在交谈时能够描述间接存在的事物。比如，人在谈论刺鱼时，根本不需要把刺鱼摆在眼前；而雄刺鱼要向雌刺鱼展现巢穴，则必须把雌刺鱼带到巢穴那里。鱼的求爱沟通过程只不过是一连串的直接的刺激-反应事件的组合。自然界多数动物的通

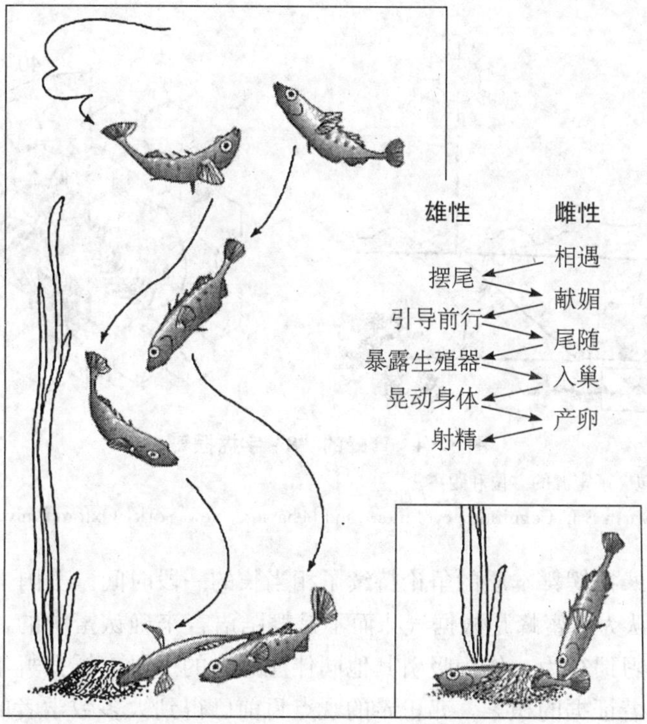

图 8-2　刺鱼在交配过程中的通信

某个动作既是对对方前一个动作的反应，又作为刺激物引起对方的下一个动作。

资料来源：Shettleworth S J. Cognition，evolution，and behavior. New York：Oxford University Press，2010.

信方式还不具有语义性和置换性。

然而，令人意外的是，蜜蜂的**舞蹈语言**（dance language）竟然具有类语言特有的语义性和置换性。蜜蜂虽然在进化树中地位并不高，却是一种有很强社会性的昆虫类动物。它们的高度组织性部分得益于其有效的通信方式。比如，工蜂找到可供采蜜的花朵后，会迅速返回蜂巢通知同伴，使大部队蜂拥而至。德国生物学家弗里希（Karl von Frisch，1886—1982；图 8-3）的研究证明，蜜蜂可以借其特有的舞蹈语言向同伴传达有关蜜源的信息，包括蜜源的距离和方位等。蜜蜂的舞蹈语言可分为**圆圈舞**（round dance）和**摇摆舞**（waggle dance）两种。圆圈舞用于描述距离蜂巢较近的蜜源，而摇摆舞用于描述距离蜂巢 200 米以外的蜜源。摇摆舞还包含一段直线和两段弧线的爬行轨迹。直线爬行时，蜜蜂来回摇摆腹部并震动翅膀发出嗡鸣声。然后，蜜蜂会突然折向相反方向沿弧线爬回。回到直线爬行的起点时，蜜蜂将调转方向再次沿着直线爬行，在到达直线终点后，继而又会沿着与上一段弧线相反的方向做弧。整条舞蹈线路如果连起来的话，像是一个“8”字，故得名“8”字舞。蜜源的方位与直线爬行的方向有关，直线爬行方向与垂直轴之间的夹角指示了太阳方位与蜜源之间的夹角（图 8-4）。蜜源的距离与舞蹈的持续时间、路线长短以及嗡鸣频率有关。蜜蜂还能通过回吐的方式告知同伴食

图 8-3　德国生物学家弗里希

物的种类。

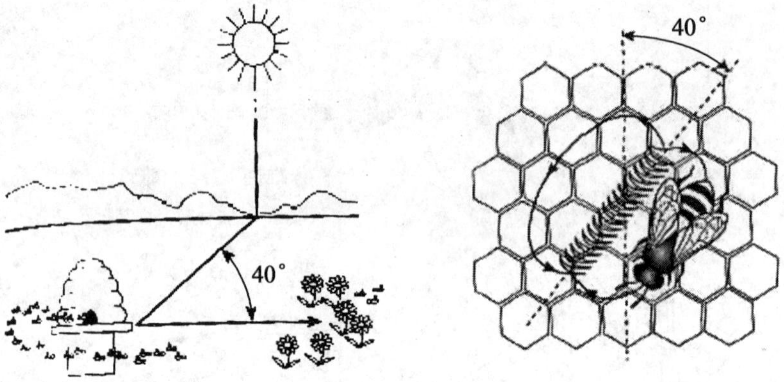

图8-4　蜜蜂的“8”字摇摆舞

摇摆舞传达的信息包含了蜜源的方位和距离。

资料来源：Shettleworth S J. Cognition，evolution，and behavior. New York：Oxford University Press，2010.

然而，关于蜜蜂摇摆舞本质的争论持续了相当长的一段时间。美国生物学家温纳（Adrian Wenner）曾认为，蜜蜂是根据气味而不是舞蹈语言来确认蜜源的，摇摆舞是蜜蜂在进化中获得的一种习惯行为。作为吸引其他同伴注意力的手段，摇摆舞本身根本不具有传递信息的作用。随着证据的积累，弗里希的观点目前已得到大多数学者的认同。凭借对蜜蜂舞蹈语言一系列出色的研究工作，弗里希于1973年获得了诺贝尔奖。在近期的一项研究中，赖利（J. R. Riley）等人借助雷达跟踪蜂群中每只蜜蜂的飞行路径，以定量的实验结果证明了蜜蜂能够阅读并利用舞蹈信息。

在自然界中，即使是亲缘关系较近的动物，其通信方式和沟通能力也可能相去甚远。例如，果蝇与蜜蜂虽同属昆虫纲，但果蝇的沟通能力远不及蜜蜂。

二、发声行为与通信

像人类一样，许多动物也主要是通过发声行为来完成同类之间的相互沟通的。例如，鲸鱼可以通过模仿来回应远距离传来的同类的声音，海豹可以通过声音辨别多年前失踪的幼子，从大象、海豚到鸟类，都可以通过声音的学习来形成固定的群体或识别个体。

从语言与发声行为的关系来看，鸟类是在研究中被普遍采用的模式动物。但鸟类的沟通能力同样也是千差万别的。例如，有些鸟只能发出简单的叫声来告知同类附近有天敌或食物，而黄鹂、云雀等鸣禽（songbird）则不同，堪称鸟类的语言典范。它们的鸣啭不仅优美动听，而且能告诉同类自己的基本信息，包括身体状态、社会地位等等，因而在社会生活和生殖行为中发挥至关重要的作用。由于幼鸟鸣啭的习得方式与人类幼儿语言的习得类似，因此，许多学者相信，研究鸣啭行为有助于理解语言的进化。

鸣啭行为仅见于雄性鸣禽。鸣啭能力的获得既与遗传有关，也与后天的学习有关。像人类幼儿学习语言一样，雄性幼鸟必须在**关键期**（sensitive period）内不断听到同类成年雄鸟的鸣啭。经过模仿和练习后，鸣啭模式可被记忆保存，并被逐渐**固化**（crystallization）为永久而稳定的形式。如果幼鸟在关键期接触不到成年雄鸟的声音，则无法习得正常的鸣啭。在固化过程完成后，即便剥夺鸟的听觉，其鸣啭声也不会受到太大影响。

鸣禽的鸣啭行为也有遗传基础。例如，即使斑胸草雀在发育时听觉被隔离，其成年后仍然能发出简单的鸣啭声，并且其声频结构也与正常同类的类似。还有的研究者将幼鸟暴露于混合声音环境，包括人工合成的、同类成鸟的和其他鸣禽的鸣啭声。结果发现，幼鸟更容易学会同类的鸣啭声。加德纳（T. J. Gardner）等人研究了 16 只从未接触过成年雄性的金丝雀幼鸟，并给幼鸟听一些人工合成的音乐。组成音乐的音符全部是金丝雀能够发出的声音，但音符的排列顺序与正常金丝雀的鸣啭声大不相同。幼鸟通过模仿学会了这些人工合成的乐曲。然而，成年后，被编排的鸣啭竟然自动地发生了变化，变得与正常的鸣啭相差无几。这些证据表明，可能有一个先天的发声机制在制约着鸣禽的鸣啭行为。

三、灵长类动物通信的初级语义性

在遇到危险状况时，野生猴子会以叫声警报来通知同类。不同类型的叫声对应不同的捕食者，还会辅以不同的动作反应。例如，听到与豹对应的警报，猴子会迅速钻进树丛；听到与鹰对应的警报，猴子会警惕地向空中张望并隐蔽；听到与蛇对应的警报，猴子会立即抬起前腿，双眼在地面上搜索。对于这些表现的解释有两种对立的观点：其一，叫声和行为反应都是本能的刺激-反应，不具备语义性的特点；其二，叫声包含语义信息，不同的叫声代表不同的捕食者。切尼（Dorothy L. Cheney）和塞伊法尔思（Robert M. Seyfarth）采用习惯化的实验程序，巧妙地证明了猴子的叫声具有语义性。

他们录制了两种听起来区别明显但作用相近的警报声——chutter 和 wrr，并让它们在实验时配合发声者的影像回放。受试猴子听到同类的报警声后，目光会自动转向声源，注视声源的时间越长，表明对警报重视的程度越高。在实验的首日，先呈现一种报警声，并记录被试的注视时间作为基线。次日，呈现另一种叫声或另一只猴子的叫声。数次后，被试对声源的注视时间会越来越短，说明被试对该警报的重视程度越来越低，并产生习惯化（图 8－5）。当被试对这一报警声习惯化以后，再次呈现实验首日使用的叫声，并测试被试的注视时间。结果表明，被试对猴 A 发出的 wrr 产生习惯化后，对其发出的 chutter 也不敏感了。也就是说，对猴 A 发出的 wrr 的习惯化转移到了 chutter 上。切尼和塞伊法尔思的范式有效地区别了警报声的听觉属性和语义属性。习惯化发生转移的原因在于刺激属性的相似性，因此，造成习惯化转移的原因不大可能是声学属性，而是 wrr 和 chutter 的语义属性相似，因为两种警报声的声学属性差异很大。采用同样的方法，研究者发现，对鹰的报警声的习惯化不会转移到对豹的报警声上，反之亦然。因此，我们有理由相信，猴子的警报声包含语义信息。

在本章的开始，我们就介绍了两位学说话的动物——瓦苏和尼姆，还介绍了猩猩所学的一种手语——ASL。但是，ASL 在很大程度上受主试行为方式的影响，因而所得到的结果不够客观。为了避免 ASL 方法上的缺陷，后来有人采用视觉符号系统来教授动物或检验其语言的效果。

普雷马克（David Premack，1925—2015）使用不同颜色或形状的塑料片作为基本的

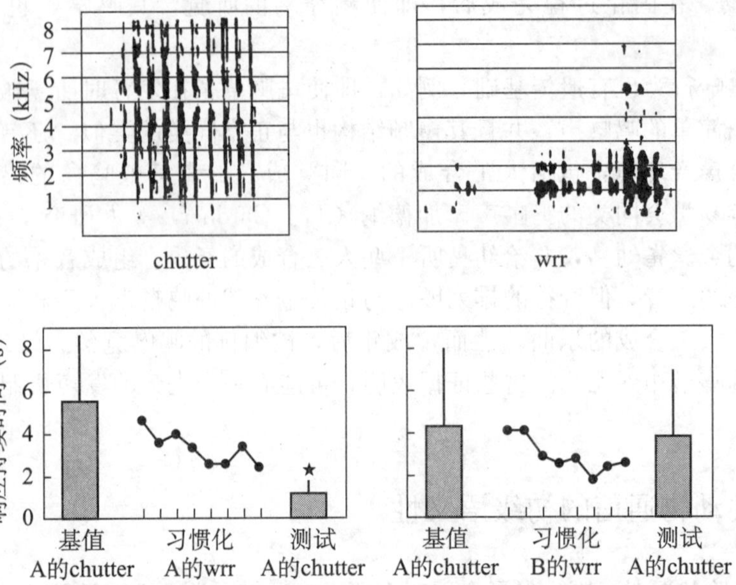

图 8－5　研究猴子警报声语义性的习惯化实验设计及结果

上图为 chutter 和 wrr 两种叫声的物理属性。可以发现，对猴 A 的 wrr 的习惯化转移到了猴 A 的 chutter 上（左下），但对猴 B 的 wrr 的习惯化未转移到猴 A 的 chutter 上（右下）。

资料来源：Shettleworth S J. Cognition, evolution, and behavior. New York: Oxford University Press, 2010.

语言符号，来训练黑猩猩莎拉（Sarah）。经过大量的操作性条件学习，莎拉能够在塑料片和实物之间建立起联系。比如，它看到苹果，想吃却拿不到时，就必须把代表苹果的塑料片放到板子上，才能得到苹果。后续研究显示，黑猩猩似乎能掌握异同、颜色、名字、分类等概念。而且，黑猩猩还能够以类似于短句的方式排列塑料片。瓦苏和尼姆也有这种能力，但采用这种方法得到的结论更为可信。因为黑猩猩选择或码放塑料片时受主试的影响较小，所以行为表现也会更为客观地反映它们对语义的理解。

另一个著名的动物语言试验系统被称为**耶基斯语**（Yerkish）系统。它用与计算机相连的**图形字**（lexigram）作为按键，不同的图形字代表不同的按键（图 8－6）。与塑料片相比，计算机能够自动记录、分析动物的按键行为，因而更加客观。采用这种方法训练出的黑猩猩也显示出相当可观的词汇量，并且能够运用已掌握的词汇组合成类似于短句的序列。然而，科学家们对于黑猩猩是否掌握了句法这一问题，仍持谨慎态度。因为无论是运用塑料片还是耶基斯语系统，训练时通常都采用操作性条件学习的方法。因而动物的行为可能是强化记忆的结果，仍然不足以确切表明动物掌握了语法规则。此外，由于实验仪器必须固定在实验室里，采用耶基斯语系统研究动

图 8－6　学习图形字的黑猩猩

物的自发语言基本上是不可能的。

尽管做了很多方法学上的尝试，但科学家们对黑猩猩的语言能力的看法仍然不能达成共识。这时，另一个动物明星坎兹（Kanzi）的出现，令所有人都对猿类的语言能力刮目相看。坎兹是萨瓦奇-伦鲍（Sue Savage-Rumbaugh）饲养的一只雄性倭黑猩猩（pygmy chimpanzee）。倭黑猩猩是一种生存于非洲刚果的濒危动物，其DNA与人类DNA相似程度达98%以上，比其他黑猩猩更加接近于人类。坎兹在语言上的独特成就体现在两个方面：首先，坎兹通过观察掌握了一些图形字和英语词汇，而不是通过操作性条件学习。其次，坎兹能够理解人类口语，例如“你能倒一些可乐进水里吗?”（Could you pour some coke in the water?）“你能把电视搬到屋外吗?”（Could you take the TV outdoors?）等，它能够从周围的环境里找到相应的物体，并做出正确的动作。为了避免主试的提示效应，研究人员让主试佩戴面罩，双手放在固定的位置，这样坎兹就无法从主试的眼神和手势中得到任何提示。主试躲在单向玻璃后面也能起到相似的作用。即使测验时采用的句子是坎兹以前从未听到过的，它的成绩也很好。坎兹对英语口语的理解能力相当于两岁的儿童。

除了能理解人类口语外，坎兹还能用图形字生成句子，其能力相当于1岁半的人类儿童。坎兹在语言方面的能力似乎具有所有人类语言能力的特征。但是，到目前为止，人们对倭黑猩猩的研究还不够充分，对野生状态下倭黑猩猩的交流方式还知之甚少。

四、人类语言的特征

语言对人类进化的推动作用无疑是巨大的。那么，人类语言特有的本质特征是什么呢？人类的语言能力既有遗传基础，也能在适当的环境中不断得到扩展。但是，在许多种类的动物的通信方式中，这种遗传性或习得性似乎也广泛存在。像动物的动作或发声等行为一样，人类的语言也是用于相互之间的沟通。掌握了相同语言的人能够彼此交流信息、思想或情感，但沟通功能也并不是人类语言所独有的功能。

语言的实质是能够被使用的代表事物或思想的符号系统，因而这些符号应该具有**语义性**（semanticity）。人类使用声音、语调、文字、手势等符号来指代事物或抽象概念，于是，这些特定的符号便有了特定的含义。然而，除了文字或抽象事物的指代以外，许多动物也可以不同程度地使用声音、声调或动作符号来完成沟通。因此，可能文字或抽象的指代符号是人类语言与其他动物沟通方式之间的本质区别之一。由于人类可以使用间接的符号指代事物，所以人的交流内容不受时空限制，可以向他人描述不在眼前的事物，因而人类语言又具有**置换性**（displacement）的特征。

由于长期进化和发展，人类语言还逐渐形成了**语法**（grammar）和**句法**（syntax）等构建规则，根据不同构建规则排列的语言可以产生不同的含义。另外，人类语言中的字或词由**音素**（phoneme）和**语素**（morpheme）构成，音素是语音的最小单位，语素是音义结合的最小单位。虽然音素和语素的数目有限，但人类可以利用有限的音素和语素生成无限多的词、短语和句子。人类的语言具有**生成性**（productivity），这种创造性派生语言的能力无疑是大脑高度进化的结果。

第二节　通信行为及脑进化

一、脑与低等动物的通信

低等动物的通信方式与脑的进化有关。在环境自然选择的作用下，低等脊椎动物的脑结构会朝着不同方向进化。例如，鱼类虽然具备了端脑、间脑、中脑、小脑和延脑五个部分，但由于生活环境相对陆地仍然较为简单，因而鱼类的脑结构也相对比较简单（图8-7）。相当于大脑的端脑与嗅觉有关，占全脑的比例较小。中脑是视觉整合中枢，小脑是运动控制中枢，它们在全脑中所占的比例较大，因而成为感觉运动整合的主要中枢。由于中脑和小脑发达，鱼类的通信方式以动作和视觉的协同反应为主。从两栖类开始，生存环境的变化使动物听觉和发声系统逐渐进化，并使听觉和发声中枢出现明显分化。例如，在蛙类、鸟类和高级脊椎动物中，发声的通信方式逐渐成为它们最重要的通信方式之一。然而，许多高级脊椎动物的通信方式仍然不具备语言的属性。

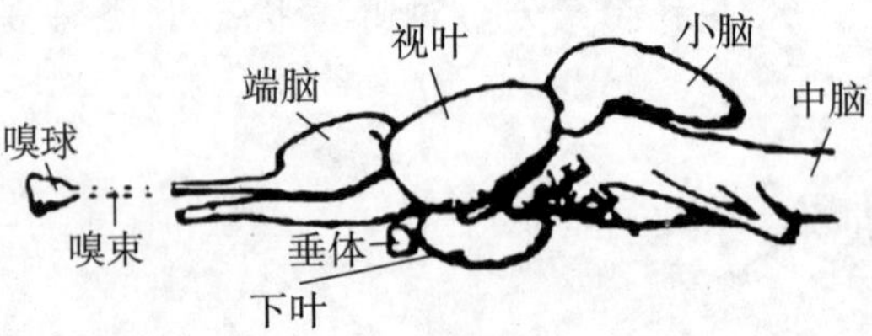

图8-7　鱼类的脑结构

蜜蜂的通信方式与脑的关系似乎是进化中的一个极端特例。迄今为止，蜜蜂的舞蹈语言被认为是除灵长类动物的通信方式外最为精致的通信方式。但是，它们的脑并不是十分复杂，只有不到100万个神经元，所谓的脑皮层也只是由单层神经元胞体构成。与果蝇等昆虫一样，蜜蜂脑内的蘑菇体（mushroom body）控制着视、听整合以及学习记忆等高级功能，控制动作的延脑或后脑也特别发达。近年来有人发现，蜜蜂的腹部存在一种超顺磁性细胞，可以帮助蜜蜂辨别飞行方向。但一直令科学家不解的问题是，在如此简单的脑内，这些具有语言属性的舞蹈动作和声音是如何被理解和转换的。

二、鸟类的鸣啭及其相关脑结构

从两栖类动物开始，脊椎动物沿着两条线路进化，一支成为在陆地生活的高级哺乳类动物，而另一支成为在陆地和空中活动的鸟类。由于鸟类的发声机制与人类语言发生和发育的机制相似，因此，科学家对鸟类神经系统的研究也较为详细。

鸟类的鸣啭行为由两条神经通路控制（图8-8）。直接通路起自高级发声中枢（high vocal center，HVC），经古纹状体（nucleus robustus archistriatalis，RA）至舌下神经核的鸣管亚核（nXIIts），最后，由鸣管亚核发出神经纤维至鸟的发声器官鸣管（syrinx），并直接控制发声肌的运动。该通路的任何部位在任何发育阶段的受损，都会损害鸟的正常鸣啭。另一条为间接通路，也起自 HVC，还包括 **X 区**（area X）、丘脑背外侧部（dorsolateral thalamus，DLM）和新纹状体前部巨细胞核外侧（lateral magnocellular nucleus of the anterior neostriatum，LMAN）。X 区与哺乳类动物的纹状体的基底节同源，也接受中脑多巴胺能神经元的投射纤维。研究显示，这条间接通路似乎与鸣啭的学习和记忆有关。例如，在发育早期破坏幼鸟的 LMAN，会阻碍鸣啭行为的习得，但在成年后破坏 LMAN 不会影响鸣啭行为。研究结果还表明，脑的左半球对鸣啭行为的影响大于右半球。如果分别损毁两侧的相关核团，损毁左半球比右半球导致的鸣啭障碍会严重得多。这与人类语言的偏侧化现象类似。

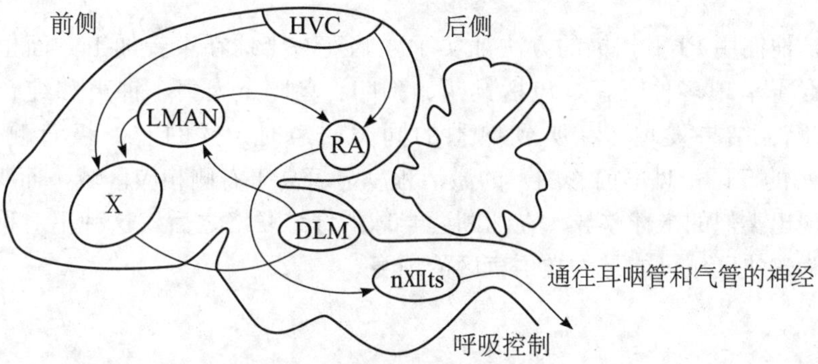

图 8-8　鸣禽脑内负责鸣啭的神经核团以及通路

像调控人类语言一样，鸣禽的 FOXP2 基因也参与调控鸣啭行为。最近，哈斯勒（Sebastian Haesler）等人通过病毒转染 RNA 干扰技术，在幼鸟学习鸣啭前调低基底节 X 区的 FOXP2 表达。结果发现，这些幼鸟不能准确地模仿成鸟的鸣啭，而且鸣啭的声音模式也比其他正常的幼鸟多变。尽管在习得方式、神经基础和相关基因等方面，鸣禽的鸣啭与人类语言存在相似之处，但鸣啭行为的语义性和置换性等语言特性仍然未能被证实。前面曾提到，构成鸣啭的音符是按特定顺序排列的。从表面上看，鸣禽的鸣啭声似乎还存在一些类似语法的规则。但实际上，鸟类还不能像人类那样利用基本元素的不同组合方式来创造新的意思，而且鸣啭音符的排列顺序大部分是先天固定和遗传的。

三、灵长类的语言同源性脑结构

人类大脑的两个主要语言区——布洛卡区和威尔尼克区——都能在猕猴的新皮层中找到同源结构。威尔尼克区位于颞叶背后侧，与猕猴的颞顶听觉区（Tpt）同源；布洛卡区位于中央前回，与猕猴的 44 区和 45 区可能是同源的（图 8-9）。曾有人认为，因为猴子不会说话，所以这些同源结构在进化中一定发生了某些功能的转变。然而，近期的一项脑功能成像研究证实，猴与人的大脑在语音加工方面仍然存在重合或接近性。

人脑的语言加工区主要集中在左半球。除了人类以外，人们早就注意到其他灵长类动物的语音加工可能也存在类似的半球差异。比如，猴子听到从背后传来的叫声，通常会从右侧转过头来看。因为左半球的声音信号传入主要来自右耳，因此，右侧转头现象证实了左半球在语音加工上的优势。2004 年，波伦巴（Amy Poremba）等人在《自然》杂志上

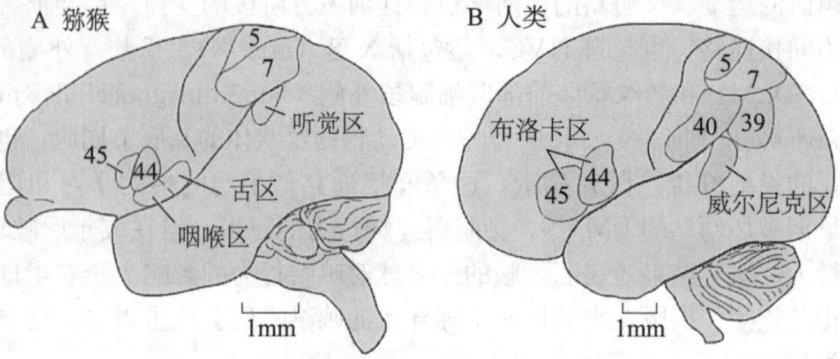

图 8-9 猕猴新皮层上与人脑语言区同源的结构

发表文章称，他们用PET扫描的方法证实了猴脑左右半球在声音加工方面也存在不对称性。他们给猴子呈现多种声音，包括猴叫、狗叫、鸟鸣、人声、钟声和纯音等，同时用PET扫描猴脑。结果发现，在听到熟悉的同类叫声时，猴的左颞极背侧的皮层区域（图8-10所示的5区；见书前彩图）的激活程度显著高于右侧相应区域，而听到其他声音时则没有表现出类似的半球差异。在切断两半球的纤维联络之后，这种不对称性也随之消失。他们认为这块区域可能是人类语言区的前身。

第三节 人类语言及其神经基础

一、儿童语言发展的一般规律

美国语言学家乔姆斯基（Noam Chomsky；图8-11）认为，人类天生具有一个**语言习得装置**（language-acquisition device，LAD），儿童学习语言的能力是通过遗传获得的一种天赋。尽管人类的语言规则十分复杂抽象，但儿童只要接触到正常的语言环境，就能在短时间内轻松学会母语。因此，成人是不需要费尽心机地教儿童说话的。无论母语是什么，孩子在学习语言时几乎都遵循同样的发展规律。人类共同的语言习得规律为乔姆斯基的理论提供了支持。研究也证实，人类儿童的语言习得过程大致可以分为简单发音、牙牙学语、单词表达、双词表达以及基本成人语言结构形成等几个阶段。这些阶段大约都在0～4岁之间发生并完成。

图 8-11 著名语言学家乔姆斯基

简单发音阶段大约发生在出生后5到6个月之内，婴儿此时发出的声音以元音构成的自发声音为主。在这个阶段，全世界的婴儿发出的声音是基本相同的，甚至聋儿也是如此。在此阶段，婴儿几乎能够分辨所有的音素和语素，包括属于母语或非母语的音素和语素。例如，来自英语家庭的婴儿能够辨别捷克语中的某些特殊语音，但讲英语的成人则不能。没有什么语言经验的婴儿能够分辨出几乎所有的音素和语素，而成人却很难做到。这种天赋确保婴儿无论出生在何种语言环境下，都能顺利习得语言。从这个意义上说，婴儿是真正的“世界公民”。

进入牙牙学语阶段后，婴儿区分音素的能力明显下降。有研究显示，在 6 个月大时，母语为英语的婴儿还能很容易地区分印地语和萨莉希语的音素；但是，到了 12 个月大时，他们就很难区分出其他语种特有的音素了。与此同时，婴儿区分母语语素的能力开始增强。在言语或发声方面，不同地区婴儿产生的自发声音也显示出了区别。从此，婴儿由“世界公民”开始逐渐转变成了一个“受文化约束的人”。

从说出第一个字词开始，幼儿就进入了单词表达阶段。到 1 岁半时，幼儿掌握的词汇量在 3～100 个之间。在 1 岁半到 2 岁期间，儿童开始把两个单字词串起来表达一定的意思，这是双字词表达阶段。前面提到的聪明的倭黑猩猩在语义生成方面至多能达到这个程度。有时，孩子也能使用三个词构成一个短句，但定向功能词的缺乏，使他们的短句更像是电报。因此，这个阶段儿童的言语又被称为电报式言语。在此之后，儿童的词汇量迅速增多，2 岁时能达到 300 个，3 岁时可多达 1 000 个。他们对句法和语法规则的使用也越来越纯熟。4 岁左右的儿童已经基本掌握了成人的语法规则，能够生成与成人语言基本类似的句子结构。随着年龄的增长，孩子的词汇量还会不断增加，句子的结构也越来越复杂。整个过程将持续到青春期。

狄昂-兰伯茨（Ghislaine Dehaene-Lambertz）等人的脑功能成像研究显示，3 个月大的婴儿暴露于有人类说话声的环境时，其左半球的激活程度显著高于右半球，激活的脑区主要在上颞叶和角回等区域。尚处在发育早期的皮层语言区已经呈现明显的偏侧化现象（图 8－12；见书前彩图），这也说明人类语言加工的脑机制是先天形成的。

二、关键期和环境的影响

人类学习语言的本领是一种天赋，然而，语言能力的正常发展同样也离不开适宜的环境。如同人类的其他本领一样，语言能力是先天与后天双重因素共同作用的结果。此外，在个体发育的一定阶段或关键期内，环境因素的作用得到充分体现，否则语言能力很难充分发展。

目前有许多个案和研究结果表明，言语的习得过程确实存在着关键期。例如，有“当代野孩”之称的美国女孩吉妮（Genie），她从小被隔离，几乎没人跟她讲过话。她被发现时已经 13 岁，几乎完全不会讲话。大家曾努力教她说话，但效果很差。她掌握了一定词汇量，但不能将词汇组合成有意义的句子。一些不依赖语言的智力测验排除了吉妮智力低下造成语言障碍的可能性。另一些幼年失聪的聋人，虽然成年后恢复了听力，但也同样无法学会讲话。一般认为，从出生后到青春期都是语言习得的关键期，其中，以 0～6 岁最为关键。对于母语来说，简单发音和牙牙学语阶段十分关键。在这段时期内，孩子必须充分接触母语的各类音素，这对音素差异的分辨和正确发音能力都相当重要。

吉妮的案例不仅说明了关键期的重要性，也说明了语言环境的重要性。库尔（Patricia K. Kuhl）等人的研究发现，幼年期的真实社会交往能使婴儿保留对非母语音素的分辨能力。他们请母语为汉语的成人给 9 个月大的美国婴儿读书并谈论玩具，而另一组婴儿通过电视或扬声器听普通话。随后，这些美国婴儿接受了普通话的音素对比测试。结果表明，在真实的交往情境中的孩子获得了对普通话音素的知觉能力，而看电视的婴儿则没有获得对普通话音素的知觉能力。fMRI 研究也显示，从小学习第二语言的被试，两种语言激活布洛卡区相同的区域；而 11 岁之后才开始学习第二语言的被试，两种语言激活布洛卡区不同的区域（图 8－13；见书前彩图）。

三、人类语言的脑机制

大多数人的语言优势半球在左侧。有研究显示，在右利手、左利手和均利手人群中，语言加工时左半球的参与比例分别是 96%、73%和 85%。因此，言语障碍往往发生于左半球损伤患者。然而，这并不表示右半球对言语行为毫无贡献。如果右半球损伤导致视觉空间加工功能受损，那么在谈论或理解地图和几何形状时，患者会感到困难。另外，右半球还参与语调、韵律或情绪的识别和表达。

对语言的脑机制的了解，还主要来自对**失语症**（aphasia）患者的临床观察。失语症是指言语产生或对语言理解的障碍，通常由脑血管意外、颅外伤、脑肿瘤等脑损伤所引起，由耳聋、肌肉瘫痪或缺乏动机导致的言语困难则不属于失语症的范畴。失语症患者的临床表现多种多样。通过对脑损伤部位与体征之间的特异性联系的观察，人们逐渐获得许多有关言语行为的脑机制的重要信息。直接影响言语的产生和理解的脑区主要包括布洛卡区、威尔尼克区、角回以及弓状束等（图 8－14）。

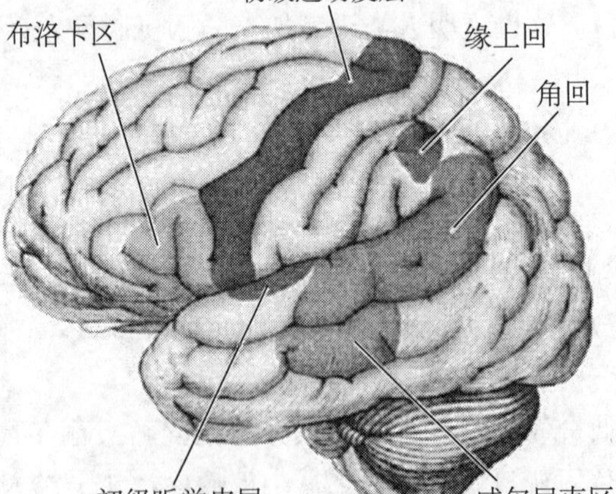

图 8－14　与言语的产生和理解有关的几个主要脑区

布洛卡失语症（Broca's aphasia），又被称为运动性失语症、表达性失语症或非流畅性失语症。在 19 世纪 60 年代中叶，法国医生布洛卡（Paul Broca，1824—1880）发现，有一类失语症患者虽然说话困难，但能够理解他人的话，也能用面部表情和手势同别人交流。他后来解剖了两位患者的大脑，证实病变的部位在左侧大脑半球额下回后部（布鲁德曼 44 和 45 区）。他在一篇论文中声称“我们用大脑左半球说话”，首次提出该区为人类语言中枢的说法。此后，这部分脑区被命名为布洛卡区。布洛卡失语症的主要症状是言语产生困难，包括发音困难、命名困难和不合语法。因找不到合适的词汇命名人和物，患者说话往往会变得缓慢而不连贯。对于有重要语法功能的抽象词汇则更难以表达。患者的发音常常不准，但能觉察到自己的发音错误，并有意纠正，说出来的词一般是有意义的。因为患者的听觉语言区的功能正常，因而可以反馈监控自己的发音错误。

布洛卡失语症是由语言活动的肌肉运动支配障碍导致的。因此，仅仅局限于布洛卡区的脑损伤还不足以导致失语症，只有累及周围的额叶皮层以及皮层下白质时，才会引起失语症。另外，基底核，特别是尾状核头部的损伤也能导致类似布洛卡失语症的症状。

威尔尼克失语症（Wernicke's aphasia）以德国神经学家威尔尼克（Carl Wernicke，1848—1905）的名字命名，主要症状表现在对言语的听觉理解上。与布洛卡失语症不同，这种失语症又被称为感觉性失语症、接受性失语症或流畅性失语症。患者讲话流利顺畅，有正常的语调，没有说话或发音困难的主观感觉，还会使用复杂的句型。然而，患者的话里有很多即兴自创的词汇，他人很难听出具体的意义。威尔尼克失语症患者不仅不能说出有意义的话，而且不能理解他人的语言。患者意识不到自己的问题，还会根据对方的表情和语调做回应性交谈。

威尔尼克失语症涉及的损伤部位在颞上回后部（布鲁德曼 22 区），可能包含邻近的顶叶皮层，如缘上回和角回。如果脑损伤主要破坏了初级听觉皮层向威尔尼克区的传入纤维或威尔尼克区本身，患者主要表现为不能理解别人的话语，但患者并不聋，可以识别动物叫声和门铃声等非言语声音，他们能够理解书面语，甚至读懂唇语，这种症状被称为**纯词聋**（pure word deafness）。如果脑损伤部位以角回为主，患者表现为**词盲**（word blindness），不能阅读理解书面语。

完全性失语症（global aphasia）是最严重的一种失语症，由左半球外侧裂附近广泛性损伤导致，累及区域包括布洛卡区、威尔尼克区以及**弓状束**（arcuate fasciculus）等。患者的语言生成和理解能力均遭到严重破坏，表现为不能听、说、读、写或复述别人的话。弓状束是连接布洛卡区和威尔尼克区的一束神经纤维，单纯的弓状束受损会导致**传导性失语症**（conduction aphasia）。患者能够理解他人口语，自发言语也很流利。但复述他人言语时表现差，特别是对于没有意义的假词或无关词组成的短语。有时候，患者虽不能直接复述听到的词，但能够说出一个与之有关的词。例如，让患者重复“椅子”，他回答的可能是“坐”。当被要求重复整个句子时，患者会用自己的方式把原句的意思表达出来。有学者认为，在颞叶语言区和额叶语言区之间存在着至少两条神经通路：一条是经弓状束将语音信息从威尔尼克区传递至布洛卡区；而听觉语义似乎由另一条通路负责传递，但具体路径目前仍然不清楚。

表 8-1 总结了几种失语症的特点和脑损伤部位。

表 8-1　各类型失语症的症状及受损脑区

失语症类型	受损脑区	自发言语	言语理解	重复他人言语	命名
布洛卡失语症	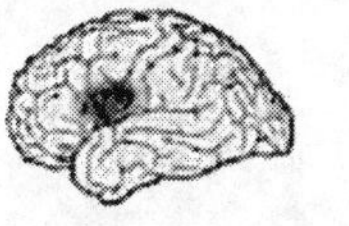	不流利	好	差	差
威尔尼克失语症	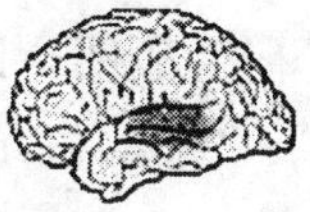	流利	差	差	差

续前表

失语症类型	受损脑区	自发言语	言语理解	重复他人言语	命名
完全性失语症	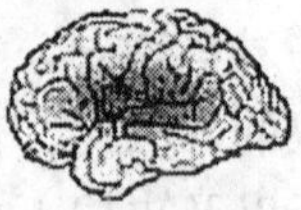	不流利	差	差	差
传导性失语症	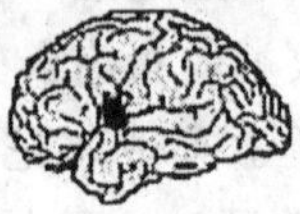	流利	好	差	差

20世纪70年代，格施温德（Norman Geschwind，1926—1984）扩展了威尔尼克早期提出的听觉言语产生的脑区联络假设，进一步提出了视、听语言加工通路的协同工作机制理论。他认为，听到一个词语或句子后，声音信息从初级听觉皮层传入威尔尼克区，在这里进行分析和语义解码。然后，威尔尼克区的信息被传递至布洛卡区。布洛卡区根据接收到的信息生成一个发声计划，并将发声计划传递至与之相邻的运动皮层。最后，运动皮层下达命令，控制口咽肌和声带的运动发出声音（图8-15A）。假如词语或句子是以书面语的形式呈现的，视觉信息由视觉皮层传递至角回。角回负责识别视觉形式的词汇，并将其与威尔尼克区中该词的听觉形式联系起来。随后，信息也是由威尔尼克区传递至布洛卡区，再至运动皮层，下达肌肉运动的命令（图8-15B）。这个假设性理论又被称为**威尔尼克-格施温德模型**（Wernicke-Geschwind model），对临床鉴别视、听两类语言障碍的定位诊断有很大帮助。

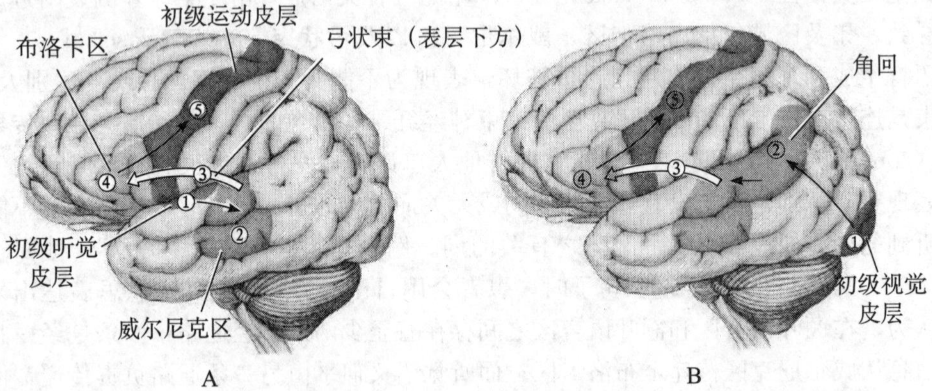

图8-15　威尔尼克-格施温德模型

A图：说出一个听到的词。信息加工顺序为：①初级听觉皮层→②威尔尼克区→③弓状束→④布洛卡区→⑤初级运动皮层。B图：说出一个看到的词。信息加工顺序为：①初级视觉皮层→②角回及威尔尼克区→③弓状束→④布洛卡区→⑤初级运动皮层。

四、“语言基因”——FOXP2

人类幼儿学习语言的能力似乎是与生俱来的。双生子研究表明，语言障碍的确具有遗传基础。然而，寻找“语言基因”并不是一件容易的事情。在20世纪90年代，英国科学家摩纳科（Anthony Monaco）等人在掌握的一系列家系中发现一个名为 KE 的言语障碍家系。该家系近半数成员患有严重的言语障碍，包括发声困难、阅读障碍、书写障碍、运用语法困难等。在其他家系中，言语障碍的遗传方式复杂且不清晰，表明疾病是多基因交互作用的结果。但是，与其他家系不同的是，言语障碍在 KE 家系祖孙三代间的遗传方式较为简单，类似于单基因疾病（图 8－16）。对 KE 家系的遗传物质进行了分析研究后，科学家们将致病基因初步定位于 7 号染色体上。接下来搜索基因的任务仍然艰巨，但是，他们幸运地发现了一个叫 CS 的英国男孩。该男孩的症状与 KE 家系极为类似，但与 KE 家系并无亲缘关系。对比分析了 KE 家系和 CS 的基因后，他们终于发现致病突变点是位于 FOXP2 基因上的一个单核苷酸。

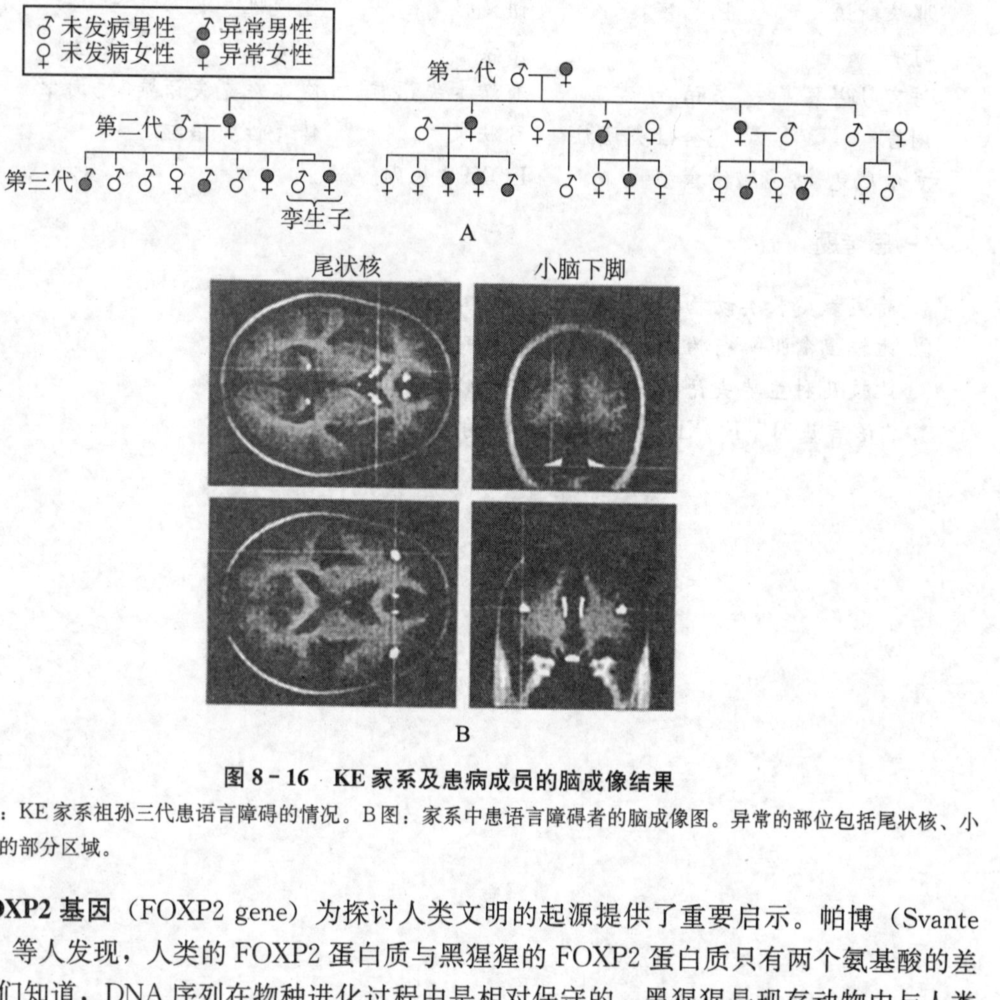

图 8－16　KE 家系及患病成员的脑成像结果

A 图：KE 家系祖孙三代患语言障碍的情况。B 图：家系中患语言障碍者的脑成像图。异常的部位包括尾状核、小脑和额叶的部分区域。

FOXP2 基因（FOXP2 gene）为探讨人类文明的起源提供了重要启示。帕博（Svante Pääbo）等人发现，人类的 FOXP2 蛋白质与黑猩猩的 FOXP2 蛋白质只有两个氨基酸的差异。我们知道，DNA 序列在物种进化过程中是相对保守的。黑猩猩是现存动物中与人类亲缘关系最近的，其基因与人类基因的相似性达 96％以上。这样微小的差别何以造成二者在智能和行为上巨大的不同？也就是说，相对保守的 DNA 序列如何使人类从动物界中脱颖而出？目前比较流行的观点是，在细胞复制过程中发生的无数次基因突变中，偶尔会产生好的效果，使突变体获得竞争优势，获得更多繁殖机会，最终替代原来的基因序列。FOXP2 可能就是这种起决定性作用的基因之一。这一突变使人类祖先获得了卓越的交流为什么会口吃?

能力，这种交流能力改变了人类的进化轨迹，促进了人类社会的形成。事实上，已经有学者指出，FOXP2基因的变异应发生在20万年前。本书前面已经提到，现代智人出现在13万～3万年前，语言可能是促使远古智人向现代智人进化的关键因素。有理由相信，在这个过程中，FOXP2基因突变发挥了重要的作用。除FOXP2基因外，可能还存在着其他与语言能力相关的基因。目前科学家们还在不断探索中。

→ 基本概念

舞蹈语言	圆圈舞	摇摆舞	关键期	固化
耶基斯语	图形字	语义性	置换性	语法
句法	音素	语素	生成性	X区
语言习得装置	失语症	布洛卡失语症	威尔尼克失语症	纯词聋
词盲	完全性失语症	弓状束	传导性失语症	
威尔尼克-格施温德模型		FOXP2基因		

→ 思考题

1. 简述教灵长类动物学说话的意义、主要方法和成果。
2. 比较鸣禽鸣啭行为的习得与人类儿童语言习得的异同。
3. 比较几种主要失语症的症状和相应脑损伤部位。
4. “语言基因”FOXP2是如何被发现的?

第九章

情绪的调节及其神经基础

动物的生理或心理活动会伴随与自身需求相关的主观体验，如快乐、紧张或恐惧等，这类主观体验被称为**情绪**（emotion）。这些主观体验也可以通过机体的生理或行为等变化表现出来。生理反应往往由交感或副交感等自主神经系统调节，表现为瞳孔、心率、呼吸频率、皮肤电、毛囊、唾液、汗腺、尿液或内分泌系统等一系列的变化。例如，人在紧张时会出现瞳孔放大、心跳和呼吸加快、尿频尿急、口干舌燥、头发或汗毛竖立等。在一般情况下，这些生理反应不受意识控制。行为变化常表现为肌肉紧张度、面部表情、体态姿势或认知能力等改变。例如，过度紧张时会产生面部表情呆滞、浑身颤抖、躁动不安、学习记忆能力下降或注意范围狭窄等。行为反应在一定程度上可被大脑有意识地控制和调节。当内外环境刺激出现时，神经系统会对此刺激的影响迅速做出评估，并使情绪中枢产生相应的反应。这种评估有时是自动的，有时是经过脑的高级中枢间接完成的。

第一节　情绪的起源和分化

一、情绪的演化与分化

情绪活动是动物普遍存在的本能反应，这些反应甚至可以追溯到低等动物在趋利避害时的体验。在生存竞争中，情绪体验有助于动物规避周围的危险，增加生存的机会，或提高适应环境的行为能力。例如，面临天敌时会因为恐惧而逃避，找到食物时会因为快乐而感到安逸。最初，这些情绪反应的行为模式是通过学习而获得的，但在长期适应环境的过程中会被逐渐固化，并且最终通过基因传给了子代。恐惧和快乐是所有动物最基本的情绪反应，也是动物在适应环境的演化中最为古老的情绪反应。

随着生存环境的变化以及神经系统结构的演化，动物的情绪反应会逐渐复杂化，情绪的行为表现方式也趋于分化。例如，在面对新环境时，动物既会因恐惧而回避，也会因好奇而接近；在生存空间被侵犯时，动物既可以因愤怒而攻击，也可以因恐惧或悲哀而逃跑；在面对应激事件时，动物的行为既可以因紧张而敏捷，也可因焦虑而木僵或呆滞；等等。动物的情绪行为是在长期的环境适应中逐渐学会或被分化的，也是伴随神经系统的演化而逐步复杂化的。

人类的情绪反应已经可以借助面部表情、肢体动作或语言来有意识地表达。尽管人类的情绪活动已经相当复杂，但大部分的情绪表达仍然属于本能的遗传反应，而非后天的习得反应。例如，人类面部情绪表达的跨文化比较研究结果表明，尽管北部高加索人和南部非洲的原始部落人的生活环境很封闭，但他们对喜怒哀乐等基本表情的表达或判断并不存在显著的差异。与所有动物一样，人类的情绪也是在神经系统的控制下完成的。但是，人类大脑皮层的高度进化，使认知等高级功能对喜怒哀乐等情绪活动产生巨大影响。

二、人类情绪的分化与分类

早在一百多年以前，达尔文在《人类和动物的表情》一书中就比较了动物与人类在情绪表达上的渊源关系，也描述了人类能通过面部表情来表达的六种基本情绪，包括快乐、恐惧、气愤、悲伤、厌恶和惊奇等。达尔文认为，这类情绪在动物中也普遍存在，但与人类的表达方式既有差异也有连续性；除了面部流露的基本情绪以外，人类与动物还存在许多相似的情绪状态，如爱、恨、嫉妒、自豪或蔑视等。但是，因为缺乏适合情绪研究的实验模式，直到近几十年，对达尔文的理论进行实验验证才真正开始。

有研究表明，婴儿刚出生，就会用哭来表现本能的不适或厌恶等情绪，如食物的冷、热、烫或苦等不利刺激；在3个月时，已经能用笑来对有利的环境刺激表达愉悦，如熟悉的面孔或悦耳的声音等；到3～6个月时，可以用发脾气来表达愤怒；到7～8个月时，已经会表达恐惧或吃惊等情绪；到18～24个月时，已经分化出尴尬、嫉妒或同情等复杂情绪。在出生后3年，人类情绪的分化就基本完成，并具备成人所具有的大多数情绪类型。随着自我意识（self-consciousness）或自我觉知（self-awareness）的发展，在2到3岁时还产生了一些人类独有的情绪状态，如羞耻感。这些独特的情绪状态似乎与人类复杂的脑进化和发育有关，但社会、文化以及宗教因素也能对其产生影响，例如，罪恶、羞耻或同情等情感可能与后天的学习有关。

有许多研究者曾经提出不少理论，试图去发现能决定复杂情绪组成的基本要素，但终因人类情绪已经分化得过于复杂而未被学界广泛认同。迄今为止，在历史上曾被反复提及的情绪两极性的基本观点正在被逐渐接受。有人将情绪划分为**正性情绪**（positive emotion）和**负性情绪**（negative emotion），所谓正性情绪指的是快乐、期待或安逸等情绪状态，而负性情绪指的是悲伤、厌恶、恐惧、气愤等等。这样的分类方法因为有利于疾病的诊治，因而在临床中被广泛使用。另一种是按照情绪的紧张性或强度（intensity）水平分类，例如，按程度高低，将快乐分为狂喜、愉悦或幸福感，将悲伤分为悲痛、悲哀或伤感等等。这些分类方法对情绪状态的定性或量化刺激反应研究不无裨益，因而在情绪研究中被广泛接受。

三、情绪研究的理论及其发展

19世纪末，美国心理学家威廉·詹姆斯（William James）从情绪主观体验的基本观点出发，首次提出了外周特异性生理反应是情绪产生的原因。他的理论认为，环境刺激所诱发的生理反应是情绪产生的前提，刺激会引起机体某种生理反应，对这种生理反应的感觉是情绪产生的根本原因。例如，突然见到久未谋面的好友时，你会心跳加快，瞳孔放大。你能体验到的愉悦情绪不是因为脑内的反应，而是由这些外周的生理反应引起的。如果抑制了外周的这些特异性生理反应，相应的情绪体验也会随之消失。同时代的丹麦生理学家卡尔·兰格（Carl Lange，1834—1900）也独立地阐述了类似的观点，因而这种观点又被称为**詹姆斯-兰格情绪理论**（James-Lange theory of emotion）。他们的理论推动了20世纪情绪研究的进程，特别是积累了在不同情绪状态下外周的自主神经系统特异性生理反应的证据。例如，在愤怒状态时血压会升高，心率会加快；在厌恶状态时则血压会降低，心率会减慢；等等。以往对负性情绪的研究成果，在很大程度上支持了詹姆斯和兰格的特异性生理反应假说。由于时代的局限性，詹姆斯还片面地猜测情绪体验只是大脑的感觉和运动皮层的被动活动，而不存在中枢的主动调控。

美国生理学家坎农（Walter Cannon）和巴德（Phil Bard）后来的实验发现，切断动物内脏的感觉传入神经并不影响情绪反应，刺激内脏器官也不一定导致情绪体验发生改变。他们还进一步发现，即使没有任何伤害性刺激，手术切除了大脑皮层的猫也会产生**假怒**（sham rage）反应。这表明大脑皮层在情绪调节中起重要作用。据此，他们对詹姆斯和兰格的理论提出了异议，并强调在情绪调节中中枢神经系统的主要作用而非内脏的生理反应。**坎农-巴德情绪理论**（Cannon-Bard theory of emotion）认为，刺激诱发的情绪反应首先发生在中枢神经系统，并在大脑的调控下产生一系列外周的生理变化。例如，偶遇多年未见的朋友，你会先感到愉悦，才有心跳加速等一系列生理变化。坎农-巴德情绪理论推动了后来对情绪中枢调控机制的深入研究。

20世纪60年代以后，认知心理学的发展促进了情绪与认知关系的机制研究。哥伦比亚大学的沙赫特（Stanley Schachter，1922—1997）和辛格（Jerome Singer，1934—2010）认为，大脑对生理反应的认知评价可能在情绪产生中有更为重要的作用。他们将交感神经递质去甲肾上腺素注射到不同的被试体内，其中一些人被明确告知药物所引起的生理反应，如呼吸和心跳加快、肌肉颤抖等，而另外一些人则没有被告知。结果发现，当面临激惹的情景刺激时，不知情者的情绪反应会被高度唤醒。这个著名实验证实，除了外周的生理反应或中枢生理调节的原因以外，大脑的认知整合评价对情绪反应的产生同样起着重要作用。这是**沙赫特-辛格情绪理论**（Schachter-Singer theory of emotion）的主要内容。当代情绪心理学研究不仅关注认知评价在情绪体验产生中的作用，也更重视不同情绪状态对于认知活动的影响。例如，焦虑或应激状态对学习记忆或其他认知活动的影响就是当下研究的热点问题。

第二节　情绪研究的行为模型

早期的心理学家们曾经想把心理学发展成像物理学一样严格的学科，并认为情绪属于一种主观状态，超出了科学研究的范畴，因此避而远之。后来的研究证实，动物或人类的基本的情绪状态不仅可以通过生理反应来测定，也可以通过客观的行为反应来测定。例如，在1917年，心理学家马斯顿（William Masston，1893—1947）就首次利用心率、呼吸以及皮肤电等多导记录仪来分析人是否存在撒谎的可能性，并将此仪器命名为“测谎仪”（lie detector）。因为人在撒谎时的恐惧或犯罪感可以使情绪产生较大波动，这些生理指标可以在一定程度上反映这种情绪的波动状态。到目前为止，这些原理和工作模式仍然在人类情绪的脑机制研究中被广泛使用。

目前，大多数实验室更普遍采用动物的行为模型，来研究情绪反应的神经机制。例如，用高架迷宫的方法建立焦虑（anxiety）行为的模型，用强迫游泳时的活动量变化来评估动物**抑郁**（depression）状态，用电击或其他条件性刺激来建立**条件性恐惧**（fear conditioning）行为模型，用急性或慢性刺激建立应激状态的模型，等等。利用这些模型可以深入探讨情绪产生的一系列内在机制，包括行为、脑区、神经环路、细胞、受体或分子活动机制。

一、条件恐惧模型

条件恐惧模型被广泛用于研究情绪障碍相关的脑机制。根据临床心理学的观点，人类许多情绪障碍都与一些非正常的学习或记忆经验有关，如恐惧症或焦虑症等。常用的条件性刺激类型分别包括情景、线索或者线索与情景的结合等，对不同类型刺激的学习可能依赖脑的不同结构。

（一）情景性条件恐惧

训练时不加灯光或声音等其他刺激线索，让动物仅在单纯的条件环境中被电击而形成的恐惧，被称为情景性条件恐惧（contextual fear conditioning）。测试时，接受训练的动物被再次放入训练环境，然后，可以根据动物的木僵行为来评价情景性条件恐惧的获得状况（图9-1）。木僵是一种恐惧状态下的本能行为。已有相当多的证据表明，情景性条件恐惧的获得依赖海马结构，若海马的正常功能被干扰，情景性条件恐惧的获得就会被弱化。为了区别是情景还是其他线索的作用，可以用另一个与训练环境特征相似的环境来测试恐惧反应的表达。若是情景刺激引起的，在相似的环境中这种恐惧反应还会重现；若是其他线索引起的，在此环境中恐惧反应则不会出现。这种测试模型被称为**情景辨别**（context discrimination；图9-2）。

图9-1　情景性条件恐惧训练及测试

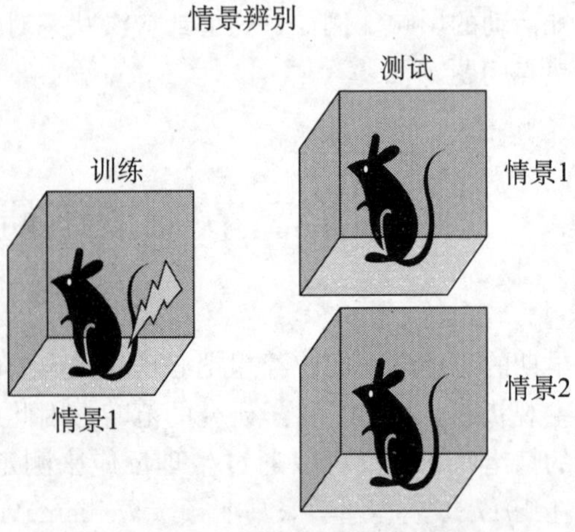

图9-2　情景辨别训练及测试

（二）线索性条件恐惧

用电击等非条件刺激与一些特殊的线索结合（如灯光、声音或视觉标记等加电击等）形成的恐惧，被称为线索性条件恐惧。在训练前，一般会让动物先适应情景环境，使环境与使用的条件线索分离；或者在训练中变换环境，使动物将情景与条件线索区分开来。测试时，通过观察动物对条件线索的反应来评价其恐惧状态，如**木僵或惊反应**（startle response）。惊反应表现为对声或光等刺激的过度反应，包括瞳孔、肌肉或心血管系统的反应等，一般用专门的测量仪自动记录。标准方法是给动物同时呈现引起惊反应的刺激和恐惧的条件线索，测试它们与正常动物惊反应的差异。

（三）线索与情景结合的条件性恐惧

大多数实验室普遍采用线索和情景共同作用导致的条件恐惧反应模式（图 9－3）。将实验动物放入训练箱后，再呈现条件刺激信号，如蜂鸣音、白噪声或是灯光等，当条件刺激结束或即将结束时，即刻对实验动物实施电击。电击强度和训练次数取决于实验目的和实验动物的基本条件。被训练动物应该达到两项基本的要求，一是知道实验环境对于它们不利，二是知道条件刺激出现预示它们要遭到电击。经过若干次训练以后，动物会形成线索与情景结合的条件性恐惧（cued plus contextual fear conditioning）。在测试恐惧形成的效果时，可以分别验证条件线索或情景因素的影响程度，例如，在新环境中呈现条件线索，或在原环境中不呈现条件线索，分别观察情景或线索的作用。

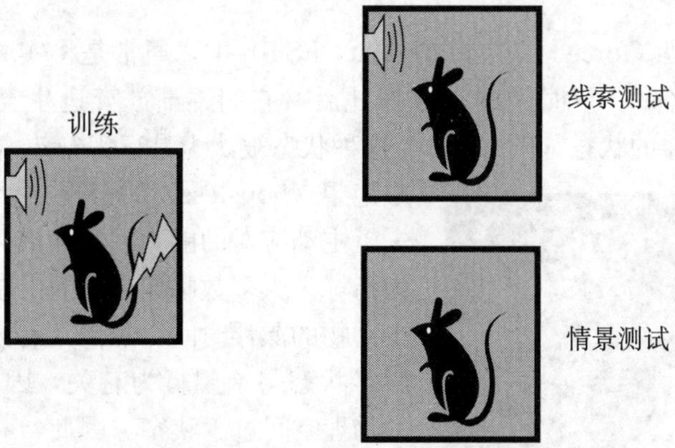

图 9－3 线索与情景结合的条件性恐惧的形成和测试

资料来源：Sweatt J D. Mechanisms of memory. Amsterdam：Elsevier Academic Press，2003.

二、抑郁行为模型

大量的研究结果表明，应激可以易化或诱发抑郁。实验室也常用应激的方式诱导建立动物抑郁行为模型。外界刺激可以通过中枢神经系统调节机体的内环境或行为变化以适应生存环境，机体的这种综合反应被称为**应激**（stress）。可导致机体产生应激反应的内外刺激统称为**应激刺激**或**应激源**（stressor）。在动物模型的研究里，应激刺激大致可分为三类：一是威胁性的心理应激刺激（psychological stressors），例如，将动物置于高位或暴露于有天敌气味的环境等；二是可诱发生理反应的物理刺激，例如，电击、冷热或疼痛等；三是可导致生理和心理状态失衡的刺激，如饥渴、束缚、悬尾或剧烈运动等。抑郁是一种以持续性情绪低落、兴趣丧失和动机减退为主要特征的精神病理状态。在行为上常表现为学习消极被动、食欲下降、活动减少等现象。在动物模型中，学习状态被动或兴趣降低可表现为**习得性无助**（learned helplessness，LH）、自发活动降低或糖水饮用量下降等。此类行为能反映出动物快感缺乏，本能欲望降低，对外界刺激兴趣下降，与人类抑郁的核心症状相似。

（一）习得性无助模型

欧弗米尔（J. Bruce Overmier）和塞利格曼（Martin Seligman）认为，不确定性应激刺激是导致抑郁发病的关键因素。基于这个假设，他们用狗模拟了抑郁症的动机缺乏所导致的习得性无助。实验动物通常被随机分组。一组被置于不定时电击的实验箱内，但动物可通过操作特定开关来切断电击；另一组被置于环境类似的实验箱内，但无电击控制开关，对这些动物来说，电击的出现既无法预料，也无从控制。经过一段时间的训练后，即使被转移到可控电击箱内，后一组动物也会放弃主动逃避的尝试，表现出明显的习得性无助现象。此外，习得性无助动物还表现出一系列与抑郁相关的改变，例如，运动迟滞、食欲下降或体重增长缓慢等。也有研究者认为，习得性无助模型的刺激强度比较大，更适合作为**创伤后应激障碍**（post traumatic stress disorder，PTSD）的动物模型。

（二）强迫游泳模型

在**强迫游泳模型**（forced swimming test，FST）中，通常是将实验大鼠放入一定深度的容器或水池中，经过一定时间的无效挣扎后，它们逐渐放弃逃生努力而进入相对静止（immobility）或漂浮的状态（图9-4）。这种状态被认为是行为绝望（behavioral despair）或绝望（hopeless）的表现，反映出个体对应激丧失了主动应对的能力，因而成为抑郁状态有效的行为指标。大多数临床上有效的抗抑郁药物能明显减少动物的漂浮时间。然而，有人曾质疑动物这样的漂浮状态与绝望行为有关，因为传统的FST容器的物理空间过于狭窄。因此，有人建议采用开放空间的游泳模型（open space swimming test，OSST）来避免物理空间狭小的限制。也有实验证实，OSST比传统的FST对抗抑郁药的筛选更为敏感。目前，FST或OSST模型主要用于抗抑郁药的筛选。

图9-4　漂浮行为

（三）慢性温和应激模型

在**慢性温和应激**（chronic mild stress，CMS）模型中，采用一系列强度较小的慢性应激刺激干预动物的生存环境，包括不定期地禁水、禁食和置于噪声、强光照射、隔离或拥挤的饲养环境等。在这些慢性应激刺激的作用下，实验动物可产生快感缺失（anhedonia）。快感缺失主要表现为对糖水、食物或成瘾药物的偏爱降低、**颅内自我电刺激**（intracranial self-stimulation，ICSS）的阈值增大等。CMS模型具有良好的表面效度、预测效度和结构效度，因而成为研究抑郁行为的神经机制或抗抑郁药作用的常用模型。但也有研究者认为，CMS 诱发的抑郁状态较轻，更类似于心情低落状态（dysthymic-like state）而非重症抑郁（major depression）。

三、其他情绪反应模型

（一）焦虑行为模型

临床心理学的观点认为，焦虑是一种紧张不安的情绪状态，主要原因是不能应对已经发生或将要发生的状况，因而会产生逃避或回避的愿望。许多不同的刺激都可以引发焦虑情绪，例如，恐惧、应激、疼痛、失眠或未来的不确定性等。但是，从行为表现上很难将焦虑状态与恐惧、应激状态严格地区别开来。因此，用于焦虑的行为学研究模型仍然鲜见。较为常见的焦虑行为模型是利用啮齿类动物的恐高（acrophobia）特性，将它们置于高架十字迷宫的开放臂上（图 9 - 5）。对动物来说，离地面较高的新环境具有潜在的威胁性，因而会使其产生较强的应激反应，从而导致明显的焦虑行为，如探索开放臂的次数或停留时间减少、排尿或排便次数增加等。

（二）奖赏行为模型

在达尔文提到的人类不同类型的基本情绪中，正性情绪并不占优势。由于人类心理疾病与负性情绪关系更密切，因此，负性情绪的研究受到人们更多的关注。但在 20 世纪 50 年代，欧兹（James Olds）和米尔纳（Peter Milner）在从事大鼠脑内警觉系统的研究时，偶然把电极插在中脑至下丘脑的联络纤维内侧前脑束（medial forebrain bundle）上，结果发现电刺激此区会产生高度的奖赏（reward）效应（图 9 - 6）。如果用压杆臂作为颅内自我电刺激的开关，大鼠会不断地压杆可达 5 000 次/小时以上，以追求连续刺激的快感；而在取食物任务中，饥饿的大鼠的压杆次数才达到 300～500 次/小时。后来，用电刺激或自身给药（self-administration）的方式陆续发现了能引发快感的其他脑区，如下丘脑部分区域、中脑腹侧被盖区和伏隔核等，此类区域被称为奖赏或**快乐中枢**（pleasure center）。

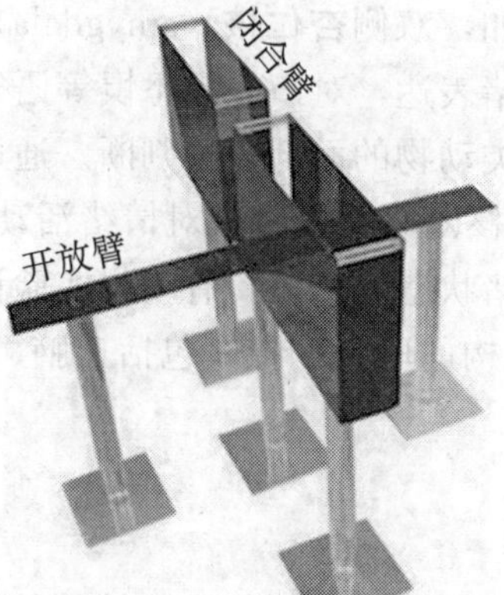

图 9 - 5　高架十字迷宫

图 9 - 6　按压杠杆以获得电刺激奖赏的老鼠

（三）攻击行为模型

在动物模型的研究中，时常会对动物的攻击行为进行量化测量，从而观察和记录从静止状态到发动攻击的潜伏期、持续时间或特定的攻击动作等。然后，干预某个脑区或者递质系统，继而再观察其对动物攻击行为的影响。在通常情况下，当领地被侵犯时，动物会产生愤怒情绪，愤怒的情绪状态易导致动物的攻击行为。居住者-入侵者（resident-intruder）模型常用于研究愤怒情绪支配下的攻击行为。先将雄性实验动物在笼内单独饲养一段时间，即由其扮演此笼居住者的角色，继而引入另一只同种雄性入侵者。除了在入侵者过于强壮的情况下，居住者通常会主动发起攻击，并试图将其赶出自己的笼子或迫使其屈服。猫是研究攻击行为的常用实验动物，因为猫的攻击行为有比较固定的模式，其攻击行为、发动攻击的潜伏期或持续时间可被量化测定。

第三节　情绪调节的神经基础

一、与情绪活动相关的脑结构

（一）大脑皮层与情绪的认知评价

临床病例和影像学研究提示，内侧前额皮层（mPFC）、脑岛前叶、眶额皮层（orbitofrontal cortex）以及联合皮层与情绪认知关系密切（图 9－7；见书前彩图）。例如，脑岛受损的患者无法识别厌恶表情和语气，脑岛前叶和 mPFC 都参与对厌恶或威胁性刺激的情绪反应，眶额皮层影响视觉、味觉或嗅觉奖赏相关的判断。灵长类动物实验也证实，眶额皮层布鲁德曼 11、12 或 13 区损毁会导致正性刺激与奖赏的强化联系无法形成。前扣带皮层损毁可导致动物痛反应减弱、情感淡漠、攻击行为减少或动机水平下降等。

进一步的研究发现，这些皮层区域并不是单独发挥作用，而是通过**边缘系统**（limbic system）中的一些重要核团共同影响情绪活动的。例如，双侧**杏仁核**（amygdala）受损的患者面孔识别能力正常，但是无法识别恐惧等面部情绪表达，对愤怒和恐惧等语气表达也缺乏判断力。灵长类动物实验也证实，杏仁核参与同类动物的面部表情判断。通过直接或间接的纤维投射，大脑皮层也可以与边缘系统内其他核团联系以完成对情绪活动的调节。例如，mPFC 既参与对情绪刺激的反应，也参与对情绪状态的调节。有动物实验证实，情绪事件相关的注意力转移依赖于 mPFC 与一些皮下结构的联合调控，包括丘脑、下丘脑、杏仁核和腹侧纹状体等古旧脑结构。

（二）边缘系统与情绪反应环路

早在 20 世纪 30 年代末，帕佩兹就根据大量动物损毁实验结果提出，情绪的产生与大脑皮层下的一些结构和通路有关。他把扣带回（cingulate gyrus）→海马（hippocampus）→

穹隆（fornix）→乳头体（mammillary body）→丘脑前核（anterior thalamus）的纤维联络称为情绪反应环路，即**帕佩兹环路**（Papez circuit）。这些结构大多是在脑演化的初期出现的，以控制内脏、心血管等自主神经系统活动或相关的情绪反应为主。他还认为大脑新皮层可以通过扣带回进入该环路参与调节情绪反应。后来的研究证据表明，灵长类动物的脑内还存在另一条重要的情绪活动通路，即海马→杏仁核→下丘脑→前额皮层→联合皮层→海马这一通路。联合皮层可能参与认知评价与自主情绪活动的整合，还可以直接或通过扣带回间接调控海马-杏仁核的情绪记忆活动。此外，在大脑皮层与边缘系统之间，还有一些通路控制着奖赏或动机活动，包括前额叶→伏隔核、杏仁→腹侧被盖→伏隔核以及海马→腹侧被盖→伏隔核等。

（三）杏仁核与情绪活动

20 世纪 30 年代末，柯鲁弗（Heinrich Klüver，1897—1979）和布西（Paul Bucy，1904—1992）发现双侧颞叶切除会导致杏仁核受损的患者情感淡漠或缺乏情感反应，例如，对原来害怕或喜好的东西不再有相应的情绪反应，这种表现被称为双侧颞叶切除综合征或**柯鲁弗-布西综合征**（Klüver-Bucy syndrome）。杏仁核位于颞叶内侧，形状类似杏仁，是情绪反应的关键结构。事实上，有研究表明，电刺激杏仁核会诱发动物出现恐惧或焦虑反应，表现为自主神经系统反应增强、皮质醇水平增高、木僵或惊反应增多。杏仁核是由两部分核群组成，即基底外侧核群（basolateral amygdala，BLA）和皮质内侧核群。在人类中，BLA 高度发达，占据杏仁核的大部，发挥重要的情绪调控的作用。近年，凯·泰伊（Kay Tye）及同事识别出 BLA 是介导积极和消极情绪相关回路的一个关键位点。研究显示，小鼠 BLA 中投射至恐惧和奖赏回路的神经元在施加恐惧和奖赏刺激后其突触效能发生相反变化，对神经元类群的选择性激发会分别引起负强化和正强化。

二、神经通路及其递质调节

（一）蓝斑与去甲肾上腺素能系统

蓝斑（locus coeruleus，LC）是中枢去甲肾上腺素能神经元最集中的核团，位于脑桥和延脑背侧。由此发出的去甲肾上腺素能纤维投射到情绪相关的脑区，如大脑皮层、下丘脑、杏仁核、海马、中缝核以及中脑导水管灰质等（图 9－8）。蓝斑的去甲肾上腺素能神经元参与痛觉、愤怒、攻击行为以及与情绪活动相关的自主神经活动的调控。去甲肾上腺素受体可分为 α 和 β 两大类型，进而还可分为 α_1、α_2 和 β_1、β_2、β_3 等不同亚型。在中枢区域，α_1 在下丘脑的分布密度最高，其次是大脑皮层和中缝核等处；β_1 的分布较均匀，与去甲肾上腺素能神经元的投射通路近似。α 和 β 参与的脑功能活动取决于作用部位，例如，纹状体中的 β_1 可能参与愤怒导致的肌肉震颤；中缝核中的 α_1 参与镇痛；下丘脑中的 α_1 参与多种本能行为相关的情绪活动，如性、饮食或饮水等行为诱导的自然奖赏等。曾经有资料显示，蓝斑的去甲肾上腺素能神经元投射也参与 ICSS 行为的调控，并且与成瘾药物导致的快感有关。

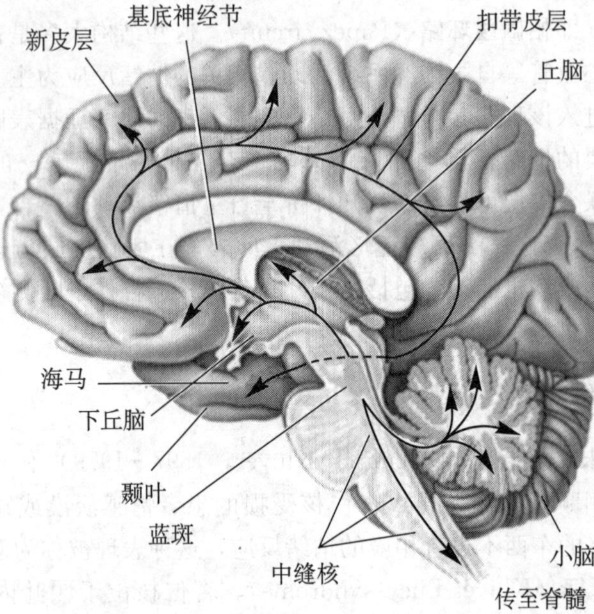

图9-8　蓝斑发出的去甲肾上腺素能纤维在中枢的投射

（二）奖赏环路与多巴胺能系统

“快乐中枢”的发现源于电刺激脑内一些结构导致实验动物产生频繁的ICSS行为。此后，大量实验提示，脑内存在一个与奖赏刺激有关的环路，被称为**奖赏系统**（reward system）。此环路主要以调控腹侧被盖区到伏隔核的多巴胺释放为核心，主要涉及的调控脑区还包括下丘脑、海马、杏仁核或mPFC（图9-9；见书前彩图）。这些核团或区域与腹侧被盖区或伏隔核有直接或间接的纤维联络，从而影响腹侧被盖区内多巴胺能神经元的兴奋性。腹侧被盖区内多巴胺的释放增加，可兴奋分布于伏隔核的多巴胺受体，导致机体产生欣快感。多数成瘾药物也是通过刺激多巴胺释放而使个体产生欣快感。多巴胺释放过少会使神经元兴奋性减弱，导致机体产生抑郁状态。多巴胺释放过多则会刺激其他递质系统的活动，例如，刺激5-羟色胺的释放增加，使人产生幻觉症状。

（三）抑郁、攻击行为与5-羟色胺能系统

5-羟色胺能神经元主要位于中缝核群（raphe nuclei），它的纤维投射广泛分布于下丘脑、腹侧被盖区、隔区、海马以及大脑皮层，与镇痛、睡眠或情绪抑制等本能行为有关。许多情感性精神分裂症、抑郁症或焦虑症患者都有5-羟色胺能系统的功能障碍，可表现为在某些脑区5-羟色胺受体结合密度下降，或者在脑脊液中5-羟色胺代谢产物5-羟基吲哚减少等。在一些有暴力倾向的罪犯、有虐待小动物行为的儿童或酒精成瘾者中，脑脊液中5-羟基吲哚的浓度也很低。动物实验也得到类似的结果，例如，攻击性强的猴子其脑脊液中5-羟基吲哚普遍低于正常对照组，小鼠的5-羟色胺受体基因被敲除后其攻击行为会增加。

三、应激与情绪的相互影响

应激是机体对内外环境变化所做出的非特异性反应，这种反应包括身体各个系统的综合反应。例如，疼痛、恐惧、愤怒、寒冷、炎热或意外事件等均可导致机体产生应激反应，使机体能以较佳的状态应对环境或自身的变化。应激可以导致个体产生紧张状态。在紧张状态下，个体的情绪活动也会产生很大的变化。例如，处于应激状态时既可出现欣快或兴奋等正性情绪，亦可出现焦虑、抑郁或攻击等负性情绪。激烈的情绪活动可使机体产生应激反应，过度的应激反应同样也会影响机体的情绪活动。

应激刺激最初作用于内外感受器，感受器将信息沿感觉通路传递至丘脑感觉皮层，此类信息在丘脑得到加工后被传入大脑皮层等结构被进一步整合。整合后的信息经联合皮层等区域被传入下丘脑、海马、杏仁核或蓝斑等结构，进一步调节情绪活动或应激反应。应激所导致的情绪反应与边缘系统、杏仁核和蓝斑的激活有关，例如，杏仁核的激活可导致紧张或焦虑等不良情绪体验，而边缘系统或蓝斑的激活可影响外周自主神经系统活动的改变。应激反应是通过下丘脑-垂体-肾上腺皮质（HPA）轴的活动来实现的。HPA 轴的启动与下丘脑室旁核（paraventricular nucleus，PVN）被激活有关。PVN 被激活后，促肾上腺皮质激素释放激素（CRH）和加压素（VP）的分泌会增加。CRH 和 VP 可刺激脑垂体前叶释放促肾上腺皮质激素（ACTH），ACTH 再进一步刺激肾上腺皮质分泌糖皮质激素，以完成应激反应的最终效应。

糖皮质激素在人体内主要是以皮质醇（cortisol）的形式存在，而在啮齿类动物体内则以皮质酮（corticosterone）的形式存在。在应激状态下，糖皮质激素诱导机体产生的反应主要包括：(1) 心血管输出量增大，血流分布改变，呼吸频率增加；(2) 调动能量以满足大脑运转和骨骼肌肉运动的需要；(3) 提高觉醒，增强对眼前或即将来临的威胁刺激的注意力；(4) 改变免疫系统功能；(5) 抑制生殖行为以及食欲或摄食行为。这些协同反应用于共同应付内外环境的变化。当应激持续时间过长或强度过大使机体内外资源不足以应对时，个体罹患某些情绪障碍性精神疾病的概率就会增加。糖皮质激素受体（GR）在中枢分布广泛，盐皮质激素受体（MR）在中脑边缘区域相对集中。两类受体在海马、下丘脑、纹状体、杏仁核、内侧前额皮层等结构中有重叠的密集分布。GR 和 MR 的作用相互制约以实现对脑功能和 HPA 轴活动的调节。应激导致的情绪障碍与脑功能或 HPA 轴活动的失衡有关。

第四节　情绪反应及其相关障碍

一、焦虑障碍与恐惧

不可控制的恐惧情绪体验增多是不同类型焦虑障碍的共同特点。在临床上，**焦虑障碍**（anxiety disorder）可分为恐惧性焦虑症（phobic anxiety disorder，PAD）、广泛性焦虑症

（generalized anxiety disorder，GAD）、惊恐发作（panic disorder）、强迫症（obsessive-compulsive disorder，OCD）和创伤后应激障碍（PTSD）等五大类。

恐惧性焦虑症又可分为广场恐惧症（agoraphobia）、社交恐惧症（social phobia）和特定对象恐惧症（specific phobia）等，这类患者的恐惧状态常常由一些毫无威胁的刺激所引起。广泛性焦虑症的特点是对未知事件的过度担忧，患者常感到厄运降临并伴有一些交感神经系统激活的体征，如战栗、抽搐、呼吸急促、心悸、出虚汗、恶心或者无法集中精神等。惊恐发作主要表现为原因不明的极度恐惧情绪的间歇性发作。强迫症则表现为被一些反复出现的恐惧念头或妄想所侵扰，以至于重复做一些仪式性的动作来缓解焦虑或担忧，如反复洗手、锁门或检查电源开关等。惊恐发作、广泛性焦虑症和强迫症都与现实的刺激无直接关联。

焦虑和恐惧并非截然孤立的情绪，而是可以相互影响。已有不少研究表明，在没有外部威胁性刺激出现的情况下，电刺激杏仁核能诱导动物出现恐惧或焦虑情绪反应；杏仁核内直接注射CRH、加压素、γ-氨基丁酸受体拮抗剂、阿片受体拮抗剂或胆囊收缩素等，都可诱发或增加恐惧或焦虑反应；而CRH受体拮抗剂、γ-氨基丁酸受体激动剂、阿片受体激动剂、苯二氮卓类药物、多巴胺受体拮抗剂和谷氨酸受体拮抗剂等可降低恐惧或焦虑反应。

二、创伤后应激障碍

创伤后应激障碍（PTSD）表现为个体在经历了极度的精神创伤性事件以后，反复、持续、不受控制地回忆创伤经历，并伴随着强烈的恐惧、焦虑或抑郁情绪。同时，还表现为高度警觉或努力回避与创伤经历相关的刺激，对其他的无关事件会表现出精神麻痹。另外，PTSD也常与其他焦虑障碍共病，如恐惧症等。大量的研究资料表明，PTSD的发病原因是先天易感性和后天环境因素相互作用的结果。例如，家族有PTSD病史，有过于敏感的个性或其他人格障碍，在妊娠期间母亲有精神创伤的经历，在儿童期有被虐待的经历，单次或多次经历过于强烈的精神创伤性事件，患有抑郁症，等等。

研究结果还提示，PTSD的形成可能与mPFC或海马功能受损有关，尤其是海马CA_3区的锥体神经元树突分支或触间连接减少。脑功能成像的研究证实，PTSD患者的杏仁核活动增强，可能与mPFC受损导致对杏仁核的抑制作用降低有关。最近有研究发现，电刺激海马时可以在杏仁外侧间核记录到长时程增强（LTP）现象，提示记忆参与PTSD的条件性恐惧的形成。有关PTSD的动物研究还表明，强应激增加糖皮质激素分泌量，并上调其受体（糖皮质激素受体）的容量和亲和力，糖皮质激素受体功能的改变导致创伤记忆或恐惧反应难以消退。

此外，应激易感性的增加还可以改变脑内其他递质系统的功能状态，例如，中脑多巴胺能神经元上糖皮质激素受体表达增强，使糖皮质激素促进多巴胺被更多释放；PTSD患者的尿液与血浆中多巴胺的代谢产物增加，其增高程度与PTSD的严重程度成正相关；PTSD还与谷氨酸释放增加、去甲肾上腺素能系统活性增强或5-羟色胺能系统敏感性下降有关。

三、抑郁状态

抑郁症的核心症状表现为心境低落、快感缺失或精神运动性处于抑制状态。发病的原因较为复杂，涉及家族遗传、环境因素以及脑功能的异常改变等。流行病学调查显示，在重症抑郁症患者家族中，有血缘关系亲属的患病风险可高达10%～15%。20世纪60年代末，普莱斯（John Price）等人对行为遗传学数据的回溯性研究表明，抑郁症的共病率在具有相同基因的同卵双生子中可高达到68%，而在异卵双生子中仅为23%。此结果表明遗传因素对抑郁症发病具有重要作用，但不能排除环境因素的影响，因为有32%的同卵双生子并不同时发病。环境因素如何诱导抑郁状态产生是研究关注的重点问题。

环境的变化或刺激最先通过应激系统来影响神经系统的活动，因此，应激引起的HPA轴功能异常在抑郁症致病中的作用成为当前研究的热点。有许多实验表明，个体的应激系统在其处于抑郁状态时存在明显的病理性改变，例如，HPA轴功能紊乱，CRF水平增高，糖皮质激素的反馈抑制功能受损，胞浆、尿液或脑脊液中皮质醇含量增高，等等。转基因小鼠研究也证实，一些抑郁易感基因可以特异性地抑制海马的糖皮质激素受体表达，增加外周糖皮质激素的释放，破坏糖皮质激素受体对HPA轴的反馈抑制，同时，使小鼠表现出明显的抑郁样行为，如FST漂浮行为增多或糖水偏爱下降等。应激是诱发抑郁的一个关键因素，但并非所有应激个体都必然抑郁。即使在相同的应激模式下，个体也未必表现出相同的反应。这涉及个体的应对经验或方式、遗传背景以及人格特质等多方面因素。

实验证据也倾向于支持不同的抑郁症状与脑的不同系统的功能受损有关。例如，记忆力下降及出现无价值感的体验、绝望、内疚、自杀意向等与额叶皮层或海马受损有关，快感缺失、焦虑、动机下降与伏隔核、杏仁核等结构的功能失调有关，失眠、嗜睡或食欲下降与下丘脑的功能失调有关，等等。20世纪70年代以后，分子生物学技术的发展推动了对抑郁症分子机制的认识。5-羟色胺、多巴胺和去甲肾上腺素等递质系统的功能失调都与抑郁状态有关。除了5-羟色胺和儿茶酚胺类递质系统以外，近年来的证据发现相应脑区的γ-氨基丁酸、谷氨酸以及一些神经肽类物质也参与抑郁形成的病理过程（图9-10；见书前彩图）。在临床上，抑郁症患者还常伴有内分泌系统的功能障碍，例如，肾上腺皮质功能亢进或减退、垂体功能减退或甲状腺功能减退等，女性分娩后或更年期等性激素的变化也容易诱发抑郁。

四、愤怒与攻击性障碍

愤怒情绪与**攻击行为**（aggressive behavior）密切相关。人类的攻击行为常被定义为在仇恨或愤怒情绪状态下对他人的伤害或侵犯行为。病理性的暴怒和攻击性障碍（aggressive disorder）通常与一系列脑疾病有关，如癫痫、脑瘤、柯萨柯夫综合征、亨廷顿病、孤独症或精神分裂症等。例如，颞叶癫痫症患者有一个显著特点是攻击性增强，经常在毫无缘由或极小的刺激的情况下表现为暴怒或攻击他人，甚至伤及至亲。这种无法控制的攻击行为通常以间歇性或爆发式的方式发作，因而又被定义为间歇性爆发性障碍（intermittent explosive disorder）。间歇性爆发性障碍的原因目前尚不清楚，临床上使用一些镇静剂、去甲肾上腺素阻断剂或降多巴胺活性药物等进行治疗，但效果并不显著，主要原因是对攻击行为产生的神经机制的了解仍然有限。

攻击行为起源于动物护食、掠食、护仔或争夺交配权的本能行为。无论是人类还是其他动物，雄性表现出的攻击行为都要远远强于雌性，雌性在生殖期也会表现出较强的攻击性。这表明激素对攻击行为起着重要的调控作用。许多不同种类的动物研究都表明，雄性在性成熟后攻击性会增强，雌性在产前攻击性也会增强，而此时它们体内的性激素水平都有明显的提高。性激素对攻击行为有重要的调控作用，例如，若阉割成熟的雄性动物，睾酮水平会降低，攻击性也会显著减弱；若补充睾酮，阉割动物的攻击性又会恢复。对人类暴力犯罪的调查也发现，反社会型人格障碍患者的脑脊液中游离睾酮含量较高。雄性激素对攻击性的形成可能具有两方面的促进作用：一是在早期促进性别相关组织的发育，如杏仁核或内侧下丘脑等结构的分化；二是成年后维持攻击性器官或组织的功能，如保持肌肉的强健或脑的攻击兴奋性。除了性激素以外，人类的攻击行为也受遗传与环境两方面的作用。拉什顿（J. Philippe Rushton）等人发现，同卵双生子之间的攻击性比异卵双生子之间更为接近。还有研究表明，如果养父母有犯罪行为，寄养子的犯罪率是普通人的4倍；养父母和生父母都有犯罪行为，寄养子的犯罪率是普通人的13倍。

根据情绪与攻击行为之间是否存在关联，动物的攻击行为可分为两类：一类被称为**防御-愤怒型攻击行为**（defensive-rage-like aggression），另一类被称为**掠杀型攻击行为**（predatory attack）。防御-愤怒型攻击行为主要由愤怒情绪支配，与交感神经系统兴奋同步，表现为心跳加速、呼吸急促和瞳孔放大等一系列生理反应。此类攻击行为通常受特定情境下的情绪支配，属于冲动性的而不是有预谋的行为。掠杀型攻击行为是蓄意谋划、有明确目标导向的行为，通常不受特定情绪支配，也不伴随交感系统的明显唤醒。大量实验表明，这两类攻击行为的生理基础可能并不一致。

近年来的研究证实，**中脑导水管周围灰质**（periaqueductal gray，PAG；图9-11）和**内侧下丘脑**（medial hypothalamus，MH）是调控防御-愤怒型攻击行为的关键脑区，而杏仁核、终纹床核（bed nucleus of stria terminalis，BNST）、外侧下丘脑等结构对PAG和MH有重要的调节作用。PAG和MH内有特异性**“怒反应”神经元**（defensive-rage neuron），电刺激位于PAG的喙部或背外侧的“怒反应”神经元，可激活脑干及脊髓中相应的神经元，并诱发自主神经兴奋和“怒”反应；而电刺激MH的“怒反应”神经元，神经冲动先传递至内前侧下丘脑（anterior medial hypothalamus，AMH），再激活PAG中的“怒反应”神经元。还有证据表明，从MH发出的到PAG的谷氨酸能神经投射在调控防御-愤怒型攻击行为中起关键作用；杏仁核内侧核可通过P物质作用于AMH的神经激肽-1（neurokinin-1，NK-1）受体，再激活AMH投射至PAG的谷氨酸能通路，对攻击行

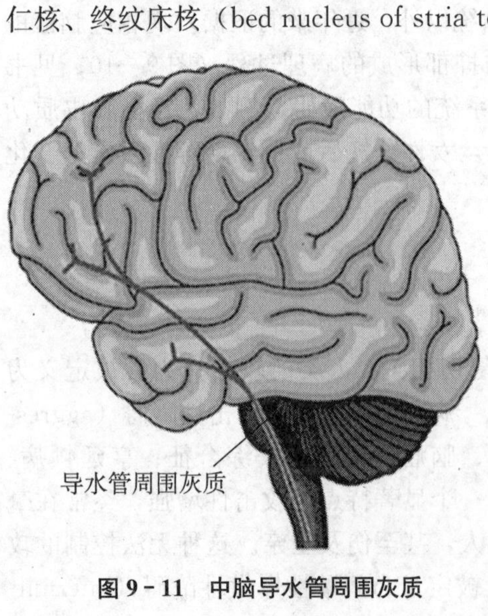

图9-11 中脑导水管周围灰质

为有易化作用；BLA 的 NMDA 受体的激活也可兴奋 PAG，并易化攻击行为；而中央杏仁核（central nucleus amygdala，CeA）的脑啡肽能神经投射可作用于 PAG 中的 μ-受体并抑制攻击行为。另外，额叶也可以通过对杏仁核等区域的下行抑制，调节攻击行为。临床研究也表明，前额叶或眶额皮层受损的病人易激惹、冲动、失控或发动攻击行为。事实上，攻击行为可以被许多神经结构及其复杂的递质系统调控。

情绪影响公平决策的神经机制

→ 基本概念

情绪	正性情绪	负性情绪
詹姆斯-兰格情绪理论	假怒	坎农-巴德情绪理论
沙赫特-辛格情绪理论	抑郁	条件性恐惧
情景辨别	木僵或惊反应	应激
应激刺激（应激源）	习得性无助	创伤后应激障碍
强迫游泳模型	慢性温和应激	颅内自我电刺激
快乐中枢	边缘系统	杏仁核
帕佩兹环路	柯鲁弗-布西综合征	奖赏系统
焦虑障碍	攻击行为	防御-愤怒型攻击行为
掠杀型攻击行为	中脑导水管周围灰质（PAG）	内侧下丘脑（MH）
“怒反应”神经元		

→ 思考题

1. 三大情绪理论的贡献分别是什么？
2. 简述恐惧的实验室研究中的常用模型。
3. 简述应激系统的快、慢反应模式。
4. 主要的抑郁行为模型有哪些？
5. 描述杏仁核的主要结构。
6. 哪两个脑区在由愤怒情绪支配的攻击行为中发挥着重要作用？

第十章
运动系统与中枢神经控制

人与动物的行为动作都是通过神经系统调控机体的肌肉运动来实现的。

狮子逐鹿、青蛙捕虫、孩子打球，必然会使全身肌肉产生快速而且连续的收缩和舒张。鱼儿漫游、鸟类栖息、促膝谈心，也同样会伴随不同部位的肌肉有节奏的收缩和舒张。肌肉的收缩与舒张活动是机体运动的基本前提条件。只有协调的肌肉活动，才能保证运动的顺利完成。神经系统是协调肌肉乃至整个机体活动的控制中枢。

运动系统是由肌肉以及控制它们活动的神经元或神经结构组成的。这些神经元或神经结构存在于神经系统的不同层次。比如，直接控制肌肉活动的是脊髓前角的运动神经元投射到肌纤维的传出神经，而这些运动神经元的活动又被大脑皮层运动区发出的投射纤维直接控制，或者被脑干或小脑的投射纤维间接调控。也就是说，从高位中枢不同区域发出的向下的运动投射纤维，可以直接或间接地支配控制骨骼肌纤维活动的运动神经元。

中枢神经系统对肌肉活动的调控并不是盲目的。除了运动神经元以外，感觉神经元和中间神经元也参与肌肉活动的调控。中枢神经系统可以整合不同的感觉传入信息来完成对肌肉运动的协调和控制。这些感觉信息包括视、听、嗅、触觉以及本体感觉等。小脑或其他相关的神经核团会将有意义的信息向上传入丘脑进一步整合。大脑皮层接受来自丘脑和基底节的感觉整合信息，再进一步完成对小脑或其他运动神经元的下行调控，从而使运动变得更加协调和精确。

所有的随意或不随意运动都受神经系统调控。动物或人类的许多运动技巧都属于不随意运动，但是，由于认知功能的高度参与，人类有些运动形式可以被随意地控制或调节，运动技巧经过有意识的反复练习也能被熟练掌握。运动系统的长期演变，特别是神经系统的进化与发展，使随意运动或不随意运动变得更为复杂和精确。

第一节　运动系统的演化与发展

机体以运动的形式存在是所有动物的基本特点。不同的环境和运动形式促进了动物运动系统的形成、发展和演化。肌肉、骨骼、感官以及神经系统的协调工作使动物的行为和动作技巧非常娴熟。运动系统演化与发展是肌肉、骨骼、感官以及神经等诸系统的组织和功能进化的综合结果。

一、运动器与神经系统的产生

变形虫只有一种极其简单的运动形式，即变形运动（amoeboid movement）。变形虫体表的任何一个部位都可以形成临时性的伪足（pseudopodium）。运动时，变形虫的伪足成为临时性运动器。在变形虫的细胞内，有与高等级动物肌肉类似的肌动蛋白（actin）和肌球蛋白（myosin）。因此，变形虫的运动可能与这些肌动蛋白或肌球蛋白的活动有关。另外一些原生动物也只有一个细胞，但细胞的内部结构已经开始初步分化。例如，草履虫周身的纤毛（cilia）能彼此密切联络，草履虫主要靠纤毛的协调动作在水里运动，它的纤毛已经开始向运动的专门结构演化。

到了腔肠动物，上皮细胞中出现了肌原纤维（myofibril）。含有肌原纤维的细胞，被称为上皮肌肉细胞（epithelial-muscle cell），它的出现是肌细胞将要独立分化的先兆。在上皮肌细胞下，支配其活动的神经元纤维已经连接成神经网络。例如，水螅的网状神经系统可以协调觅食或自发活动（locomotor activity，LA；图 10-1）。这也是神经系统协调动物运动的雏形。从扁形动物开始才有了真正的肌细胞，但大多数无脊椎动物的肌肉都是平滑肌，只能进行像高等动物内脏收缩一样的缓慢运动。它们的网状神经已经形成大量的神经节，因而能支配或协调肌细胞进行相对复杂的运动。

演化到节肢动物，神经网开始头化并逐渐形成前脑。与此同时，它们的肌肉也逐渐演化为以横纹肌（striated muscle）为主，因而能迅速收缩产生强有力的弹跳或飞行运动，比如，蝗虫的运动。为了适应生存的需要，某些节肢动物还逐渐演化出一些独特的运动功能。例如，蜻蜓（图 10-2）可以通过运动伪装的形式慢慢地接近猎物。所谓“运动伪装”意味着相对静止，即与猎物的飞行路线和速度一致。蜻蜓的身体和脑袋能独立运动，后者负责锁定目标物，而前者则负责把它带到最佳位置，以便发起攻击。蜻蜓不凡的飞行技能归功于它的神经系统对其发达翅肌的调控能力。

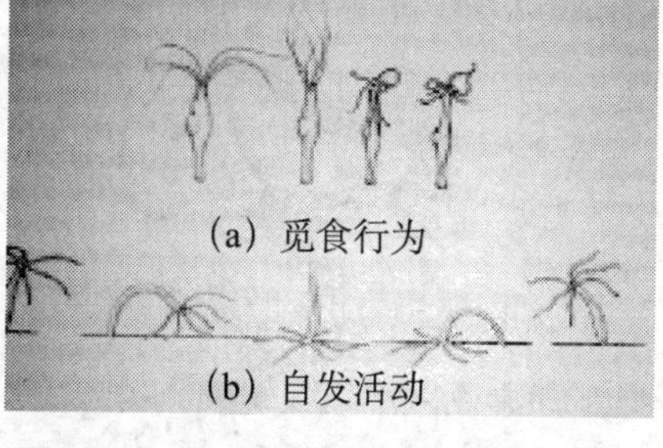

图 10-1　水螅的觅食行为和自发活动

资料来源：Swanson L W. Brain architecture: understanding the basic plan. New York: Oxford University Press, 2003.

图 10-2　蜻蜓

二、感觉器官与运动系统发展

视觉、听觉、嗅觉和触觉对于任何动物的生存来说都具有重要意义。最近的一项研究发现，在火蜥蜴、野兔的视网膜中有一些感知运动的细胞，这些细胞能够区分物体是“似动”还是“真动”。在生存竞争的环境中，这些感知觉信号对搜索猎物、争夺食物或发现潜在危险，以至最后用运动技能去获取猎物或躲避灾难都具有决定性作用。

感觉功能与运动技能之间的联系是在竞争的环境中演化的。例如，羚羊祖先的奔跑速度非常慢，是以种群数量取胜的食草类动物。在猎豹等食肉动物的掠杀下，嗅觉敏锐和奔跑速度快的羚羊逐渐生存了下来。同样，奔跑速度慢和感知觉迟钝的猎豹也面临饥饿或被环境淘汰的危险。啮齿类动物的天敌较多，因而练就了灵敏的听觉，它们可以分辨细微的响动并及时逃避危险。许多小型肉食动物，如猫、狐狸以及鹰等，都具有敏锐的视觉或敏捷的捕食技能。这些技能不仅仅依赖于感官的敏锐或肌肉的强健，也是中枢神经系统对感知觉与运动的整合或协调能力的综合体现。例如，猫头鹰的视盖区（optic tectum）可以直接整合视、听觉信息并交叉锁定捕猎目标，使启动运动系统的时间大大缩短。在准确完成动作时，人类也需要利用感知觉搜索整合周围环境中与运动有关的线索。

三、脑结构与运动系统演化的同步性

发展到脊椎动物，随着运动目的性和复杂性的增加，神经系统对骨骼肌的支配变得越来越精细和协调。脊椎动物的中枢神经系统由大脑、中脑、小脑、脑干以及脊髓等部分构成。但是，它们的脑的结构比例或运动方式已经发生了明显的改变。在此，我们列举鱼类、两栖类、鸟类和人类脑的形态变化，来比较运动能力与脑演化的关系（图10-3）。鱼类的脑结构相对简单，小脑在全脑中所占的比例较大，大脑不发达。虽然游泳能力很强，但运动方式较为单一，所应对的环境也相对简单。两栖类的大脑比鱼类的发达，能够应对简单的陆地生活环境。但是，它们的小脑还不够发达，运动方式比较简单，基本上是以守候和突然跳跃的方式捕捉食物。鸟类的小脑特别发达，飞行或其他动作都非常敏捷。但

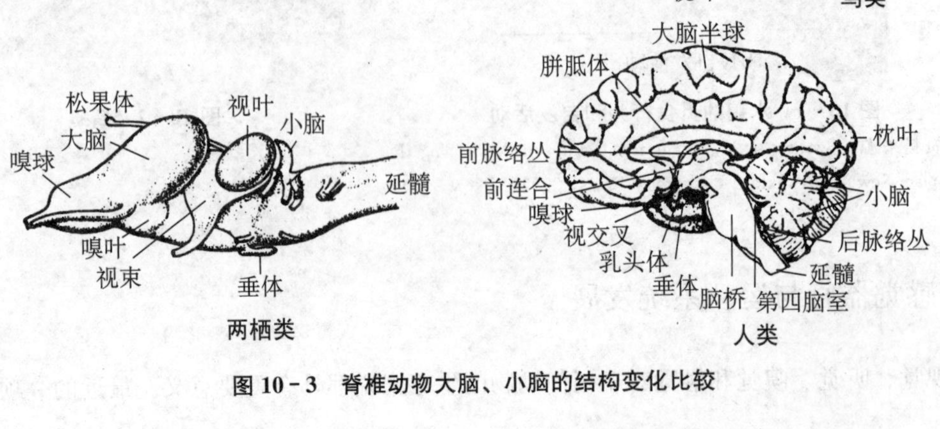

图10-3　脊椎动物大脑、小脑的结构变化比较

是，由于大脑所占比例相对较小，还不具备适应复杂陆地环境的运动技能，因而更适合飞翔和迁徙的生活。哺乳类动物的大脑、小脑都较发达，能够控制运动系统的协调活动，并以独特的运动技能应对相对复杂的陆地生存环境。人类的大脑最为发达，小脑相对比例不够大，因此，在许多特殊的运动技能上不如许多其他的动物。但是，人类的运动技能可以被来自大脑的有意识的随意活动调控，这使人类能掌握比其他动物更广泛、更复杂的运动技能。

脑皮层控制结构的发达程度，对运动技能的影响极大。通过比较人、猴和猫的脑皮层-脊髓神经环路数量及脊髓前角突触后电位（EPSP）与手部灵活性之间的关系，可以看出脑结构的发达程度对运动技能调控的重要性。人类的脑皮层-脊髓神经环路数量最多，猕猴次之，演化等级最低的松鼠猴最少，脊髓前角 EPSP 的反应亦随之变化，因此，人类的手动作灵巧性明显强于其他灵长类（图 10－4）。而与灵长类相比，猫的皮层-脊髓神经环路更少，电刺激猫的大脑皮层，在脊髓中几乎记录不到 EPSP，因此，猫前肢的动作技巧远远差于灵长类动物。从中可以看出，大脑皮层对运动神经元的直接控制与运动技能的关系是显而易见的。

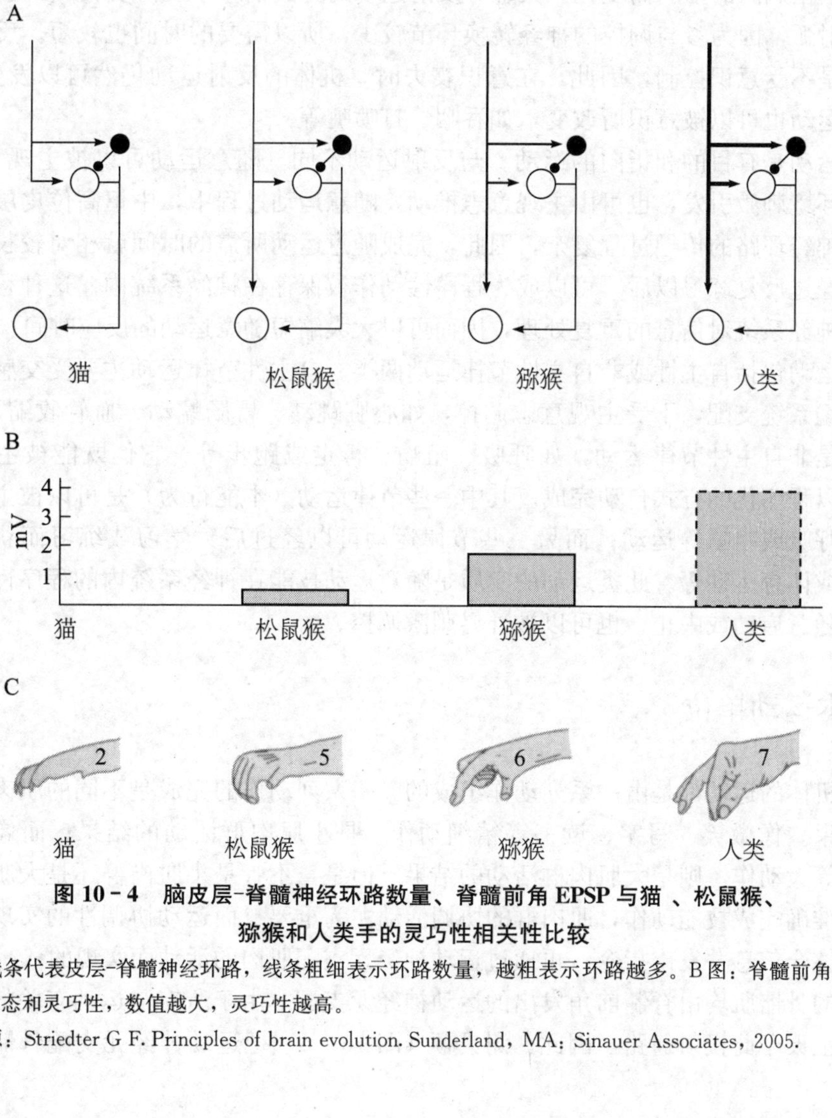

图 10－4　脑皮层-脊髓神经环路数量、脊髓前角 EPSP 与猫 、松鼠猴、猕猴和人类手的灵巧性相关性比较

A 图：线条代表皮层-脊髓神经环路，线条粗细表示环路数量，越粗表示环路越多。B 图：脊髓前角 EPSP 幅度。C 图：手的形态和灵巧性，数值越大，灵巧性越高。

资料来源：Striedter G F. Principles of brain evolution. Sunderland，MA：Sinauer Associates，2005.

第二节 运动形式、基本单位和本体感受器

一、典型的运动形式

动物或人类的行为包含三类典型的运动形式：**反射运动**（reflex movement）、**随意运动**（voluntary movement）和**节律运动**（rhythmic movement）。

反射运动是最基本、最简单的运动形式，大部分属于遗传的本能行为。一些特殊的感觉刺激，通过特定神经反射通路，可以引起特殊部位一系列肌肉的运动。比如，吮吸、吞咽、瞳孔变化、瞬眼、膝跳、打喷嚏等反射运动。当刺激出现时，反射运动会自动发生，动作强度根据刺激的强弱而变化。大部分反射运动的完成依赖于在感受器-脊髓-肌肉之间形成的反射弧，因为参与调控的神经转换环节较少，所以需要的时间也较短。反射运动的最大特点是不受意识控制，因此，在意识丧失时，机体的反射运动仍然可以发生。但是，有些反射运动也可以被意识所改变，如吞咽、打喷嚏等。

随意运动是有目的和指向的运动。与反射运动不同，随意运动可以被主观意志调节。它既可由环境刺激引发，也可由主观意志推动。随意运动过程中，中枢高位皮层的参与较多，涉及神经环路的传导过程复杂，因此，完成随意运动所需的时间就相对较长。但许多随意运动经过反复练习以后，可以成为程序性动作被保存在神经系统内。这种程序性记忆可以避免神经系统对信息的重复处理，因而可以大大缩短随意运动的反应时间。

节律运动包括自主性或非自主性节律运动两类。自主性节律运动主要受交感、副交感等自主神经系统支配，不受主观意志调控，如心脏跳动、胃肠蠕动、血管收缩及舒张等。而另一类是非自主性节律运动，如呼吸、咀嚼、行走或跑步等。它们既能被主观意志调控，也能以程序化的方式自动完成。其中一些节律运动（本能行为）是可以被主观意志调控的，如呼吸或咀嚼等运动；而另一些节律运动可以经过后天学习或练习而获得，如走路、跑步或体育运动等。此类运动的实质是随意运动技能在神经系统内的程序性反应。它们可以被随意启动或中止，也可以被外界刺激调控。

二、基本运动单位

任何机体的运动都是由一系列动作组成的。一系列动作的完成是不同的肌肉群收缩和舒张的结果。像微笑、写字、读书等精细动作，是小肌肉群活动的结果；而像打球、跳跃、奔跑等大动作，则是大肌肉群活动的结果。但是，不管是小肌肉群还是大肌肉群的运动，要想准确完成技能动作，肌肉群的协调活动尤为重要。而运动协调性的实现是由中枢神经系统整合信息并发出指令，再通过运动神经元支配肌肉的活动而实现的。

全身的骨骼肌均由脊髓前角发出的运动神经元支配。由于所有与运动有关的神经整合信号都会汇聚于此投射通路，因此，谢灵顿（图 10－5）把运动神经元支配骨骼肌的纤维

投射称作**终端公路**（final common path）。α 神经元是终端公路的主要运动神经元。一个 α 运动神经元与其所支配的所有肌纤维构成最基本的功能体，被称作**运动单位**（motor unit）。运动单位的大小由单个运动神经元轴突末梢分支的肌纤维数量或体积决定。肌纤维数量或体积的大小也常常取决于肌肉所在部位的功能。例如，一个运动单位的肌纤维数量，在眼外肌仅有 6～13 根，而在小腿腓肠肌可达 2 000 根左右。前者有利于眼睛的精细运动，而后者则有利于机体的力量及速度运动。

运动单位对肌肉的支配有多种类型，其中**慢抽搐**（slow twitch）型和**快抽搐**（fast twitch）型（图 10－6）是两种典型的极端类型。慢抽搐型的运动神经元较小，轴突较细，兴奋的传导较慢，肌肉收缩的持续时间较长，但抗疲劳性强；而快抽搐型的运动神经元较大，轴突直径也大，兴奋传导速度快，肌肉兴奋时张力大，但易疲劳。控制人类手部活动的运动单位类型，可以从笔迹特征里反映出来。例如，以快抽搐型为主者，握笔紧，下笔重，书写速度快，字迹线条刚性；以慢抽搐型为主者，握笔松，下笔轻，书写速度慢，字迹以柔性线条为主要特征。笔迹也可以反映出书写者的行为或个性特征。

图 10－5　英国神经生理学家谢灵顿

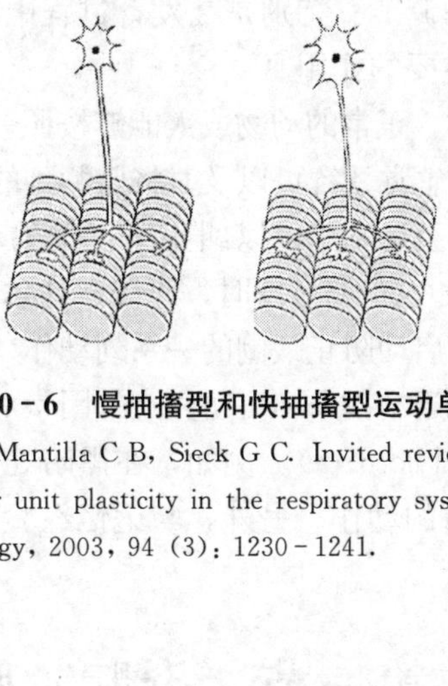

图 10－6　慢抽搐型和快抽搐型运动单位

资料来源：Mantilla C B，Sieck G C. Invited review：mechanisms underlying motor unit plasticity in the respiratory system. Journal of Applied Physiology，2003，94（3）：1230－1241.

三、本体感受器与运动

在动物的进化或发育过程中，运动系统与感觉系统之间存在着非常重要的协调机制。感觉系统不断地处理着环境信息，使机体的运动与环境的关系相互适应。与运动控制相关的感觉信息可分为两大类：一类是视觉、听觉、嗅觉和触觉等感受器的传入刺激，能提供关于空间环境、运动目标与身体位置关系的信息；另一类是肌梭、高尔基腱器、前庭器等本体感受器的传入刺激，能提供关于肌肉拉伸张力、关节位置、自身平衡以及空间位置等信息。在前一节里，我们已经简单地介绍了视、听、嗅和触等感受器对运动的影响。在此，我们会更多地讨论本体感受器对运动的控制机制。

肌梭（muscle spindle）和**高尔基腱器**（Golgi tendon organ）是位于骨骼肌内的**本体感受器**（proprioceptors）。除了接受 α 运动神经元的传入纤维支配以外，它们还以不同方式给脊髓或高级中枢提供有关肢体位置或肌肉收缩强度的信息。通过对信息的比较与整合，神经中枢可以不断调节动作的精确性。肌梭的传入冲动可兴奋支配同一肌肉的α运动神经元，引起肌梭外的骨骼肌收缩。骨骼肌的收缩会使梭内肌纤维放松，进而使α运动神经元的兴奋性减弱。α神经元的兴奋性减弱，可引起骨骼肌终止收缩。高尔基腱器的感觉末梢与骨骼肌串联，主要被骨骼肌收缩激活，而对牵拉反应不敏感。对同一肌肉的传入冲动来说，腱器可以抑制α运动神经元，而肌梭可以兴奋α运动神经元。换句话说，当肌肉被牵拉时，肌梭兴奋可引起受牵拉的肌肉收缩；当牵拉力量加大时，腱器兴奋使肌肉收缩受到抑制，从而避免牵张力过大。本体感受器在脊髓水平就能完成多种肌肉活动的协调和自控。

前庭器位于内耳，是控制运动的另一个本体感受器。只有脊椎动物才有真正的前庭器。前庭器对运动的控制功能相对复杂，主要以神经反射的方式调节自身位置或姿势。前庭反射主要有两种形式：一种叫**前庭脊髓反射**（vestibulo-spinal reflex，VOR）。它可将头部位置或方向的变动信号，通过前庭器传入位于中枢的前庭核。经过前庭核的处理后再发出冲动，自动调节两侧颈部的肌肉协调活动，以维持头部位置或方向的稳定。另一种形式叫**前庭动眼反射**（vestibulo-ocular reflex，VSR）。它可将前庭器的刺激信号传入前庭核，并调节动眼神经核来控制眼球向头部运动的反方向转动。前庭动眼反射可以保证头部转动时，眼睛仍然可以盯住目标物体，使物像不偏离视网膜中央凹的矫正区。记忆可以参与前庭动眼反射活动的调节。特别是在发育过程中的运动经验，对前庭核与小脑之间形成条件反应联系起十分重要的作用。

在动作执行时，正常的动物或人能够按照一定的动作轨迹平稳而且准确地完成。如果出现某些干扰因素，感觉系统可以及时将监测到的信号反馈到神经系统。经过神经系统整合后的信号，将被输出至运动单位以纠正不正确的动作。这种调节模式被称为**反馈控制**（feedback control）。例如，走路打滑时，肌梭、高尔基腱器或前庭会立刻将失衡信息反馈至中枢并调节运动程序，启动防止跌倒的一系列动作。根据感觉或经验信息，中枢神经系统预先调整自身状态并发出运动指令，可防止意外因素对运动程序的干扰。这种调控模式被称为**前馈控制**（feedforward control）。例如，在黑暗处，你预先知道你处在楼梯的最后一个台阶，就不会有踏空失重的动作。另外，与记忆经验有关的前庭动眼反射也可以参与前馈控制。

第三节　脊髓、脑干与运动调节

一、脊髓的神经反射与运动控制

脊髓中有介导各种反射运动的神经环路（图10－7），即使切断高级中枢与脊髓之间的神经联系，这些反射运动仍然能出现。脊髓的中间神经元除了参与反射运动以外，同时也接受高级中枢的控制。运动的启动或产生最终取决于脊髓运动神经元所发出的冲动模式和频率。

牵张反射（stretch reflex）是肌梭受到牵拉刺激所导致的反射性肌肉运动，包括腱反射（tendon reflex）和肌紧张（muscle tone）。腱反射是快速牵拉肌腱引起的牵张反射。例如，叩击股四头肌腱引起的膝跳反射、叩击跟腱引起的跟腱反射等。腱反射是单突触反

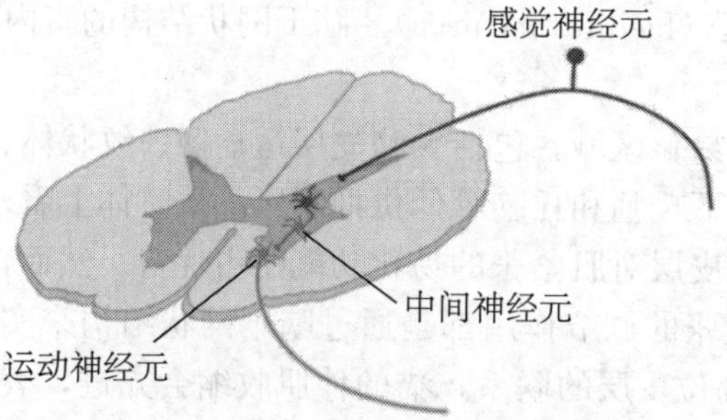

图 10－7 脊髓的反射环路

射，感受器是肌梭，其中枢在脊髓前角。肌紧张是维持人体正常姿势最基本的反射活动。肌紧张的感受器也是肌梭，但在中枢的反射通路上会发生一次以上的神经元转换，为多突触运动反射。肌紧张是抵抗肌肉被牵拉的反应，表现为同一肌肉内不同运动单位进行交替性收缩，并无明显的动作。所以，肌紧张能维持的时间较长而不易发生疲劳。

屈肌反射（flexor reflex）是指肢体的皮肤受到伤害性刺激时，该侧肢体出现关节的屈肌收缩和伸肌弛张。屈肌反射具有保护性意义，使肢体避开伤害性刺激。屈肌反射的强度与刺激强度有关。例如，足部较弱的刺激只引起踝关节的屈曲；刺激强度加大时，则膝关节和髋关节也可发生屈曲；若刺激强度更大，则可在同侧肢体发生屈肌反射的基础上，出现对侧肢体伸展的反射，称为对侧伸肌反射。机体的一侧肢体屈曲，对侧肢体伸直，有利于支持体重并维持姿势。屈肌反射与对侧伸肌反射的中枢均在脊髓。

二、脊髓的中枢模式发生器

早在 20 世纪初，布朗（Thomas Graham Brown，1882—1965）就发现在脊髓感觉传入发生障碍的情况下，动物伸肌与屈肌的交替运动或行走动作仍然会出现。后来针对大鼠的研究证实，这种行走或爬行动作（图 10－8）是由脊髓内的**中枢模式发生器**（central pattern generator，CPG）所控制的。这类模式发生器由脊髓中的一些神经元或起步神经元构成，并能够激活许多节律性动作或行为，如跳跃、行走、游泳和抓挠。例如，电刺激脊髓腰膨大处的脊索神经节，去大脑皮层的猫也能够表现出四肢交替的踏车样运动，人类无脑儿也能出现有节律的下肢伸屈运动。最近，康奈尔大学的研究人员用电生理和在体成像的方法发现，幼年斑马鱼脊索中的一些神经元的激活或抑制与游动速度有直接的关系。脊髓的一些节律性神经网络能在一定范围内自动地控制运动速度。

图 10－8 大鼠的爬行运动模型

资料来源：Gordon I T，Whelan P J. Deciphering the organization and modulation of spinal locomotor central pattern generators. Journal of Experimental Biology，2006，209（11）：2007－2014.

三、脑干对运动的调节

（一）肌紧张的调节

即使在安静状态下，骨骼肌也存在着肌紧张以使躯体维持某种姿势。脊髓的牵张反射可以产生一定程度的肌紧张，但不足以维持躯体的姿势和平衡。在正常情况下，脊髓的牵张反射还受高位中枢的调控。高位中枢对肌紧张的调节具有易化和抑制的双重作用。电刺激动物脑区不同部位，可观察到某些部位抑制肌紧张或运动，这些部位被称为**抑制区**（inhibitory area)，而作用相反的区域被称为**易化区**（facilitatory area）。脑干网状结构的腹内侧部分为抑制区，而背外侧部分为易化区。

此外，在脑干以外还存在许多间接性抑制或易化区域，包括大脑皮层运动区、纹状体、小脑前叶等高位易化区或脑桥被盖、中脑被盖、下丘脑和丘脑等低位抑制区。从整体上看，低位中枢对肌紧张的抑制功能略占优势，而高位皮层对肌紧张的易化功能略占优势。然而，无论是抑制还是易化作用，其他的脑结构对肌紧张的调节作用都是通过脑干网状结构来实现的。例如，在脑的上、下丘之间切断脑干与高位皮层的联系，猫的伸肌收缩会亢进，表现为四肢伸直、头尾昂起、脊柱挺硬。这种现象被称为**去大脑僵直**（decerebrate rigidity)。这是由于来自高位皮层的抑制作用减弱，而低位中枢的肌紧张易化作用占优势，因而出现肌紧张的明显亢进。中脑区域损伤的病人也可以表现出去大脑僵直（图10-9)。

A 去大脑僵直的机理

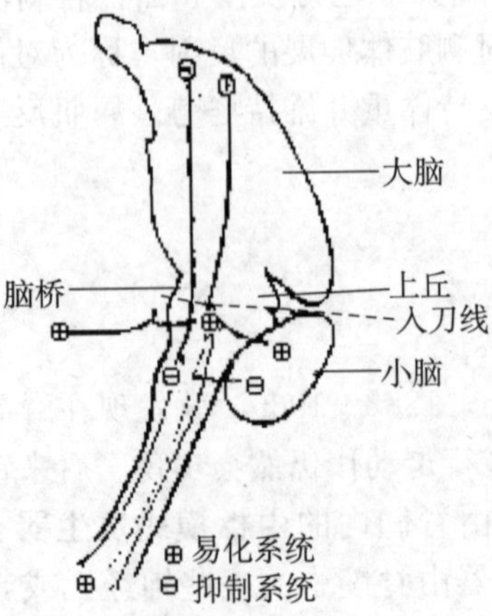

B 去大脑僵直的猫

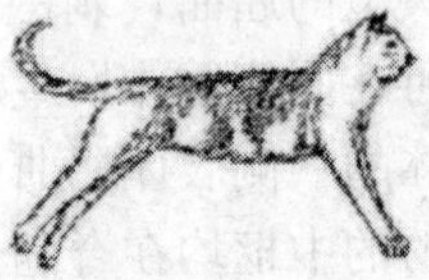

C 去大脑僵直的人

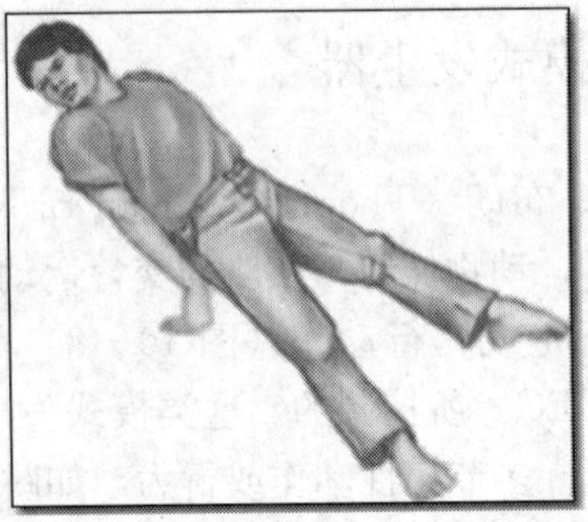

图10-9　去大脑僵直

（二）节律性调节

虽然许多节律性运动是由脊髓内的中枢模式发生器启动的，但呼吸节律并非由脊髓启动。在切断脑干与脊髓之间的联系之后，动物会停止呼吸。因此，控制呼吸节律的发生器并不在脊髓。实验表明，脑干延髓内的神经元可以记录到与呼吸一致的节律性放电。这些神经元的放电活动模式受CO_2的影响，血中CO_2水平的改变会引起它们发放频率的改变。因此，脑干延髓的一些神经结构对于调节呼吸的节律性活动起着重要作用。

第四节　脑与运动控制

一、大脑皮层运动区

早期对大脑运动功能的定位方法是通过电刺激脑局部区域来观察肌肉的活动反应。

19 世纪后叶，德国科学家弗里施（Gustav Fritsch，1838—1927）等人在对狗脑大脑皮层的电刺激研究中，最先发现脑的不同区域与肢体运动或肌肉收缩的相关性和规律。在后来的研究中，这些相关性或规律在不同的动物或人类身上得到反复验证。目前的研究已经证实，运动控制的最高中枢位于大脑皮层运动区，主要包括**初级运动皮层**（primary motor cortex）、**前运动皮层**（premotor cortex）和**辅助运动皮层**（supplementary motor area）三个部分（图 10－10）。此外，扣带沟背侧和后顶叶等部分皮层也与运动功能有关。

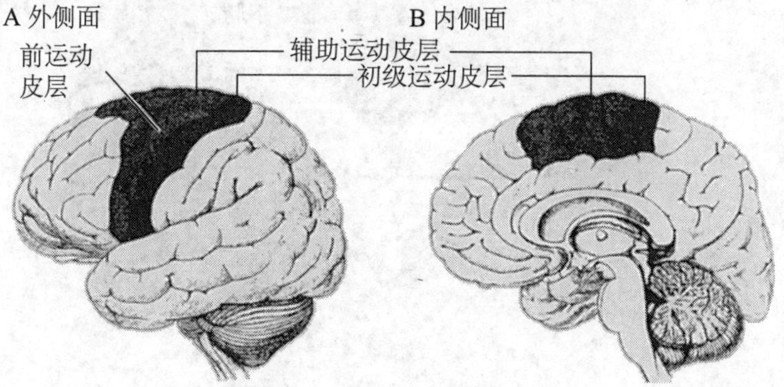

图 10－10　人类大脑皮层运动区

资料来源：Breedlove S M，Rosenzweig M R，Watson N V. Biological psychology：an introduction to behavioral，cognitive，and clinical neuroscience. 5th ed. Sunderland，MA：Sinauer Associates，2007.

（一）初级运动皮层

初级运动皮层位于额、顶之间中央沟前的中央前回，直接参与运动的执行。该区对运动控制的特点如下：

（1）交叉控制对侧躯体运动。右侧皮层控制左侧躯体运动，而左侧皮层控制右侧躯体运动。

（2）支配躯体运动的区域自上而下呈倒立关系。顶部内侧皮层支配下肢的运动，中间支配上肢的运动，而底部支配头面部肌肉运动。

（3）肌肉活动越复杂或运动的精细程度越高，其支配皮层的代表区域就越大。例如，手代表区的大小几乎与整个下肢代表区相等（图 10－11）。

（二）前运动皮层

前运动皮层位于中央前回，紧邻初级运动皮层的前侧。前运动皮层在运动准备中发挥重要作用。例如，训练猴子在指令信号出现时，用手指选择性按压亮灯键。在亮灯键已出现而指令信号尚未出现的准备时间内，在前运动皮层可以记录到大量神经元放电。当按压动作开始后，放电活动随即停止。在人类被试的随意运动之前，也可以在颅顶部记录到一个持续的负相**准备电位**（readiness potential）。在随意运动开始前，被试需要选择不同的线索作为运动决策的依据。线索越多，运动决策选择的可能性就越多，因而准备电位的时程就会出现相应延长。前运动皮层不仅参与运动准备，同时还监控自身的动

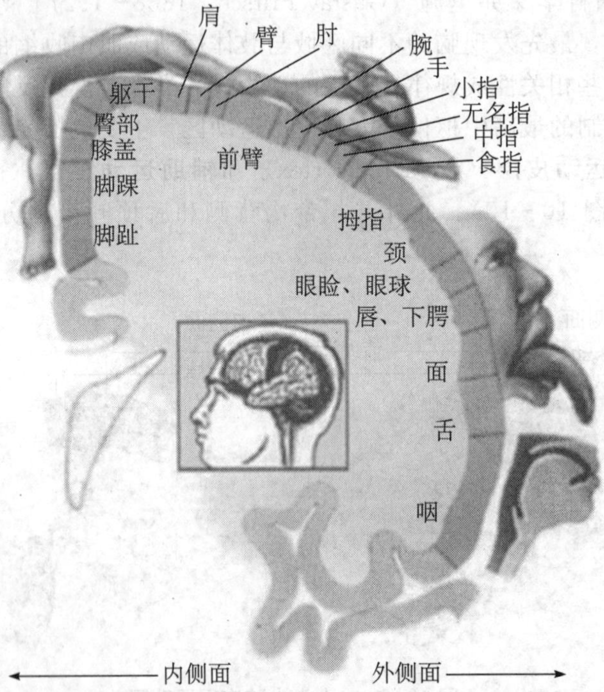

图10－11　人类大脑皮层初级运动皮层内躯体各部位运动代表区分布示意图

作并判断其是否符合主观意图。基尔纳（James M. Kilner）等人的研究表明，人对自己所做的动作在最初阶段是没有觉知的，只有当自身意图的信号被前运动皮层监测到之后，才能意识到动作的开始。对前运动皮层受损病人的研究也发现，在一个动作快要结束时，他们才意识到自己想做的动作。因此，前运动皮层也参与人对自己动作的觉知。

（三）辅助运动皮层

辅助运动皮层主要分布于两半球中央裂附近的额叶后内侧，并在中央前回顶部与前运动皮层相接。辅助运动皮层和前运动皮层在运动准备和决策等方面都起重要作用。有研究表明，当被试进行较为简单的运动时，对侧初级运动皮层的血流量增加；而进行复杂的运动时，比如用拇指逐次接触其余四指，除了初级运动皮层以外，辅助运动皮层的血流量也显著增加；当被试只是想象手指动作而不必有任何实际动作时，只有辅助运动皮层的血流量增加。血流量增加说明该结构激活程度高。还有实验表明，面对一块透明塑料板两端相通的小孔里的葡萄干，辅助运动皮层损伤的猴子双手食指配合运动产生障碍，失去了选择合适的动作方式的能力。而正常的猴子能用食指推出葡萄干，另一手在正下方接取，可以轻松完成取食任务（图10－12）。这些实验结果都证实，辅助运动皮层也是参与决策运动方式所必需的脑结构。

在此，我们还必须提及在大脑两半球运动区的功能协调过程中发挥重要作用的胼胝体（corpus callosum）。在大多数时候，人需要双手、双腿、双脚或双侧身体的协调运动来完成任务。两半球之间的协调作用有赖于胼胝体结构的完整。

图 10－12 单侧辅助运动皮层损伤的猴子与正常猴子的双手配合运动能力比较

资料来源：Kandel E R，Schwartz J H，Jessell T M. Principles of neural science. 4th ed. New Youk：Mc Graw-Hill，1991.

二、椎体外系与运动协调

主要支配躯体随意运动的皮质-脊髓束起源于大脑的初级运动皮层，直接投射到脊髓运动控制环路。它的下行纤维在延髓形成锥形体。因此，皮质-脊髓束又被称为锥体束，而沿着锥体束的下行传导纤维被称为锥体系统。锥体系统以外与躯体运动有关的传导通路统称为**锥体外系**（extrapyramidal system；图 10－13）。锥体系统与锥体外系的功能是协调一致的。但是，锥体外系在演化发生上比较古老，主要功能是调节肌张力、协调肌肉的运动或维持体态姿势等。锥体外系的联络涉及脑内许多结构，包括大脑皮层、纹状体、背侧丘脑、丘脑底部、中脑顶盖、红核、黑质、脑桥核、前庭核、小脑和脑干网状结构等。锥体外系通过锥体系统对躯体运动进行调节，以确保人体能够进行精细的随意运动。

基底神经节（basal ganglia）主要包括尾核、壳核和苍白球等皮层下神经核团。尾-壳核被统称为纹状体（striatum）。中脑黑质和丘脑底核与基底神经节的纤维往返联系密切，在功能上归属于基底神经节系统。黑质中有大量的多巴胺能神经元传出纤维直接投射至纹状体，参与锥体外系对运动稳定性的控制。基底神经节除了接受中央前回的神经投射以外，它与小脑的传出纤维还汇聚于丘脑腹外侧核与腹前侧核，转而返回至大脑皮层。基底神经节系统通过这些往返的神经环路，来整合运动指令与本体感觉信号并参与运动的调节。有研究表明，当清醒的猴子进行随意运动时，其苍白球单细胞放电活动发生变化。这说明基底神经节与随意运动活动有关。其他动物实验也观察到，刺激纹状体并不引起运动效应；但是，如果先刺激皮层运动区，再刺激纹状体，则大脑皮层启动的运动反应可以被抑制。还有研究表明，尾核-前额皮层通路与运动程序的选择有关，它提示基底神经节参与运动信息的编码。目前的研究还表明，壳核-前运动区通路易化运动习惯的形成、黑质-伏隔核-前额皮层环路与奖赏刺激的运动反应相关。

小脑（cerebellum）既接受大脑皮层下行的纤维，也发出纤维到大脑皮层。它的主要功能是配合大脑皮层完成本体感觉和运动的信号整合，属于辅助感觉运动整合区。小脑的

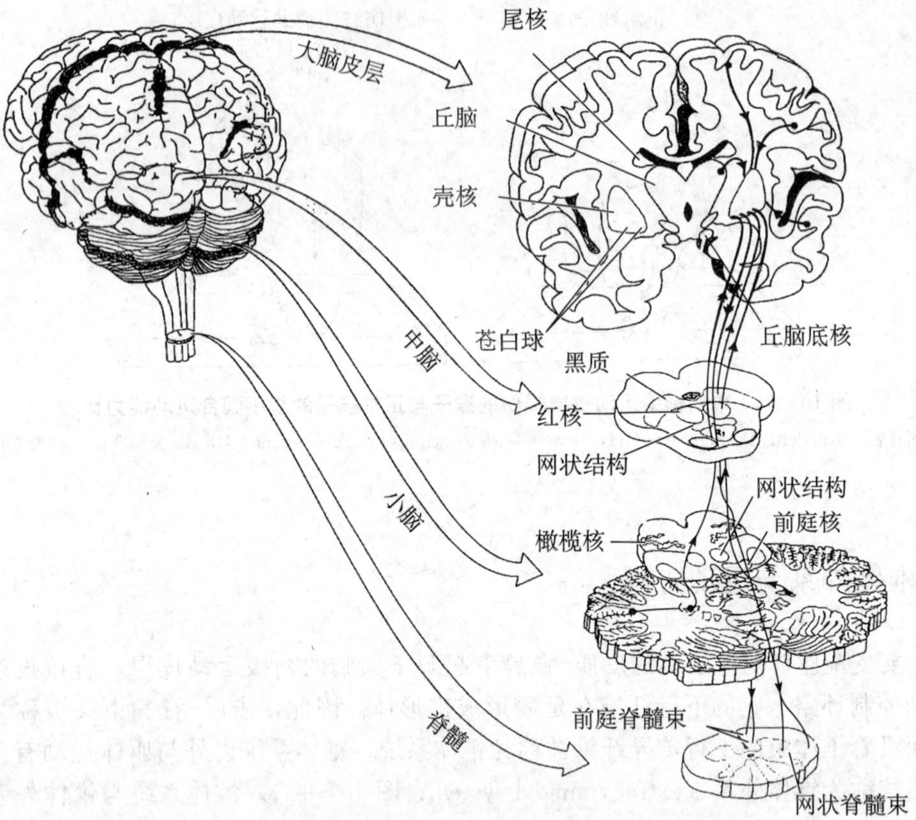

图 10-13　椎体外系的运动调节通路

资料来源：Breedlove S M, Rosenzweig M R, Watson N V. Biological psychology: an introduction to behavioral, cognitive, and clinical neuroscience. 5th ed. Sunderland, MA: Sinauer Associates, 2007.

损伤会造成运动的协调和平衡丧失。从结构和功能上来看，可以将小脑分成前庭小脑、脊髓小脑和小脑皮层三个主要的部分（图 10-14）。它们分别接受前庭系统、脊髓和大脑皮层的神经传入，而传出纤维主要投射到大脑皮层感觉区、丘脑、基底神经节以及胼胝体。前庭小脑与身体平衡的维持有关。例如，猴子的绒球小结叶被切除后，猴子仍能用手进食，但不能站立，尽管身体平衡的能力受损，但肌肉运动的协调性仍然良好。在人类中，小脑皮层障碍会导致运动**共济失调**（ataxia），表现为指物不准、动作震颤或行走蹒跚。脊髓小脑受损后会表现出肌张力降低。小脑也是运动程序性学习记忆的关键脑区。大脑运动皮层的运动决策是根据小脑、脊髓以及丘脑等感觉整合传入信号来做出的。大脑运动皮层发出的运动指令能通过基底神经节使肌肉活动协调，也能将感觉整合信号传达至小脑从而启动程序动作，使动作被平稳执行。像大脑新皮层一样，小脑皮层也有六层结构。主要由颗粒、浦肯野、锥体等细胞以及密集的轴突和树突层构成。与大脑新皮层不同，小脑的每一层都由相似的神经元组成，或者由树突和轴突构成。小脑的最外层由紧贴浦肯野细胞下层的颗粒细胞投出的平行纤维（parallel fiber）构成。平行纤维轴突与浦肯野细胞树突形成密集的 γ-氨基丁酸能抑制性突触，以完成对浦肯野细胞的调控。浦肯野细胞的传出纤维是小脑信息传出的唯一通路。

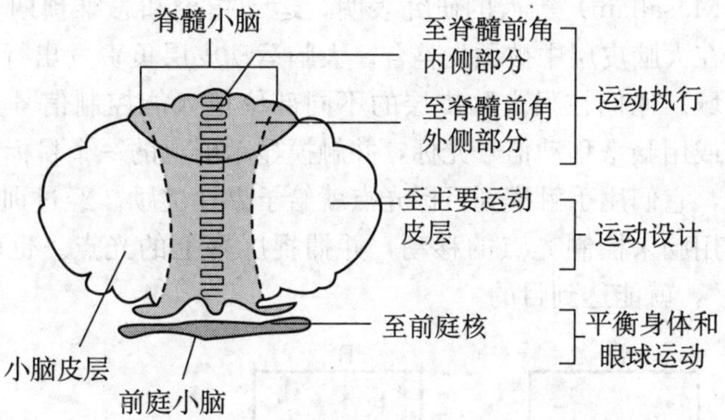

图 10-14 小脑功能分区示意图

三、运动的启动与控制机制

运动启动与控制是一个复杂的过程，至今我们对其机制的了解仍然有限。目前的观点认为，运动的启动可能源于大脑皮层功能区之间的**皮层联合区**（cortical association area），而运动的程序设计则依赖于大脑皮层前运动区、基底神经节以及小脑外侧皮层。设计好的程序信息被传送至初级运动皮层，再由此发出运动指令到达脑干和脊髓的运动神经元。运动程序须在大脑皮层和皮层下的其他运动区之间得到不断的校正。小脑是运动信息整合的重要结构。它可以利用自身与脊髓、脑干和大脑皮层之间的纤维联系，将来自肌肉、关节等处的感觉传入信息与大脑皮层发出的运动指令进行反复比较，并修正大脑皮层的活动指令。外周的感觉信息，包括视、听和触等感觉系统的反馈信息，也可以直接或间接传入运动皮层，并不断地纠正运动偏差。见图 10-15。

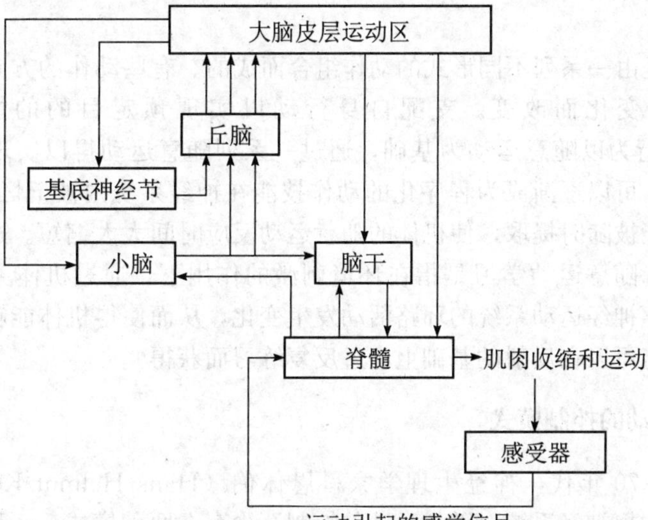

图 10-15 运动系统各结构相互关系示意图

资料来源：Kandel E R，Schwartz J H，Jessell T M. Principles of neural science. 4th ed. New Youk：Mc Graw-Hill，1991.

穆萨拉姆（S. Musallam）等人的研究表明，运动指令和思维预期分别依赖于不同的大脑皮层，也可以在大脑皮层中被预先整合。大脑运动皮层负责发出行动指令，而顶叶皮层是行动的计划区域。他们在猴大脑皮层的不同部位植入能控制信号光标出现的特殊电极，训练猴子用手或用脑来移动信号光标，并触摸显示屏上的一个目标光点（图 10-16)。当信号光点出现时，它们用手触摸到目标光点就给予果汁奖励。经过训练后，猴子可以不再直接用手，而是用脑来控制光点的移动，并捕捉屏幕上的光点。也就是说，猴子只要"想"，而不用"做"，就能达到目的。

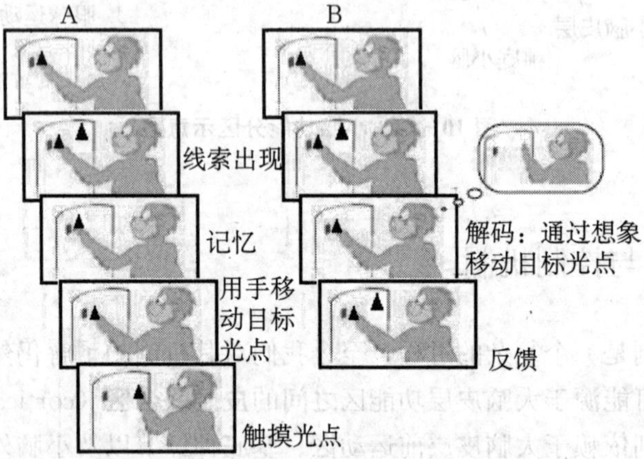

图 10-16 用手和用脑控制光标的实验示意图

A 图：根据线索和记忆触摸目标光点。B 图：根据线索和记忆通过想象移动目标光点。

资料来源：Musallam S, Corneil B D, Greger B, et al. Cognitive control signals for neural prosthetics. Science, 2004, 305 (5681): 258-262.

四、脑与运动学习

任何运动都是由一系列不同形式的动作组合而成的。有些动作的方向、轨迹或速度等还能随着意志的变化而改变。支配自身行动以实现预定目的的能力被称为**意志**（volition)。意志行为以随意运动为基础，通过一系列随意运动得以实现。许多随意运动被反复练习以后，可以逐渐成为程序化的动作技能在神经系统内被记忆保存。当需要时，这些熟练的技能能被随时提取，使机体的随意运动反应时间大大缩短。这一过程的实质是随意运动的学习。随意运动学习是指在环境刺激的作用下，通过机体主动的行为适应过程，使相关的中枢神经运动系统的环路活动发生变化，从而使得机体能够获得某种新的运动技能。运动技能可以在反射的基础上经过反复练习而获得。

（一）随意运动的控制模式

早在 20 世纪 70 年代，神经生理学家科恩休伯（Hans Helmut Kornhuber, 1928—2009）就提出，中枢神经系统对随意运动的控制至少存在两种模式。一种模式是高位中枢已经预先存在的程序起调控作用。在随意运动开始时，高位中枢自动下达指令至脊髓运动神经元，并兴奋那些参与该运动的肌肉。在此运动模式中，高位中枢的运动指令一旦启动，神经冲动就会向脊髓连续地发放，因而运动调节的可能性较低。另一种模式是高位中枢预先存在的程序尚不固定，需要具有不同功能的脑区调节动作的执行。大脑运动皮层与感觉或其他皮层之间的联合皮层是运动指令发出的最高中枢，但指令的整合需要基底神经节和小脑的参与。基底神经节主要调控慢的、渐进式的运动，而小脑更多地参与全或无式的抛射性的运动。同时，大脑皮层的运动区还接收来自肌肉、关节和其他感受器有关运动效果的反馈信息，具有修改或调整运动指令的功能。近年来的研究结果支持科恩休伯提出的随意运动的控制模式理论。

（二）大脑皮层与运动学习

在运动的学习过程中，大脑的视、听、嗅和触等感觉皮层以及运动皮层都起重要作用。比如人类运动学习者最初主要利用来自各方面的感觉信息，经过大脑皮层的认知加工以理解运动任务的意义。这些信息最初在感觉皮层被初级加工，经过中枢认知整合后，再被传出以支配运动系统。当运动技能还不熟练时，表现为肌肉群活动泛化，多余的动作较多，动作之间的联系不协调，准确性较低。这是因为初学者注意范围比较狭窄，知觉的经验缺乏，运动系统还不能精确调节肌肉的协调活动，只能利用非常明显的感觉线索来反馈调节动作。随着练习的增多、注意范围的扩大、感知觉经验的增加，运动的本体感觉逐渐清晰明确，动作准确性开始增加，继而可以通过关节、肌腱和肌肉的本体感觉来自动反馈协调运动。

（三）小脑与运动学习

除了反馈本体感觉信息调节运动平衡以外，小脑在运动技能的学习和程序化记忆中也起关键作用。20 世纪 80 年代，长时程抑制现象在小脑皮层被发现，证实了小脑浦肯野细胞传入纤维与攀缘纤维的突触联系是小脑学习的结构基础。进一步的研究还证实，小脑内的 γ-氨基丁酸和谷氨酸参与运动技能的学习和记忆。研究还发现，脑内有一种作用类似大麻的物质“大麻素”（endogenous cannabinoids），它的受体“CB_1”在控制运动的小脑神经细胞上较集中，可能参与小脑的学习记忆。威尔逊（Rachel I. Wilson）和尼科尔（Roger A. Nicoll）近期的研究表明，实验动物的“CB_1”受体基因被敲除后，多种类型的运动学习不能正常进行。

（四）运动对脑的反作用

动物实验表明，运动能刺激大脑血管和神经细胞的生长。来自正常人类被试的实验研究或患者的临床治疗实践都表明，运动既可以促进脑的发育，也有助于脑功能障碍的恢复。美国佐治亚医学院的凯瑟琳·戴维斯（Catherine Davis）领导的一项新的研究表明，儿童每天适当的运动不仅可以健身，而且还能健脑。他们对 163 名 7 岁至 11 岁的肥胖儿童进行运动干预，并追踪比较这些儿童认知功能的发展和变化。三个月后的 fMRI 结果发现，经常参加运动的儿童其大脑前额皮层的神经活动更强烈，而且他们的数学、阅读以及执行能力的发展显著快于非运动组儿童。

“聪明的”脊髓神经元

→ 基本概念

反射运动	随意运动	节律运动	终端公路
运动单位	慢抽搐	快抽搐	肌梭
高尔基腱器	本体感受器	前庭脊髓反射	前庭动眼反射
反馈控制	前馈控制	牵张反射	屈肌反射
中枢模式发生器	（脑干）抑制区	（脑干）易化区	去大脑僵直
初级运动皮层	前运动皮层	辅助运动皮层	准备电位
锥体外系	基底神经节	共济失调	皮层联合区
意志			

→ 思考题

1. 简述物种进化与运动系统的发展。

2. 简述运动形式的分类。

3. 通过实例比较骨骼肌中的本体感受器——肌梭和高尔基腱器的兴奋方式和作用结果。

4. 举例说明感觉信息的反馈控制和前馈控制。

5. 阐述大脑皮层运动区中的初级运动皮层、前运动皮层和辅助运动皮层对随意运动的不同控制作用。

6. 基底运动神经节或小脑损伤将可能造成哪些运动障碍？

第十一章

生殖行为

生殖行为（reproductive behavior）是指动物的性活动及其与照料后代有关的一切行为，主要包括两性个体的**性行为**（sexual behavior）和**亲代抚育行为**（parental care behavior）。性行为主要是指雌雄两性的求偶和交配行为，其目的是要让两性的遗传物质——精子和卵子中的染色体有机会相遇，从而使双方携带的基因进行新的整合。性行为是完成有性生殖的必要手段。通过两性的求偶、同性之间的竞争等"性选择"过程，适应环境的基因或是更多的优势基因能够结合，以利于环境对动物的自然选择。换言之，性选择可以增加物种生存和演化的机会。抚育行为是指亲代对与子代生存有关的照料行为。它们与性行为一起共同组成完整的生殖行为，以完成物种的延续。如果没有生殖行为，很多动物将无法繁衍生息。生殖行为既是一种本能的生物行为，也是一种非常重要的社会行为。绝大多数动物以及人类是通过有性生殖——两性生殖细胞的结合来繁衍后代并延续种族的。人类性行为的演化与其他动物的性行为一脉相承，但已经不仅仅具有较为单纯的生物学意义，还涉及人类两性之间的社会、家庭、文化及情感关系。人类性行为属于多学科的研究范畴，比如，可以从伦理学、社会学、法学、美学、生理学或心理学等不同角度研究人类性行为及其规律。从探索行为的生物学基础的角度出发，本章将主要讨论生殖行为及其基本的生物调节机制。

第一节　性行为

一、性选择及其意义

动物性行为的实质是种族繁衍的自然选择过程。**性选择**（sexual selection）是指动物对配偶的那些具有吸引力的或演化优势的特征的相互选择。性选择主要体现在三个方面：一是选择为竞争配偶而击败对手的特征，如体型、智力或雄性的格斗器官等方面的优势；二是选择对配偶具有诱惑力或吸引力的那些特征，如外表、气味或羽毛的色泽等方面的优势；三是排斥对种族延续不利的因素，如年龄、疾病或健康方面的不利状况等。性选择的目的在于增加交配成功率，或者有利于子代的生存。

性选择还包括性内或性际的竞争性选择。为了得到与异性的性接触权利，同一种性别的成员之间进行的竞争被称为性内选择，而所谓性际选择则表现为某些成员比其他同性具有被异性优先选择的机会。还有一些特殊的求偶或交配模式也同样属于性选择的范畴。例如，鹰有一个飞行的求爱仪式，雄鹰和雌鹰可以在半空中完成交配。很明显，任何缺乏速度或协调的鹰都不可能在半空中完成这种高难度的交配活动。这样的交配模式可以使种群的某些优势基因得以保存下来，以利于物种在环境中的竞争和生存。

基因多样性或单一性的选择也是许多物种延续所面临的另一种竞争。在多数物种中，雄性会更主动地竞争与雌性交配的权利。性内竞争的少数优胜者，尤其是雄性，往往会获得更多与异性交配的机会。但是，就物种演化而言，这种竞争模式存在基因单一性的风险。而对于雌性来说，多配偶的选择同样有利于基因多样性的保存，并降低物种对环境的适应的风险。例如，在自然环境中，狼或天鹅都有稳定的配偶关系，但有研究报告表明，它们的子代至少都有一半以上的基因并非来自母亲的固定配偶。

二、性行为的基本过程

动物性行为一般可以分为性吸引、性欲表现、交配、交配后行为等四个阶段，从动物演化的角度来看，性选择在性行为的各个阶段都起着很重要的作用。

（一）性吸引

动物两性之间的性吸引（sexual attraction）是性行为产生的第一个阶段。在自然状态下，绝大多数动物具有明显的**发情期**（estrus）。在发情期，动物异性之间相互的性吸引力明显增强。每到繁殖季节或发情期，不管是雄性还是雌性动物都会用不同的方式宣告自身处于发情期来吸引异性。例如，处于发情期的雌猴，其生殖器周围呈现红肿的“性皮”（sex skin），会强烈地吸引雄猴。处于排卵期的多种成年雌性动物都会通过视觉、嗅觉、听觉信息或是其他诱惑行为向雄性发出性信号，如阴部皮肤变红、散发特殊的气味、发出响声或向雄性展露阴部等。

根据自身器官的演化优势，不同的物种可能会以不同的外在生理或行为方式来吸引异性。例如，鸟类视觉或听觉系统演化得较好，一些雄性鸟类会在发情期通过视听刺激吸引异性，如百灵鸟通过优美的鸣啭，孔雀通过开屏展示鲜艳的色彩，园丁鸟则通过建筑漂亮的巢穴来吸引雌性；而犬科动物嗅觉系统发达，雌性发情期的阴道分泌物气味对雄性有强烈的吸引力。

在大多数动物中，雌性性吸引力的大小与雌激素的水平有关。排卵时雌激素水平最高，吸引力也最大，因而受孕的可能性也最大。然而，雌性并非被动地接受雄性的选择，它们也会对雄性进行主动选择。例如，有实验表明，发情的雌猴会主动地接近正常的雄猴，而非被阉割的雄猴。但是，性激素并不是决定异性间吸引力的唯一因素，例如，给予一群卵巢被阉割的雌狗同等剂量的雌激素，然后观察它们对雄性的吸引力。结果发现，其中一些雌性对雄性具有更大的吸引力。同样，并不是所有的雄性都喜欢同一个雌性，它们也会有各自偏好的对象。性吸引行为的意义是异性之间的相互选择。例如，可以根据气味判别对方年龄或健康状况等。

（二）性欲表现

如果两性之间能相互吸引，就会用某些特殊的行为来表现性欲（appetitive behavior）。这是性行为过程的第二个阶段。例如，雄性动物常常会追逐雌性动物，或者以触、擦、舔等方式刺激雌性的性欲；雌性动物也会以躲闪或展示生殖器官等方式挑逗雄性。这类行为被称作**前接受行为**（proceptive behavior）。这些行为有助于激发性欲或维持两性进一步的性关系。例如，雌鼠常常用一种特殊的突然跳跃的动作离开雄鼠，这样更能刺激雄鼠，以增加雄鼠与之交媾的迫切性。前接受行为和性吸引一样，在雌激素水平最高时表现最为强烈。性吸引和性欲表现是性交配发生前的准备阶段。

（三）交配

动物的交配（copulation）是完成有性繁殖的实质性行为。哺乳动物的交配是以雄性的阴茎勃起并插入雌性的阴道，以及连续的胯部推冲和射精等基本动作为特征的一系列行为。动物的交配姿势，在很大程度上取决于体形和生殖器官的位置。在大多数的哺乳动物中，生殖器的位置决定了它们的交配姿势。例如，当雄性大鼠试图交配时，处于接受期的雌性会主动接近雄性，然后，以**脊柱前弓**（lordosis）、偏尾和展露生殖器等行为来配合雄性的爬跨和插入；经过一分钟左右的胯部推冲后，雄性会经历 1/4 秒的射精过程。不同物种其交配频率和持续时间有很大差异，但交配过程的差异不大。

（四）交配后行为

动物在交配后出现的一些特殊的生理或行为表现被称为交配后行为（postcopulatory behavior），例如，猫会打滚、大鼠会理毛等。还有某些哺乳动物，如狗或一些啮齿类动物，射精后阴茎因膨胀而不能取出，大约要在雌性体内停留 10～15 分钟，这可能与交配后受孕的成功率有关。这种现象被称为**交配锁**（copulation lock）。射精以后，大多数哺乳动物要经过较长的一段时间间隔，才能再次进行下一次交媾。在这一段时间内，动物生殖器官不能产生性反应，被称为**不应期**（refractory period）。但是，在某些雄性数量偏少的动物种群中，雄性可以与雌性反复交媾。当此雄性进入性衰竭状态时，若出现一个新的雌性，它很快就能恢复性交能力。这一现象被称为**柯立芝效应**（Coolidge effect）。这种效应对雄性数量偏少的种群有重要的生物学意义，例如家鸡或海豹等。在雌雄数量大致相等的动物种群中，柯立芝效应表现得并不明显。对大多数脊椎动物来说，交配后的远期行为还包括亲代抚育行为，这一点会在后面继续讨论。

三、人类性行为及其特征

人类的性行为不仅是一种生物的本能活动，也是心理和社会等复杂因素综合作用的结果，具有高度的社会文化性。对于人类性行为的研究始于 19 世纪末，心理学家弗洛伊德和蔼理士（Henry Havelock Ellis，1859—1939）是人类性行为研究的开拓者。从性本能与社会文化冲突的角度，弗洛伊德挖掘人类精神障碍产生的生物根源，这使他成为现代人本主义哲学的先驱和奠基人。从 20 世纪 40 年代开始，金赛（Alfred Kinsey，1894—

1956）等人针对美国人的性行为的规模性调查，为科学地了解人类自身性行为的特征提供了有价值的数据。此后，科学家对性生理和行为学的研究也不断地取得突破性进展。对人类性问题的科学认识，归功于生物学、医学、心理学和社会学等工作者的共同努力。

（一）人类的性反应周期

人类的性活动过程伴随着一系列性生理和心理反应。马斯特斯（William Masters，1915—2001）和约翰逊（Virginia Johnson，1925—2013）首先提出人类性反应周期的观点，并发现人类的性反应存在周期性变化。从性兴奋开始到恢复原有状态的周期性变化被称为**性反应周期**（sexual response cycle），其中包括兴奋期（excitement）、高原期（plateau）、高潮期（orgasm）、消退期（resolution）和不应期等不同的阶段。兴奋期男女双方都会出现心率增加、血压上升、呼吸急促等生理反应，并在高潮期达到峰值。此时，血压可比平时升高1/3倍、心率增加2倍、呼吸频率增加3倍左右。当性兴奋达到一定水平后性高潮即可被触发。性高潮是一种反射性的性反应，一般不能被主观意愿所控制。人的性反应周期及其模式基本类似，但并不排除个体之间存在某些差异。男女之间的差异则较为明显，例如，在性高潮之后，男性有一个生殖器不能勃起的绝对不应期，而女性性反应的绝对不应期则不明显。

在人类性反应周期的各个阶段中，心理活动的调控起着很重要的作用。性兴奋的唤起是触、嗅、听或视等感官发挥综合作用的结果，而认知、情绪和动机对性爱反应具有重要的调节作用。另外，个体的人格特征对性爱反应也具有重要影响。

（二）人类性行为的一般特征

动物性行为和性生理的演化相对保守。与大多数动物一样，人类的性活动也经历性吸引、性欲表现、交配和交配后行为等基本阶段。在这些性行为过程中，人类既保持了所有动物共同的本能性特征，也出现了一些特征性的生理和心理活动。例如，性吸引力在人类当中会表现得更为复杂，与性激素的水平似乎无直接的关系，而更多的与社会文化或心理因素有关。一些研究结果也表明，除了被有魅力的身体或美貌所吸引以外，人类更倾向于喜欢重复出现的异性或持有相同态度的异性。在选择长期配偶时，女性则倾向于选择社会地位较高的男性，而男性更倾向于选择外表出众的女性。除了一些共性的因素以外，人类异性之间的性吸引与个性或个人的认知经验有更密切的关系。

与大多数动物相比，人类性行为的独特变化也表现在与生理相关的性行为模式上。大多数动物的性成熟晚于脑发育的成熟，当应对环境的经验和技能成熟之后，动物的性发育才成熟，继而获得交配或繁殖的权利以及抚育后代的可能性。但是人类在青春期即可完成性发育，而脑发育的成熟要延迟到成年期，远远晚于性的成熟。大多数哺乳动物存在明显的发情期，交配频率和持续时间有很大差异。动物的交配取决于雌性是否处于发情期，雌性动物只在发情期有性要求，而在其他时候由于缺乏性挑逗的信号，因此，对于雄性来说没有吸引力。而在人类，女性排卵期的信号已被明显掩盖或弱化，但性的接受期却可以延续至整个月经周期或生育期。因此，人类不存在明显的发情期，性交频率的时间跨度明显延长。大多数哺乳动物的交配姿势变化不大，为雄性在上雌性在下的背跨式。人类由于直立行走与进化的缘故，性器官位置相对独特，因而性交姿势能变化多端。动物的交配模式是公开的，目的只是繁衍后代；而大多数人类的性行为具有隐秘性，目的也不单纯是繁衍后代。

在自然界，由雌性动物照料后代所占的比例较大，但也有少数物种由雄性抚育后代，如某些鸟、蛙或鱼等。在大多数高等哺乳动物中由雌性照料后代。而在人类中，后代由父母共同照顾，两性在婚姻中是共同抚育后代的伙伴关系。大多数成年哺乳动物或独居或群居，两性关系只是为了交配和繁育后代；而在人类社会中，大多数的两性可以维持长期的配偶关系，彼此是较为稳定的性伴侣或婚姻关系，具有维系社会、家庭和情感关系等多重作用。人类性关系的婚姻化是社会、经济和文化发展的独特产物。

大脑如何控制性行为？

第二节 性的分化和成熟

性行为是许多动物自然繁衍后代的唯一途径，而性别分化则是有性生殖可能发生的先决条件。在生命早期，两性的性别由基因决定并受性激素的调控。受制于生物学的自然规律作用，正常动物个体性别被决定后必然发育成为雄性或雌性。动物发育过程中一系列的性别性状的分化，统称为**性分化**（sex differentiation）。性分化包括性腺、生殖器官甚至中枢神经系统结构的分化，为性的成熟或有性生殖准备了必要的物质条件。在高级哺乳类动物中，性分化在出生前就已经开始，并且可以一直延续至成年。性腺和生殖器官的成熟也有利于性行为的分化和成熟。另外，后天生存的环境对性行为的分化与成熟也有一定的影响。人类性腺和生殖器官的成熟在青春期即可完成。性激素对脑的发育、分化和成熟的影响仍然有待于深入研究。

一、性分化

从遗传学的角度来看，人类的性别在受精时就被决定了。受精卵携带的性染色体的差别决定性分化的方向。XX 型的受精卵发育成女性，XY 型的受精卵发育成男性。在发育过程中，性染色体将携带的丰富遗传信息及时传达到身体的各个器官，并指示它们如何进行分化。相对于 X 染色体来说，Y 染色体对于性别决定起更重要的作用。因为 Y 染色体携带着更重要的决定性别差异的遗传信息。

（一）性腺的分化

在受精后最初几周内，胚胎内首先会形成中性的性腺、外生殖器以及两套不同的内生殖管道，两性之间的生殖器官毫无区别。到胚胎发育第 7 周，性腺开始分化。男性性腺分化后大约在第 14 周发育成睾丸，而女性卵巢的出现大约是在第 19 周。引导性腺分化的重要基因位于 Y 染色体短臂顶部区域，被称为 **Y 染色体性别决定**（sex-determining region Y，SRY）基因。该基因可诱导产生一种叫作**睾丸决定因子**（testis-determining factor,

TDF）的蛋白。未分化性腺细胞核中的 DNA 与 TDF 结合后，可分化成为睾丸。如果 SRY 基因的作用不显现，未分化的性腺则会发育成为卵巢。美国哈佛大学的一个研究小组于 1999 年发现，在 Y 染色体中还存在着决定人和哺乳动物的性别的另一个基因，被称为 Wnt-4 或“雌性基因”。动物实验也证实，如果该基因被激活并发挥作用，胚胎会发育成为雌性。

（二）生殖器的分化

除了遗传因素以外，内、外生殖器官的分化还取决于胚胎发育过程中有无一定水平的雄性激素。雄性激素将使雄性胚胎的发育区别于雌性。在人类胚胎发育早期，两性体内生殖器均有两套原始生殖管道：**苗勒管系统**（Müllerian system）和**沃尔夫管系统**（Wolffian system）。苗勒管系统可发育成为女性生殖附件，沃尔夫管系统可为发育成男性生殖附件。促使生殖管道发育成为男性生殖附件的条件是睾丸以及睾酮的存在。在胚胎发育的第 12 周前后，男性的睾丸间质细胞可分泌睾酮。在睾酮**雄性化作用**（masculinizing effect）的刺激下，沃尔夫管系统发育生成附睾、输精管和精囊。雄性化作用是指雄性激素刺激原始生殖系统向雄性生殖系统分化的作用。与此同时，睾丸细胞还分泌抗苗勒管激素。抗苗勒管激素能产生**去雌性化作用**（defeminzing effect），阻止苗勒管系统的发育。若在此关键期内无睾酮存在，沃尔夫管系统会逐渐退化，而苗勒管系统则自然分化并发育成为输卵管、子宫以及部分阴道。在胚胎发育过程中，卵巢几乎处于完全无活性状态，女性内生殖器由于缺乏卵巢激素而不发育。

二、性成熟

人类胎儿出生时就具备了男女差异的基本性别特征，包括性腺、内生殖器和外生殖器。到了青春期，生殖器官迅速发育增大并趋于成熟，两性的身体也会出现明显的差异性变化。女性的突出表现为乳房发育、月经来临、骨盆增大和皮下脂肪增厚等，男性的明显变化为肌肉发育、胡须长出、喉结突出和声调变低等。这些与性成熟相关的生理性特征被称为第二性征。第二性征的出现标志着生殖系统发育趋于成熟。

（一）性激素的中枢调控及其组构和激活效应

在青春期之前，中枢神经系统逐渐加速成熟，下丘脑神经内分泌细胞产生促性腺激素释放激素（GnRH），GnRH 促进脑垂体分泌促卵泡激素（FSH）和黄体生成素（LH）。FSH 和 LH 直接刺激睾丸、卵巢等性腺分泌雄性和雌性激素。其中，卵巢主要分泌雌激素和孕激素等雌性激素，而睾丸主要分泌睾酮等雄性激素。性激素促进生殖器官的成熟和第二性征的出现，从而激发并维持性行为和生育周期活动。这些与性活动相关的内分泌激素对身体产生多种作用，相互之间通过正负反馈机制调节机体的功能平衡（图 11-1）。

性激素在性分化和成熟中均起重要作用。但是，在发育早期或成熟期，它们对个体的作用则完全不同。在发育早期的**关键期**（sensitive period），性激素作用于性腺、脑和身体的其他非生殖功能器官，使个体发育趋向于男性或女性的特征。这种对性发育特征的普遍性作用被称为激素的**组构效应**（organizational effect）。而在成熟个体中，性激素可以在一

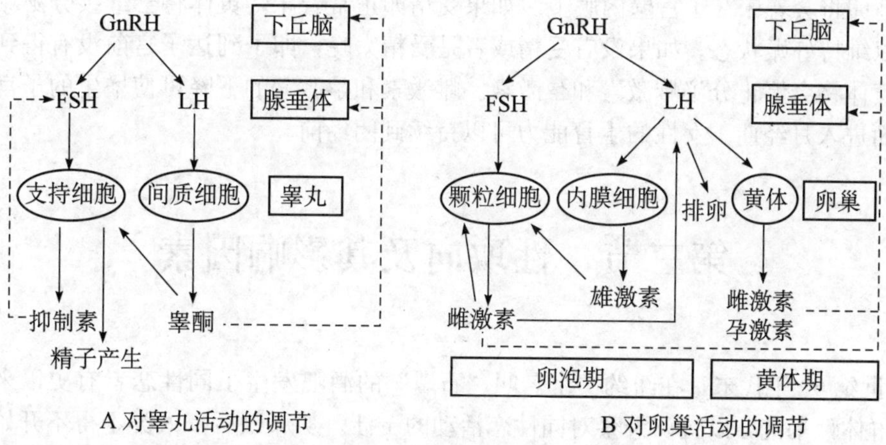

图 11-1　下丘脑-腺垂体-性腺轴的激素活动及其调节机制

实线表示促进作用，虚线表示负反馈抑制作用。

个短暂的时期内激活相应性器官的功能，使之发生特定的反应。例如，雄性激素促进精子产生、阴茎勃起和射精等，雌性激素诱发排卵等。对性器官的功能性激活作用是性激素的第二个作用，也被称为激素的**激活效应**（activation effect）。性激素的这两种效应的区别是相对的。在胎儿发育早期主要起作用的是组构效应，同时也有激活效应；而在成熟期则以激活效应为主，但也可以诱导器官的结构变化。例如，成年男性长期接受雌激素治疗，可以使乳房发育，胡须变细变软；同样，成年女性受高水平雄激素的影响，也会产生出现胡须或声音变粗等男性特征。

（二）性成熟与生殖周期

性成熟的重要标志是具有生殖能力。在人类中，男性的生殖能力从青春期开始，一直可维持到衰老之前，没有明显的周期性。而女性的生殖能力以周期的形式存在，表现为月经周期。月经周期有四个阶段：卵泡期、排卵期、黄体期和月经期，一般持续 28 天左右。其他哺乳动物类似的生殖周期不以月经的形式表现，而是在不同季节，通常以维持时间不等的发情期的形式表现出来。发情期和月经周期有明显的不同。对于雌性动物来说，其发情期的性行为完全受排卵期激素水平的控制，因此，只有在雌性激素水平较高的排卵期，才会发生交配行为。而对人类而言，性行为已经不仅仅是单纯的生物学意义上的生殖行为，而且与社会、家庭以及情感关系的维系有关。因此，人类性行为并不完全受性激素水平控制，可以发生在生育年龄的任何时候。

女性生殖周期受下丘脑-垂体-卵巢轴分泌的各种激素的调控。下丘脑神经元分泌的 GnRH 促进垂体合成和释放 LH 和 FSH，使卵巢分泌的雌激素浓度升高。高水平的雌激素可促进卵泡发育，同时，也可以通过负反馈的方式抑制垂体释放 FSH。适量的 FSH 能促进子宫内膜细胞分裂和生长以及 LH 受体容量增加，并维持优势卵泡继续成熟以及分泌雌激素。此时，高水平的雌激素可以刺激下丘脑 GnRH 对垂体 LH 的分泌。LH 高峰可引起卵泡破裂并排卵。在 LH 刺激下，排卵后的滤泡转变成黄体。黄体产生的孕激素和雌激素可使子宫内膜增生，为受精卵的着床做好准备。与此同时，卵子进入输卵管并开始移向子宫。卵子在输卵管的移动过程中如果遇到精子将会受精，并开始分裂增殖。几天后，发育的受精卵将会着床在子宫壁内膜上。如果受精卵正常着床，黄体将会继续分泌雌激素和孕激素以维持妊娠状态。如果没有受精或者是受精太晚，卵子到达子宫前没有得到足够的发育，黄体将会停止分泌雌激素和孕激素。雌激素和孕激素的下降可使增生的子宫内膜自动脱落而进入月经期。女性的生育能力可以持续到闭经前。

第三节　性取向及其影响因素

20世纪60年代末，在纽约一个名叫“石墙”的酒吧发生了同性恋者有史以来第一次公开的群体性暴乱，以抗议警察对同性恋活动的干涉。从那以后，人类不得不开始重新认识一个从前被忽略的问题——**性取向**（sexual orientation）。性取向是指个体会被何种性别所吸引。大多数成年人的性指向对象为异性，表现为异性恋；也有少数人的性指向对象为同性或者既指向同性又指向异性，表现为同性恋或双性恋。后来的研究表明，性取向在儿童期开始就逐渐形成。多数人成年后会喜欢异性，成为异性恋，但有少数人却成为同性恋。过去同性恋一直被视为性变态，在临床上也被当作心理障碍进行治疗，但疗效并不理想。近年来的研究结果表明，除了环境因素或成长经历对个人性取向形成的影响以外，生物差异的因素也应该被重视。2001年《中国精神障碍分类与诊断标准》（第3版）(CCMD-3)仍然将同性恋列为性取向障碍，但同时也明确表示，如果本人对此不感到内心痛苦，又不妨害别人，则不必对其强制治疗。随着科学研究结果的不断发现，我们对复杂的性问题的认识也会逐步深入和明确。

近些年来，对于人类性取向的起因及其本质的科学研究一直没有停止过。究竟是什么原因决定了一个人的性取向？尽管不能把动物实验得到的结果简单地类推到人类，但是，实验证据也无可辩驳地说明了人类与其他动物一样，都遵循最基本、最保守的自然生物学规律。科学发现和动物演化的历史也告诉我们，越是高等的动物，其行为越容易受到环境的影响。人类的性取向的形成无疑会受社会、宗教和文化等多种环境因素的影响。但是，在漫长艰难的探索过程中，人们在精神或文化层面仍然没有找到令人信服的科学解释。随着生物科学和技术的发展，对性取向成因与环境和生物基础的关系，特别是涉及遗传、激素和脑的结构等影响因素，已经积累了不少有意义的证据。

一、性取向及其环境因素

心理和行为学研究结果表明，在幼年时，人类或其他动物的性取向并无明显的偏向性。以模仿性交的爬跨动作为例，幼年动物对同性的爬跨频率远远高于成年同性。幼年动物生殖系统尚未发育成熟，还不具备发生性交配的条件，它们对同性或异性的爬跨动作可能来自遗传的本能行为，或者是对成年动物行为的模仿学习。

来自临床的个案研究也表明，早期社会环境或经历可能会对性取向形成产生影响，例如，早期的情感受挫或在家庭中被当作异性抚养等等。1999年康奈尔大学研究人员的实验发现，将日龄雌性斑马芬雀在同笼饲养，它们成年后在选择配偶时有同性取向的占到 38%。

特殊的社会环境或组成结构也可以引起性取向的变化。例如，有研究发现：灰雁常常与异性结伴生活，但在缺少异性伴侣的情况下，灰雁可与同性结成性伴侣；处于发情期的雄性斑鸠，如果缺少异性伴侣，可能会向雄性同类做出求偶行为。在发情期，有些动物种群会通过搏斗竞争与多数雌性的交配权。比如，在发情期的雄性麋鹿中，少数胜者会占有绝大多数雌性动物，而战败者则失去与雌性自由交配的机会。失去与雌性交配机会的雄性之间容易发生同性倾向，以舒缓性紧张的压力。

二、性取向的基因控制

1963 年，耶鲁大学的吉尔（Kulbir Gill）偶然发现 fru 基因突变可以改变果蝇的性行为。正常的雄性果蝇不会主动追求同性，而且在被同性追逐时会用拍翅或踢打的方式加以抗拒。但是，fru 基因突变的雄性果蝇不仅追求异性，也追求同性，还会回应同性的追求。如果只有同性，每一只雄性果蝇都会追求前面的雄性并回应后面的雄性，有时会形成一条同性求偶链。fru 基因的轻度突变可导致雄性果蝇成为双性恋。如果出现中度变异，雄性果蝇的求偶行为会更加混乱。它们往往从一对一的正常追求模式变成多只雄性同时追求同一雌性，并且会丧失对雌性的吸引力。而重度 fru 变异的果蝇则会产生性冷淡，仅对同性有点兴趣，对异性基本无兴趣。这些结果表明，雄果蝇体内的 fru 基因不仅调控雄性对雌性的求偶行为，同时还抑制雄性同性之间的相互追求。见图 11－2。

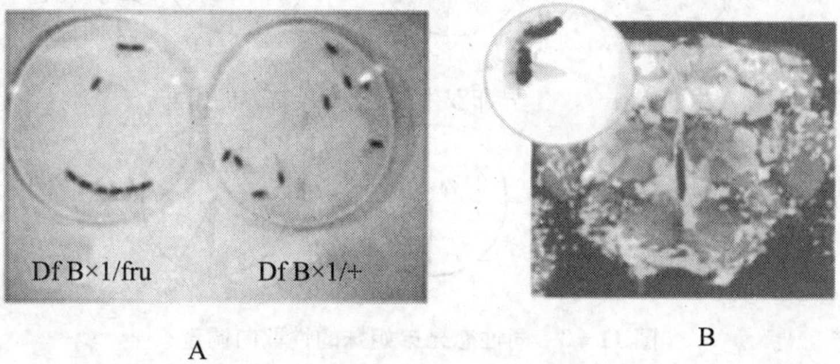

图 11－2　fru 基因与果蝇性行为

A 图：普通果蝇一对一接近或追逐异性的行为模式（右）。fru 基因突变的雄果蝇追求同性，每一只雄性都追求自己前面的那只雄果蝇，有时它们会形成一条同性求偶链（左）。B 图：浅色部分表示果蝇性行为过程中 fru 基因对脑部“求偶”通路的调控和激活范围。

近年来，以果蝇的求偶模式来研究动物性取向的基因调控机制已经取得较大的进展。2005 年，澳大利亚科学家狄克逊（Barry J. Dickson）的研究小组发现，雌性果蝇的 fru 基因按雄性版被改造之后，它们也会向其他雌性求爱，并且对雄果蝇不再感兴趣；同样，如果把雄性果蝇的 fru 基因改造成雌性版，它们就不再追求异性，在性活动中也变得被动了。科学家还研究了果蝇脑部与 fru 基因活动有关的神经通路。该通路在雌性或雄性果蝇脑中并无明显差异，说明果蝇性行为活动差异的关键不在于神经通路的结构，而在于基因活动对神经通路功能的调控。

美国科学家最近的研究还发现，有一种神经胶质细胞氨基酸转运体调控基因 genderblind（gb）突变也可以诱发雄性果蝇的同性恋行为。研究人员用遗传学或药理学的手段，可以在几小时之内成功地使果蝇变成同性恋。同性性行为现象也存在于多种其他动物中，例如，豚鼠、绵羊、鸵鸟、海豚、猕猴、倭黑猩猩和长颈鹿等。有报告称，具有同性性取向的动物接近 500 种，其中哺乳动物近 170 种，鸟类 130 多种，其余的属于两栖类、爬行类或无脊椎类动物。

在比较遗传与环境等因素对人类某些特定问题的影响程度时，国际上通常被认可的方法是利用人类的同卵或异卵双生子作为标准的研究样本。20 世纪 90 年代，贝利（J. M. Bailey）等人曾对同性恋双生子与寄养子的性取向进行了对比研究。他们的研究结果表明：性取向的相似性在同性恋的同卵双生子中，兄弟之间可达到 52%，姐妹之间可达到 48%；在同性恋异卵双生子中，兄弟之间性取向的相似性也可以达到 22%，姐妹之间可达到 16%；而在同性恋寄养子中，兄弟之间和姐妹之间性取向相似性的比例则最低，分别是 11%和 6%。比较这些同性恋样本总体研究结果可以发现，相似的性取向比例的大小依次为：同卵双生子、异卵双生子和寄养子（图 11－3）。从遗传规律来看，同卵双生子基因的相似性最高，异卵次之，而寄养子兄弟姐妹之间的相似性最低。这些研究结果表明，遗传因素在性取向的形成过程中可能起了十分重要的作用。

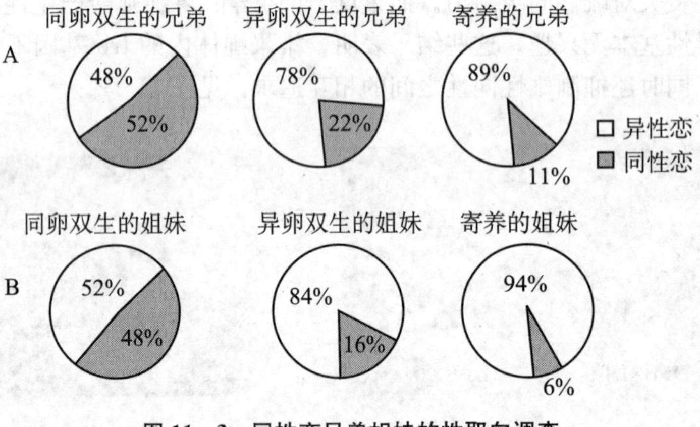

图 11－3　同性恋兄弟姐妹的性取向调查

A 图：男性同性恋的兄弟的性取向比例。B 图：女性同性恋的姐妹的性取向比例。

资料来源：Bailey J M，Pillard R C. A genetic study of male sexual orientation. Archives of General Psychiatry，1991，48（12）：1089－1096；Bailey J M，Benishay D S. Familial aggregation of female sexual orientation. American Journal of Psychiatry，1993，150（2）：272－277.

在另一项大范围家系研究中，哈默（Dean Hamer）分析了 40 对同性恋的非双生兄弟的 X 染色体。由于非双生兄弟随机混合了来自父母各一半的 DNA，任何特殊的 DNA 片段在兄弟之间同时存在的概率只有 50%。或者说来自母亲的遗传基因，在非双生兄弟中也可能有 50%的不同。他假设：如果同性恋遗传基因来自母亲的话，那么在同性恋非双生兄弟母系的表兄弟或舅父中就可能会找到相似的遗传基因。他的研究进一步发现，同性恋非双生兄弟 X 染色体的末端部分类似。这一结果表明，同性恋的形成基础可能是 X 染色体上的某些特定的 DNA 密码子导致了某种特殊蛋白的合成。他还认为如果性取向是由基因决定的话，那么这种特征性遗传基因可能存在于来自母系的 X 染色体上。哈默的研究结果曾引起很大的争论，除了社会性和宗教性争论以外，他的原始发现也尚未能被其他研究者重复。

尽管有许多研究结果显示性取向有明显的遗传性，但很显然遗传并不是决定性取向形成的唯一因素。因为研究结果也同时表明，只有部分同卵双生子有相同的性取向，而另外一部分具有相同遗传基因的同卵双生子并没有表现出同样的性取向。因此，还应该考虑外在的生存环境对性取向形成的影响，包括经历的事件、养育或文化环境与个体其他生物基础的相互作用等因素。

三、性取向的激素调节

性激素对动物性心理及行为有着极其重要的影响。在人类胎儿发育的一些关键期，接触到非正常剂量的性激素及其调控激素可以导致外生殖器出现异化。例如，过量的雄性激素可以使女性外生殖器男性化，而过量的雌性激素可以使男性外生殖器女性化。也有研究表明，女婴在胎儿期如果接触到非正常的高水平雌性激素，也有可能在成年后发生性取向的改变。

在 20 世纪 80 年代，厄哈德（Anke A. Ehrhardt）等人调查了在生育期曾接受和未接受合成雌激素已烯雌酚（diethylstilbestrol，DES）治疗的成年女性各 30 例，分别比较她们的女性后代成年后的性取向。他们发现接受和未接受 DES 治疗的母亲的成年后代，同性或双性恋与异性恋的比例分别为 7/30 和 1/30。这表明早期过高的雌激素可使女性的性取向朝着同性化转化。马尼（J. Money）等人也对胎儿期雄激素分泌较多的患有先天性肾上腺皮质增生症（CAH）的年轻女性进行了调查，发现有近一半的患者自认为她们是双性恋或同性恋。这表明雌性在胚胎发育早期接触高水平雄激素也同样会影响她们的性取向。后来的研究还发现，女性 CAH 患者常表现出与男性类似的行为偏好和性取向。除了早期直接改变生殖器官的发育方向以外，出生前的雄激素化作用可能还会对脑的发育也产生影响。这表明雄激素可能通过对脑的去雌性化或雄性化作用影响雄性性行为的发育。

2003 年美国科学家的一项研究发现，有同性性取向的雌性大鼠体内的雌激素和孕激素水平都比较低。如果给此类大鼠补充雌二醇，它们的同性求偶行为能明显得到逆转。对雄激素失敏症患者的社会行为学的研究表明，他们的行为方式更趋向于女性化。雄激素失敏症主要是由于雄激素受体缺失或作用弱化导致的。雄激素受体的缺失会抑制雄激素对人的性行为的雄性化或去雌性化作用。但是，还没有明确的证据表明雄激素失敏症患者的性取向会类似于女性。

四、脑结构的性别差异

从生理结构的发育、分化过程可以看出，两性生殖器官存在明显的差异，这种差异被称为**性别二态性**（sexual dimorphism）。性别二态性不仅仅存在于生殖器官的生理结构上，还表现在两性对行为的控制上，尤其是在求偶、交配、繁殖或养育后代等行为方面表现得最为突出。例如，在多数鸟类中，只有雄鸟具有鸣啭能力。鸣啭是雄鸟行为性别二态性的突出表现，具有求偶、吸引异性或吓退竞争对手的作用。对两性行为的控制存在差异，意味着中枢神经系统也是一个性别二态性器官。美国俄勒冈大学医学院的一项研究结果表明，约有 8%的公绵羊具有同性性取向。他们还发现在下丘脑视前区，具有同性和异性性取向的公羊的内侧视前区（MPA 或 mPOA）和下丘脑前区（AHA）的大小存在显著差异。具有同性性取向的公羊的 MPA 和 AHA 核团体积明显小于其他公羊，与母羊的大小相近。

不同物种的性别二态性并不完全相同，但脑的性别二态性在许多动物中都表现得比较明显。例如，在燕雀或金丝雀中，雄鸟脑的发声控制区（vocal control region，VCR）明显大于雌鸟，可以达到 5 倍左右。不同动物脑的性别二态性可能会表现在脑的不同区域。在哺乳动物中，参与生殖行为控制的第三脑室周围以及下丘脑前部的视前区，脑的性别二态性表现得最为明显。例如，损毁大鼠视前区可破坏雌性生殖周期，降低雄性的性交次数。雄性大鼠视前区的性二态核（sexually dimorphic nucleus，SDN）可比雌性大 5～8 倍（图 11-4）。

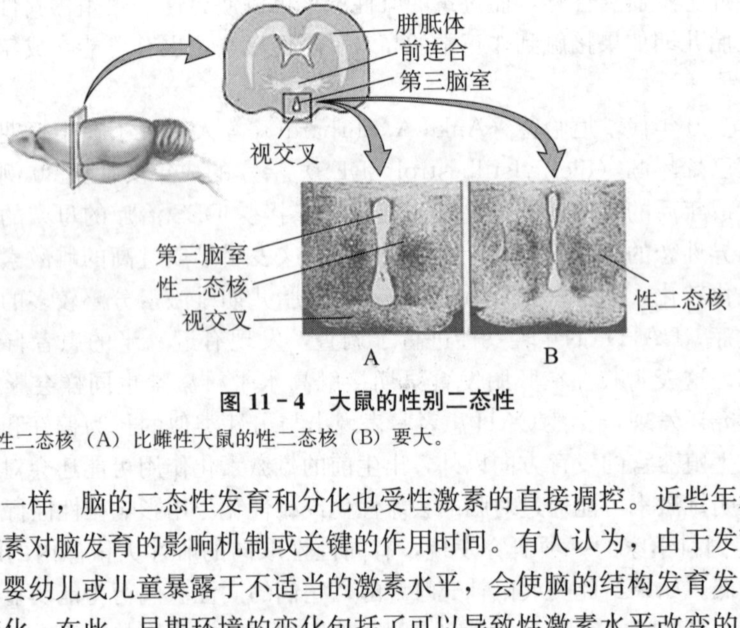

图 11-4　大鼠的性别二态性

雄性大鼠的性二态核（A）比雌性大鼠的性二态核（B）要大。

像性器官一样，脑的二态性发育和分化也受性激素的直接调控。近些年来的研究尤其关注早期雄激素对脑发育的影响机制或关键的作用时间。有人认为，由于发育早期环境的不同，胎儿、婴幼儿或儿童暴露于不适当的激素水平，会使脑的结构发育发生改变并导致性取向发生变化。在此，早期环境的变化包括了可以导致性激素水平改变的生理或社会环境。很多研究都是从这个观点出发，试图寻找与性取向有关的大脑不同区域的差异。被引用较多的是利威（Simon LeVay）1991 年关于具有性别二态性的**下丘脑前部间质核群**（interstitial nuclei of the anterior hypothalamus，INAH1-4）的研究。他发现，男性的 INAH2 和 INAN3 明显大于女性；而同性恋男性的 INAH3 大小只有一般男性的 1/3，与女性的大小类似（图 11-5）。由于该研究的样本控制不能排除艾滋病对脑结构的影响，样本量也偏小，因此，其可靠性仍然有待于进一步证实。20 世纪 90 年代开始，磁共振等无损伤技术的发展，使研究者能更直观地了解与人类性别或性取向相关的脑的结构变化。一系列的研究发现，同性恋者的**视交叉上核**（suprachias-maic nucleus，SCN）比异性恋者大；异性恋女性的脑前连合体积大于男性，男性同性恋者的脑前连合的体积大小与正常女性接近。但是，关于人类的性行为与视交叉上核或前联合的确切关系还缺少直接的证据。

由于样本以及研究手段的限制，人脑的二态性研究还比较困难。已有的研究结果表明，

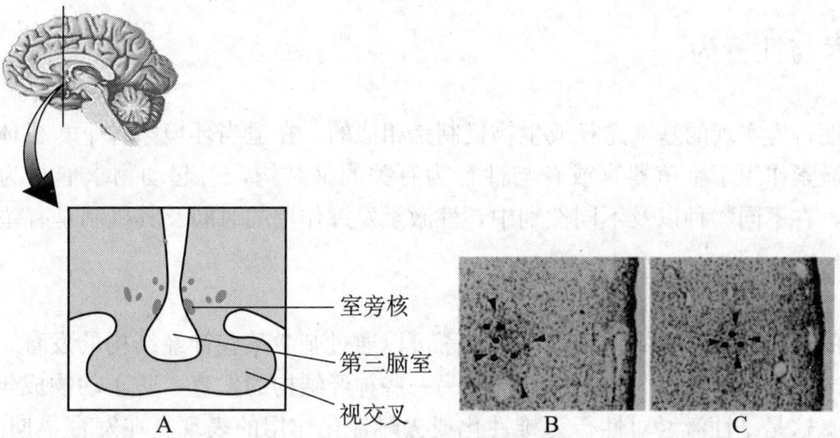

图 11－5　INAH 的定位和大小

A 图：INAH 在下丘脑的定位示意图。B 图：箭头所指为免疫组化标记的异性恋男性 INAH3。C 图：箭头所指为同性恋男性 INAH3，免疫组化标记显示 INAH3 小而分散。

资料来源：LeVay S. A difference in hypothalamic structure between heterosexual and homosexual men. Science，1991，253（5023）：1034－1037.

两性脑结构的差异主要存在于以下几个部位：与阴茎勃起和阴道收缩控制相关的骶髓 Onuf 核团，男性的比女性的大；女性胼胝体的后部较大且呈球状，男性的则较小而呈管状；女性的前联合和左侧颞平面大于男性；INAH 可能也具有性别二态性。尽管人类脑的形态结构没有表现出显著的差异，但两性在认知、行为方式或脑功能的一侧化优势方面还是存在着明显的不同。临床神经心理学研究表明，男性的大脑半球一侧化优势更为明显。左脑损伤后，男性更容易发生语言障碍，并且功能恢复较慢。许多心理学测量结果表明，男性和女性在语言、空间操作或思维倾向等认知活动方面存在明显差异。男性在抽象思维、视-空间操作等作业上更容易胜任，而女性在形象思维和语言作业等方面较强。需要注意的是，人类两性之间在认知和行为方式上的差异并不一定仅仅取决于生物因素，两性承担的社会角色以及文化因素的影响同样重要。有时，同性个体间的差异也会远远大于两性之间的平均差异。

第四节　性行为的调节

人类性行为的调节机制复杂，影响因素涉及广泛。像摄食、饮水、睡眠或安居等本能的行为一样，性行为关系到种族的延续或生存。尽管性行为对人类生存如此重要，但受社会政治、经济发展、文化习俗和宗教信仰等多重因素的限制，人类对性问题的开放性讨论和研究的时间仍然很短，尤其对人类自身性行为的科学研究还处于相对落后的状态。目前，对性行为的生理心理学机制的了解，主要来源于动物实验以及人类临床病人的资料。动物性行为的外在表现形式可能有很大不同，但都是由神经系统和激素直接激发或控制的。在高等动物尤其是人类中，尽管心理因素起着重要的作用，但这些心理因素也是通过神经系统和激素的作用实现的。

一、激素与性行为

动物性行为实现的基本途径或生物机制是相似的。在适当环境条件下，机体通过性腺分泌的性激素作用于生殖器官或者与性行为有关的脑结构，引起动物求偶行为以完成交配。但是，在不同物种以及不同性别中，性激素发挥作用的时间及其机制是有差别的。

（一）性行为的激素控制

雄性的性行为依赖于雄性激素。雄激素可以通过刺激某些神经结构的发育，使动物在成年后表现出雄性的性行为；也可以抑制另一些神经结构的发育，防止动物成年后呈现雌性性行为。这是雄性激素对性行为雄性化或去雌性化作用的表现。在发育早期的关键期，如果没有雄激素存在，动物到成年后会表现出雌性的性行为。例如，雄性大鼠的睾丸在出生后几天内被切除，它成年后不会出现雄性性活动；如果持续注射睾酮，它的雄性性行为才能恢复。如果对出生后被切除卵巢的雌鼠注射睾酮，成年以后它会以雄性的性反应方式与雌性交媾，而对雄性没有性反应。有研究表明，在胚胎早期，雄性动物在低于正常水平的睾酮环境发育，可以导致其成年后出现类似雌性的性行为；而雌性动物在高于正常水平的睾酮环境发育，可以导致其成年后出现类似雄性的性行为（图11－6）。

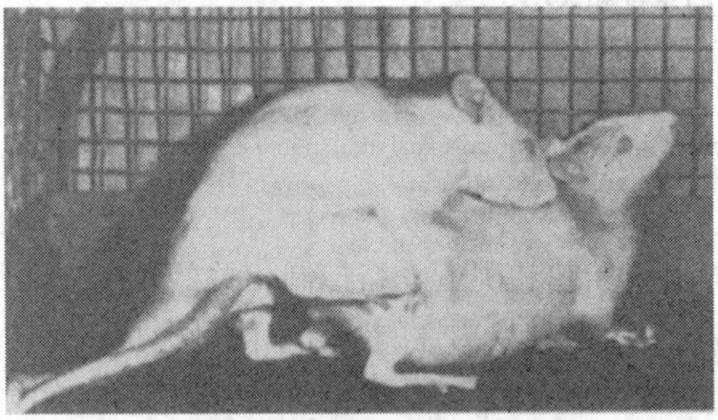

图11－6　性行为方式的逆转

在发育早期，雌性被注射雄激素，并在成年后再次注射雄激素，导致雌性大鼠跨爬雄性大鼠。

资料来源：Kalat J W. Psicología Biológica. Madrid：Editorial Paraninfo，2004.

尽管雄性的性行为受到睾酮的调控，但睾酮的水平并不能完全决定雄性性行为的强度。雄性个体之间的性能力有差异，但血液中睾酮水平却没有显著差别。而且，当被阉割以后的雄性被补充同等剂量的睾酮后，它们在性行为能力上的差别仍存在（图11－7）。实际上，对于阉割的雄性只要给予相当于正常浓度1/10的睾酮即能够使其维持雄性性行为。这些结果表明，雄性性行为还受到别的因素的调控。

大多数雌性动物的性行为通常都与排卵活动相关，并依赖雌激素和孕激素的存在。以啮齿类动物为例，雌鼠在发情期排卵时雌激素水平最高，性吸引力也最大。雌鼠的性吸引力、前接受性或接受性均受雌二醇和孕激素的影响。雌性动物的前接受性与交配欲望有关。发情雌鼠通过交替出现的接近、后退或转身等前接受性行为唤起雄性的性兴趣。在发情期雌激素水平最高时，雌鼠前接受性表现最为强烈。而接受性的行为表现是等待交媾的姿势或动作，如在雄性面前站立不动或脊柱前弓等。

有些动物仅有雌激素就可使其出现接受性行为，如猫等；而另一些动物的接受性行为在孕激素水平开始上升时才会出现，如狗或鼠等。阉割的雄鼠被注射雌二醇和孕激素后，会像雌鼠一样接受其他雄鼠的爬跨；卵巢切除的雌鼠被注射雌二醇和孕激素后，会恢复对雄鼠的性反应。在正常情况下，在接受性行为出现前的大约40小时，雌鼠的雌二醇的分泌会持续增加，直到接受性行为发生时黄体才开始分泌大量的孕激素。在自然状态下，卵

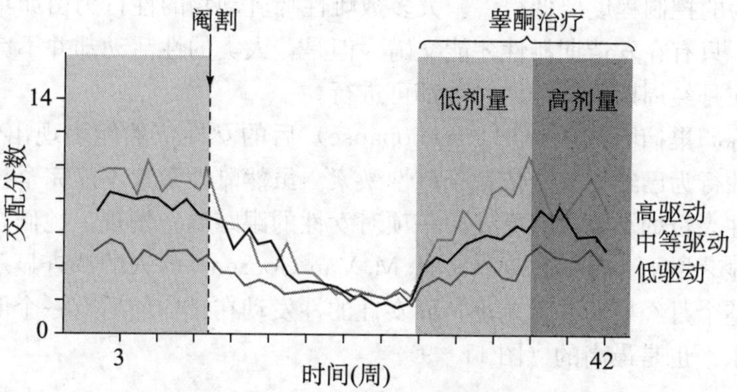

图 11-7　睾酮与雄性性行为

依据性活动水平不同，正常雄性豚鼠被分为高、中、低三组。阉割后各组性活动均出现下降；给予同等剂量的睾酮后，三组雄性豚鼠性活动均恢复到原来水平；给予加倍剂量的睾酮后各组性活动均未见增加。

资料来源：Breedlove S M，Rosenzweig M R，Watson N V. Biological psychology：an introduction to behavioral，cognitive，and clinical neuroscience. 5th ed. Sunderland，MA：Sinauer Associates，2007.

巢切除的雌鼠不会出现接受性行为。尽管给予大剂量的雌二醇能够使卵巢切除的雌鼠产生接受性行为，但最有效的方法是先注射雌二醇，紧接着注射孕激素。例如，先给雌鼠注射雌二醇，16～24 小时后再注射孕激素，在 1 小时内它就会产生接受性行为。单独给予孕激素是无效的，也就是说，雌鼠的性行为是雌二醇与孕激素的共同作用激活的（图 11-8）。

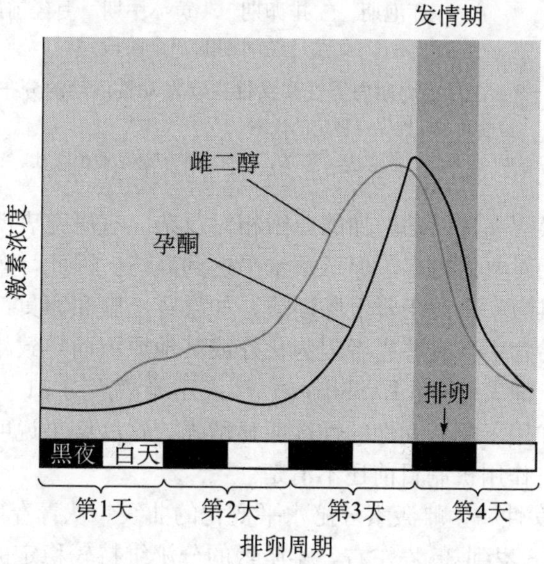

图 11-8　雌性大鼠发情期的雌二醇、孕激素水平

资料来源：Breedlove S M，Rosenzweig M R，Watson N V. Biological psychology：an introduction to behavioral，cognitive，and clinical neuroscience. 5th ed. Sunderland，MA：Sinauer Associates，2007.

（二）人类性行为与激素的影响

人类的性行为和其他哺乳动物一样受性激素的影响。相对于其他哺乳动物来说，性激素对人类性行为的控制程度要低得多。大多数雌性哺乳动物的性行为由卵巢分泌的雌二醇和孕激素控制，只有在发情期雌性才能交媾。但是，人类的性活动却并不完全受卵巢激素调控，性行为在月经周期内的任何时候都可进行。

有些报告称卵巢摘除或更年期（menopause）后的女性依然能表现出性欲和性接受，这表明女性的性行为已经不完全依赖于雌性激素。虽然雌性激素不能完全控制女性的性活动，但它们对性兴奋的影响仍然重要。一项对女性的跟踪调查发现，她们在排卵期左右性兴趣或性活动显著增加。范．古森（S. H. M. Van Goozen）等人的调查显示，男性的性发动概率在女性整个月经期间并无差别，而女性的性发动在排卵前后有一个明显的峰值，而此时雌二醇的水平也是最高的（图 11－9）。

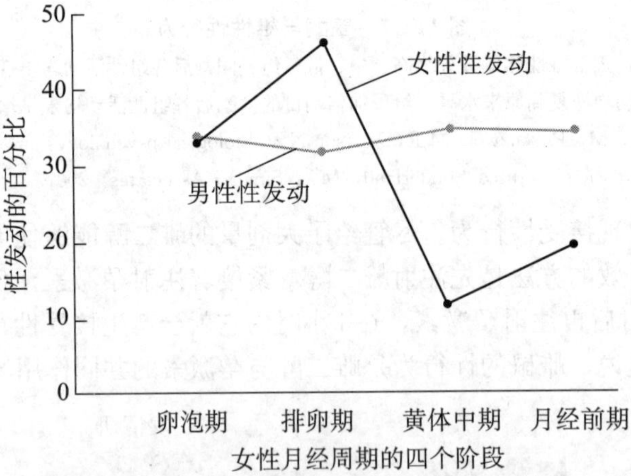

图 11－9　在月经周期内男性和女性主动发动性活动的分布规律

女性在排卵期主动性较高，男性的主动性保持稳定的比率。

资料来源：卡尔森．生理心理学．6 版．苏彦捷，等译．北京：中国轻工业出版社，2007.

女性在排卵期性唤醒和性活动增加的原因相对复杂。有研究表明，在排卵期，雌激素处于高水平而孕激素相对要低得多，但睾酮水平达到高峰。因此，睾酮可能对女性性欲也有影响。正常女性的雄激素来源于肾上腺髓质，如果肾上腺和卵巢都被切除，女性会丧失性欲。在临床病人的治疗中，有些患者因为化疗或其他原因而导致雄激素不足，也会出现性欲显著降低的情况。谢夫伦（J. L. Shifren）等人用雌激素对 31～56 岁切除卵巢的女性进行替代治疗，发现加用睾酮后女性的性欲明显增强。这些结果说明，睾酮也许能增强雌性激素的作用。但是，作用机制目前还不清楚。

图 11－10A 显示女性一生雌激素分泌水平变化的曲线。从青春期前开始雌激素的分泌达到较高的水平。在 13 岁到 35 岁左右，雌激素的分泌维持较稳定的峰值水平。随着年龄的增长，女性在 45 岁左右时步入一个持续 15 到 20 年的雌激素分泌下降期。在这个时期，女性的卵巢功能逐渐减弱，产生的雌激素量逐渐减少，月经停止，身体发生了从能够生育到不能生育的转变。雌激素分泌量的持续下降，导致阴道壁变薄，弹性下降。这个阶段被称为更年期。尽管在更年期期间或之后，大多数女性能够进行性活动，但是性功能会明显下降。部分原因可能是雌激素的下降导致阴道润滑液减少。另外，睾酮水平的下降也可能会减弱女性的性愿望。

与其他哺乳动物相比，女性对性激素的反应与雌性动物存在明显的差别，而男性对睾酮的反应与雄性动物更相似。当体内的睾酮处于正常水平时，男性或雄性动物都具有性行为和生育能力；而一旦睾酮缺乏，精子就不能产生，阴茎勃起能力也很快丧失。对男性而言，睾酮的水平直接影响性动机和性行为。在一个双盲实验中，给年轻男性志愿者服用抑制睾酮分泌的 GnRH 拮抗剂或不起任何作用的安慰剂，让他们自己报告性反应的变化。在两星期内，接受 GnRH 拮抗剂的志愿者报告他们的性兴奋、性幻想和性交的次数减少了，而接受安慰剂的志愿者没有这些变化。男性虽然没有明显类似于女性的更年期变化，但是随着年龄的增长，睾酮的分泌会逐渐减少（图 11－10B）。同时，伴随血管的逐渐硬化，男性的阴茎勃起变得缓慢，不应期逐渐延长，性活动能力也会逐年减弱。

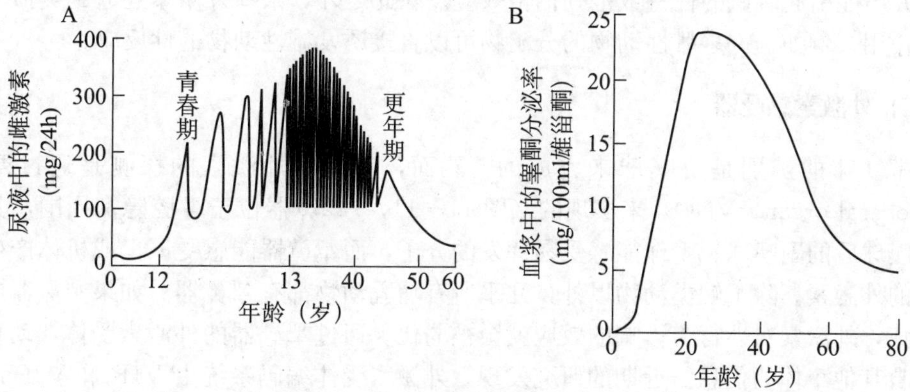

图 11－10　性激素分泌水平的变化

A 图：女性一生中的雌激素分泌水平。B 图：男性一生中的睾酮分泌水平。

睾酮水平不仅影响性活动，也受认知或性活动本身的诱导。海尔哈默（D. H. Hellhammer）等人发现，对性活动的预期也可以刺激睾酮的分泌。例如，看色情电影可以提高男子的睾酮水平。还有研究表明，有性经验的被阉割的男性的性反应消失得很慢。这表明记忆或经验的储存对人类性行为也有重要的影响。

二、外激素与性行为

除了激素以外，另一种影响生殖行为的化学物质是**外激素**（pheromone）。激素是由内分泌腺或散在的内分泌细胞分泌的生物活性物质，主要作用是在动物机体内部实现生物信息的高效传递。而外激素是个体释放到体外的一些特殊的化学物质，动物可以通过特殊感受器来接收此类信息，并影响自身的生理或行为状态。哺乳动物是通过嗅觉附属器官来探测外激素的。

（一）外激素的效应

外激素对生殖行为的作用是许多研究者关心的问题。布鲁斯（H. M. Bruce）在对小鼠生殖行为的研究中发现，如果新近怀孕的雌鼠遇到一个新的雄性伴侣，妊娠可能发生终止。当遇到怀孕的雌鼠时，雄鼠能阻止带有其他雄鼠基因的幼鼠出生，从而有可能让雌鼠重新怀上自己的后代。这种现象被称为**布鲁斯效应**（Bruce effect）。妊娠的终止是由新雄鼠的尿液中的一种物质引起的。新的雄鼠能够接管原来雄鼠的领地，说明它可能更强健，因而，它的基因对子代的生存可能更有利。布鲁斯效应的实质是基因竞争。在其他哺乳动物中，类似的现象也常出现，但基因竞争的表现方式可能大相径庭。例如，新的狮王会咬死前任的幼子，使哺乳期的母狮重新进入发情期。

还有实验发现，若与雄性隔离，集体饲养的成年雌性小鼠的发情周期会逐渐变缓并最终停止，这一现象叫作**李-波特效应**（Lee-Boot effect）；若让这些发情终止的雌鼠闻到成年雄鼠的气味或尿味，它们的发情周期会重新开始并趋于同步，这种现象被称为**怀特效应**（Whitten effect）；如果把雌、雄性动物共同饲养，正常成年雄性的气味可引起雌性动物青春期的性成熟加速，这被称为**范登伯格效应**（Vandenbergh effect）。实验研究也进一步证实，睾酮的存在是与生殖行为相关的外激素分泌的必要条件，因为幼年或者被阉割的雄鼠的气味并不能引起雌鼠的怀特或范登伯格效应。除此之外，某些外激素还起到类似于性引诱剂的作用。例如，许多雌性动物的分泌物可以直接诱发雄性动物的性反应。

（二）外激素感受器

通常气味的辨别是由嗅球来完成的。然而，动物对外激素的探测是通过**犁鼻器**（vomeronasal organ，VNO）来实现的（图 11－11）。犁鼻器位于鼻腔隐窝周围，其纤维投射到嗅球后的副嗅球。嗅球能感受易挥发的分子，而犁鼻器能感受尿里或机体产生的不易挥发的外激素。除了鲸类动物以外，几乎所有哺乳动物都有犁鼻器。如果犁鼻器或副嗅球被破坏，外激素对性行为影响的效应就会被弱化。通过犁鼻器的外激素受体，动物可以接受来自其他个体的信息。近期的研究发现，外激素受体编码系统由 V1R 和 V2R 两个超级基因家族构成。V1R 基因家族的基因数目在哺乳动物中存在着巨大的差异，其中狗只有 8 个，牛有 32 个，大鼠有 102 个，而小鼠有 187 个。若犁鼻器的外激素受体的蛋白控制基因突变，雄性小鼠就不能分辨交媾对象的雌雄。

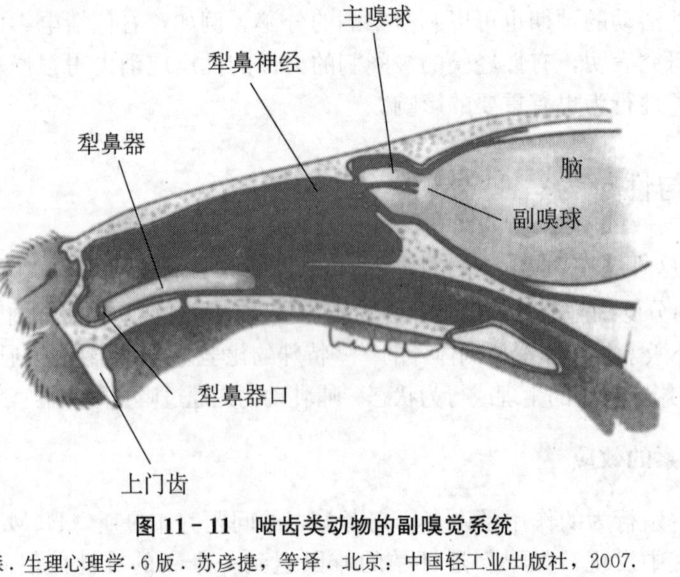

图 11－11　啮齿类动物的副嗅觉系统

资料来源：卡尔森．生理心理学．6 版．苏彦捷，等译．北京：中国轻工业出版社，2007.

（三）人类外激素的作用

跟其他哺乳动物不同，人类的犁鼻器很小而且高度退化。胎儿和新生儿有很明显的犁鼻器结构。新生儿似乎也和其他哺乳动物的后代一样，能通过母亲乳头散发的气味寻找乳房。但是随着婴儿的成长，犁鼻器逐渐退化。对 564 名成年人所做的解剖表明，他们当中的 70％不具有犁鼻器结构，而另外 30％犁鼻器也高度退化。

在人类性行为中，犁鼻器的功能是否已发生转移还缺乏证据。但是，外激素依然发挥着重要的作用已经被一些研究初步证实。在 20 世纪 70 年代，曾有人报告女子学院女生月经周期趋于同步；之后，有人发现这种月经同步是由腋下的汗液中某种化合物引起的；继而，又有人分离出这种被称为雄甾烯二酮（Androstenedione）的固醇类物质。近年来的研究证实，雄甾烯二酮可以通过改变黄体生成素的分泌比率来影响其他女性的月经周期。还有人从女性阴道分泌物中成功分离出一种具有外激素作用的短链脂肪酸，其结构类似于雌性恒河猴分泌的性诱导素。关于人类的外激素对性活动的影响还需要进一步的研究。

三、脑与性行为

作为一种古老的本能反应，性行为不仅仅是简单的反射活动，还包括了视、听、嗅或触等感知觉或认知等活动的广泛参与。性行为的每一个环节都受中枢神经系统的不同水平和结构的调控。在性行为过程中，从脊髓、中脑、小脑到大脑的一些结构都起着不同程度的作用。但是，直接控制性反射活动的中枢主要在脊髓和下丘脑。

（一）性反射的初级中枢控制

性行为的初级反射中枢位于脊髓腰段前角，被称为**海绵球状核**（nucleus of the bulbocavernosus）。海绵球状核可以接受感觉刺激的传入信息，直接兴奋运动神经元支配的生殖器肌肉，以完成性反射行为。相对于高位的脑性控制中枢来说，脊髓初级性反射中枢的活动可以独立存在。例如，脑与脊髓联系被切断的猫或狗，在阴部受到刺激时会出现性反射。由于外伤或病理原因导致腰髓以上高位截瘫的男性，当性器官受到直接刺激时，阴茎也仍然能够勃起并射精，但没有正常性反应所伴随的性快感体验。去脑后的性反应是无感觉的反射活动。

初级性反射活动基本上是在脊髓水平完成的。但在脊椎动物中，性吸引、诱惑或其他性行为的最终实现需要大脑许多部位的参与。大脑的介入使性兴奋不再单独依赖对性器官的直接刺激。随着动物的演化，性表现的形式逐渐复杂化，性唤醒的内外界刺激范围也不断扩大。除了嗅、视、听或触等外在刺激以外，性激素作用的分化以及性控制中枢的逐渐上移，也是性行为复杂化的重要原因。认知、幻想、经验以及文化的作用，使人类的性行为表现得更为独特。对哺乳动物的研究还表明，雄性和雌性性行为控制也有不同的脑机制。

（二）雄性性行为的脑控制

控制雄性性行为最重要的部位在**下丘脑内侧视前区**（medial preoptic area，MPA）。损毁两侧脑内的 MPA 之后，雄性的鼠、猫、狗和猴会丧失交配能力；相反，用埋藏电极刺激健全雄性动物的 MPA，可以引发性反应或增加交配次数。性活动也可以增加 MPA 细胞电位的发放频率。性活动时，MPA 的代谢活动会增强并引起相应的 Fos 蛋白表达。

MPA通过与杏仁内侧核和终纹床核（bed nucleus of stria terminalis，BNST）的连接，接受犁鼻器或副嗅球投射到杏仁内侧核的信息传入；另外，MPA通过与中央被盖区和杏仁内侧核的连接，接受生殖器传来的躯体感觉。MPA还通过中脑导水管周围灰质（PAG）和延髓旁巨细胞核（PGi）间接控制脊髓性反射运动神经元的活动。MPA可通过PAG的传出纤维将性兴奋信号传导到脊髓，并可消除PGi对脊髓性反射的抑制作用。

还有实验证实，雄性啮齿类动物的MPA和杏仁核内的雄激素受体分布密度较大，若将睾酮埋植于该区域，成年期被阉割的大鼠的性行为可得以恢复，损毁杏仁内侧核也会使雄性大鼠的爬跨和射精活动减少，从而抑制性行为；在交媾时，杏仁中央核Fos蛋白的表达增强，说明此时该处的兴奋性活动增加。MPA还接受其他不同脑区的传入纤维，包括大脑皮层、伏隔核和中脑腹侧被盖区。这些通路可能是脑的其他功能调节性行为的结构基础。

（三）雌性性行为的脑控制

控制雌性性行为最重要的脑区是**下丘脑腹内侧核**（ventromedial hypothalamic nucleus，VMH）。一系列的研究发现，电刺激VMH会促进雌鼠的性反应；损毁雌性大鼠两侧的VMH，其脊柱前弓行为会消失，雌性激素亦不能使其恢复。雌性激素对雌性性行为的激发作用是通过激活VMH实现的。若在VMH内注射雌二醇和孕激素，卵巢被切除雌鼠的性行为可以恢复；若注入孕激素受体阻断剂，雌鼠的性行为会被终止。

VMH神经元有纤维投射到PAG，该区域也与雌性性行为有关。电刺激PAG会促进雌性大鼠脊柱前弓行为的发生；损毁PAG或切断它与VMH的连接，则会阻断脊柱前弓反射。丹尼尔斯（Derek Daniels）等人的研究证实，VMH→PAG→延髓网状结构→脊髓腰部前角运动神经元构成雌性大鼠脊柱前弓的反射通路。在动物交媾或雌性激素受体被激活时，VMH和杏仁内侧核的神经元Fos蛋白的表达均增强。大脑其他区域以及杏仁内侧核也有传出纤维投射到VMH。

（四）神经递质在性行为中的调节作用

神经系统的信息传递主要是通过神经元之间的突触传递以及电传导来实现的。随着中枢对性行为控制功能的逐渐复杂化，神经递质参与性行为调节所涉及的通路或区域也更广泛。它们所起的作用主要取决于所在区域的核团功能。

多巴胺可能与性动机或性行为的易化作用有关。有研究表明，睾酮能刺激雄性和雌性MPA内的多巴胺含量增加，伏隔核释放的多巴胺可兴奋MPA，使雄性的性欲和性活动的频率增加，并且能协调其生殖器反射，易化其性行为；注射雌激素亦可增加雌鼠MPA内的多巴胺含量，增加其性接受度和性行为的协调性。

5-羟色胺有提高性满足感（sexual satiation）从而降低性欲的作用。雄性射精后，外侧下丘脑和MPA内的5-羟色胺含量均增加。5-羟色胺可以通过抑制伏隔核内多巴胺释放而降低性欲。选择性5-羟色胺重吸收抑制剂（SSRIs）能增加5-羟色胺活动，从而干扰性唤醒和性高潮。因此，在临床治疗中，抑郁症患者服用SSRIs会出现生殖器敏感性下降或难以达到性高潮等不良反应。

催产素是下丘脑产生的神经肽，也有促进两性性活动的作用。对人类而言，催产素水平会随着性唤醒程度的提高而升高，与男女性高潮的体验有关。5-羟色胺还可以通过阻断催产素的作用而抑制性唤醒。例如，注射 SSRIs 的雄鼠能与雌鼠交配，但不能射精；而注射催产素后，雄鼠能够恢复正常射精。因此，SSRIs 干扰射精和性高潮被认为与抑制催产素的作用有关。催产素也影响母性行为。另外，其他类型的肽类递质对性行为也会产生影响。例如，阿片肽类物质可能通过抑制 MPA 功能而干扰性行为。

第五节　亲代抚育行为及其生物基础

亲代抚育行为（parental care behavior）是指亲代对子代的与发育和生存相关的照料行为，包括父性和母性行为。在许多物种中，交配的完成并不足以确保繁殖的成功，后代发育成长的环境是靠双亲创造和提供的。在怀孕或生育期间，有时需要双亲之间的相互照料或分工协作，才能增加繁育成功的机会，新生的幼仔也需要双亲的共同抚育才能生存。在大多数哺乳动物中，由雌性照料子代的现象较为普遍。人类父母对子女的抚育行为极为重要，但目前我们对于父母行为的生理基础的了解仍然很少。由于研究条件的限制，关于双亲行为生物基础的科学研究资料主要来自啮齿类动物，而且大多数集中于母性行为。不过，这些研究结果同样有助于我们深刻理解人类亲代抚育行为的生物本质。

一、亲代抚育行为概述

亲代抚育行为可以表现为交配之前、雌性怀孕期间以及子代出生后发生的一系列行为，也是性本能行为的自然延伸。在不同的动物中，亲代的抚育行为的表现形式各不相同，但基本目的和原则是相似的。例如，袋鼠或树袋熊等有袋类动物用育儿袋携带幼仔，某些鱼类可将卵或幼子放在口腔内游走，灵长类、树懒或蝙蝠等动物的幼子可以攀附在双亲的身上。这些不同表现形式的抚育行为的共同意义在于携带迁徙、回避危险或调节幼子的体温。

亲代的抚育行为可以是直接的，也可以是间接的。直接的表现为亲代和子代的互相接触，如喂食、护卵、保温、预警、保护、清除污物和培训生存技能等。间接的则表现为筑巢、贮食、吸引捕食者或迁徙到安全和食源丰富的环境等。亲代抚育行为的生物学意义是增加后代的成活机会，保证亲代传递给后代的基因能正常延续。

要探索双亲抚育行为的生物学规律，必须通过建模的方法来进行实验控制。由于客观条件的限制，实验室研究仍然以啮齿类动物母性行为的模型为主。根据抚育行为变化的时间或特点，可以寻找雌性动物行为及其相应的激素变化规律。例如，在实验室，妊娠母鼠会就地取材筑巢；分娩时，母鼠会配合子宫收缩，用牙齿拽出幼仔；幼仔娩出后，母鼠会清除包裹在幼鼠皮肤表面的胎膜；清理完毕后，母鼠开始哺乳；由于幼鼠大脑未发育成熟，没有体温调节能力，也不能自主排尿、排便，因此，母鼠会控制幼仔爬出巢穴（保温），定期舔幼仔的肛门及生殖器区（刺激排便）；等等。若将不同的两巢幼仔搅乱，母鼠会分别找回自己的幼仔并重新筑巢。

在哺乳动物中，直接的父性抚育行为比较少见。但是，也有少数啮齿类动物由双亲分担照料子代的任务。例如，松鼠或草原田鼠在雌雄交媾后会结成较为稳定的配偶关系，父亲也会照料幼仔。根据父性行为模式的差别，可以比较不同动物的相关的脑结构或激素水平的差异。例如，草原田鼠脑内的 MPA 比山区田鼠的相对要小，而父性行为却相对明显，因此，可以推断 MPA 的大小也许与父性行为有关。有一种父性行为明显的田鼠，雄鼠睾酮的分泌量在母鼠接近分娩时会增加，这可能与保护巢穴的行为有关；在母鼠产仔后，雄鼠的睾酮随之下降而催乳素会上升，使雄鼠对幼鼠的父性行为倾向加强。根据这样的变化模式，也可以研究激素与父性行为的关系。

二、抚育行为的激素控制

大多数生殖行为是由性激素直接控制的。激素可以激发、促进或控制母性行为。与母性行为有关的主要激素有孕激素、雌二醇、催乳素和催产素。图 11－12 显示了实验室大鼠分娩前后血浆内各种性激素的变化曲线。受精后孕激素的分泌量开始上升，并且一直维持在一个较高的水平，但在分娩前有一个快速的降低过程；在妊娠的大部分时间内，雌二醇保持较稳定和缓慢的增高趋势，在分娩前达到最大值；催乳素在受精后处在较高的水平，继而快速下降并一直维持在较低的水平，直到分娩前才再次快速上升。正常动物的母性行为可能依赖这些激素的协同作用。

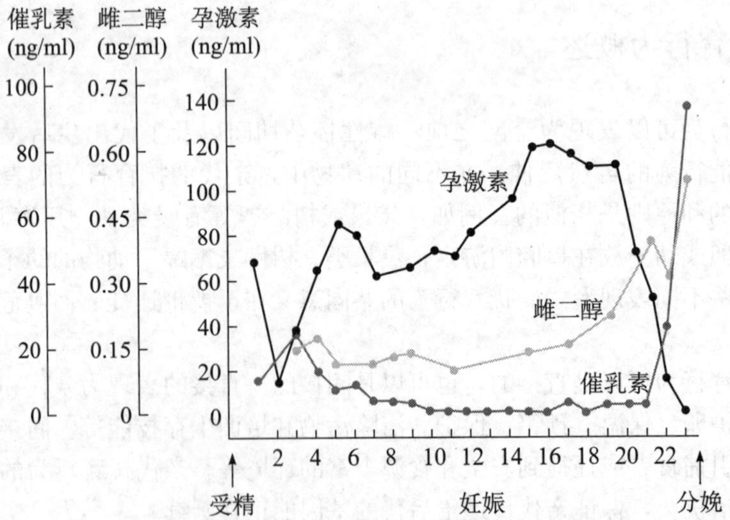

图 11－12　在妊娠过程中，大鼠血浆孕激素、雌二醇和催乳素的含量变化

资料来源：卡尔森．生理心理学．6 版．苏彦捷，等译．北京：中国轻工业出版社，2007.

有实验证实，怀孕大鼠的筑巢行为是由孕激素促发的。缓释孕激素被埋植于未孕小鼠皮下，可以促发其筑巢行为。而分娩后孕激素含量大幅下降，此时母鼠对巢穴的维护或构筑新巢可能与雌二醇和催乳素有关。抗催乳素受体的转基因小鼠会表现出母性行为缺失。研究还表明，催产素对母性行为的维持也至关重要。缺乏催产素的母狗对幼仔舔食、照料和自我修饰的时间均较少。人类中催产素水平较高的母亲也会表现出更多的母性行为。

三、抚育行为的神经基础

根据目前的资料来看，与母性行为有关的神经通路包括：（1）MPA（下丘脑内侧视前区）到中脑腹侧被盖区（VTA）的神经投射；（2）MPA到红核后区的神经投射；（3）红核后区到脑干一些网状结构的神经投射。MPA不仅在雄性性行为中起着关键性作用，而且对雌性的母性行为也起重要作用。努曼（Michael Numan）等人的研究发现，哺乳期大鼠MPA被损毁后，其雌性性行为不受影响，而其筑巢和照料幼仔行为受阻，它们甚至完全不理会自己的子代。切断脑干与MPA的连接也会终止孕期或哺乳期大鼠的母性行为。基因突变导致MPA发育异常的小鼠，在哺乳期会出现弃仔行为（图11－13）。

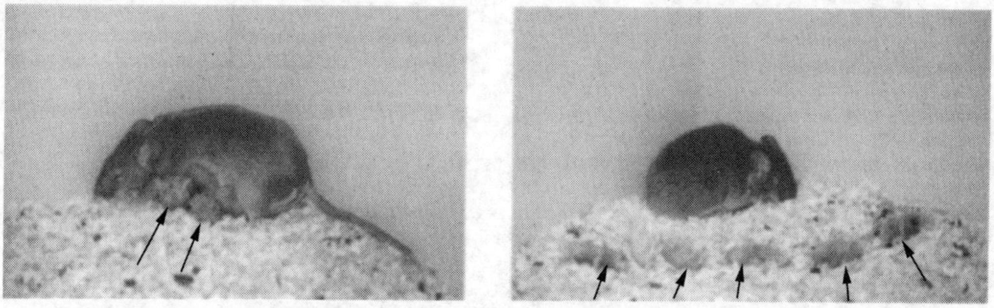

图11－13　脑的发育与母性行为

左图：哺乳期小鼠正常的母性行为。右图：基因突变导致MPA发育异常的小鼠的弃仔行为。

资料来源：Brown J R，Ye H，Bronson R T，et al. A defect in nurturing in mice lacking the immediate early gene fosB. Cell，1996，86（2）：297－309.

分布于MPA的雌二醇受体被激活是引发母性行为的直接原因。吉奥达诺（A. L. Giordano）等人发现，妊娠期间MPA内雌二醇受体的数量增加，继而会发生一系列激素点燃效应；在MPA内埋植雌二醇可促进母性行为，在MPA内注射雌二醇受体拮抗剂则可阻断母性行为。催乳素也是通过对MPA神经细胞的作用影响母性行为的。在MPA内注射催乳素，能诱导从未生育过的雌鼠产生母性行为，但催乳素的效应与它们体内的雌二醇和孕激素水平有关。

→ 基本概念

生殖行为	性行为	亲代抚育行为	性选择
发情期	前接受行为	脊柱前弓	交配锁
不应期	柯立芝效应	性反应周期	性分化
Y染色体性别决定	睾丸决定因子	苗勒管系统	沃尔夫管系统
雄性化作用	去雌性化作用	关键期	组构效应
激活效应	性取向	性别二态性	下丘脑前部间质核群
视交叉上核	外激素	布鲁斯效应	李-波特效应
怀特效应	范登伯格效应	犁鼻器	海绵球状核
下丘脑内侧视前区	下丘脑腹内侧核		

→ 思考题

1. 什么是生殖行为？其意义如何？
2. 比较动物性行为和人类性行为的异同点。
3. 激素在性分化和性成熟中起什么作用？
4. 什么是性取向？从生物学角度来看，性取向的形成可能涉及哪些因素？
5. 动物性行为受哪些因素调控？
6. 什么是外激素？它在生殖行为中起什么作用？
7. 生殖行为涉及哪些重要的脑结构？有哪些神经递质参与？
8. 什么是亲代抚育行为？受哪些因素的控制？

第十二章

基因与行为

个体的行为，以及个体之间的行为差异，在多大程度上由天性（遗传因素）决定，又在多大程度上受教养（环境因素）影响，一直是心理学研究中的核心问题，这也是著名的“nature”和“nurture”之争（图 12－1）。在心理学发展的早期，行为主义盛行。该流派的创始人之一约翰·华生（John B. Waston）曾有一句名言：“给我一打儿健康的婴儿，并在我自己设定的特殊环境中养育他们，那么我可以担保，随便挑选其中一个婴儿，我就可以把他们训练成我所选定的任何类型的特殊人物，如医生、律师、艺术家、商人、乞丐或小偷，而不管他的才能、嗜好、倾向、能力、天资和他们父母的职业及种族究竟如何。”可见，行为主义强调个体的行为发展及其表现完全依赖于个体后天的成长环境。行为的“环境决定论”思想一直延续到 20 世纪 70 年代。这一态势随着基因的发现，以及分子生物学、遗传学、基因组学、转录组学及多种基因调控技术的快速发展而被逐渐扭转。越来越多的研究提示，不仅个体先天的遗传素质在诸多心理与精神“疾病”中发挥着重要作用（例如阿尔茨海默病、精神分裂症、孤独症等），个体的人格特质与行为表现等也在相当大的程度上受遗传因素的影响。这类报告经过大众媒体的大肆渲染，使基因影响甚至决定人的行为的观念深入人心，甚至走向另一极端，误以为人的行为完全由基因决定。某些遗传学家也对这种论调推波助澜，宣扬有关基因的神话，似乎遗传学的研究将使得科学家们具有了与上帝等高的能力。尽管在某种程度上“基因决定论”的流行有一定道理，它能从生物根源上找到个体某些生命特征的源头及物质基础，有望发现预防与治疗多种异常行为及精神障碍的办法，为某些小众群体的行为及生活方式提供基因解释，促使社会变得更加宽容与多元等，但多学科的系列研究证据表明，基因与行为之间具有超乎我们想象的复杂关系。个体的单一“性状”、简单行为反应（例如应激反应）、复杂行为（例如主动适应行为与决策行为）、意识过程，在其与基因的关系上，处于从联结较为紧密到很不紧密，甚至完全无法确定因果关系的“连续谱”上。虽然基因对某些个体性状及行为的发生、发展起到重要的调控作用，但是环境的影响和发育过程中的偶然因素对行为的

图 12－1　天性（遗传因素）与教养（环境因素）之争

塑造也同等重要。复杂、开放的生命活动系统不可能由某“单一因素”来完全支配，单纯的“环境决定论”和“基因决定论”两者都有失偏颇。

第一节　行为的遗传基础

一、基因：遗传信息的物质载体

19世纪中期，奥地利牧师孟德尔（Gregor Johann Mendel，1822—1884）发现，有机体的每一种性状及其遗传受其体内的“遗传因子”调控。这些“遗传因子”成对存在，其中一个因子来源于父本，另一个因子来源于母本，二者在卵细胞受精时结合。遗传因子有“显性”和“隐性”之分，它们对性状的支配作用存在差异，“显性因子”占有遗传优势。在一对“遗传因子”当中，只要其中一个因子呈“显性”，即可表现出显性性状，只有当一对“遗传因子”都为“隐性”时，才能表现出隐性性状，以上就是所谓孟德尔遗传定律之一分离定律的核心，它的发现具有跨时代的意义。遗憾的是，这些创造性的研究工作在孟德尔在世时并不被他的同时代人所理解和承认。直到1900年，他的发现被三位不同国籍的科学家在各自的实验中分别证实后才受到重视，促使人们去探求“遗传因子”是不是一种“物质实体”，它们储存在何处及其代际传递遗传信息具体过程如何，从而开启了遗传学的研究，而孟德尔所说的“遗传因子”，就是现代遗传学所说的**基因**（gene）。

基因作为遗传信息的物质载体，是具有特定碱基序列的脱氧核糖核酸（DNA）片段。分子遗传学发现，早在18亿年前，在单细胞真核生物进化的极早期，DNA就已经和其他细胞成分隔离开来，它们只存在于细胞核里，这种空间上的隔离是生物进化中的一个重大进展，有利于保护复制、合成、修饰及代际传递等许多关键而复杂的细胞活动。所谓“染色体”即是DNA的长链，是基因的储存单元与位点。DNA在染色体上呈线性编排（图12-2），每条染色体只有一个DNA分子，而每个DNA分子上有多个基因。人类几乎每一个细胞内都含23对染色体。有趣的是，染色体的数量与生命体的复杂程度没有关系。例如人类只有46个染色体，而狗有78个，某些蕨类植物的染色体数目可高达1 262个。科学家按照染色体的尺寸大小为不同的染色体命名，其中最大的一对叫1号染色体，次大的叫2号染色体，余下以此类推，最后一对为性染色体。

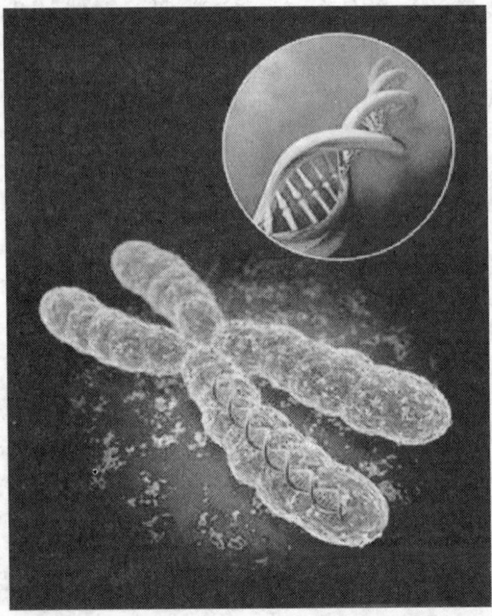

图12-2　在染色体上呈线性排列的DNA

DNA呈紧密环绕的双螺旋结构，遗传信息的密码主要由四种被称为碱基（两种嘌呤基A、G，两种嘧啶基T、C）的化学小分子构成，而DNA两股螺旋链的连接遵循碱基配对原则（A

与T相互配对，G与C相互配对）。对人类而言，一个基因平均由大约2.7万个碱基组成。在这种序列上，每3个相连的碱基将决定一种氨基酸的类型，而整段碱基序列则决定了某种蛋白质特定的全部氨基酸序列。对这些遗传密码的“解码工作”分为两个步骤：(1) 双链DNA分子解螺旋形成DNA单链，依照碱基互补配对的原则转录成核糖核酸（RNA）。因为这种RNA传递着生物个体的遗传密码，所以被命名为信使RNA（mRNA）。(2) 随后，mRNA离开细胞核进入细胞质，通过与核糖体结合翻译出相应的氨基酸序列。经过这样精密的转录和翻译过程，DNA密码得以解开而产生构成特定蛋白质的氨基酸序列，参与到细胞结构构筑、细胞新陈代谢和细胞间的信息传递中来。

需要注意的是，具有编码特定氨基酸序列功能的“基因”只是全部DNA序列中的一小部分。例如在人类基因组内，基因的总数为3万到4万个，其全部碱基序列数量的总和仅占基因组全部碱基序列数量的1.5%左右，而剩余序列都不参与蛋白质的编码。过去的研究一直以为这些“非基因”的DNA序列只是一些热衷于自我扩张的**“垃圾”**（junk）**序列**，并不参与调节机体的行为及功能活动，而事实并非如此。例如，在人类的染色体末端，存在一段由6个碱基（TTAGGG）组成的连续重复序列，被称为端粒（图12-3）。端粒本身没有任何传递遗传信息的功能，就像一顶置于染色体头上的高帽子，但是它与细胞的寿命和稳定性有关。细胞每经历一次有丝分裂，染色体顶端的端粒就缩短一次，当端粒不能再缩短时，细胞就无法继续分裂了，并逐渐凋亡。而一旦端粒消耗殆尽，染色体则易于发生突变。端粒重复序列的长度可能起着一种分子时钟（molecular clock）的作用。不同年龄的人其体细胞的寿命明显不同，体细胞中端粒的长度会随着年龄的增长而缩短。来自新生儿的体细胞可在体外传代培养80～90代，来自70岁老人的体细胞在体外只能传代培养20～30代，因此端粒也与衰老有关。通过对不同类型细胞的端粒进行研究，人们发现精细胞、卵细胞其染色体末端的端粒比普通体细胞的端粒长出几千个碱基对，导致这种差异的原因是生殖细胞中含有一种能催化端粒合成的酶，被命名为端粒酶。而在正常体细胞，以及一些良性病变的细胞上都无法检测到端粒酶。与此形成对比的是，许多恶性肿瘤细胞具有高活性的端粒酶，它们能补偿肿瘤细胞分裂后导致的端粒序列丢失，使端粒的重复序列不会缩短到引起细胞死亡的临界长度，由此才导致恶性肿瘤细胞在体内或体外都

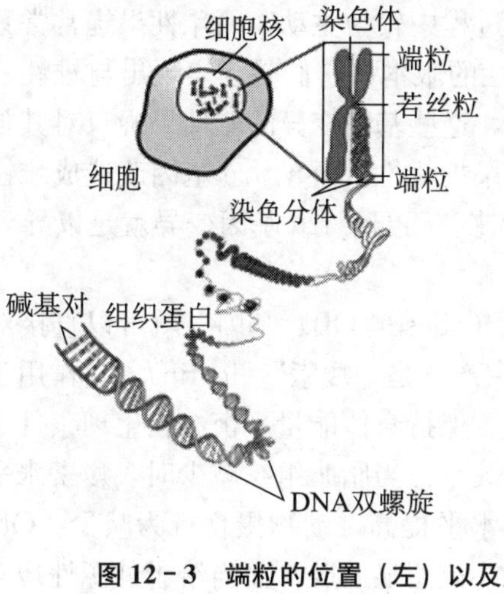

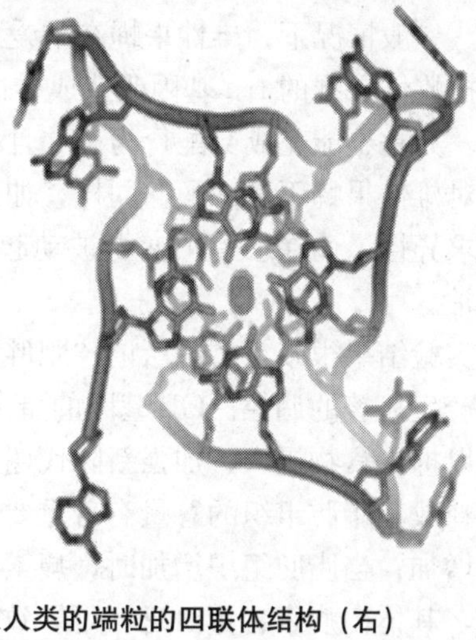

图12-3　端粒的位置（左）以及人类的端粒的四联体结构（右）

能无限制地分裂增殖。有关端粒及端粒酶的一系列研究，让人们看到了延缓衰老、治愈癌症的希望。而为这一研究做出特殊贡献的三位科学家，即加利福尼亚大学旧金山分校的伊丽莎白·布莱克本（Elizabeth Blackburn）、约翰·霍普金斯医学院的卡罗尔·格雷德（Carol Greider）和哈佛医学院的杰克·绍斯塔克（Jack Szostak）获得了2009年诺贝尔生理学或医学奖。

另外一个有趣的发现是，不编码蛋白质的DNA序列似乎能反映生命形态从低级到高级的进化过程。以2002年发表的原核生物链霉菌（streptomyces coelicolor）基因组为例，其DNA序列全长是860万个碱基对，非编码序列仅占全基因组的11.1%。在比原核生物高级的真核生物的基因组内，非编码序列的比重显著增加，如最简单的真核生物芽殖酵母，其比重上升至28%。而对于高级动物，如人类，非编码的DNA序列的比重更是高达98%。生命进化的真相很可能埋藏在大量的如天书一般的非编码序列里。科学家对非编码的DNA序列的研究才刚刚起步，这些非编码序列如何影响有机体的生命活动是一项富有挑战性的课题。

二、基因对行为的影响

（一）关键基因的影响：一种基因，一种行为?

早在基因尚未被发现之前，人们通过现象学观察就已经知道许多疾病受先天遗传因素的影响。例如，亨廷顿病就存在明显的家族聚集性。随着基因的发现，以及对基因编码蛋白质功能的了解的逐步深化，人们认识到遗传信息会以一定的方式反映到蛋白质的分子结构上，从而使后代表现出与亲代相似的性状。因此传统行为遗传学的观点认为，一种行为性状（trait）受一种基因控制，而某种基因的缺陷足以导致特定行为障碍或者疾病的发生，两者之间有决定性的因果关系，即“一种基因，一种障碍”（one gene，one disorder，OGOD）。许多因单基因突变而导致行为变异的研究结果也令很多人兴奋，这不仅与传统行为遗传学的观点相符合，也使人们从基因根源上找到行为的决定因素成为可能。2005年，澳大利亚科学家报告了一个有趣的实验，他们把果蝇的求爱行为拆分成精细的分解动作进行研究。一般情况下，雄性果蝇在求爱过程中较为主动，而雌性果蝇常常只是被动等待。但如果把雌性果蝇的fru基因改造成雄性的版本，它们就会表现出与雄性一致的求爱行为模式——只是不能完成交配行为。并且，这些基因变异的雌性果蝇只对其他雌性果蝇感兴趣，而对雄性果蝇不屑一顾。同样，如果把雄性果蝇的fru基因改造成雌性版本，它们就不再追求异性，而在求爱中变得被动起来。可见，fru基因变异就足以导致果蝇求爱行为出现异常。

类似的实验结果很多，例如所谓“肥胖（obese，OB）基因”就可以直接对动物体重及摄食行为产生显著的调控。OB基因的蛋白产物是“瘦素”（leptin），它作用于下丘脑瘦素受体，可以抑制食物摄入、加强新陈代谢、保持身体能量平衡。在生理条件下，瘦素蛋白的合成和释放和脂肪组织的总量有着重要关系：当脂肪组织减少时，瘦素水平降低，动物摄食行为增加；当脂肪组织增加时，瘦素水平提高，动物摄食行为减少。OB基因发生突变的小鼠，其体内瘦素含量匮乏，可导致小鼠明显肥胖；而当给予外源性瘦素时，可迅速降低小鼠的摄食量和体重（图 12－4）。人体 OB 基因相关突变会造成早发性肥胖和肥胖综合征，这一点和动物研究的结果高度类似。

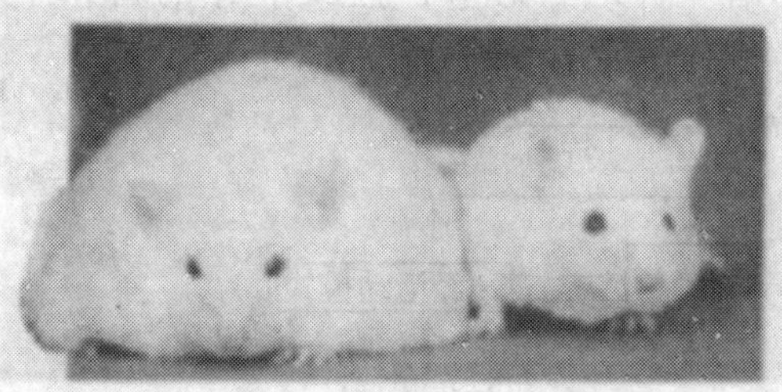

图 12－4　OB 基因突变小鼠（左）与 OB 基因正常小鼠（右）

资料来源：Starr C，Taggart R. Biology：the unity and diversity of life. 8th ed. Belmont，CA：Wadsworth，1998.

不仅摄食、求爱等本能行为有其“单一对应”的调控基因，研究者们发现甚至某些复杂的社会行为也有其单一对应的调控基因，例如对火蚁（Solenopsis invicta；图 12－5）的社会群落形态的研究。火蚁原产于南美洲，其社会形态有两种类型：一种是单后型，整个蚁巢只有一只蚁后，其体态臃肿，产卵迅速；一种是多后型，蚁后体态较为苗条，产卵速度较慢。在单后型的巢中，只允许存在一只蚁后，外来的蚁后会被工蚁杀死。而在多后型的巢中，却可以存在从 2 只到 200 只的蚁后，外来的蚁后有可能被容纳。美国佐治亚大学的生物学家克雷格（M. Krieger）和罗斯（K. Ross）的研究结果表明，火蚁这种复杂的社会行为的差异，由一个叫 Gp-9 的基因所决定。

图 12－5　火蚁

（二）基因作为基因网络分子的存在

需要注意的是，对宣称单一基因决定特定行为的实验结果的解释必须慎重，原因是基因对行为的调控，并不能简单地等同于基因→蛋白质→行为的直接过程。如图 12－6 所示，基因只是脑内复杂神经网络中的一环，或者叫作一个层级。基因处在复杂的网络系统中，其作用的发挥很可能像多米诺骨牌一样，效应逐层扩散，不仅影响其编码的分子活动，也影响该分子所在神经环路中的其他分子。对转基因动物的研究可证实这一点。例如，对敲除了多巴胺 D_3 受体基因的小鼠的生化检测发现，基因变异小鼠伏隔核胞外多巴胺水平显著高于野生型小鼠，此外，腹侧被盖区域和黑质的酪氨酸羟化酶 mRNA 表达量显著下调，黑质中多巴胺转运体的 mRNA 表达量显著上调，而黑质喙部的 D_2 受体 mRNA 表达量显著下调。可见，改变一个基因，就像往湖心投入一枚石子一样，其影响不可能只局限于一点，而会通过水纹一样的神经网络的波动而逐级扩散。现代遗传学研究也表明，基因很少单个存在，而通常是以**基因家族**（gene families）的形式存在。同一个基因家族中的一组基因通常具有相似的基因序列，彼此间也存在功能联系。并且随着基因组的增大，独特基因的数量比例急剧减少，而家族基因增多。目前研究者倾向于认为基因以集成网络的方式运作。数个基因构成一种基因环路，参与对行为的调控。一个基因及其编码的蛋白很可能同时参与几个不同神经环路的活动，从而对不同的行为、功能发挥影响。例如5-羟色胺基因，诸多研究发现它既与焦虑情绪的调节有关，也与抑郁症的发病有关，还参与调节攻击行为。类似的例子不胜枚举。

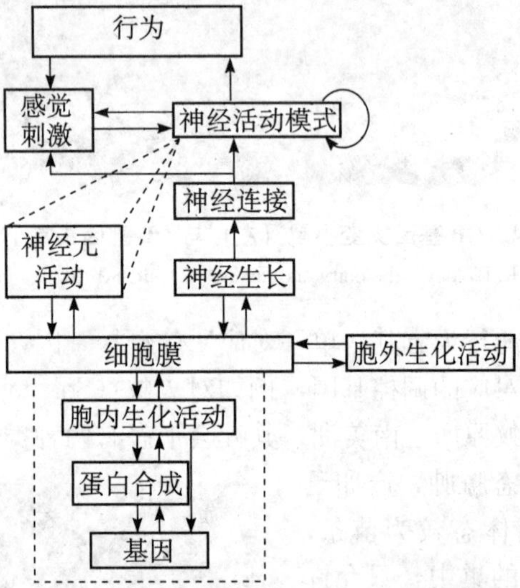

图12－6　基因对行为的调控：诸多因素的介导

资料来源：Johnston T D，Edwards L. Genes，interactions，and the development of behavior. Psychological Review，2002，109（1）：26－34.

大多数行为或性状受多个基因影响的观点已得到众多研究者的认同，他们把这种多基因系统里的基因称为**数量性状位点**（quantitative trait loci，QTL）。正是众多相对独立同时又发生相互联系的多基因系统，使得性状的表现型在人群中呈现出连续（数量）分布。这些作用大小不一的基因之间以及它们与环境之间都以高度复杂的方式交互作用，影响行为的发生及变化。重要的是，这种基因与基因之间的作用有时是累加的，有时又呈现出交互影响的网状联系，有时只决定某种病理行为发生的倾向性，而非直接决定行为表现型的发生。由此重新审视前述提到的火蚁的社会形态研究，会发现所谓单一的Gp-9基因就决定了火蚁社会行为的结论值得商榷。实际上，在这一研究中，研究者只干预了Gp-9基因，并观察到此基因的改变对火蚁社会行为的影响，但是，他们并未考察与Gp-9相关联的其他基因，并不知道干预了Gp-9基因后，其他基因是否发生改变，因此并不能简单得出单一基因决定一种行为的结论。类似的问题普遍存在于考察单基因变异影响行为改变的实验中，这需要我们不断完善研究方法，从多个角度来理解基因对行为的调控方式。

强迫症也是基因惹的祸!

尽管如此，但我们并不能否认某些关键基因对某些特定行为和疾病在较大程度上的决定作用。其中疾病中的单基因遗传现象是最为典型的例子，尽管这种例子在基因对人类复杂行为的决定上并不多见。在这种意义上，作为连续谱的“数量概念”可能存在关键意义。研究发现多巴胺D_4受体基因和个体的新颖寻求行为有关，新近研究表明，一种叫stathmin的基因与创伤后应激障碍有着关系。但直至目前，寻找所谓“成瘾”基因的努力，却遭到了一系列失败。

第二节　基因决定论的局限：行为差异不等于基因差异

虽然在许多遗传学教科书里都有一条经典的公式——表现型（包括外显的性状与行为）=基因+环境，但是，环境的作用常常被忽略，或者只被当作一个被动因素看待。认为基因可以完全决定个体的性状和行为表现，生物进化是通过遗传变异而实现的这一观念，影响广泛，甚至有人认为生物体不过是基因的载体，世界上唯一的“生物”就是基因。这一观点即所谓极端的“基因决定论”，具有明显的局限性。

“基因决定论”认为所有在一个种系内保持高度一致性的行为、习性都来源于相同基因型的遗传。而实际上，这种高度的一致性行为完全有可能只依赖于环境因素，而不需要基因的作用。比方说许多昆虫和鸟类都具有的印刻（imprint）功能。鸭子破壳出生后，会对其首先看到的生物产生印刻式的记忆与行为，例如表现出极大的依恋与模仿行为。通常这一依恋与模仿的对象会是鸭子妈妈，所以小鸭子们毫无疑问会习得鸭子妈妈的行为，例如什么地方有食物、怎么寻找等等，从而保持了代际的行为稳定性。但是，如果鸭子们破壳出生后看到的是其他生物呢，比如它们看到的是洛伦茨？于是就有了经典的一群鸭子排成一列跟着洛伦茨的照片。因此，印刻这一功能很可能是由基因决定的，但是通过印刻将习得的是什么行为则并非由基因预先决定。

这种印刻内容的偶然改变，甚至会导致种群内部动物的分化。例如美国一种苹果蛆，最早的时候是以山楂为食，并将卵产在山楂中。这一现象被称为宿主印刻（host imprint），使得在山楂中孵化出来的子代成年后也会在山楂上产卵。但是在17世纪它们居住的区域开始大量引进苹果树后，其中一些雌性苹果蛆开始在苹果上产卵。由于苹果的成熟期早于山楂，因此以苹果为宿主和以山楂为宿主的苹果蛆的活动周期开始出现差异。前者在夏末开始交配产卵，而后者则要等到初秋。由于交配时间不一致，这两类苹果蛆之间不能再进行交配，进而形成两个不同的群落。这两类苹果蛆在习性上的分离不是基因变异导致的，而只是偶然环境因素的改变造成的。

一、趋同进化现象：基因作为行为表现型的预置方案

基因决定论的局限性，还体现在“趋同进化”这一现象上。所谓**趋同进化**（convergent evolution），是指两类从遗传的物质基础角度没有相近亲缘关系的物种，由于处在相似的环境之中而具有相似的外形、性状或行为的现象。例如，目前认为，鲸类由一种接近河马的陆地上的哺乳动物进化而来，因此具有用乳汁哺育幼体的哺乳类的特征，根据这种特征不会把鲸错当成鱼类，但是从外形上看，鲸类却具有和鱼类相似的体态。再如，生活在非洲东部马达加斯加岛上的马岛猬，它的整个身体都覆盖着体针，外形和刺猬相似。因此马岛猬一向被认为是属于刺猬、鼩鼱、鼹鼠一类的食虫类动物。但是，最近完成的对这些动物的线粒体DNA的研究显示，马岛猬并不是刺猬等食虫类的亲戚，而是大象、土豚（aardvark）等动物的同类（图12-7）。外形甚至习性都相似的马岛猬和刺猬其实并不是

亲戚，二者的基因同源性并不高，两类动物只是由于处在类似环境，通过趋同进化才变得相似。而基因同源性更高的马岛猬和大象，在外观和习性上却相距甚远。基因决定论无法回答，为什么有些在外形上极其相似的个体，其基因型却相差甚远；而某些外形上极不相似的个体，其基因同源性却非常高。纵观上述，我们可以发现，决定这种趋同进化现象的，恰恰不是基因，而是环境。至少我们可以说，是环境选择在其中起了更大的作用，其目的是使生物体更好地从行为上适应环境从而生存下来。

图 12－7　马岛猬与刺猬的趋同进化

左上为马岛猬，左下为普通刺猬。

近期研究结果表明，基因只是一种行为表达的预置机制（方案），而不能直接决定机体的行为。由此可以推断，有机体的基因型一定比其表现型更加丰富多样。对不同生物的DNA比较研究支持这一推测。比如鸟类并没有牙齿，但是其基因组却含有参与编码牙釉质的基因；研究者们甚至在一些植物上检测出含有参与编码血红蛋白的基因。有机体基因组中的大部分基因是沉默的，而哪些基因获得表达，既与进化进程有关，也与生物体对生存环境的适应有关。因此有研究者感叹，个体发展就是一个基因型从“未分化”过渡到“特异性表现”的过程，这种基因预置方案同时也是趋同进化现象得以实现的基础。

上述马岛猬和刺猬的趋同进化现象引发了一个有趣的问题：如果马岛猬离开了马达加斯加岛，回到大草原上生活，它的后代还会长得像刺猬吗？也就是说，有机体为了适应环境而改变的行为、性状能够脱离原来的诱发环境而世代遗传吗？这一问题实际上就是遗传学领域内一直争执不休的问题，即所谓“获得性的行为特征”是否能够遗传下来，这种遗传现象也被称为**获得性遗传**（inheritance of acquired characteristics）。

二、获得性遗传

“获得性遗传”学说又被称为拉马克学说（Lamarckism），是法国博物学家拉马克（Jean Baptiste Lamarck，1744—1829；图 12－8）的生物进化学说的主要观点之一。达尔文的进化论举世瞩目，而拉马克的进化学说则饱受曲解。但实际上，拉马克是最早（1809 年）系统阐述生物进化思想的人。他在其巨作《动物学哲学》中写道，所有生物都经由进化而来，而非出自上帝的创造。生物天生具有向上发展、趋于完善的倾向，这是生命形态由低级向高级进化的原动力。生物只有适应其所处的环境才能生存繁衍，因此当环境变化时，机体必须通过改变其行为以重新建立与环境的协调关系。在这一过程中，某些经常使用的器官就趋向发达，而长期不用的器官就逐渐退化，这一观点又被简称为"用进废退"原则。重要的是，这些后天获得的性状可以遗传给后代，使物种进化成为可能，这即是著名的"获得性遗传"原则。

图 12－8　进化论的奠基人拉马克

后世的人在提及拉马克的理论时经常断章取义，将其学说简单等同于"发生在个体身上的遭遇能代代相传"。例如德国动物学家魏斯曼（August Weisman，1834—1914）为了验证拉马克的理论做了这样一个实验：他把小鼠的尾巴剪断，并让其与其他同样被剪掉尾巴的小鼠交配，产生出的子代同样被剪掉尾巴，再和其他被剪掉尾巴的同类交配，如此反复。这批小鼠在繁殖了 22 代后，所产下的幼子仍然长有尾巴，没有一只是天生断尾的。由此魏斯曼认为，"获得性遗传"这一现象不可能存在。实际上，魏斯曼完全曲解了拉马克的学说。剪断尾巴并不是动物为了适应改变的环境而做出的行为或性状的适应性改变。因此，断尾作为一种外在刺激处理，无法遗传给下一代就在情理之中。实际上，断尾会破坏小鼠的平衡，为了弥补这一缺陷，小鼠可能会通过调整四肢与头部的协同方式或者改变四肢肌肉的张力来代偿，后者才是动物主动适应环境变化的适应性改变，因此实验考察的因变量应该是断尾后小鼠的四肢协调性等改变是否能遗传，而不是荒唐地考察子代是否天生断尾。

拉马克学说中的"用进废退"原则与"获得性遗传"原则，都强调了个体的成长环境对生物体性状形成、行为发生以及物种进化的重要性。达尔文虽然不赞赏拉马克的进化理论，但承认"用进废退"与"获得性遗传"在自然界是可能存在的。在晚年时，达尔文甚至提出了"泛生论"（pangenesis）来试图解释"获得性遗传"的机制。但是，自从基因被发现之后，环境因素对行为遗传的作用在很大程度上被否定了，拉马克的学说在很长一段时间内受到了冷落。近期行为遗传学、神经科学、分子生物学等相关学科的迅猛发展，积累了越来越多的证据，都提示环境因素对行为的发生有重要影响。更为重要的是，这种影响能够以遗传的方式在子代中发挥重要作用。

三、进化的证据

依照达尔文进化论，每个新物种是由祖祖辈辈栖息于一处的众多个体，经过极其缓慢的进化过程演变而来，进化过程通过代际遗传变异得以实现。我们知道，在正常情况下，DNA 的复制是相当精确的，从而保证了基因代代相传的稳定性。但有些时候 DNA 遗传密码在复制时会产生变异，例如发生基因突变或基因重组。基因突变是指基因分子结构的改变，有时是个别碱基的突变，或者是复制出错（比如G代替了A），有时则是一个或几个碱基对的缺失、倒位，甚或是较大的DNA片段的缺失、插入或重排。这种改变如果发生在不编码蛋白质的DNA序列中，则突变可能是中性的，不会对个体的性状或行为产生影响；但如果发生在编码蛋白质的序列中，蛋白质中一种氨基酸就可能会被另一种氨基酸取代，影响蛋白质活性、功能，进而产生后代的突变表型。在绝大多数情况下基因突变对个体的生存和繁殖是有害的，这样的个体往往会在自然选择过程中被淘汰。不过，在少数情况下基因突变会有利于生物体适应环境，或者其本身就是生物体适应环境变化的结果，这样的基因突变会继续传递下去。这种有利的突变逐渐扩散到整个种群，引起种群基因型的细微变化。例如，甲虫某一基因突变导致的翅膀残缺，在一般情况下对生存不利，但是在多风的海岛上，却有利于它们的生存，因为翅膀发育不完全而极少飞翔，所以就不会被风吹落入海而增加了生存的机会；反之，那些最喜欢飞翔的甲虫，就不免被风吹到海里以致遭到毁灭。经过许多世代，在这类多风的海岛上，常见的反而是基因突变的残翅甲虫。

按照上述程式，进化完全成了一个生物学过程：有利于适应环境的基因突变被选择，不利于适应环境的基因突变则被淘汰。依据这一观点，起初纯属偶然的基因突变，通过自然选择，造就了所有生命不可思议的结构和功能特征以及惊人的适应能力。这一理论看似富有逻辑性，但存在漏洞。我们必须清楚的是，尽管基因代代相传时偶尔发生的突变、重组和缺失给每个物种带来了基因的多样性，但这种多样性实际上是非常有限的。若突变个体与正常个体交配，不能保证突变基因能在其子代身上表达，这对群体的基因流（gene flow）就会产生"均匀化"作用。因此，根据基因决定行为，基因突变为自然选择提供物质材料的观点，进化应该是一个延绵不断的缓慢过程，但这种渐变在化石及其记载中找不到依据。相反，许多化石记录显示，进化过程多呈急剧的跳跃式突变。例如，我国科学家侯先光在云南省澄江县发现，远在5.3亿年之前，曾一次性较为集中地出现过不同体型、构造，属于"门"级别的动物，它们完全没有渐进的痕迹；而此后，再也没有新的"门"一级别的动物出现。其他国家的学者也发现了类似的现象，可见进化不可能完全由基因突变来推进。

此外，如果基因决定行为，同时只有基因突变才能为自然选择提供材料的话，进化过程就是一个被动等待基因突变以产生新基因的过程。考虑到在生命形成的初始阶段，常伴随剧烈的环境变化，比如地壳板块移动、气候骤变等，实在难以想象有机体能通过被动等待来适应变化巨大的环境。

第三节　环境因素对基因作用的影响

一、基因与环境的交互作用

行为的表达有赖于个体先天遗传素质（基因）与后天环境的交互作用这一观念来源已久，但是依据此观念设计的实证研究却相对滞后。2000年以后，随着研究方法和技术手段的不断提高，相关实验结果才逐渐增多。例如，传统观点认为，5-羟色胺能系统与抑郁症关系密切，而卡斯皮（Arshalom Caspi）等人对5-羟色胺转运子（5-HTT）基因、应激经历和抑郁症发病之间的关系研究却显示，5-HTT基因与抑郁症发病之间并不存在简单的线性关系。研究发现，5-HTT基因启动子上出现一个或一对短的等位基因的个体，如果有负性应激的经历，则其罹患抑郁症的风险显著增高；如果仅是具有这一短的等位基因，但没有经受负性应激，则抑郁症发病的可能性极低。其他许多考察基因型与环境事件交互作用的研究都发现，某种特定基因型并不必然意味着某种异常行为的发生，只有在特定环境刺激作用下，这种异常行为的出现才成为可能。这些研究结果表明，不论是基因还是环境都不能单独决定机体的行为表现。基因并不直接支配行为，它只为行为提供预置方案。基因的功能是否表达，有赖于环境因素的作用。

对三脊棘鱼（three-spined stickleback）的研究在一定程度上为这一观点提供了证据。三脊棘鱼有几种亚类，一种只生活在淡水区域，以浮游生物为食，体型纤长，眼睛硕大。还有一种亚类只生活在深海区域，体型短而粗壮，眼睛细小。这两种类型的三脊棘鱼拥有共同的祖先。它们的祖先是一种溯河产卵的海鱼，成年期的大部分时间在深海中生活，当产卵季节临近时，则结群逆流而上，游至特定的淡水区域产卵。新生的幼子在淡水区域成长，以浮游生物为食，此时它们体型细而纤长；成年后开始顺着河流方向游回大海，并在深海中生活，此时它们的体型开始变得短而粗壮。只生活在淡水中的三脊棘鱼，和只生活在深海中的三脊棘鱼都是从这种溯河产卵的三脊棘鱼演化而来的，二者基因的同源性极高。只是由于地理环境发生改变而无法像它们的祖先一样来回穿梭于淡水和海水区域，才在外观上呈现出与其环境相契合的单一形态，而不像其祖先一样在不同水域具有不同的体貌特征。这种体貌特征上的差异体现的是相似基因型对不同环境的差异性反应的外显结果。

图12-9　雄性（上）及雌性（下）红剑鱼

红剑鱼（xiphophorus helleri；图12-9）的性别转换是上述现象的又一例证。红剑鱼是一种原产于南美洲的观赏鱼，属于胎生鳉鱼科。其雄鱼体型较为细长，各鳍的末端较为尖窄，最明显的是尾鳍下缘有一针状的鳍条，俗称剑尾。而雌鱼体型较雄鱼肥大，各鳍的末端较为圆钝，尾鳍下方无剑尾。当红剑鱼所在的鱼群中雄性红剑鱼偏少，达不到自然的雌雄比例时，某些产过子鱼的雌性红剑鱼会逐渐长出雄性的剑尾，转变成雄性，并与雌性红剑鱼完成交配。红剑鱼的变性只发生在雌性身上，并且这一改变是不可逆的。这个例子说明，对于雌性红剑鱼而言，它们的基因型中同时存在着编码两种性别特征的方案，雌性红剑鱼是否会转变成雄性，最终起决定作用的是它们所处的环境。这一现象又被称为**表型可塑性**（phenotypic plasticity），指的就是同一种基因型在不同环境因素的作用下形成不同表现型以适应种系生存的进化现象。

同样的基因型为什么会产生差异如此大的表型？这一现象是通过什么机制实现的？上述提到的表观遗传学机制很可能是导致此现象的原因之一。**表观遗传学**（epigenetics）一词是由沃丁顿（C. H. Waddington）在1942年的时候首次提出的。与传统遗传学机制不同的是，表观遗传学机制指在基因的DNA序列没有发生改变的情况下，基因的其他功能发生变化，最终导致了表型的变化。通俗地讲，表观遗传学研究的遗传信息不是基因本身，而是基因如何表达，以及基因表达机制如何受到内外部因素的影响。表观遗传学所涉及的调控机制主要包括DNA甲基化、组蛋白乙酰化等。其中，**DNA甲基化**（DNA methylation）是表观遗传调控中非常重要的一种形式。DNA甲基化通常发生于胞嘧啶鸟嘌呤二核苷酸（CpG）的第5位碳原子上。CpG接受S-腺苷甲硫氨酸（S-adenosylmethionine，SAM）提供的甲基，在DNA甲基转移酶（DNA methyltransferases，DNMTs）催化下被共价修饰为5-甲基胞嘧啶（5mC）。在真核生物DNA中，5mC是唯一存在的化学性修饰碱基。在基因组中，CpG经常以成簇串联的形式排列，这种富含CpG的区域被称为CpG岛（CpG island）。CpG岛参与基因表达的调控，影响染色体的结构。甲基化通过在CpG的胞嘧啶残基上加入一个甲基基团，引起染色体状态变化，从而阻止甲基化区域的基因的表达。DNA甲基化往往使基因表达沉默，而处于活跃表达的基因通常处在非甲基化状态。

那么，外界环境刺激能够影响DNA的甲基化，并最终影响基因的表达吗？有研究者考察了母性行为对其子代糖皮质激素受体（glucocorticoid receptor，GR）基因的DNA甲基化的影响。雌性大鼠对初生幼子的照顾存在显著差异，有的精心呵护，经常舔舐幼子，为其梳理毛发；而有的则疏于照顾，经常忽视幼子。研究者按照雌性大鼠对子代舔舐和整理毛发行为的频密程度，将它们分成精心照顾组和忽视组，然后让它们抚养初生幼子，这些幼子既包括它们自己的子代，也包括其他雌鼠的子代。实验研究的因变量是GR基因的甲基化程度。处于胚胎期的大鼠，GR基因是没有被甲基化的，但在出生第一天后迅速被甲基化。如果幼鼠得到精心照顾，这段基因就会逐渐去甲基化，从而使GR基因得到表达。如果幼鼠经常被忽视，缺乏应有的照顾，则去甲基化的过程就非常缓慢，并且直到成年期这段基因去甲基化的程度始终很低，使得GR基因表达量显著下调。GR对HPA轴有反馈调节作用，对终止应激反应起重要作用；这一受体基因表达量的显著下调，会提高动物的应激反应性，表现为焦虑水平显著增加，罹患应激相关障碍风险增高。由此可见，机体成长过程中的环境因素，可以通过表观遗传等机制，在不改变DNA序列的情况下，选择性地调控基因表达，从而影响个体的性状和行为表现，使表型可塑性得以实现。上述研究结果同时提示，环境并不会直接塑造行为，它对行为的影响有其分子基础，这也是行为神经科学研究的基本方法论。

二、表观遗传：环境因素对个体遗传特性的改变

既然环境因素可以通过表观遗传等机制影响基因的表达，导致表现型的变化，那么这种改变了的表现型能够遗传给子代吗？沃丁顿最早（1953年）对这一问题进行了系列实验研究。他对果蝇的虫蛹实施了4小时的热休克处理，发现部分经受过处理的虫蛹在成年后，其翅膀脉络闭合不全，存在缝隙。这种特殊的翅膀脉络形态被称为cvl（cross-veinless；图12-10），而cvl表型在野生型果蝇身上观察不到。沃丁顿将在热休克刺激后出现cvl表型的部分个体进行配对杂交，对产生出的子代又在虫蛹阶段给予热休克刺激，再挑选出在成虫阶段出现cvl表型的个体进行配对杂交，如此反复，成体出现cvl表型的概率

越来越高。当选择性养育到第16代的时候，有1%～2%的cvl果蝇，其生育的子代在没有经过热休克处理的情况下就会出现cvl表型。随后，沃丁顿又让这些没有经过热休克处理依然出现cvl表型的个体进行配对杂交，经过数代选择性繁育后，就得到了一种在自然情况下稳定出现cvl表型的果蝇。cvl表型本来是一种自然情况下不常见的表型，只有在果蝇经受了强刺激处理后（热休克）才被诱发。这一后天获得的性状在历经选择性繁育和重复诱发刺激后，逐步稳定下来，甚至发展到后来，不需要原先的诱发刺激也能出现cvl表型。沃丁顿将这一过程称为**遗传同化**（genetic assimilation）。实际上不管在精微的意义上实现此种遗传的机理和过程如何，其本质就是一种“获得性遗传”。

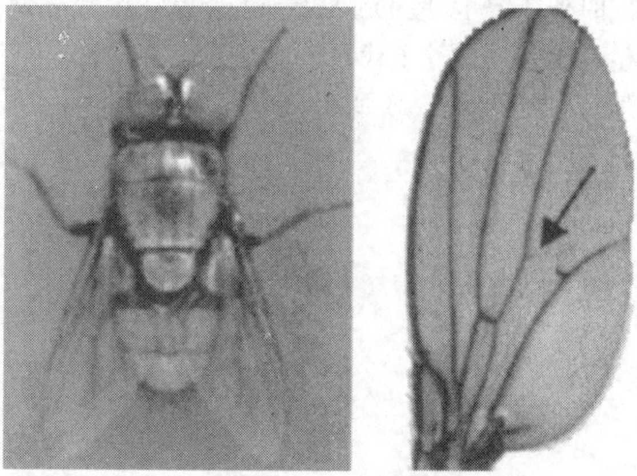

图12－10　cvl果蝇

沃丁顿得到这一实验结果绝非偶然，他利用相似的研究手段获得了一系列支持“遗传同化”现象的实验结果。在其中一个实验里，他给予果蝇的虫蛹实施乙醚熏蒸处理，发现部分接受此刺激的果蝇在成体阶段长出两对翅膀。野生型果蝇只有一对翅膀，只有一种被称为bithorax的基因发生变异的果蝇，才会长两对翅膀。沃丁顿选择这些在经受乙醚处理后长了两对翅膀的果蝇进行配对杂交，繁育出子代后又在虫蛹阶段给予乙醚刺激。如此反复，被选择繁育的果蝇其后裔在经受乙醚处理后，出现双翅的概率越来越高，甚至到后来，不需要在虫蛹阶段给予乙醚刺激，就有部分个体会生出双翅，就好像bithorax基因变异的果蝇一样。后来，吉布森（G. Gibson）霍格尼斯（D. S. Hogness）重复了这一实验，同样得到了一种无须乙醚刺激、天生长有两对翅膀的果蝇。

以上的研究结果表明，环境因素诱发的表型改变，可以在某些处理之下，逐步在该个体的后裔身上固定下来，成为一种能稳定遗传的性状，这即是所谓的遗传同化。重要的是，性状的改变不是通过基因突变实现的，而是通过对基因表达的调控实现的。那么，环境因素是通过什么机制实现对基因表达的调控的，表观遗传修饰是可能的机制之一吗？

如前所述，表观遗传学所涉及的调控机制主要包括DNA甲基化、组蛋白乙酰化等，其相应的特征又可统称为表观遗传标记。在一般情况下，生殖细胞在受精之前，会把DNA序列上的表观遗传标记去除，所以通常说来，这种表观遗传标记不会传到下一代。换言之，个体后天获得的性状，不能直接遗传到下一代。但是，近年来，一些表观基因标记的保护机制逐渐被发现，比如对小鼠的实验表明，一种叫stella的蛋白质能够有效地保护卵子中的部分基因的甲基化标记，从而使这种标记能从上一代传到下一代。而这种例子在植物界中更多。也就是说，部分表观遗传标记是可以遗传的。

比如安威（M. D. Anway）等研究者发现，在雌鼠怀孕的关键期（受精后8～15天）给予乙烯菌核利（vinclozolin，一种能破坏雄性激素的杀真菌剂）会导致其雄性子代（F1）发育异常。并且这种发育异常与15段不同DNA序列的甲基化模式异常有关。研究者让这一发育异常的雄鼠（F1）与正常雌鼠交配，发现产下的雄性子代（F2）同样发育异常，同时伴随着 15 段 DNA 序列的甲基化模式异常。第二代雄性子代再与其他正常雌鼠交配，生育出来的雄性子代（F3）还是发育异常。可见这一表观遗传标记在雄性后裔身上能稳定遗传，如图 12－11 所示。

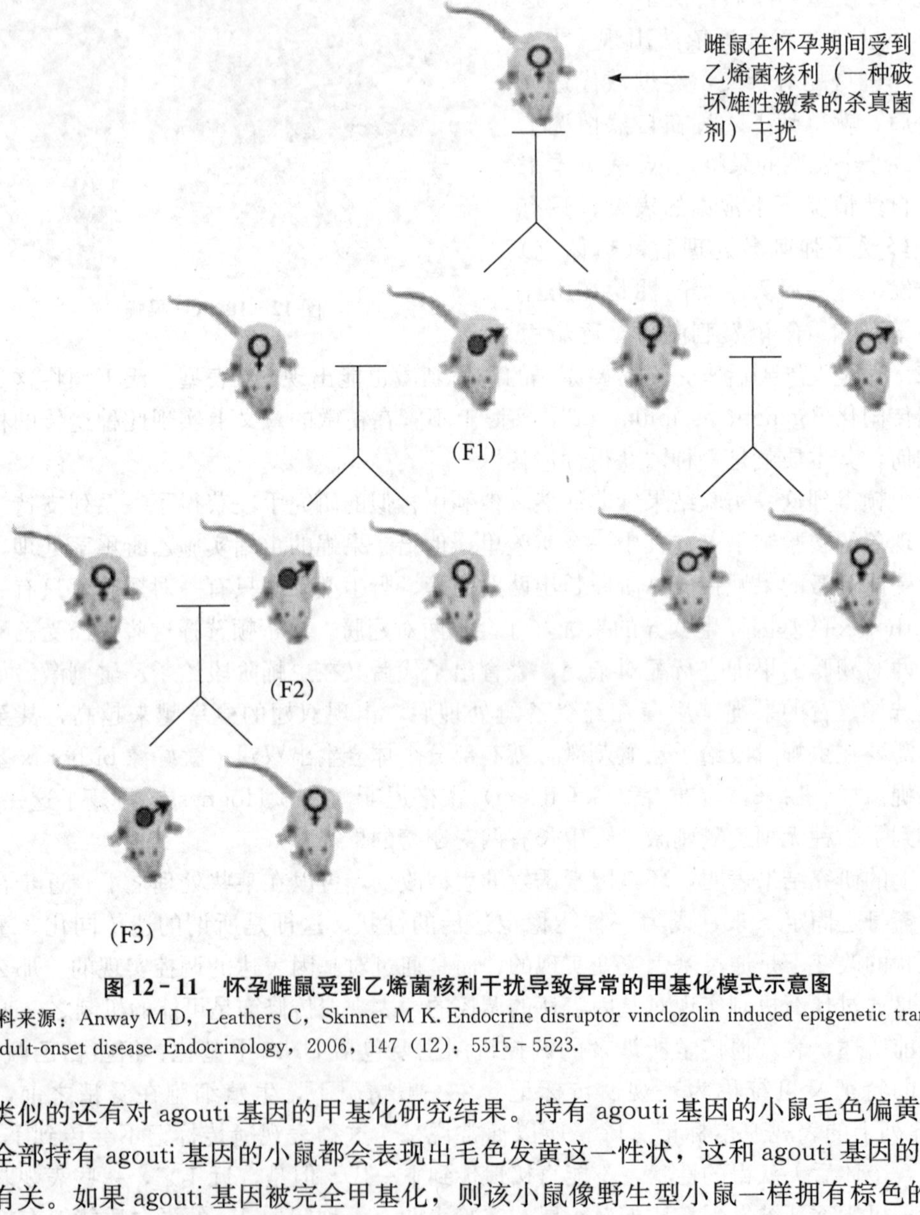

图 12－11　怀孕雌鼠受到乙烯菌核利干扰导致异常的甲基化模式示意图

资料来源：Anway M D，Leathers C，Skinner M K. Endocrine disruptor vinclozolin induced epigenetic transgenerational adult-onset disease. Endocrinology，2006，147（12）：5515－5523.

类似的还有对 agouti 基因的甲基化研究结果。持有 agouti 基因的小鼠毛色偏黄。但是并非全部持有 agouti 基因的小鼠都会表现出毛色发黄这一性状，这和 agouti 基因的甲基化程度有关。如果 agouti 基因被完全甲基化，则该小鼠像野生型小鼠一样拥有棕色的毛色；而如果 agouti 基因甲基化不完全，则该小鼠的体毛颜色处在黄色与棕色之间。研究发现，agouti 基因的甲基化标记可以稳定遗传，即两只持有被甲基化的 agouti 基因的小鼠，其产出的子代一定是具有棕色体毛的小鼠（agouti 基因被甲基化，不表达），而不会具有黄色体毛。见图 12－12。

以上对表观遗传标记的实验研究提示，环境因素确实可以改变个体的性状，并且这种改变了的性状有可能代代遗传。最重要的是这种遗传特性并不由个体的基因序列来决定。

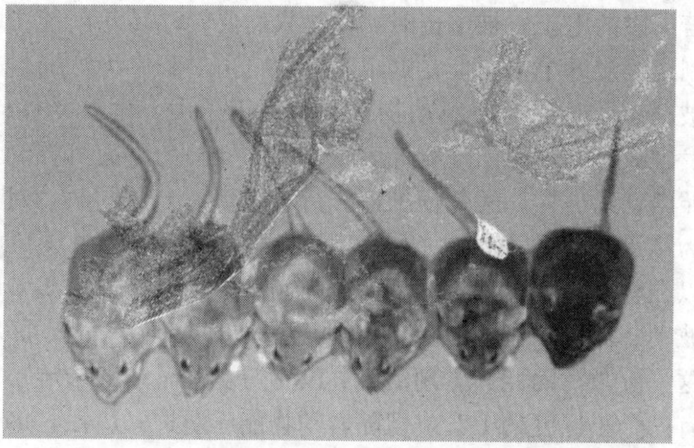

图 12－12　同样具有 agouti 基因的不同毛色小鼠

资料来源：Rakyan V K，Preis J，Morgan H D，et al. The marks，mechanisms and memory of epigenetic states in mammals. Biochemical Journal，2001，356（1）：1－10.

至于表观遗传是不是环境因素对个体遗传特性发生影响的唯一机制，则仍然未知，或许还存在着其他尚未被发现的机制。但不管怎样，确定了环境因素可以改变个体遗传特性这一点，无疑会对传统遗传学研究造成冲击，拓宽原有的研究视野。上述研究结果提示，生物进化不再仅仅依靠基因突变这一途径，环境因素诱发的表型改变，通过表观遗传机制的介导，同样可以为自然选择提供原材料。环境诱发的表型改变与基因突变诱发的表型改变类似，既有中性的，也有非适应性的，而环境诱发的表型改变一旦具有适应性，则能通过自然选择，加大具有这种表型的个体的生存概率。从这个角度上说，被自然选择的是能实现各种不同行为功能的表现型，而不是基因，基因只是实现其代际传递的工具。

三、表观遗传的局限

自从表观遗传学成为学术界的研究热点，一些支持表观遗传标记可以稳定遗传的实验结果被陆续发表后，这一观点对人们的社会生活及观念也产生了一定影响。比如 2005 年，欧洲一项针对人的研究发现，个体在其青少年早期经常无节制饮食，会显著增加其孙子一辈患糖尿病的风险。英国广播公司（BBC）的一个节目主持人的感慨非常具有代表性，他说："基因有了记忆之后，你祖父呼吸的每一口气，吃的每一件食物，看见的每一件事物都可能在几十年后影响到你，虽然你并没有经历过那些事。"情况是否真会如此呢？

实际上这显然是一个从一个极端走向另一个极端的过于夸张的说法。虽然某些个体后天获得的性状的确在特定条件下可以稳定遗传，但这绝不意味着任何外界因素的影响都会产生不可逆的改变，任何不可逆的改变都会被遗传。实际上，生物体的基因及其构建的整体神经生理系统，除了为机体提供行为的物质基础外，还具有缓冲内外部刺激、保持整体的表现型不受影响的作用。众多研究发现，外部应激强度比较小时，不会对个体的行为及生理反应造成不可逆的影响，只有当外部刺激超过一定阈值，打破原有的分子平衡机制时，应激对行为、生理的影响效应才会显现出来。例如迈尔（Steven F. Maier）等人进行了"控制感"对大鼠抑郁样行为表现及其生理改变的影响的系列研究。他们将动物随机分成可控制应激组、不可控制应激组和对照组。实验第一天，可控制组被移置到一个带转轮的电击箱中接受若干次的电击；被电击时，动物只需要转动转轮就能中断电击。而不可控制组接受与可控制组等量的电击，但是这组动物在电击过程中无法通过自身的任何行为来中断电击，只能被动忍受。而对照组动物只被放在箱子中，不接受任何电击。24 小时后进行行为测试，发现只有不可控组动物才表现出抑郁样行为；而可控制组虽然接受了等量的电击，但与对照组动物一样，无任何抑郁样行为表现。与此同时，对三组动物的微透析实验结果也与行为结果相匹配。如图 12－13 所示，对照组动物由于只放在电击箱中不给予任何电击，所以在整个实验过程中，其内侧前额皮层内的神经递质多巴胺和 5-羟色胺的胞外含量无明显波动。而可控制组虽然经受了电击处理，但是由于可以控制电击的中止，所以能积极应对这一应激，因此其生理活动并没有遭受不可逆的影响。多巴胺和 5-羟色胺在电击开始时都有一个小幅度的上升，但随着动物能应对这一应激，多巴胺和 5-羟色胺开始回落，到电击结束时（100min）已经恢复至原来的基线水平。与此相对的是，不可控电击则导致动物的多巴胺、5-羟色胺水平急剧增高，直到电击结束 1 小时后，胞外多巴胺水平仍显著高于对照组动物。可见，当外部刺激在一定阈限之下时，生物体的基因及其构建的整体神经生理系统能“缓冲”这些刺激，使这些刺激不会对个体的行为、功能产生不可逆的影响，无法把这种环境影响稳定地在代际遗传下去。

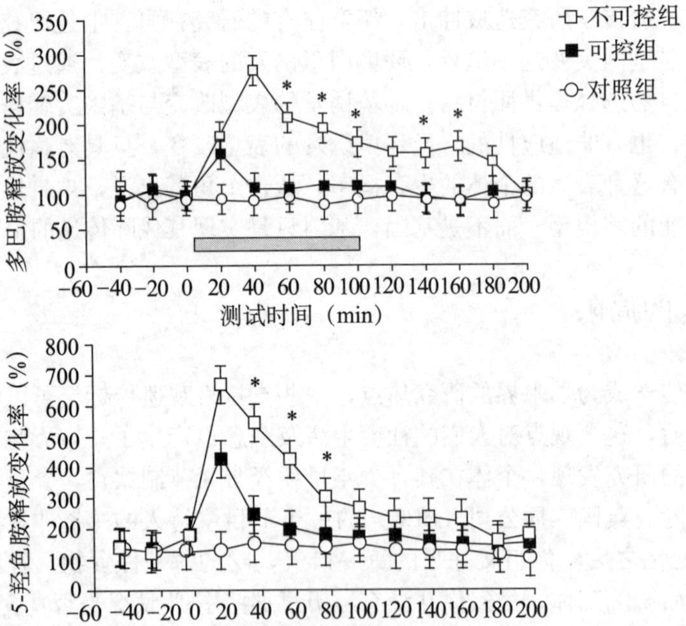

图 12－13 可控制、不可控制电击对内侧前额皮层胞外多巴胺、5-羟色胺含量的影响

* 表示在统计学上有显著差异。

资料来源：Bland S T，Hargrave D，Pepin J L，et al. Stressor controllability modulates stress-induced dopamine and serotonin efflux and morphine-induced serotonin efflux in the medial prefrontal cortex. Neuropsychopharmacology，2003，28 (9)：1589－1596.

有机体不仅具有疏导外界刺激的能力，也具有疏导来自机体内部刺激的能力。所谓来自机体内部的刺激，是指基因变异对表现型的影响。许多针对诱发的基因突变的实验发现，通常单个基因突变不会对机体表型产生大的影响，有的甚至没有可见的影响。有研究者推测，这可能是因为多数基因是以基因家族的形式存在的，由此，结构改变与功能异常的单个基因，会有同处于一个家族之中的其他基因来代偿它的功能，因此降低了单个基因突变对机体的影响。与此推测相对应，有研究者在对一种酵母菌的研究中发现，只有将整个 ras 家族的基因全部敲除，才能导致酵母菌表型发生显著改变，而单独敲除家族中的单个基因则不会导致表型的显著改变。综合以上两方面，研究者们将有机体这种能在一定程度内平衡内部或外部刺激，从而保持表现型不变的能力，称为机体的**疏导**（canalization）能力。由此可见，在一定阈限范围内的后天经历或环境刺激都不会对个体造成影响，产生可以遗传的性状。

时至今日，在基因与行为的关系上，依然存在大量问题，甚至某些关键的科学问题也没有得到解决。首先，单基因在简单性状与简单行为中的关键作用已经得到证实，但与相对复杂行为，例如亲社会行为、成瘾行为、自杀行为等的因果关系，至今无法证实，甚至这种因果关系有可能完全不存在。问题是："简单行为"与"复杂行为"的界限在什么地方？其次，基因序列不等于基因功能。在基因序列这一结构层级之上，还存在着基因转录层级、蛋白质合成及功能调控层级、神经网络及其相互联系层级。上述不同层级的功能表现，都与个体的行为表型有着联系。是否上述不同层级的"功能调控"，例如我们在上文中谈到的表观遗传修饰过程，也存在着目前我们还未知的基因结构性密码，并通过这些密码，实现其代际可遗传性，证据还非常有限。最后，动物主动适应环境的所谓"被进化选择的"表型及行为，是否存在着基因的"结构性印记"，以及在上述哪一功能层级上存在"结构性印记"，并通过此实现其可遗传特征，我们依然所知甚少。或许正是在上述不同功能层级上的不同的遗传特性及其结构基础，决定了某些行为遗传出现在直接的外显水平，而另外一些则只停留在行为"易感性"水平。这些问题，都值得进一步研究。

"夜猫子"也是基因突变导致的？

→ 基本概念

基因　"垃圾"序列　基因家族　数量性状位点
趋同进化　获得性遗传　表型可塑性　表观遗传学
DNA 甲基化　遗传同化　疏导

→ 思考题

1. 基因是如何调控行为的？
2. 环境通过何种方式调控基因活动与行为改变？

第十三章 本能行为

动物在适应环境的过程中，需要不断探索外部世界，寻找食物、水源、适宜的居住场所，并保持体温的相对稳定，以进行正常的新陈代谢，维持个体的生存，并通过求偶、交配行为以延续种族。这些维持个体生存与种族延续的行为被称为本能行为。此外，自然环境中由于食物、水源的稀缺，动物需要不断探索新环境，寻找足够的生活资源以维持生存。同时，动物在寻找资源时还需要通过特定的攻击与防御行为来保护已经获取的资源。因此，与饮水、摄食及性行为一样，探索、攻击与防御行为，也是本能行为。

本能行为有两层含义。首先，从进化的角度看，本能行为是进化过程中保留下来的行为，不仅是处于进化高端的人类有，许多低等的动物都会表现出其特有的本能行为，即使是最低等的原生动物，也能够运用吞噬作用来摄取养分。其次，从发育的角度看，本能行为是先天的行为，个体一出生便已具有，如雏鸟一出生即会张嘴等父母往自己的嘴里送食物，新生儿往往会把手里抓住的东西往嘴里送，这些都是生来就具有的摄食行为。另外，本能行为虽然是先天的行为，但这些行为也受学习、经验等后天因素的影响不断发展变化。例如，人类的本能行为就要比其他动物复杂许多，人类的摄食和饮水不仅仅受代谢等生理因素的调节，还受诸如心理、社会因素的影响。在进化和发育的过程中，学习对物种本能行为的进化、发展起着极大的作用，同时本能行为也是学习的基础。

本能行为在进化过程中相对保守，人类与其他动物的本能行为有许多共同之处，可以利用动物模型来研究人类的本能行为及其神经机制。此外，由于具有语言与思维的能力，人类的本能行为显然又比其他动物的本能行为要复杂许多，具有明显的独特性。在这一章中，我们既会介绍基于动物实验的本能行为的研究结果，也会介绍人类本能行为的独特性。

第一节 摄食行为

一、摄食行为的进化与发展

摄食作为一种最基本的本能行为，是动物赖以生存的基础。在进化过程中，由于生活环境与物种进化等级的差异，不同动物的摄食行为方式存在明显差异，而这种差异是伴随着机体结构差异出现的。嘴（包括舌和牙齿）是最重要的摄食器官，它的进化对摄食行为有极大的影响。低等的草履虫没有牙齿和舌，在摄食的时候，靠身体侧面口沟附近纤毛的颤动，将附近水流激成漩涡，食物随着水流进入口中。腔肠动物通过口周围的触手捕捉食物，并将食物送入口腔。昆虫进化出不同类型的口器以适应环境，例如蝶蛾类的虹吸式口器适合插入花朵深处吸取花蜜，蝗虫带有坚硬上颚的咀嚼式口器适合用来切割草、树叶等固体食物。鸟类由于生活环境的差异而形成了多种形状的喙，水栖禽类的喙或扁平，或长而尖，以植物种子为食的鸟类的喙短小、尖锐并且坚硬。高等的哺乳动物牙齿和舌的功能完善，牙齿能够撕裂、研磨和压碎食物，舌可以将食物送进嘴里，并搅拌食物，有利于食物的消化与吸收，提供更充分的能量。显然，不同物种由于种系差异、生活环境的差异，表现出复杂多样的摄食行为，最终目的是有效地获取能量，维持生存。

除了摄食器官的进化发展外，机体的神经系统也在不断进化以控制摄食行为的启动与终止。原始单细胞动物没有明显的神经细胞，只能靠水流反射性地控制纤毛运动获取食物；低等的多细胞动物口部周围神经细胞相对较多，便于感受水流的变化；环节动物进化出链状神经系统，出现了原始脑，具备了记忆功能，能够回避不良环境，便于更有效率地寻找食物；而高等的无脊椎动物如昆虫，脑进一步分化出前脑、中脑与后脑，分工明确，能非常有效地控制复杂的肌肉运动进行捕食，并且前脑的学习记忆能力更完善，可以根据环境的变化与过去的经验调节摄食行为。脊椎动物的脑分化进一步完善，出现了下丘脑，参与摄食行为的调节。高等哺乳动物脑功能分化更精细，特别是发达的大脑皮层，与皮层下支配摄食行为的神经中枢存在密切的双向神经联系，参与心理与社会因素对摄食行为的调节，使动物能更主动地适应并改造生存环境，以保证获取足够的食物，维持生存。

摄食行为的一个重要进化特征是机体产生了多个平行的系统对摄食行为进行精确调节。例如，有多种神经递质、神经肽和激素参与摄食行为的启动与终止，即使某一个系统功能失调，其他系统仍然能发动摄食行为，确保动物获得能量以更好地适应生存环境。由于自然环境下食物资源的稀缺和获取机会的不确定性，摄食行为的另一个重要进化特征是，进食过程伴随奖赏体验，获得高能量的食物时候奖赏体验更强，这一机制使动物在条件允许的状态下，只要有机会获得食物，就会尽可能多地摄取食物，储存能量，以备将来食物短缺之需。而这一进化机制的存在是当今社会肥胖流行的主要原因之一。当食物资源不再短缺，而且有明确的获取途径时，人们依然会尽可能多地摄取食物，并且获取食物的过程并不需要消耗大量的能量，导致能量过剩。对于高等的哺乳动物，特别是人类来说，随着神经系统的进一步完善、思维与语言文字的出现、心理与社会文化因素的参与，摄食行为的调节和控制变得更加复杂多样。个体可以根据以往的学习经验，克服代谢因素的作用而改变相应的摄食行为，从而更好地适应环境。同时，也正是这些心理与社会因素的作用，可能参与进食障碍的产生。

从个体发育的角度来看，摄食行为的发展过程与摄食行为的进化过程有很大的相似性。在出生的早期阶段，新生儿的牙齿尚未成型，只能通过奶等流质食物来获取养分；由于大脑皮层发育尚未成熟，摄食行为主要受下丘脑等皮层下系统的调节，代谢因素变化导致的失平衡是调控摄食行为的主要机制。而随着牙齿的生长，可摄取的食物也越来越广；同时，大脑皮层发育逐步完善，使他们能够根据以往的经验和外部线索，或者根据需要来选择食物的种类和进食方式。因此，个体的摄食行为与方式因在发育的不同阶段受经验、家庭生活习惯、饮食文化、习俗等社会、心理因素的影响而具有明显的可塑性。

摄食行为是由生理、心理与社会因素共同控制的本能行为，能否有效获取食物是自然界动物能否生存的决定性因素。在进化与发展过程中，动物逐步进化出完善的生理机制来调节摄食行为。对动物而言，生理因素的变化是调节摄食动机的决定性因素，而人类大脑皮层高度发达，心理、社会因素在摄食行为的调节过程中起关键作用，能够使人克服生理因素的作用来控制摄食行为，便于更好地适应生活环境，但同时这也是产生摄食相关行为障碍的主要原因。

二、摄食行为的调节：生理因素的作用

（一）摄食行为调控的能量平衡假说

机体摄取的食物被消化、吸收后产生葡萄糖、脂肪酸与氨基酸等营养物质为机体提供能量。一般认为，机体的饥饿源于能量不足，然后驱动摄食行为以获取能量，而恢复到最佳能量设定点（set point）后便停止进食。随后机体在活动过程中不断消耗能量，当能量低于设定点一定范围之后，又启动摄食行为。如此循环，围绕能量设定点调控摄食行为的启动与终止，维持机体的**内稳态**（homeostasis），这种解释摄食行为的启动与终止的机制被称为**能量平衡假说**（energy balance hypothesis）。糖平衡机制是最主要的体内平衡调节机制，因为葡萄糖是机体最主要的能源物质，并且大脑的神经细胞只能分解葡萄糖而不能分解氨基酸或者脂肪酸来获取能量。食物分解后产生的能量大部分用来维持机体的基本生命活动与体温的恒定，部分用于探索环境、获取食物等积极的行为活动。当能量有剩余的时候，血液中过剩的葡萄糖则转化为肝糖原、肌糖原并在肝脏与骨骼肌内储存起来；能量长期过剩时，部分糖原转化为脂肪并储存在脂肪细胞中以备将来之需。当能量缺乏时，糖原则分解为葡萄糖为机体提供能量；能量长期缺乏时，脂肪可以转化为葡萄糖以提供能量。葡萄糖与糖原的相互转化受**胰岛素**（insulin）与胰高血糖素（glucagon）两种激素的调节，胰岛素促进血液中的葡萄糖转化为糖原，加速血糖的分解产生能量，从而降低血糖的浓度；而胰高血糖素则促进糖原转化为血糖。能量平衡假说认为，体内葡萄糖含量设定点决定短时程的摄食行为的启动与终止，体内脂肪含量设定点决定长时程的摄食策略，以保持能量的平衡和体重的相对稳定。

（二）摄食行为的中枢与外周调节机制

1. 摄食行为启动与终止的外周机制：葡萄糖与胰岛素的作用

体内血糖浓度的高低反映机体的饥饱程度，血糖浓度低说明机体能量不足，处于饥饿状态，需要启动摄食行为；血糖浓度升高，则表明机体处于饱的状态，可以停止摄食行为。对于正常机体而言，血液中胰岛素浓度与血糖浓度的变化趋于一致，也参与摄食行为的启动与终止。血液中葡萄糖与胰岛素浓度变化这些化学信号，不是单独起作用来调节摄食行为，而是要传递到大脑相应的中枢调节系统，通过中枢系统的信息整合才能控制摄食行为。比如，对于糖尿病个体而言，尽管血液中葡萄糖浓度高，但病人仍然觉得饥饿。另外，外源性注射胰岛素，血液中胰岛素含量升高，这种状态下，个体不仅不会感觉饱，反而觉得饥饿。因为胰岛素浓度的突然升高会导致血糖浓度的迅速降低和脑内葡萄糖含量的

下降。这些结果表明中枢与外周多个信号系统是相互作用协同参与机体的饥饱程度与摄食行为的调节的。

2. 摄食行为启动与终止的外周机制：消化道的机械刺激

在进食的过程中，口腔和食道中相应的感受器也在摄食行为的调节过程中起一定作用。巴甫洛夫通过**食道瘘管**（esophageal fistula）手术，用导管将动物的食道与外界环境连通，进食后食物会从颈部漏出，而不是流入胃部。因此，在进食过程中只有口腔和部分食道的感受器被刺激，而食道以下的消化道没有受到食物的刺激。结果发现接受食道瘘管手术的狗在摄取一定食物后停止了进食，同样的实验结果在大鼠身上也得到验证。这表明进食过程中口腔与食道存在某种感受器来传递饱的信号。胃容量的变化产生的机械刺激在摄食行为的调节中也起重要作用。坎农（Walter Cannon）在20世纪初的研究证明了这一点。他把一只气球填充到人类被试的胃部，气球有一根与外界连通的管道，实验人员通过管道，把气体输入气球。当胃部收缩时，气球会受到挤压，根据气球内气体受到的压力可以测量出平滑肌收缩的张力。坎农要求被试在感到饥饿的时候进行报告。结果发现，当胃部收缩最厉害的时候往往也是被试报告非常饥饿的时候。相反，胃胀，更确切地说是胃壁受到一定的压力会使被试产生停止摄食的念头。还有人发明了可膨胀的气囊，将其安装在幽门括约肌处（即胃和小肠之间的紧缩部）。当气囊被充气的时候，食物无法从胃部进入小肠。假如在进食前给括约肌处的气囊充气，大鼠在吃了一顿中等食量的饭后即产生饱的感觉，停止进食。这些结果说明胃容量变化产生的机械刺激是传递饥饱信息的重要外周机制。

消化道相关感受器检测到的机械刺激、血液中葡萄糖含量等化学信号的变化、肝脏与脂肪细胞传递的机体能量状况等信息，通过迷走神经传递到脑干的**孤束核**（nucleus of the solitary tract），机体感受到的多种外周传入的饥饿程度的信息在这里得到整合，然后再传输到下丘脑的相应区域，以控制摄食行为的启动与终止。

3. 直接启动与终止摄食行为的中枢机制：外侧下丘脑与腹内侧下丘脑

中枢神经系统是如何检测血液中营养成分的动态变化来调节摄食行为的呢？20世纪50年代，安纳德（B. K. Anand）和布洛贝克（J. R. Brobeck）用电损毁与电刺激的方法对摄食行为启动与终止的中枢调节机制进行了系统的研究，发现当双侧损毁**外侧下丘脑**（lateral hypothalamus）这一脑区后，大鼠不吃不喝，即使将食物或水放入动物的口中，它们也会被吐出来，如此不食不饮，导致体重迅速下降，直至死亡。而双侧损毁**腹内侧下丘脑**（ventromedial hypothalamus）以及邻近区域，动物的进食量显著增加，体重明显增长（图13-1）。其他研究发现，电刺激直接激活外侧下丘脑会增加动物的摄食量，刺激腹内侧下丘脑区域则会抑制动物的摄食行为。这些结果表明外侧下丘脑是启动摄食行为的关键中枢，一度被称为“饥饿中枢”；而腹内侧下丘脑区域是终止摄食行为的关键中枢，被称为“饱中枢”。后续研究进一步发现，静脉注射葡萄糖后能显著增加“饱中枢”相关神经元的放电频率，略微降低“饥饿中枢”神经元的放电频率。这表明外侧下丘脑与腹内侧下丘脑区域存在对葡萄糖浓度变化敏感的神经元：机体葡萄糖浓度升高则激活腹内侧下丘脑神经元，抑制摄食行为；相反，机体内葡萄糖浓度降低则激活外侧下丘脑神经元，促进摄食行为。这两个区域的交互作用对摄食行为的启动和终止起平衡作用，这种调控机制被称为“双中心调控假说”。后来的研究发现，“双中心调控假说”过于简单，受到了越来越多研究证据的挑战，因而需要对摄食行为启动与终止的中枢机制进行重新修正和解释。

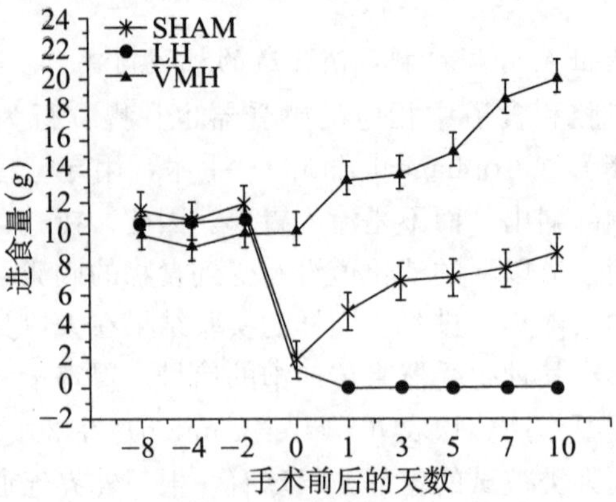

图 13-1　外侧下丘脑和腹内侧下丘脑对动物摄食行为的调节

SHAM，假手术对照组；LH，外侧下丘脑损毁组；VMH，腹内侧下丘脑损毁组。

资料来源：Anand B K，Brobeck J R. Hypothalamic control of food intake in rats and cats. Yale Journal of Biology & Medicine，1951，24 (2)：123-140.

4. 摄食行为调节的中枢枢纽：下丘脑弓状核

随着研究的深入，研究人员发现 20 世纪 50 年代提出的摄食行为启动与终止的双中枢假说过于简单。后来的实验发现，腹内侧下丘脑被损毁的动物虽然会产生贪食行为，但是随着摄食量的增加，当体重增长到一定程度后，动物的食欲又恢复到接近正常水平。与此类似，外侧下丘脑被损毁的动物会拒绝摄食，但通过人工胃管将食物送到胃内，使动物活下来以后，动物又能够重新正常启动和终止摄食行为。这些结果表明，除了外侧下丘脑与腹内侧下丘脑外，还存在其他重要的调控摄食行为的脑区，**下丘脑弓状核**（arcuate nucleus）便是其中最重要的脑区之一。

弓状核的结构及其与下丘脑其他核团之间的神经联系决定了它在摄食行为的调控过程中起枢纽作用。弓状核存在两类功能相反的肽能神经元：**神经肽 Y 与刺豚鼠相关肽**（neuropeptide Y/agouti-related peptide，NPY/AgRP）神经元和**前阿黑皮素与可卡因安非他明调节肽**（pro-opiomelanocortin/cocaine and amphetamine regulated transcript，POMC/CART）神经元。激活 NPY/AgRP 神经元会增强食欲，并减少机体的代谢率；激活 POMC/CART 神经元则会抑制食欲，并增加机体的代谢率。这两类神经元之间相互支配，协同调节摄食行为。

进食后血糖浓度升高，胰岛素释放增加，同时小肠内分泌 YY 肽（peptide YY），并通过相应的受体抑制 NPY/AgRP 神经元的活动，减少摄食量，终止进食行为。当机体处于饥饿状态时，胃的内分泌细胞释放**食欲刺激素**（ghrelin），然后通过激活弓状核的 NPY/AgRP 神经元增加摄食量，参与摄食行为的短时程调节。当机体能量剩余时，脂肪细胞释放**瘦素**（leptin），将机体的能量信息传递到弓状核，一方面激活 POMC/CART 神经元，另一方面抑制 NPY/AgRP 神经元，从而抑制食欲，减少摄食量，参与摄食行为的长时程调节。

更重要的是，弓状核内的 NPY/AgRP 与 POMC/CART 神经元可以调节外侧下丘脑的活动。NPY / AgRP 神经元兴奋后会释放 AgRP，而 POMC/CART 神经元兴奋后会释放**黑色细胞刺激素**（melanocyte-stimulating hormone，MSH），二者都可以与外侧下丘脑的黑皮质激素四型受体（melanocortin receptor 4，MC4）结合，其中 AgRP 是该受体的拮抗剂，而 MSH 则是该受体的激动剂。MC4 受体被激活后会抑制外侧下丘脑的活动，相反，拮抗 MC4 受体则会增加外侧下丘脑的活动。这两种神经肽在不同条件下释放，通过与 MC4 受体竞争性结合，调控外侧下丘脑的活动，参与摄食行为的启动与终止。NPY/AgRP 神经元兴奋后还可以通过抑制腹内侧下丘脑的活动启动摄食行为。此外，弓状核与**下丘脑室旁核**（paraventricular nucleus of hypothalamus）有密切的神经联系，可以通过室旁核影响与能量代谢相关的激素的释放，通过改变机体的代谢率间接调控摄食行为。

5. *摄食行为的调节：激素与神经肽的作用*

消化道与中枢神经系统内有很多与摄食行为相关的激素与神经肽（表 13 - 1），它们可以传递消化道内的机械与化学信息、机体的能量信息，并大多通过直接或者间接的途径作用于弓状核内的相应受体。另外，下丘脑内不同的核团也分泌许多神经肽，这些神经肽通过直接或者间接途径对摄食行为起即时或者长时程的调节作用。

表 13 - 1 与摄食行为相关的激素与神经肽

中文名称	英文名称	来源与分布
食欲肽	orexin	外侧下丘脑
黑色素浓集素	melanin-concentrating hormone	外侧下丘脑
内啡肽	endorphin	下丘脑、垂体
甘丙肽	galanin	下丘脑
神经肽 Y	neuropeptide Y	下丘脑弓状核
刺豚鼠相关肽	agouti-related peptide	下丘脑弓状核
食欲刺激素	ghrelin	胃
瘦素	leptin	脂肪细胞
胰岛素	insulin	胰腺
可卡因安非他明调节肽	cocaine and amphetamine regulated transcript	下丘脑弓状核
黑色细胞刺激素	melanocyte-stimulating hormone	下丘脑弓状核
YY 肽	peptide YY	小肠、大肠
胆囊收缩素	cholecystokinin	十二指肠
促肾上腺皮质激素释放激素	corticotrophin releasing hormone	下丘脑室旁核

三、摄食行为的调节：心理、社会因素的作用

机体在进化过程中产生了相对完善的摄食行为的调控机制，可以在不同的层面上通过多个系统相互协调以保证机体在不同环境条件下正常启动与维持摄食行为，以适应复杂多变的环境。维持体内能量物质的相对平衡是启动摄食行为的主要原因之一，但并不是唯一的动力。弓状核、外侧下丘脑、腹内侧下丘脑等核团通过与脑干的孤束核等核团的神经联系，整合体内与能量代谢相关的信息，直接调节摄食行为。这些核团还与前额皮层、海马、伏隔核、杏仁核等与学习记忆、情绪、奖赏、应激相关的神经环路有密切的双向神经联系。通过这些神经联系，一方面在摄食过程中的不同阶段不同的情绪体验得以产生，相

应的记忆得以形成，另一方面激活与情绪、记忆相关的系统可以直接启动与终止摄食行为。对于人类而言，由于大脑皮层功能的高度完善，以及语言与思维的出现，心理、社会因素可以克服代谢等体内平衡因素的作用来调控摄食行为。比如，有时我们在饥饿状态下并不马上进食，有些人甚至为了某些原因宁愿绝食至死。而有时候即使在饱的状态下，看到美味可口的食物也大量进食。影响摄食行为的心理因素主要包括感知觉、学习记忆、情绪、奖赏、应激、习惯等，社会因素主要包括环境、同伴行为、文化、习俗、宗教等。

（一）感知觉与学习记忆对摄食行为的影响

根据能量平衡假说，能量不足是产生饥饿的主要原因，摄取食物的一个主要功能是为机体提供能量。但是，在同样程度的饥饿状态下个体对能量相当的食物种类的选择并不一样，说明除了能量因素外，还有其他因素决定食物的选择。食物的感知觉特性便是其中的重要影响因素之一，食物的颜色、气味、形状、味道与口感、纹理等特征可以使个体产生特定的感知觉与情绪体验，从而决定个体食物种类的选择。

1. 感知觉饱足感对摄食的作用

在咀嚼食物的过程中，口腔与鼻腔内的相关感受器能感知食物的味道、气味、温度、质感与纹理，食物的特定知觉特征能使个体产生愉快的情绪体验，从而增加进食量，但这一效应会随着摄食进程逐渐衰减。罗尔斯（E. T. Rolls）等人研究发现，当食用过某种食物后，该食物所带来的愉悦感会降低，而对其他食物的愉悦值评价则不会受到明显影响；当用喜欢的口味的饮料（如橙汁）数次漱口后，该种味道的饮料的饮用量就会减少。这些结果说明食物在口腔内可引起特定的**感知觉饱足感**（sensory-specific satiety）而抑制进食量。但个体有机会获得具有其他感知觉特征的食物时，又可以开始大量进食。感知觉饱足感具有重要的进化意义：在食物匮乏的自然环境中，动物有机会获取不同种类的食物时，可以大量进食，获取足够的能量储备；同时也能促使动物去食用不同类型的食物，减少营养不良的可能性。然而在当今社会，食物供给充足，自助餐给人们提供了各品种的食物，这会降低感知觉饱足感，导致个体摄取比平时多得多的食物，导致能量过剩，这是肥胖的主要原因之一。

2. 与感知觉相关的情绪记忆对摄食的作用

食物的外部感知觉特征对摄食行为的影响，是以记忆为基础的。动物在进食过程中会产生不同的情绪体验，这些正性或者负性情绪体验与食物的某种外部特征通过联想性学习使特定的记忆得以形成，从而影响接下来的摄食行为。在自然界中，动物根据以前经历形成的记忆有助于其通过观察植物的叶、花、果实的颜色、气味来判断是否可以食用。例如，红色的果实是成熟的，味甜，含糖高，可食用；青色的果实味苦，未成熟，不可食用。实验室研究发现，动物通过一次学习就可以形成非常明显的味觉厌恶，回避先前让自己产生负性体验的食物。比如，大鼠原本喜欢喝味甜的糖精水，但当大鼠喝完糖精水后，被注射一种化学物质从而产生内脏不适等负性情绪体验，大鼠便不再喝糖精水了，这种回避反应能持续数周。有趣的是，这种味觉厌恶反应能够影响同伴的进食行为，使它们也产生类似的厌恶反应。

对人类而言，与食物相关的情绪记忆，特别是与味觉相关的情绪记忆对食物选择起更重要的作用。基于进化过程中产生的种族记忆，婴儿一出生就喜欢味甜的食物，而拒绝吃味苦的食物。母亲在怀孕期间的食物偏好可以影响出生后婴儿对食物的喜好。研究发现，母亲在孕期特定阶段连续三周食用胡萝卜汁，婴儿出生四个月后对有胡萝卜味的食品的接受性明显增强。在出生后发育的不同阶段，根据进食后产生的情绪记忆，儿童对不同味道的食物会形成偏好或者厌恶。这种与食物味道相关的情绪记忆可以持续终身，但也具有一定的可塑性。记忆对摄食行为的影响，还表现在人们可以通过回忆或者想象某种食物的味道及与之相伴随的正性情绪体验来启动与进食相关的行为。

（二）情绪对摄食行为的影响

1. 食物的奖赏效应与摄食

根据能量平衡假说，机体摄食的目的是获取能量，体内能量物质的水平围绕设定点上下波动调控摄食行为启动与终止。而摄食行为的诱因假说则认为，基于设定点的负反馈调控机制不太可能适应进化的需求，在食物匮乏的环境中，为了生存，动物需要进化出一种机制，当有机会获取食物时，动物会尽可能多地摄取食物。这种机制就是摄食过程伴随**奖赏效应**（reward effect），即驱动机体摄食的动力不是能量不足，而是期望奖赏。对动物而言，能量越高的食物产生的奖赏效应越高，动物获取这一类食物的动机越强。这一特性便于动物有机会在耗费较少能量的基础上获取更多的能量，更好地适应生存环境。对于人类个体，特别是儿童青少年而言，高脂肪、高糖等高能量的食品同样也能产生高的奖赏效应，在没有外界因素控制的情况下，人们很容易因为追求奖赏效应产生的愉悦情绪体验而摄入过多的高能食物，产生肥胖。在食物不再匮乏的时代，食物带来的奖赏体验是进食的主要动力。特别是在生活、工作压力大的环境中，从学习、工作或者生活中获得快乐是如此不容易，低廉的高能食品无疑是得到满足与愉悦最简便的途径，成为面对压力的不良应对方式。

食物的丰盛程度是调节进食过程中奖赏效应的重要因素。设想一下，你愿意每顿饭总是吃单一的食物，还是种类丰富的食物？显然后者会是大家所喜爱的选择。其原因就是食物的多样性有助于保持从进食过程中得到的愉悦感，可能的机制是通过注意的分散来延迟愉悦感的衰退与下降。在一个实验中，被试被分到注意集中组和注意分散组。注意集中组只得到巧克力，并且在吃的过程中每隔一分钟便要停下一次，以给自身的愉悦感和对食物的渴求感打分。注意分散组则得到两种食物，除了巧克力外还有干酪饼干，同样是每隔一分钟打一次分。结果发现，注意分散组的愉悦感要比注意集中组高。很多时候当我们面对多种食物时，我们并不会先吃完一样，然后再吃另一样，我们通常是穿插着吃这些食物。上述的例子可以很好说明这个现象：假如我们连吃几口相同的食物，那么所得到的奖赏就降低了，因此我们会去寻求另一种食物，从而得到新的比较高强度的奖赏。另外，食物的多样性还有助于增强我们对食物的兴趣。实验者利用唾液的分泌验证了这一设想。给儿童连续 7 次呈现奶酪三明治的气味，儿童的唾液分泌量会逐渐减少；而当第 8 次呈现的是炸薯条的气味的时候，儿童的唾液分泌量又会重新增多。

食物的奖赏性是产生食欲的重要原因，但相应的生理心理机制还不太清楚。近年来研究表明阿片系统在食物奖赏性调节过程中起关键作用。首先，阿片受体在孤束核、脑桥臂旁核以及杏仁核（这些核团被认为参与味觉加工）中分布丰富，在脑内传递着味觉的信息。更重要的是分布在包括**伏隔核**（nucleus accumbens）在内的**腹侧纹状体**（ventral striatum）中的阿片受体直接参与食物相关奖赏行为的调节。给伏隔核直接注射 μ 阿片受体激动剂可以增加动物的摄食量，并且这种作用具有一定的选择性：对高脂肪食物摄取的增加量远大于对高碳水化合物食物摄取的增加量。我们知道，高脂肪食物的奖赏性大于高碳水化合物食物，这说明激活伏隔核内的 μ 阿片受体，能选择性增加高奖赏食物的摄取。另有证据表明，摄取了高脂肪或者是高糖分食物的大鼠，比那些摄取了相同卡路里但味道普通食物的大鼠，其脑内的阿片物质的表达更多，这说明阿片受体在食物奖赏过程中起重要作用。另外，通过味觉反应实验（图 13－2），在伏隔核的壳区注射 μ 阿片受体激动剂，可以增加大鼠饮用蔗糖水时候的愉悦情绪反应（如舔前爪、咂舌），减少喝奎宁水时的厌恶情绪反应（咧嘴），这进一步说明 μ 阿片受体参与食物奖赏效应的调节过程。

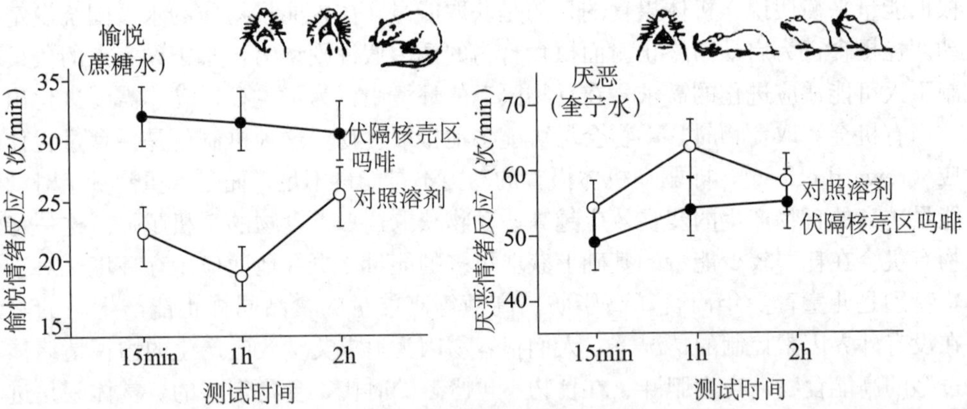

图 13－2　μ 阿片受体激动剂对食物奖赏效应的调节

资料来源：Peciña S，Berridge K C. Opioid site in nucleus accumbens shell mediates eating and hedonic 'liking' for food：map based on microinjection Fos plumes. Brain Research，2000，863（1－2）：71－86.

多巴胺能系统是参与美味食物、性及成瘾药物奖赏过程的重要递质系统。损毁多巴胺能系统会导致大鼠丧失进食动机，但并不影响大鼠被动饮用蔗糖水与奎宁水时的情绪反应，这说明多巴胺能系统主要参与渴求感（wanting）而不参与愉悦感（liking）的调节。尽管在奖赏相关行为过程中，一般情况下渴求感与愉悦感是不可区分的，人们渴求的总是自己喜欢的食物，但二者的神经机制是有区别的。而且在成瘾状态下会产生病理性渴求行为，这时候渴求状态与愉悦体验是分离的。我们在后面的章节中会进一步讨论。

在食物奖赏神经环路水平上，目前的研究表明，外侧下丘脑的肽能神经元，如黑色素浓集素能及食欲刺激素能神经元与中脑多巴胺能系统有密切的联系，调节进食过程中的奖赏效应。反过来，伏隔核神经元也支配外侧下丘脑的相应区域，通过奖赏效应来维持、促进摄食行为。但具体的神经机制尚不清楚。

2. 应激和负性情绪对摄食行为的影响

在自然界中，动物需要耗费大量的时间和体力去得到食物，并且获取食物的过程充满艰难与危险，如同伴之间的竞争或者天敌的威胁等。无论是面临哪一种状态，动物都会产生急性应激反应，激活 HPA 轴、交感神经系统，行为上或战斗或躲避，产生恐惧或者焦虑情绪，所有这些反应都会抑制摄食行为，降低食欲。实验室研究发现，应激时间长度和应激强度的差异对摄食行为的影响不同：急性高强度的应激，如足电击或者束缚，会降低动物的摄食量；慢性温和的应激反而会增加动物的摄食量，特别是增加脂肪、糖分高的食物的摄取量。

现代社会中，大多数人不再需要花费大量的体力去获得食物，而且获取食物的过程也不存在危险。但由于生活与工作节奏加快、人际关系变得复杂等，每个人在生活的不同阶段都会经历各种不同的应激事件，产生应激反应。这些应激事件会明显影响摄食行为。一般而言，急性高强度的应激会降低食欲，如学生即将高考、战士即将上阵。由于应激反应导致促肾上腺皮质激素释放激素、去甲肾上腺素等抑制摄食行为的激素释放的增加，进食量会明显减少，但是，愤怒、悲伤或者恐惧等高唤醒情绪状态也可能诱发冲动性大量进食。中等应激状态下个体总体摄食量不会受到明显的影响，但含脂肪、糖的高能食品的进食量会增加；低到中等程度的应激会增加进食量或食欲。工作、生活压力导致的长期慢性应激对摄食行为的影响存在显著的个体差异。马赫特（M. Macht）综合 8 个研究报告的结果表明，大约 48%的个体表示在应激状态下吃得更少或者食欲下降，30%的个体认为自己在应激状态下吃得更多或者食欲增加。更多的女性被试报告会在应激状态下吃更多的食物，尤其是高能的巧克力与甜食。另一研究发现，高工作压力下个体容易摄入更多的高脂高糖食物，在这种负性情绪状态下节食个体更容易暴食高能食品。由于这些研究结果基于特定的研究方法与研究对象，其研究结论尚存在局限性。对于某一任意选取的对象，我们仍然不能预测应激对这个个体摄食行为有什么样的影响。

（三）社会因素对摄食行为的影响

个体的摄食行为除了受生理、心理因素影响外，还受周围社会环境因素的影响，这些因素包括就餐环境、社会文化等。

1. 就餐环境与摄食行为

我们总是希望自己的摄食环境能够干净、舒心，除了舒适的就餐物理环境外，社会关系也影响着我们的摄食行为。国外的调查显示，和朋友或家人一起进餐，比起独自一人，摄食量能够增加 40%以上。研究人员把这种现象称为**社会助长**（social-facilitation）。社会助长可能通过两个方面来实现：一是延长进食的时间，因为在进食的时候你总是要与他人交谈；二是愉快的氛围有助于摄食。当然，这两个方面并不是完全分离的。

海瑟灵顿（M. M. Hetherington）等人在近期的一个实验中细致地研究了社会助长效应。实验中被试被分为四个组：单独进食组、独自边进食边看电视组、与两个熟悉的同性个体一起进食组、与两个陌生的同性个体一起进食组。研究人员对食物也做了较好的控制，实验中包含多种食物（例如面包、奶酪、蔬菜沙拉、薯条、凉拌卷心菜等）。结果发现，独自边进食边看电视组和与熟悉的同性个体一起进食组的摄食量都要比独自进食组多；而在进食时间方面，与他人一起进食的两个组都要比独自进食组长。这说明，与他人一起进食，尤其是与熟悉的人一起进食，能同时促进摄食量的增加以及摄食时间的增长。需要指出的是，与熟悉的人一起进食的社会助长效应对食物是有选择性的。那些与熟悉的人一起进餐的被试多摄取了超过 50%的甜品或者高脂肪的食物。

2. 社会文化与摄食行为

在个体成长的不同阶段，摄食行为受不同的环境因素的影响。在儿童期，个体的饮食主要由父母安排，父母的饮食习惯与营养观念是影响儿童食物选择的主要因素。另外，父母的教养方式也会影响儿童的食物选择。一般而言，儿童都比较喜欢有明显奖赏效应的脂肪、糖含量高的食物，如果使用这些食物作为奖励则很容易强化儿童对这些食物的偏好，简单地拒绝儿童接触这些食物也不利于养成良好的饮食习惯。当儿童长大有了自己的同伴后，同伴之间的饮食行为也会相互影响。此外，电视媒体的宣传广告对儿童的饮食行为有明显的引导作用。到青少年阶段，个体开始关注自己的体形与外貌，社会流行的时尚文化会明显改变个体的饮食行为。如，一些女孩崇尚苗条、骨感，会刻意控制对高能量食物的摄取，减少进食量，极端的状况下甚至会产生神经性厌食症等摄食相关障碍。成年阶段，特别是中老年阶段，由于对健康的关注和健康饮食、合理营养的知识的深入了解，饮食文化对食物的选择有重要影响。例如，中国传统的养生文化对中老年人的饮食习惯起重要的指导作用。

四、摄食相关障碍

机体摄食行为的启动与终止主要由体内平衡因素来调控，以维持正常的生命活动，同时社会、心理因素也参与调节摄食行为，甚至可以克服体内代谢平衡因素的作用来调控摄食行为。只要其中某一环节或几个环节出了问题，就会产生摄食相关障碍。接下来我们将着重介绍肥胖、神经性贪食症和神经性厌食症这三种摄食相关障碍。虽然这些障碍与体内平衡紊乱等生物学因素有关，但社会、心理因素在摄食相关障碍的产生过程中可能是更重要的影响因素。

（一）肥胖

首先看一个来自20世纪70年代费城儿童指导门诊（Philadelphia Child Guidance Clinic）的案例。该儿童患有Ⅱ型糖尿病所导致的**肥胖**（obesity）。当时治疗Ⅱ型糖尿病的药物是β-去甲肾上腺素受体拮抗剂，但是该药物对于这个儿童的效果却很不理想。研究人员后来发现，发病的原因并不是生物学因素的变化，而是家庭的应激因素。父母常常在他面前抱怨对方，使他不明白究竟谁是正确的从而产生明显的应激反应。应激反应能使人体内的脂肪酸含量迅速上升，成人的脂肪酸含量上升后不久会回落到基线水平，而对儿童而言，应激导致的脂肪酸含量升高后却难以回落。因此，在遭受长期应激后，脂肪酸的含量不断升高，破坏了胰岛素系统的功能，导致糖尿病和肥胖。在后续的治疗中，研究人员采用了家庭疗法，让父母和孩子坐在一起沟通，直接表达自己的意见，消除应激源。这种治疗手段配合药物的作用取得了良好效果，并防止了病症的复发。

在现代社会，压力大、低满足感是较为普遍的感受。这样的情绪状态可能导致体内代谢处于失衡状态，比如，应激状态下，血液中皮质醇含量升高，而皮质醇含量的升高进一步导致对钠需求的增加。钠通常只存在于含有食盐的食物中，对钠需求的增加最终导致了摄食量的增加。同时，激素水平的变化会导致代谢率的改变，容易引起脂肪的堆积，造成肥胖。另外，高能量食物带来的奖赏效应会产生负强化作用，缓解应激产生的负性情绪体验，而皮质醇含量的升高能进一步增加食物的奖赏效应，促使个体摄入更多的高能食品，从而导致过度摄食，产生肥胖。

肥胖和社会阶层也有一定关系。美国的调查发现，那些处在社会底层、缺乏期望的群体，肥胖患者比例显著高于具有较好社会地位的群体。对于这些人来说，由于社会地位低，以及经济的拮据，他们很难从多种途径来获得满足感。而相对来说食物容易获得且又较便宜（例如快餐），因此，食用廉价的高能量的快餐食品成了他们获取愉悦与满足感的重要渠道，他们会过多地使用摄食这一渠道来获取愉悦感，最终导致了肥胖。

（二）神经性厌食症

神经性厌食症（anorexia nervosa）的主要发病原因在于心理因素。神经性厌食症患者往往具有低自尊、低自我评价和完美主义倾向的人格特质。这样的特质构成了内心的极大的反差：一方面觉得自己很糟糕，一方面又要求自己尽可能好。于是这样的反差导致了不合理的认知，如觉得自己很胖（其实可能一点也不胖），并且因为胖没有人喜欢自己。神经性厌食症患者通常也会有强迫思维，他们总是在不停思考着自己的形体。同时，这些患者偏好把控制进食行为作为应对紧张、焦虑情绪的一种方式。神经性厌食症患者通过限制进食、获得苗条身材来获得情绪满足，并不断强化这样的行为。

患者通常会将某些食物视为禁忌，拒绝食用，从而导致营养的失调。有些患者虽然食欲正常，但是吃了几口后会觉得胃部不适而终止进食。他们如果觉得自己吃得多了或者吃了某些不该吃的东西，则会用呕吐等办法清除已吃进的食物。长此以往，患者的体重会大幅下降，体态消瘦。

神经性厌食症除了导致体重减轻和体态消瘦外，还会引起许多不良的躯体症状，如下丘脑功能紊乱，具体表现是甲状腺激素水平的降低、闭经、体温偏低、失眠和早醒，以及烦躁和抑郁等。处于发育过程中的神经性厌食症患者，他们大脑的灰质和白质的体积要比正常人少，这将极大地影响这些患者的智力水平。

神经性厌食症和遗传也有关系。霍兰德（A. J. Holland）等研究发现该病症在同卵双生子中有56％的同病率，而在异卵双生子中同病率只有5％，说明神经性厌食症患者可能存在某些特异性的基因改变。2001年，万克（T. Vink）等将神经性厌食症患者与正常被试比照，发现控制刺豚鼠相关肽表达的基因存在着突变，说明这种基因可能是导致发病的遗传因素之一。不过，这种遗传因素是否与心理活动有关尚不清楚。

（三）神经性贪食症

神经性贪食症（bulimia nervosa）的发病群体大多是女性，特别是正处于青春期的女性。主要行为特征包含两个方面：起先是暴食，吃下比正常食量多许多的食物；接着是清除行为，即通过自身诱导的呕吐或使用泻药，把吃下的食物清除出身体。有时患者也会进行过度的运动，希望不会因为吃得太多而发胖。

神经性贪食症患者通常具有强迫及冲动性的人格特征，他们比起神经性厌食症患者发生强迫症的概率更大。此外，与神经性厌食症患者一样，神经性贪食症患者也具有焦虑等消极情绪，这些消极情绪来源广泛，例如学业与工作的压力、人际关系的紧张、重大的应激事件等。他们把暴食看作应对消极情绪的方式。但事实上，暴食并不能从根源上消除不良的情绪，并且，因为不希望被别人看到自己暴食，患者在进食的时候还需要以各种理由躲避他人，更增加了心理负担。很多神经性贪食症患者都为此产生过羞愧感。

神经性贪食症和与低5-羟色胺密切相关。凯耶（W. Kaye）通过限制饮食的方法降低中枢神经系统色氨酸和5-羟色胺的浓度，结果加重了神经性贪食症患者的贪食症状，并导致完全恢复的患者短时期内再现贪食症状。斯塔迈塔基斯（E. A. Stamatakis）和海瑟灵顿的研究也发现神经性贪食症患者丘脑和下丘脑5-羟色胺利用度降低，增加了疾病的病程。因此，使用增强5-羟色胺活性水平的药物，如选择性5-羟色胺重吸收抑制剂，是临床上治疗神经性贪食症的一个手段，可以减少暴食行为。不过，更为深层的办法是结合心理治疗，减轻患者的消极情绪体验。

第二节　饮水行为

一、体液平衡

水是身体组织的主要组成部分，其中一部分分布在细胞内液中，是构成细胞的主要成分，也是细胞进行一切生命活动的基础；另一部分存在于细胞外液中，是血液与组织液的主要成分，负责输送营养物质、氧气及代谢废物。正常状态下细胞内液的浓度维持在0.9%，当细胞外液浓度低于正常水平时，水分便进入细胞内，细胞吸水胀大；当细胞外液浓度高于正常水平时，水分流向细胞外，导致细胞失水。保持细胞内液体浓度与细胞形状的相对稳定，是细胞进行正常生命活动的基础。

当机体摄取的食物被消化、吸收进入血液后，人体通过血液循环为体内的细胞提供营养成分，细胞通过代谢分解营养物质获取能量，维持正常的生命活动。而在机体的生命活动过程中，呼吸与排泄会使机体流失大量的水分，因此保水对维持体液环境的稳定至关重要。一方面机体通过特定机制减少水分的排出，另一方面通过饮水从外界获取充足的水分。因此，在进化过程中，动物根据所处的环境进化出相应的保水机制来维持体液平衡。比如，干旱沙漠上水资源稀少，大多数动物采取穴居，以及昼伏夜出的生活方式以减少水分的丧失，同时这些动物通过尿酸的形式排出代谢废物，几乎不消耗水分；对于海洋中的水生动物而言，尽管水分充足，但海水的浓度大于细胞液的浓度，它们需要通过特殊的肾脏来排出大量的盐分，才能在海水中获取水分来维持体液平衡。

当细胞处于缺水状态时，我们便体会到“渴”的感觉。直接由渴感导致的饮水被称为**原发性饮水**（primary drinking）；而为了预防渴感的产生，或者因为其他因素（如你很喜欢喝某一种饮料）而饮水被称为**继发性饮水**（secondary drinking）。接下来介绍一下这两种饮水的生理机制。

二、原发性饮水

体内约70%的水分布于细胞内，是细胞的主要组成部分，余下的水则位于细胞外，存于血液、组织液中，另外还有一部分水存留在消化道与膀胱内。水分的丧失是指细胞内液与细胞外液的丧失，而水分的补充则是对两类液体的补充。细胞外液大量丧失（如大量出血），造成体内水分大量减少，产生的口渴叫作**低容积性口渴**（hypovolemic thirst）；由于正常的呼吸、汗液的排出，或者是食用盐含量高的食物，细胞外液浓度升高，导致细胞失水产生的口渴被称为**渗透性口渴**（osmotic thirst）。这两种口渴状态下饮水的目的都是恢复细胞内外水分的平衡，称为原发性饮水。

（一）渗透性口渴

假如摄取的食物中盐放多了，这些食物被消化吸收后进入血液或者组织液当中，或者是剧烈运动后大量出汗，导致组织液内水分的流失，这两种情况都会使组织液的浓度升高。由于细胞膜是半透性的，水分和其他一些小分子物质可自由通过，而蛋白质等高分子物质则需要特定的载体转运才能通过。细胞膜两侧的水分根据细胞内和细胞外溶液之间的溶质的浓度差来决定流向，当组织液浓度高于细胞液浓度时，水从低浓度侧流向高浓度侧，导致细胞失水。这种情况下通过相应的机制产生的口渴，便是渗透性口渴。

大脑是如何检测细胞内外渗透压的变化，使人产生口渴的感觉的呢？在**下丘脑视前区**（preoptic area of hypothalamus），**下丘脑前部**（anterior hypothalamus）以及**视上核**（supraoptic nucleus）有一些特殊的神经元，它们能监测细胞膜两侧浓度差。与普通的细胞不同，这些监测细胞在渗透压发生变化时可以产生幅度比较大的膨胀或者收缩，这种伸缩变化能开启相应的离子通道，产生动作电位，将渗透压改变的信息传递到相关区域，产生口渴的感觉，同时也激活下丘脑视前区，使之启动饮水行为。下丘脑视前区是调控饮水行为的关键脑区，当用电刺激此脑区的时候，大鼠不论是否口渴都会饮水；而损毁此区，大鼠则拒绝饮水，甚至会脱水死亡。

除了激活饮水相关的中枢，通过主动饮水来恢复平衡外，机体同时也通过激素调节来维持细胞内外的体液平衡。渗透压感受器细胞兴奋，能促进下丘脑室旁核和视上核合成**加压素**（vasopressin），同时也能促进储存在垂体后叶的加压素释放进入血液，然后随着血液流动到达肾脏，促进肾小管对水的重吸收，从而减少水分通过尿液排出体外，以降低细胞外液的浓度。加压素也因此而被称为**抗利尿激素**（antidiuretic hormone）。在机体发生渗透性口渴后，一方面通过下丘脑视前区启动饮水行为；另一方面减少尿液的合成，阻止水分的流失，以维持体液平衡。见图 13-3。

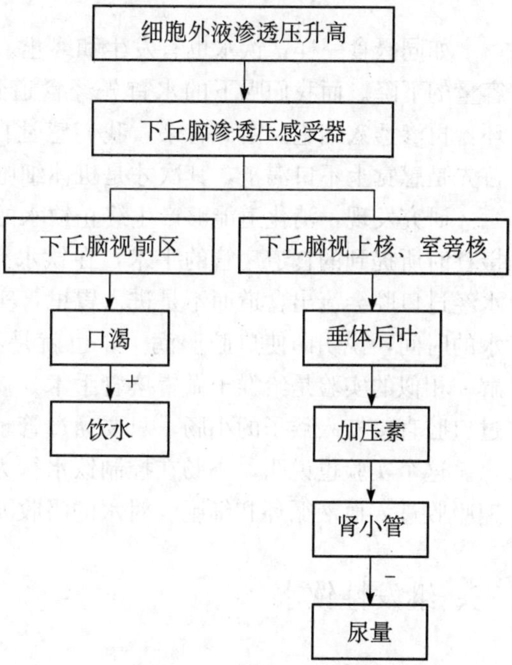

图 13-3　渗透性口渴产生与调节过程

（二）低容积性口渴

正常状态下，饮水行为通常是渗透性口渴诱发的。但某些特殊情况（如大量失血、腹泻脱水）会造成细胞外液的大量流失，血容量下降，这种情况下产生的口渴被称为低容积性口渴。由于血容量的下降会导致心脏不能正常工作，危及生命，因此，在进化过程中机体形成了相应的机制来调节饮水行为，并减少水分的排出以恢复正常的血容量。

在大动脉与心脏的相应位置有监测血容量的感受器，当细胞外液体积下降时，这些细胞就会兴奋进而发出信息至自主神经系统，一方面使血管平滑肌收缩以恢复血压，维持循环系统的正常功能，同时激活下丘脑视前区等饮水中枢产生口渴感以启动饮水行为；另一方面激活室旁核作用于垂体释放加压素进入血液循环，促进肾脏对水的重吸收，减少尿液排出。

此外，当血容量下降时，肾脏会释放一种叫**肾素**（renin）的激素进入血液，启动一系列的激素反应。首先在相关酶的作用下与**血管紧张素Ⅰ**（angiotensin Ⅰ）结合生成**血管紧张素Ⅱ**（angiotensin Ⅱ），血管紧张素Ⅱ促使血管收缩，血压升高，同时作用于穹隆下器（subfornical organ，SFO）的受体，通过激活这一脑区进而刺激下丘脑视前区，启动饮水。此外，血管紧张素Ⅱ还可以促进加压素的释放，减少水分的流失，促进**醛固酮**（aldosterone）的释放，使之作用于肾脏，促进钠离子的重吸收，进而减少水分的排出。由上可知，在低容积性口渴的产生与调节过程中血管紧张素Ⅱ起枢纽作用，能够调动机体各种机制来恢复体液平衡。

（三）饮水的终止

如同摄食一样，饮水也有发生和终止。缺水的根本原因在于细胞内水分的减少以及血容量的下降。而我们喝下的水首先经食道到达胃部，然后再通过小肠吸收后进入血液循环，再渗透入细胞。由此看来，我们感觉自己喝水和“渴”的缓解之间存在一个时间差。首先是感觉上不口渴了，其次才是机体细胞感到“不渴”了。

研究发现，消化道能够产生终止饮水的信号，小肠的作用尤为明显。回忆一下在介绍摄食时所提到的食道瘘管的手术，在饮水行为的实验里，同样给狗进行食道瘘管的手术，水经过口腔会流出食道而不是进入胃里，实际上狗并没有喝进水。结果发现，狗会延长喝水的时间，说明即使口腔湿润了，也就是我们所感到的焦躁感消失了，也并不能完全缓解。相似的实验是给猴子做胃瘘管手术，猴子喝水的时间也会延长。如果将一根导管不经过口腔直接植入猴子的小肠，只要通过管子导入微量的水进入小肠，猴子就会立刻停止饮水。这个实验也说明，小肠在控制饮水行为过程中起重要作用，因为水进入小肠后会被迅速吸收进入血液循环和细胞。对水的吸收要比食物的吸收方便许多。

三、继发性饮水

我们并不总因为感到口渴才饮水。例如在一个炎炎夏日，你要出门，在出门前你很可能会多喝上一点水，虽然当时你并不感到口渴，这是一种预防性的喝水。又如你接触到一种很好喝的饮料，于是尽管并不口渴，你也会去喝一些。这样的饮水不是由于细胞缺水或者细胞外液体积下降而引起的，心理、社会因素可能起更大的作用，这被称为继发性饮水。

如果某种线索能够提示之后会发生口渴（例如炎炎夏日），那么这种线索习得就具有预测口渴的作用，能够引起继发性饮水行为。在实验中，每次大鼠进食碳水化合物饲料之后让它们饮水，多次匹配训练后大鼠的饮水量会达到一个较为恒定的状态。如果某一天将饲料换成高蛋白的食物（这样的食物将会造成渗透性口渴），大鼠在进食完毕后会一直口渴，需要不断饮用更多的水，这一过程会持续几小时。经过几天的训练，在进食完高蛋白的食物后，大鼠会立即饮用足够剂量的水，而不再是用几小时完成。这说明高蛋白的食物是一个提示口渴的线索，大鼠在习得这种线索的意义后会建立起立即饮水的反应，避免口渴的到来。如同我们食用比较咸的食物之后，尽管食物没有被消化吸收，体内细胞并未处于失水状态，但我们会根据以前的经验提前饮水以止渴。

对于继发性饮水的生理机制的了解没有原发性饮水那么明晰。研究表明下丘脑外侧区，以及靠近下丘脑外侧区的未定带参与其中。

大脑如何调节“口渴”?

第三节 新颖寻求行为

机体从环境中获取食物、水并通过相应的调节机制维持体温平衡，在此基础上进行新陈代谢，为机体的生命活动提供能量，维持个体生存与生长，并通过求偶、交配、产生子代维持种族的延续。在自然环境中，由于食物、水的稀缺，尽管陌生环境充满危险，但动物需要不断探索新环境，以便有更多的机会寻找足够的生活资源来维持生存，探索行为是自然选择保存下来的重要本能行为。并且，在进化过程中形成的特殊的机制在动物探索新环境的过程中会产生奖赏作用，这种内在的奖赏作用可能是动物愿意克服恐惧不断进行探索的内在动力。

对于人类而言，这种探索行为也被称为**新颖寻求**（novelty seeking），与摄食和饮水相比，新颖寻求在进化过程中出现得更晚，也更为高级。新颖寻求对人类和动物的生存有重要意义。对于动物来说，探索行为意味着有更多的机会得到生活资源。例如，生活在非洲草原的大型食肉动物，其幼崽在成年后会离开父母去开拓自己独有的领地。这种行为的意义在于可以获得更多的食物资源，并且避免近亲交配。又例如啮齿类动物的鼻触行为（nosepoke），在被置入新环境后会增多，鼻触行为可用于探索新环境是否存在着潜在的危险，有利于自身的安全。对于人类社会中的个体而言，从低层次看，新颖寻求可以带来奖赏效应，促使个体继续从事这种行为；从高层次讲，新颖寻求和创新性有着密不可分的关系，整个人类社会就是在不断的创新中发展的，例如我们各式各样的发明。人类在好奇心的驱动下探索自然和自身，积累生存发展的资料，适应环境的变化。值得一提的是，我们通常总是强调青少年，或者说处于青春期的群体有着更强的探索性、更强的好奇心，进而表现出高度的求知欲。于是，这一阶段被认为是学习的黄金年龄。这是否有着实证研究，包括生理学的依据呢？在这一节，我们都会谈到。

一、新颖寻求的测量

除了通过日常的行为观察给予评价外，问卷调查是测量人类新颖寻求的重要方法。例

如克洛宁格三维人格问卷（Cloninger's tridimensional personality questionnaire，TPQ），它运用受测者在冲动性以及探索性项目上的得分来衡量新颖寻求。另一种问卷是依据人格理论，在经过改版的问卷上，新颖寻求的特质被归结在外向性因素中。

对于啮齿类动物，主要有两种模型来测量新颖寻求。一种是空间性的。假如有两个场所让大鼠自由出入和停留，通常大鼠会在新异的，而不是之前已经接触过若干次的场所停留更多时间。另一种模型是物体性的。例如在一个场所内放置两个物体，一个是熟悉的，一个是新异的，同上一个模型类似，动物会对新异的物体表现出更多的探索，如在属于新异客体的区域内待更多时间。

亦有运用视觉来测量猴子的新颖寻求的实验。给猴子看幻灯片时，假如将每张幻灯片的呈现时间减少，并且增加幻灯片的更换频率（使幻灯片的新颖性增加），猴子对于放映的关注度会大大提高。类似的实验是给幼儿园儿童两个按钮，任意按动一个按钮都会带来一张图片的呈现。一个按钮带来的总是新异的图片，即每次呈现的都不一样；而另一个按钮带来的图片数量有限，因此重复若干次后儿童便对图片都熟悉了。在测试阶段，儿童表现出对与新异图片联结的按钮更大的偏好。考虑到这些儿童年龄尚小，很难说他们懂得创新的重要性，因此，这些研究结果一定程度上说明了新颖寻求的本能特性。

二、新颖寻求与多巴胺能系统

研究发现，新颖寻求与中脑边缘多巴胺能系统（图 13-4）关系密切，而此系统一般被认为能够触发奖赏效应，带来欣快感。对新颖场所或客体的探索能够使中脑腹侧被盖区多巴胺能神经元的兴奋性提高，从而使伏隔核内多巴胺水平升高，这与阿片类药物（海洛因、吗啡等）的作用方式非常接近。正因如此，新颖寻求的特质与对致瘾药物的易感性密切相关。在动物实验中，首先对一批大鼠进行新颖寻求测试，根据结果将它们分成高寻求组和低寻求组。然后给予它们致瘾药物，无论是运用药物依赖中的条件化位置偏爱模型还是自身给药模型（在有关药物成瘾的章节里你将会学习到这些模型），都发现新颖寻求高的大鼠更易成瘾，即对成瘾药物的奖赏效应更为敏感。

除多巴胺能系统外，谷氨酸能系统也参与新颖寻求。外周或伏隔核内给予 γ-氨基丁酸受体拮抗剂能够显著减少新颖寻求行为。到伏隔核的谷氨酸投射主要有三个：穹隆（fornix）、前边缘皮层（prelimbic cortex）以及基底外侧杏仁核（basolateral amygdala）。萨尔戈利尼（F. Sargolini）等人运用损毁核团的方法发现，损毁穹隆会导致对空间新颖寻求的减弱，而前边缘皮层损毁会增加对空间及物体新颖性的探索，基底外侧杏仁核损毁不影响对空间新颖性的寻求，但使动物对新异的物体更为兴奋。这说明不同的区域负责不同类型的新颖寻求。

多巴胺参与新颖寻求的另一个证据来自人类被试。埃布斯坦（R. P. Ebstein）等研究人员分别用 TPQ 和基因检测技术考察了被试在新颖寻求上的行为表现和特定基因的关系，结果发现，新颖寻求的行为表现与编码多巴胺 D_4 受体（D_4DR）的基因存在着显著的相关。如果 D_4DR 基因座上存在着特定的 7 个等位基因，通过 TPQ 测试就会发现这些个体的新颖寻求分更高。

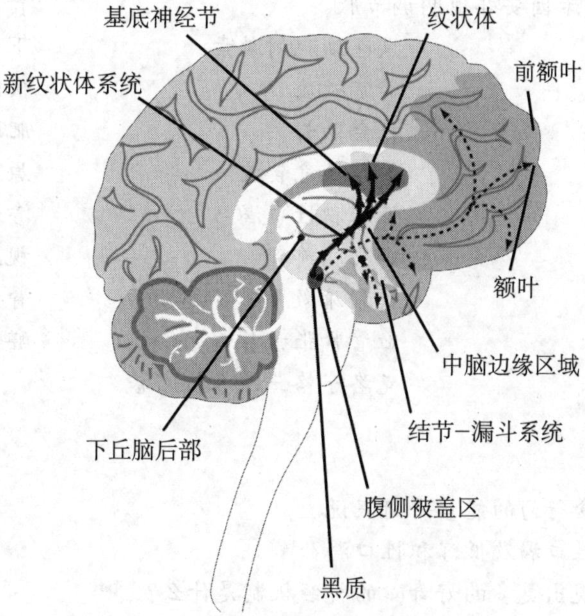

图 13-4　人体脑内的多巴胺能系统

黑质和腹侧被盖区是脑内多巴胺的起源地，向其他脑区投射多巴胺。

资料来源：Slaughter M. Basic concepts in neuroscience：a student's survival guide. NY：McGraw-Hill，2002.

三、青少年与新颖寻求

我们通常认为，青少年表现出更强的好奇心和求知欲，所以这个阶段是学习的黄金时期。同时，好奇心也会带来一些负面作用，如对毒品的好奇导致吸食毒品等。这些主观的经验，在科学研究中也得到了证实，并给出了一些解释。

相比于成年人，处于青春期前后的青少年的多巴胺能系统的功能更为低下，具体表现为多巴胺释放少，并且释放后的多巴胺被重吸收得多。中脑边缘区域多巴胺功能的低下会导致情绪的低落，如烦躁感和缺乏满足感，进而产生要求获得欣快感的动机。另一个重要特征是虽然多巴胺基线水平低，但合成并储存在囊泡中的多巴胺却比成年人多，在外界刺激的作用下释放的多巴胺也多。此外，从受体的角度看，多巴胺能系统主要由 D_1 受体介导新颖寻求。研究发现青春期前期 D_1 受体密度最大，而后逐渐减少，至成年后密度达到最小。这样，处于青春期的个体在获得刺激后，释放的多巴胺就会比成年人多，且与受体结合得更为广泛，因此所体验到的欣快感可能比成年人更为强烈，这也是产生高新颖寻求的重要原因之一。

→ 基本概念

内稳态	能量平衡假说	胰岛素
食道瘘管	孤束核	外侧下丘脑
腹内侧下丘脑	下丘脑弓状核	神经肽与刺豚鼠相关肽

前阿黑皮素与可卡因安非他明调节肽　食欲刺激素
瘦素　黑色细胞刺激素　下丘脑室旁核
感知觉饱足感　奖赏效应　伏隔核
腹侧纹状体　社会助长　肥胖
神经性厌食症　神经性贪食症　原发性饮水
继发性饮水　低容积性口渴　渗透性口渴
下丘脑视前区　下丘脑前部　视上核
加压素　抗利尿激素　肾素
血管紧张素Ⅰ　血管紧张素Ⅱ　醛固酮
新颖寻求　克洛宁格三维人格问卷

→ 思考题

1. 试述调节摄食行为的能量平衡假说。
2. 什么是渗透性口渴及低容积性口渴？
3. 使青少年表现出更多的好奇心的神经机制是什么？

第十四章

睡眠与节律行为

自然界的环境随地球的公转与自转产生寒暑更替的温度变化和昼夜交替的光周期等，这些周期性的变化使食物的来源也发生规律性变化。在进化过程中，动物为了适应生存环境，获得充足的食物或者保存能量，形成了各种各样的与自然环境周期性变化相协调的按一定规律变化的节律行为。有变化周期接近 24 小时的近日节律行为（circadian rhythm），如睡眠与觉醒；有变化周期小于 20 小时的超日节律行为（ultradian rhythm），如体温变化，更短的如呼吸、心跳；有变化周期大于 28 小时的亚日节律行为（infradian rhythm）；更长的节律行为还有近月、近年节律行为，如动物的冬眠或夏眠、鸟类的迁徙、鱼的洄游等。睡眠是进化到较高等的脊椎动物才出现的节律行为。鱼类、爬行类、鸟类和哺乳类动物，包括我们人类，都具有规律性的睡眠行为。

睡眠对于动物是必需的。睡眠的生理功能在广义上一直被认为是帮助机体恢复能量，获得充分的休息，但具体的作用及机制尚不太明确，这也是目前的研究热点。如睡眠与记忆的关系：我们可能有过这样的体验，如果通宵没睡，第二天便会十分困倦，注意力无法集中，记不住东西，而睡觉前学习过的内容可能更容易记住。因此，正常睡眠是人体生理和心理功能的保障。同样，当睡眠出现各种障碍时，我们的很多活动都会受到干扰。在睡眠过程中，我们都会做梦，不仅仅人类会做梦，其他哺乳类动物和鸟类在睡眠过程中也能做梦。近代生理学采用脑电记录的方法能比较准确地区分人和动物不同的睡眠阶段，进而可以确定梦发生在睡眠的哪一个阶段，但是对梦的心理学意义的研究一直没有比较好的方法。梦的功能一直是被争论的话题。

第一节　睡眠的类型与阶段

一、睡眠阶段的脑电特征

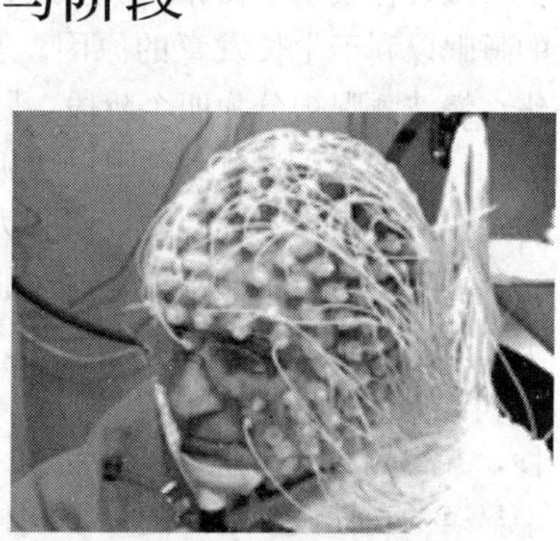

图 14-1　睡眠和觉醒状态的脑电记录

脑电记录是现代生理学研究睡眠的一种常用方法。通常让被试睡在实验室，实验室的布置和普通卧室差不多，区别是会有许多电极被放置于被试头部（图 14-1），有时也在躯体的一些部位安置电极，用来记录被试睡眠时的生理反应。这些脑波探测电极能够记录在相应电极皮肤下的成百上千个神经元活动的

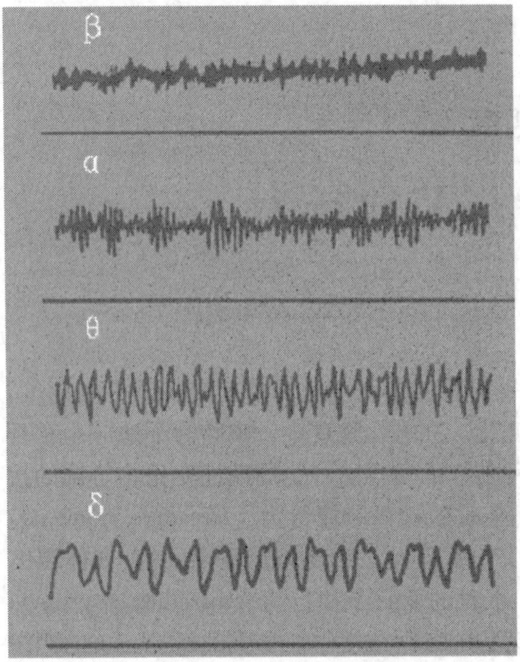

图 14-2　β、α、θ 和 δ 这四种在觉醒与睡眠时所表现出的脑电波

电变化。通常在研究前，让被试在睡眠实验室先适应几天，以保证产生正常的睡眠时相后再进行相应的脑电特征记录和分析。

运用脑电记录的方式，可以区分睡眠和觉醒状态，以及在不同睡眠阶段的脑电特征。根据频率的不同，研究者区分了 α、β、θ 和 δ 四种在觉醒与睡眠时所表现出的脑电波（图 14-2）。其中，α 波与 β 波都出现在觉醒阶段，α 波出现在比较放松的时刻，如闭着眼睛静坐的状态下，α 波的频率为每秒 8 到 12 次；而 β 波则在对较强烈情绪刺激进行反应时出现，其频率为每秒 13 到 50 次左右，比 α 波频率更高；θ 波是频率只有每秒 3 到 7 次的慢波，通常发生在睡眠开始，或者是浅睡眠阶段；最慢的是 δ 波，每秒只振动两次，且十分规律，通常出现在深度睡眠过程中。这些不同特征的波是确定睡眠阶段的重要指标。

二、睡眠类型

人类睡眠可以分为**慢波睡眠**（slow wave sleep）和**异相睡眠**（paradoxical sleep）两种，其中异相睡眠又被叫作**快速眼动睡眠**（rapid eye movement sleep，REM）。每一阶段都存在特定的脑电波以区分于其他阶段。

（一）慢波睡眠

在慢波睡眠阶段，随着睡眠由浅入深，视觉、听觉以及触觉等感觉功能持续减退。此外，血压下降，心率减慢，呼吸慢而平稳，代谢率下降，以合成能量、储存能量为主，而生长激素释放水平在深睡眠期达到高峰——这就是人们说处于青春期的群体应该保持足够的睡眠以利于生长发育的原因。与行为相平行，脑电波也发生着变化。根据脑电波的变化，慢波睡眠被分为四个阶段：随着睡眠深度逐渐加深，依次分为Ⅰ、Ⅱ、Ⅲ 、Ⅳ四个时期。Ⅰ期是由清醒到睡眠的过渡期，意识蒙胧，容易被唤醒，类似于我们所说的打盹。在这个阶段眼球活动减慢，肌张力降低，脑电波由 α 波逐步过渡到 θ 波。

Ⅱ期紧接着Ⅰ期出现，此时肌张力继续降低，无眼球运动，意识逐渐消失，可能存在不连贯的思维活动。Ⅱ期在脑电波上以**睡眠纺锤波**（sleep spindles）和**K-复合波**（K-complexes）为标志（图 14-3）。睡眠纺锤波是脑波的爆发，每秒振动 7～14 次，持续数秒，并每隔 3 至 10 秒重现一次，与知觉消退相关。K-复合波只在Ⅱ期显现，其特征为一个显著的正性波峰后跟随一个同样明显的负性波峰。一般将睡眠纺锤波和 K-复合波的出现看作真正睡眠的开始，此时为浅睡眠。

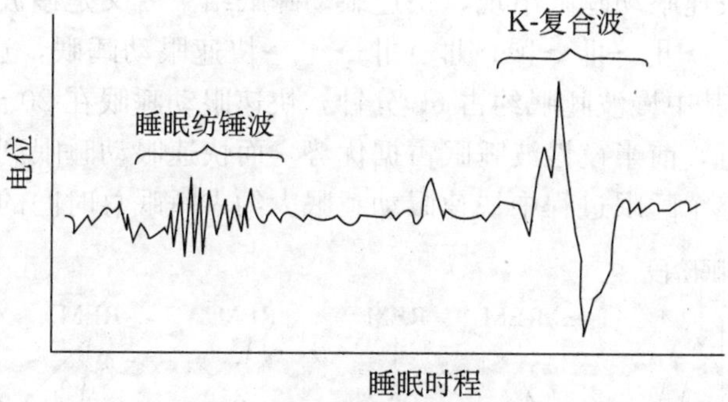

图 14-3 睡眠纺锤波和 K-复合波

在Ⅲ和Ⅳ期，可以观测到 δ 波，它的出现表示进入一个更深的睡眠阶段，这两个阶段被认为是深度睡眠时期。δ 波非常缓慢，每秒大约振动两次，十分规律。这两个阶段的区别是其中Ⅳ期的 δ 波占有明显优势，出现时间超过整个Ⅳ期的 50%。此时意识完全丧失，肌肉松弛，无眼球活动。生长激素主要在这一睡眠阶段释放，并且能促进合成代谢，提高机体免疫力。Ⅲ期和Ⅳ期的深度慢波睡眠是衡量睡眠质量的重要指标。健康成年人一晚 8 小时的睡眠中深度慢波睡眠的时间约占 15%，过度疲劳、应激事件等因素都会显著减少深度慢波睡眠的时间，影响身心健康，利用心理学或者药物有效延长深度慢波睡眠的时间具有重要的临床意义。

（二）快速眼动睡眠

快速眼动睡眠常见于慢波睡眠之后，伴随着复杂的生理活动的变化，最明显的变化是出现快速的、不规则的眼球运动。快速眼动睡眠也被称为异相睡眠，因为此时大脑十分活跃，脑电显示这时的兴奋水平类似于清醒且放松时的状态，出现 α 和 θ 的混合波。此外，在脑桥、外侧膝状体核和枕叶能够记录到高幅放电现象，被称为 **PGO 波**（pontine geniculate-occipital waves），所有的哺乳动物都能够被记录到 PGO 波；而此时骨骼肌处于静息状态，肌电测试可以发现主要的肌肉群都并未呈现出紧张状态。快速眼动睡眠的一个显著特征是梦的出现。当被试正处于快速眼动睡眠阶段时将他们唤醒，有 74%～95%的被试会报告自己正在做梦，梦境内容生动、知觉性强，并且大都是视觉性梦。肌张力消失的意义之一在于躯体不会去重复梦境中的动作，防止受到伤害。快速眼动睡眠阶段常伴随着性唤起。男性阴茎和女性阴蒂发生充血，出现生理勃起现象，基本持续到快速眼动睡眠结束。快速眼动睡眠阶段也可能发生认知功能加工变化，如出现内隐认知加工。证据是丘脑和皮层的兴奋性增加，脑电与清醒时具有相似性，而此时本体感觉仍处于低兴奋性状态，无法意识到外界刺激的存在。因此，引起丘脑和皮层兴奋的刺激是本身储存于大脑中的信息，而不是来外的刺激。

三、睡眠周期

在睡眠过程中，慢波睡眠和快速眼动睡眠是交替出现的（图 14-4）。正常成年人的睡眠周期都是从慢波睡眠开始，首先进入Ⅰ期，随着睡眠的继续，相继进入后三个阶段。在到达Ⅳ期并停留了一段时间后，又会回到Ⅲ期，然后是Ⅱ期，最后重新达到Ⅰ

期。在Ⅰ期末尾，快速眼动睡眠出现，快速眼动睡眠结束后又是慢波睡眠的开始。这个循环可以被归结为Ⅰ→Ⅱ→Ⅲ→Ⅳ→Ⅲ→Ⅱ→Ⅰ→快速眼动睡眠，这被称为睡眠周期，一般耗时90分钟，其中慢波睡眠约占60分钟，快速眼动睡眠在20到30分钟之间。不过，随着睡眠的进行，前半夜慢波睡眠占据优势，而快速眼动睡眠到了下半夜后会逐渐占据更多的时间。整个睡眠过程中快速眼动睡眠大约占睡眠总时间的20%～25%。

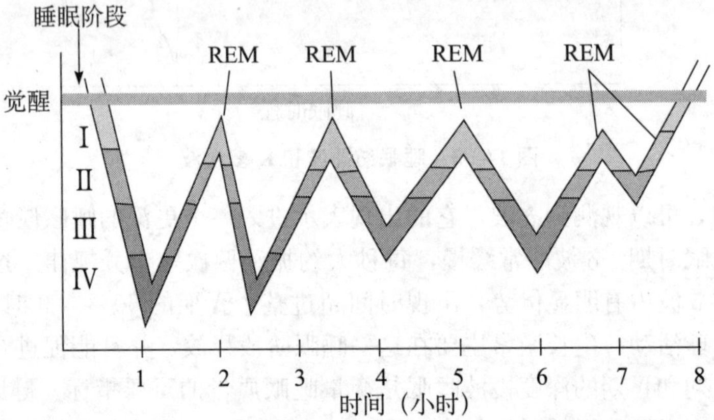

图14-4　睡眠周期

有些失眠患者在睡前会服用巴比妥类药物，这种药物能够使睡眠从Ⅰ期迅速过渡到Ⅳ期，并在Ⅳ期停留更多的时间，同时压缩了快速眼动睡眠所占据的时间，使深度睡眠持续更久。但是，当停止服药后，往往会发生**反跳**（rebound）现象，即快速眼动睡眠的时间显著增加，甚至比未服药前还多，导致多梦和梦魇。这也是很多失眠患者在用药后难以停止的原因之一。

四、睡眠的个体差异

睡眠存在着个体差异，可以从纵向比较与横向比较两个角度来看。在人一生的各阶段中，睡眠周期、阶段都不尽相同，随着年龄的变化而变化。就睡眠时间来说，其所需的时间与年龄有关：婴幼儿每天要睡13到18个小时，在各年龄阶段中最多；儿童的睡眠大概需要12小时左右；到了成年，睡眠时间每日需7到9小时；老年人最少，每日只需5到7小时（图14-5）。

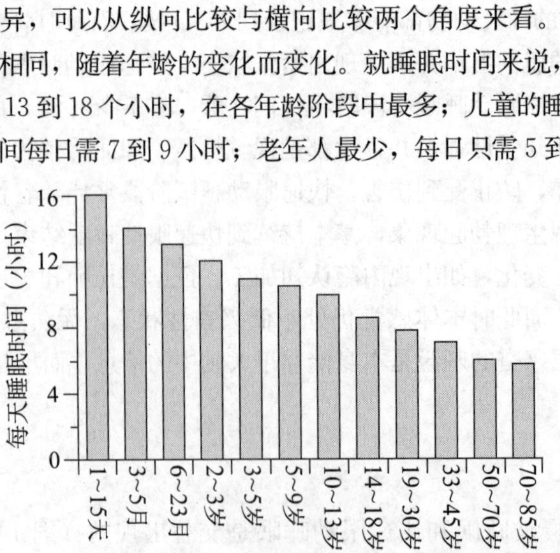

图14-5　不同年龄阶段所需的平均睡眠时间

婴儿的睡眠总时间不仅要比成年人长许多，并且快速眼动睡眠所占的比重也更大（图 14-6）。在婴儿出生的头两周内，快速眼动睡眠达到整个睡眠时间的近一半。在 16 周左右的时候，婴儿的睡眠开始表现出周期性。但是周期间的转换多（正常成年人一夜大约转换 4 至 6 次）。到 5 至 6 岁后，幼儿的慢波睡眠的四个时期才开始可以比较清楚地区分出来。

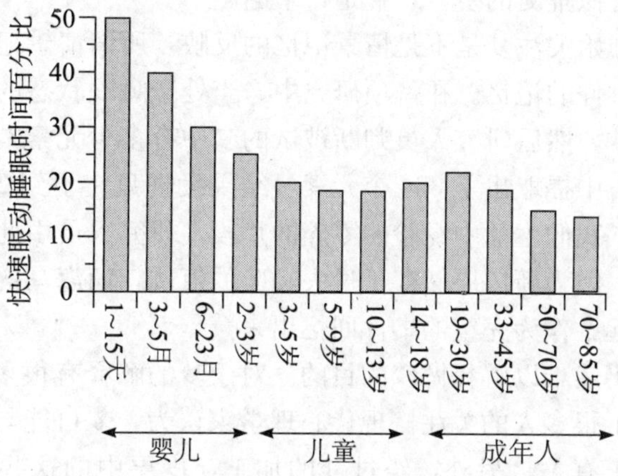

图 14-6　不同年龄阶段 REM 睡眠的持续时间

随着年龄的增加，到了老年的时候，睡眠的时间会减少，同时夜间醒来的次数增加，并且入睡和醒来的时间都会前移。对比于年轻人最显著的区别是深度睡眠的时间大大减少，只有年轻人的一半多一点。

除了不同年龄阶段的变化外，在某一个年龄段的横截面上，不同的个体也存在着睡眠的差异，表现为习惯睡眠时间、睡眠长度、睡眠结构（如慢波睡眠和快速眼动睡眠所占的比例）方面的差异等。睡眠的个体差异除了表现在行为层面以外，在脑电和基因层面也存在着差异，其中基因可能是控制行为差别的重要因素。对同卵双生子和异卵双生子的研究表明，睡眠的参数，尤其是慢波睡眠的特征具有高度的遗传性。

五、梦

我们都有过做梦的经历。在睡眠过程中梦一般发生在慢波睡眠的后期及快速眼动睡眠阶段。梦是如何产生的呢？生理学的研究认为在睡眠过程中大脑皮层处于抑制状态，梦是在内部或者外部刺激的作用下某些脑区的神经元局部兴奋的结果。研究者发现梦与快速眼动睡眠关系更为密切。实验者用脑电的方式监测被试所处的睡眠阶段，再把他们叫醒并要求报告是否做梦。假如是在快速眼动睡眠阶段被叫醒，大多数被试会报告自己正在做梦，而慢波睡眠阶段这个比例只在 10%左右。值得一提的是，慢波睡眠阶段和快速眼动睡眠阶段所做的梦的性质并不一样。慢波睡眠阶段的梦似乎和真实的生活环境以及我们自己的思虑有关，也就是我们说的“日有所思，夜有所梦”；而快速眼动睡眠阶段的梦则具有更多的幻觉和荒诞色彩，情绪性更浓。其中的原因可能在于快速眼动睡眠阶段杏仁中央核比较活跃，该核团与情绪关系密切；并且此时脑干呈现出一种“混乱”的活跃状态，进而杂乱地对皮层传递兴奋性冲动，使得储存在皮层中的信息被随机地调出，我们的梦境便反映出古怪而没有逻辑的成分。此外，在快速眼动睡眠阶段，掌控注意资源分配的背外侧前额皮层（dorsal lateral prefrontal cortex）在做梦过程中几乎没有兴奋，因此，大脑无法对于梦境中非理性、古怪的成分进行监控，所以才会出现在现实生活中比较少见的荒诞梦境。虽然目前的研究还很不够，但是我们至少知道梦是脑内多系统相互作用的结果，既包含了我们过去的记忆，也包含了情绪的元素。大脑如何根据睡眠的不同阶段来选择梦的元素，以及如何将元素整合成看似荒诞的梦，一直是一个谜。

近年来，研究者开始关注梦是不是情景记忆的反映，所谓情景记忆是指我们在清醒状态下对所遇到的完整事件的记忆。在一项研究中，当处于睡眠状态的被试被唤醒后，他们被要求报告出自己的梦，然后研究人员判断被试的梦中有多少元素是属于情景记忆的。研究者从299个梦的报告中提取出了364个元素，结果发现只有不到2%的元素属于情景记忆，更多的只是反映了我们生活中经验的零碎的片段。研究人员由此推测是新皮层而不是海马更多地参与梦境，因为新皮层储存了过去经验的痕迹，而海马的功能则是把新皮层中的这些痕迹整合在一起，作为完整的事件回忆出来。

目前，研究人员仍然难以解释做梦的目的。对于梦的解释有很多种，例如弗洛伊德的精神分析理论，受到了很多人的关注。现代心理学家认为，梦可能与大脑皮层中储存的认知或情绪经验的再加工有关。另外，经过梦的加工，皮层中的这些信息，或者是记忆痕迹，有可能会得到加强或削弱。

第二节　睡眠与觉醒的生理基础

在人们生活的每一天中，睡眠与觉醒都会自始至终地进行周期性交替，但是在人一生的不同的阶段，这种周期性会有一定的调整。在某些特殊情况下，如发生紧急事件，睡眠周期也可以进行一定调整。当生活恢复正常后，睡眠周期也可以恢复到原来的状态。睡眠与觉醒的交替变化主要是由唤醒系统、非快速眼动睡眠与快速眼动睡眠系统及睡眠与觉醒状态过渡调节系统相互协调作用共同调控完成的。任何一个系统功能的异常都会使人产生睡眠障碍。

一、唤醒系统

（一）网状结构

20世纪30年代，布雷默（Frederic Bremer，1892—1982）以猫作为研究对象，其中一组延髓以下接受了手术，脑和脊髓的联系被割裂，另一组则是中脑的上丘上方两部分结构之间的联系被切断。结果发现，延髓下方被切断的猫表现出正常的睡眠和觉醒模式，而上丘上方被切断的猫则在术后停留在睡眠状态，无法唤醒。后来的研究发现，布雷默切断的正是**网状结构**（reticular formation）。1949年，莫鲁齐（Giuseppe Moruzzi，1910—1986）和马古恩（Horace Magoun，1907—1991）用电刺激处于麻醉状态的猫的网状结构，发现脑电波会呈现为去同步化快波，肌紧张增强，和觉醒状态的脑电波相似。林德斯利（Donald B. Lindsley，1907—2003）等损毁动物的脑干网状结构，使动物出现了脑电同步化慢波，产生嗜睡现象。后来，研究者发现刺激网状结构可使动物产生行为觉醒反应，据此提出了**脑干网状结构上行激活系统**（ascending reticular activating system，ARAS）的概念（图 14－7）。

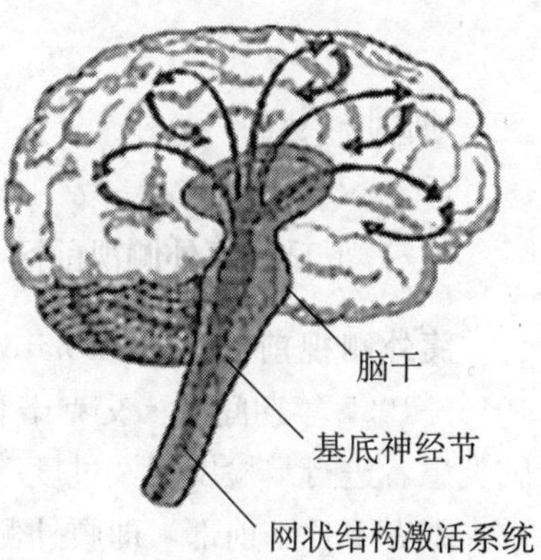

图 14－7　位于脑干区域的网状结构上行激活系统

（二）与唤醒相关的主要神经递质系统

随着研究的深入，科学家逐渐明确了网状结构中的细胞构筑和神经联系，其中位于中线的**中缝核群**（raphe system）及其释放的 5-羟色胺，位于脑桥附近的**蓝斑**（locus coeruleus，LC）及其释放的去甲肾上腺素，**基底前脑**（basal forebrain）及其释放的乙酰胆碱与下丘脑**结节乳头核**（tuberomammillary nucleus，TMN）及其释放的组胺（histamine）都在唤醒过程中起关键作用（表 14－1）。这些与唤醒相关的神经递质系统和与睡眠相关的系统之间存在相互抑制的神经联系，与唤醒相关的系统的神经元兴奋会抑制睡眠相关区域的神经元的活动，反过来睡眠区域的神经元兴奋会抑制与唤醒相关的系统，以此维持睡眠与觉醒的交替。

表 14－1　部分参与唤醒系统的结构

结构	递质	脑电表现	行为药理研究	电刺激研究
中核核群	5-羟色胺	在觉醒时放电活动最多，而慢波睡眠时放电活动逐渐减少，至快速眼动睡眠时活动几乎停止	对猫的中缝背核注射 5-羟色胺 1A 受体激动剂（5-羟色胺 1A 受体属于自身受体，因此在注射该激动剂后 5-羟色胺含量下降）能够促进快速眼动睡眠的到来	电刺激中缝背核，5-羟色胺的释放量增加，并且伴随着觉醒时间的显著延长
蓝斑	去甲肾上腺素		损毁猫蓝斑核头侧会导致脑内去甲肾上腺素下降，猫会觉醒，其皮层电活动会立即减少	刺激支配脑桥网状结构的蓝斑中部，可引起 PGO 波以及眼球快速活动，因此该部位通过去甲肾上腺素调节快速眼动睡眠
基底前脑	乙酰胆碱	紧张性放电，直接兴奋皮层	损毁基底前脑胆碱能神经元，则可见皮层的快波活动变少，慢波活动增加	电刺激基底前脑可引起皮层中乙酰胆碱释放，并伴有皮层去同步化现象
结节乳头核	组胺	在清醒时结节乳头核的组胺能神经元放电频率最高，而随着睡眠的进行，兴奋性逐渐减弱，到快速眼动睡眠阶段放电频率最低		

二、睡眠系统

（一）下丘脑腹外侧视前区

腹外侧视前区（ventrolateral preoptic area）位于下丘脑的前部、基底前脑的附近。1916—1927年期间冯·艾克诺默（Constantin von Economo，1876—1931）对世界性流行脑炎患者进行尸检发现，过度嗜睡者下丘脑后部损伤（结节乳头核所在区域），而死前严重失眠者下丘脑前部，即腹外侧视前区损伤，从而首次提出此区域与睡眠有关。后来研究进一步发现，睡眠状态时该区域神经元的放电频率是清醒状态时的2倍。在动物行为实验中，损毁下丘脑腹外侧视前区，动物会长时间呈觉醒状态。根据细胞分布的紧密程度，该脑区分为两个部分：一部分是细胞致密部（cell dense cluster，VLPOc），主要与唤醒系统中的结节乳头体核相联系，参与非快速眼动睡眠的调节；另一部分是细胞分布稀疏的泛VLPO区（extended VLPO，VLPOex），主要与唤醒系统中的蓝斑及中缝核群相联系，参与快速眼动睡眠的调节。下丘脑腹外侧视前区包含γ-氨基丁酸能神经元和甘丙肽能抑制神经元，它们投射到唤醒系统，抑制该区域神经元的活动，使动物进入睡眠状态。

（二）丘脑网状核

丘脑的作用可以比喻成一道"闸门"，用于过滤向皮层传递的信息。在慢波睡眠阶段，**丘脑网状核**（reticular thalamic nucleus）能够制造缓慢的同步振幅，似乎能阻断大脑和边缘系统对感觉信息的加工。而在快速眼动睡眠和觉醒状态时，丘脑的放电形式则完全不同，研究人员认为这可能是在促进感觉信息到皮层的传递。

（三）脑桥被盖背外侧核和脚桥被盖核

脑桥的胆碱能神经元可能参与快速眼动睡眠，刺激脑桥背后侧的乙酰胆碱受体会引起快速眼动，而刺激脑桥腹后侧的乙酰胆碱受体会引起去同步化波和PGO波的出现。此外，往脑桥背外侧注射乙酰胆碱会导致肌紧张的消失。在快速眼动睡眠期间，脑桥被盖背外侧核（laterodorsal tegmental nuclei，LDT）和脚桥被盖核（pedunculopotine tegmentum，PPT）以及延髓大细胞核和脑桥巨细胞核的神经元放电活动将明显增加，这些神经元被称为快速眼动睡眠的启动神经元。相反，在快速眼动睡眠期间，头端中缝背核和蓝斑固有核神经元的单位放电完全停止，故这些神经元被称为快速眼动睡眠的关闭神经元。

总体来看，快速眼动睡眠期间常处于做梦状态，许多记忆信息被激活，因此，比起慢波睡眠，快速眼动睡眠时大脑显得更为兴奋，和正常人觉醒时的状态类似。

（四）体内参与睡眠调节的化学物质

除了相关的神经核团与递质外，机体内还存在着数种参与睡眠调节的化学物质。下面列举三种这样的化学物质：**腺苷**（adenosine）、**生长激素**（growth hormone）和**P物质**（substance P）（见表14-2）。

表 14－2　**参与非快速眼动睡眠的化学物质**

化学物质	作用	行为药理研究
腺苷（咖啡因和茶碱都属于腺苷受体的拮抗剂）	生理性睡眠因子，在中枢抑制胆碱能与谷氨酸能神经元	系统或局部给予腺苷或其受体的激动剂能够诱发睡眠，而给予拮抗剂则效果相反
生长激素	促进睡眠	抑制内源性的生长激素能够减少深睡眠的时间，而对人和动物注射外源性的生长激素则能够促进慢波睡眠
P 物质	促进睡眠	大鼠侧脑室或下丘脑腹外侧视前区注射 P 物质可以引起深睡眠以及睡眠总量的增加

三、催眠

催眠（hypnosis）是一个有趣的现象（图 14－8），早在古埃及、古巴比伦时期就已经有关于催眠的记载。催眠也是一个有争议的现象，关于它的定义有很多的说法。总的来说，催眠是被试接受催眠师的引导，根据催眠师的暗示做出反应，并且改变自己的主观经验状态，如感觉、知觉、思维、情绪以及行为的过程。它是介于觉醒和睡眠之间的中间状态。提到催眠，我们的头脑中可能会浮现出这样一个场景：被试躺在松软的沙发上，催眠师拿着一个钟摆在被试眼前摇晃，并让被试全神贯注地盯着，不一会儿被试便进入了一种似睡非睡的状态，诉说着自己的事情。这是一种正式的催眠方式，当然方法并不唯一。催眠也可以在非正式的情境下进行，如催眠师边播放乐曲边和被试闲聊。被试能否进入催眠状态很大程度上取决于他们接受暗示的水平，这在个体之间有很大的差异。此外，期望与动机水平也影响着催眠的效果。催眠的效果可以由量表评定。**斯坦福催眠感受性量表**（Stanford Scale of Hypnotic Susceptibility）就是一个非常好的工具。催眠在临床上有不少用途，例如在学习精神分析的时候你可能听说过治疗师运用催眠的办法将隐藏于来访者内心深处的事件挖掘出来，从而找到导致心理不适或心理疾病的根源的事例。此外，催眠还被用于治疗疼痛、焦虑和抑郁等病症。

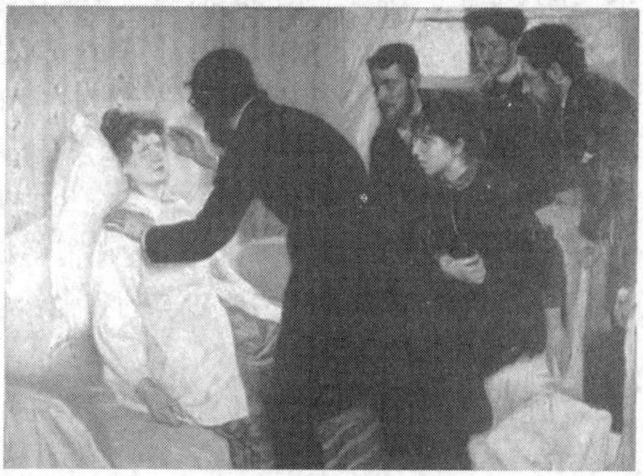

图 14－8　早期催眠

对催眠的脑电研究发现，在催眠状态下 α 波出现时间变少，频率变慢，振幅降低；同时 δ 波和 θ 波的出现增多，θ 波的增加尤为明显。这也说明了催眠既不同于觉醒也不同于睡眠。在催眠状态下出现 θ 波的脑区并没有特异性，研究显示在额叶、颞叶、顶叶和枕叶中都会出现 θ 波，这说明催眠可能更是一种全局性的精神状态，而不是某一功能的高度放松或高度集中。功能性成像研究结果更为直观，卢（Hans C. Lou）等的一项 PET 研究比人为什么要睡眠？

较了个体在觉醒休息状态与催眠状态时的脑活动，发现背外侧前额皮层、眶额皮层及前扣带回的活动存在差异。这三个区域都涉及高级的认知功能，可能与催眠时思维状态的改变有关。此外，纹状体和丘脑区域也存在着差异，表明感知觉的状态发生变化。莱恩维尔（P. Rainville）等人比较了正常休息状态、单纯催眠放松状态和催眠止痛过程中的局部脑血流和脑电活动。结果显示，催眠时双侧枕部的脑血流和 δ 波活动显著增加，两个指标之间高度相关。莱恩维尔等分析，枕部的脑血流和 δ 波活动的增加反映了与警觉下降有关的意识改变，并可能促成视觉想象。

第三节　睡眠与认知

一、睡眠的功能

人们曾经提出**睡眠的恢复理论**（restorative theory of sleep）与**睡眠的进化理论**（evolutionary theory of sleep）来解释睡眠的功能。睡眠的恢复理论认为，经过了一天的劳累了。我们消耗了很多能量和化学物质，因此需要通过睡眠来补充恢复。这样的解释很符合[illegible]常识和经验，但是却没有得到实验的有力支持。例如，在十分忙碌的一天后，你并不需要特别多的时间用于睡眠。虽然入睡可能会变得更快，但是只要不是睡得很晚，整个睡眠的时间并不会增加。

睡眠的进化理论十分有趣，其核心观点认为动物睡眠有利于躲避天敌，保证自身安全。具体来说，动物在清醒的时候会从事很多活动，如寻找食物、交配，这些行为活动使自己暴露的机会增加，容易被天敌猎食。而处于睡眠状态，由于没有明显的活动痕迹，并且可能睡在隐蔽处，会减少被猎食者发现的概率。这样的理论的确能解释一部分动物的行为，如野兔，但是这个理论仍存在很多问题。它并不能说明为什么那些猎食者，如狮和虎也需要睡眠，并且也不能解释为什么有些被猎食者，如食草的马和牛每天只花很少的时间用于睡眠。此外，睡眠的进化理论也不能解释为什么绝大部分的动物会选择夜间睡眠，因为并没有证据可以清楚地表明所有的猎食者总是夜间捕食的。

二、睡眠剥夺

动物被人为地剥夺睡眠后会产生从行为到生理的一系列变化，睡眠剥夺的方法是实验室研究睡眠功能的一种有效方法。如用啮齿类动物当被试，一般采用水环境中小平台站立的方法。该方法是把一个大的蓄水池，例如莫里斯水迷宫，装满水，在池子中央放置一个稍高出水面的平台。平台的面积很小，动物只能用后肢站立在上面。动物假如进入睡眠而导致肌肉松弛，就会落入水中，因而惊醒。并且由于鼠类有厌恶水弄湿躯体的本性，在几次掉进水里后它们便会始终保持紧张的注意力，从而导致无法入睡。该方法对于剥夺快速眼动睡眠尤其有效，因为快速眼动睡眠时期肌肉是完全放松的，因此在这一时期大鼠十分容易掉入水中；而慢波睡眠时期尽管肌肉比觉醒时松弛，但尚未完全放松。睡眠被剥夺后大鼠疲惫不堪，皮毛蓬乱且无光泽，先烦躁而后又抑郁。人类被试的睡眠剥夺实验也发现，睡眠剥夺导致被试情绪不稳定，注意力涣散，思维迟钝以及记忆力减退。

睡眠剥夺后大鼠心率和呼吸加快，饮食与能量消耗都增加，体重下降，机体对外界疾病的免疫能力下降。此外，睡眠剥夺还导致中枢神经递质与激素水平的紊乱。谷氨酸与γ-氨基丁酸是脑内重要的兴奋性与抑制性神经递质，睡眠剥夺会导致它们之间的比值变化，这是睡眠剥夺后生理与行为改变的一个重要基础。其他神经递质在睡眠剥夺后也会发生变化。例如，去甲肾上腺素在睡眠剥夺后的浓度显著升高，且伴有代谢加快；而胆碱酯酶的活性下降，导致乙酰胆碱的传递效率降低。有研究表明，睡眠剥夺能够导致大鼠血清中皮质醇含量升高。皮质醇与应激反应关系密切，大量的皮质醇不仅会使机体的应激反应过于强烈，从而伤害到内脏与脑，还会影响机体对葡萄糖的摄取，干扰细胞的代谢。

在以人为对象的实验中，实验者可以用脑电仪器进行监测，因此可以选择性地剥夺被试部分的睡眠。假如在发现被试进入异相睡眠后，将其叫醒，并如此持续数日，会发现被试的情绪状态不稳，更容易焦虑。如果之后让被试正常睡眠，异相睡眠的时间会延长，会出现反跳现象，被试醒来后的情绪也会变得稳定。通过这样的方法可以确定某部分的睡眠的特定功能，如通过实验可以得知异相睡眠具有维持正常情绪的功能。相似的是慢波睡眠，尤其是Ⅳ期的慢波睡眠对恢复体力有重要作用。

三、睡眠与记忆

一些研究者认为，睡眠与记忆有着密切的关系，睡眠对于促进记忆的巩固有重要的作用。当你学习了一种新的任务后，大脑会在睡眠阶段将学习的环路重新激活，对任务的元素进行分析和加工，并最终将其整合到长时记忆系统中。一个直观的例子是，无论是人还是动物，对其进行睡眠剥夺（完全性或选择性地剥夺）都会损害其回忆的成绩。另外，学习后快速眼动睡眠的时间会增加，而在完全学会任务后快速眼动睡眠的时间又会恢复到原先的水平。因此，快速眼动睡眠在长时记忆的巩固过程中起重要作用。此外，从神经元的角度看，记忆可以引起突触可塑性的变化，而睡眠时期细胞因子与生长因子的释放能够促进突触间的改变。上述的例子说明，睡眠有可能参与记忆的形成与巩固。后续的研究发现，睡眠的确与记忆有着十分密切的联系，但缺乏有力的证据，无法说明睡眠对于长时记忆的形成是必需的，大多实验局限在相关研究层面。需要指出的是，大部分的研究是针对快速眼动睡眠进行的，研究人员相信这个睡眠阶段对记忆的贡献可能更大。

从行为层面来看，睡眠剥夺会导致记忆任务成绩的下降。但是，假如仔细分析实验的细节，我们会发现，成绩下降很难完全归因于睡眠剥夺本身。因为睡眠剥夺会带来一些不良反应，如大脑先兴奋后抑制，或者是应激效果。举例来说，很多学生在考试前都有通宵复习的习惯，这样复习的效果其实已经被证实并不理想。我们可以说这是睡眠被剥夺所造成的结果，你原先期望自己能记下的东西由于没经过睡眠的加工，因此无法记住；可是我们也可以说这是大脑被抑制的结果，假如是上午9点考试，此时多半你昏昏欲睡，即使原先已经记住的东西也很难回忆起来。不过，也有研究表明，遗忘未必是应激的结果。在学习后剥夺动物的快速眼动睡眠，之后在距剥夺8至16小时的阶段以及20小时的时候分别进行测试，结果发现动物在剥夺20小时后记忆测试成绩才下降。这说明下降并不是应激造成的，因为假如是应激造成的，成绩下降应该伴随着睡眠剥夺而产生，不可能在睡眠剥夺后潜伏近20小时才表现出来。总的来看，睡眠剥夺造成的应激一直是干扰此领域研究的一个重要因素。

睡眠过程中大脑会出现不同的脑电波，在觉醒时，当我们学习或者完成各种各样的任务的时候，我们的大脑同样也会释放各类的电波。因此有人提出，假如睡眠是进行记忆加工的阶段，那么此时大脑应该能够重复出学习时所释放的脑电波。该观点得到了很多研究者的注意。一个研究发现，在动物寻找食物的时候，它们海马的位置细胞会放电，而在之后的睡眠中，尤其是慢波睡眠中，同样的细胞群也会放电，说明大脑可能在加工食物位置的信息。在另一个实验里，研究者即时地记录了大鼠在觉醒时以及快速眼动睡眠时海马神经元的活动情况。结果发现，神经元在觉醒期间训练时和训练后与快速眼动睡眠时的先后放电次序以及各部分的放电时间一样。不仅在海马，在另一个与记忆相关的十分重要的脑区——新皮层也发现存在类似的现象。在猫觉醒的时候，让其学习操作性条件反应可以发现新皮层原有的30至40Hz的脑电波频率会变得更快；而在之后的睡眠中，这些脑电波的一部分会得到重现。在以人为被试的研究中也发现类似的现象。运用PET技术可以发现，在训练学习时兴奋的大脑部位，在睡眠过程中也会兴奋，而通常在没有学习的情况下，睡眠时几乎所有的脑区都要比觉醒时不活跃。

长时记忆的形成需要突触结构与效能的改变，这涉及一系列细胞内分子的变化，如基因的转录与局部蛋白质的合成。睡眠假如参与记忆形成，那么必将会与上述的分子发生交互作用。这一方面的研究还不多，但也能够给目前的研究提供新的视角。首先，睡眠期间的蛋白质合成速率不比觉醒时慢，有时甚至会更快一些。猴的皮层蛋白质合成水平与慢波睡眠持续的时间呈正相关；给大鼠注射茴香霉素，一种常用的蛋白合成抑制剂，会干扰后续大鼠记忆行为的表达。不过，大鼠与猴子的区别是只有在其异相睡眠期间注射药物才能够干扰记忆。此外，即刻早基因zif-268——一种常见的在短时记忆向长时记忆转变过程中发挥作用的分子——也被发现与睡眠有关。

以上从行为、脑电与分子三个层面说明了睡眠可能参与记忆的形成，然而，该领域的难点在于很多研究的结果远未达到统一。下面介绍两个快速眼动睡眠对记忆无影响的例子。一个例子是很多抑郁症的患者服用单胺类氧化剂的抑制剂来达到治疗效果。这种药物能够完全剥夺快速眼动睡眠，并且其效应能够持续很长的时间。对于正常被试，他们假如在快速眼动睡眠阶段被叫醒，多半会报告自己刚才正在做梦；而对于服用此类药物的抑郁症患者，他们几乎不会报告说自己正在做梦。此外，快速眼动睡眠阶段的一些特征，如低压脑电、肌紧张的缺乏以及震颤性的眼动，都会消失。三环类化合物是抗抑郁的另一种药物，也有这样的功效，只是比单胺类氧化剂抑制剂的效用要弱一些。这些服用药物的抑郁症患者是理想的可以用于研究快速眼动睡眠与记忆关系的群体。因为他们的快速眼动睡眠虽然被剥夺，却不会产生应激的效果。并且他们服用药物往往是一个长期的过程，这可以给研究人员提供较长的考察时间。研究结果发现，这些抑郁症患者在日常生活和工作中并未表现出明显的记忆受损。另一个是脑桥受损病人的例子。在脑桥受损后，快速眼动睡眠会消失。这个病人被追踪记录了十年，这期间他完成了大学法律专业的学习，并能够从事法律方面的实践活动。显然，他的记忆并没有受到损害。

四、睡眠障碍

虽然睡眠的功能暂时尚不完全明确，但我们的生存离不开正常的睡眠，这是很明显的。下面我们将了解一下睡眠障碍，以及这些障碍会导致什么样的后果。

（一）失眠

2012 年《柳叶刀》杂志发表评论，指出全世界大约有 6%～10%的人符合**失眠**（insomnia）障碍的诊断标准（图 14－9）。失眠表现为入睡困难、反复或长时间觉醒、早醒、总睡眠时间不足等，还包括白天正常生活功能受到影响，如警觉性、精力、认知功能、行为和情绪变化受到影响等。值得一提的是，我们或多或少都有过失眠的经历。如第二天有一场重要的考试，你可能紧张得无法入睡；或是在临睡觉前你进行了激烈的运动，导致过分的兴奋而难以入睡。这样的情形还不能归结为障碍，因为它只是偶然出现的。只有当入睡困难或睡眠保持困难的持续超过了一定的时间，并且在很大程度上影响到了白天的行为，它才能被称为失眠障碍。一些失眠症的患者往往在夜晚经历着恶性循环：一方面他们睡不着，另一方面由于睡不着而引发的焦虑会让他们更难以入睡。

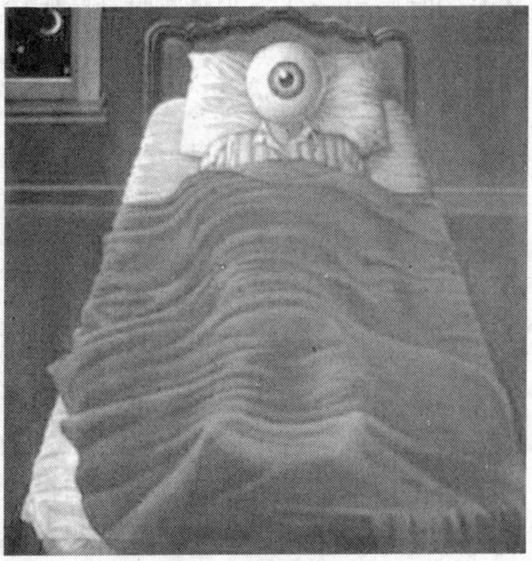

图 14－9　失眠

睡眠可能是由环境或心理因素所引起的，但是也存在着生理的机制。斯坦福大学的研究人员米格诺特（E. Mignot）和他的同事通过基因手段使斑马鱼的食欲素（orexin）神经元表达量增多，结果发现这些斑马鱼的睡眠时间会减少 30%左右，并且每次睡眠的持续时间也会缩短。

（二）发作性睡病

发作性睡病（narcolepsy）常发生在青少年时期，并可能伴随终身。患者的主要症状包括以下几个方面。首先是白天嗜睡，每三至四个小时就会发生一次打盹的现象。并且这种入睡无法抗拒，无论患者当时在做什么，是看电视、做作业，还是和人交谈。脑电显示患者一旦入睡就进入快速眼动睡眠阶段。其次是猝倒，这是由快速眼动睡眠阶段肌紧张突然消失造成的。猝倒可以由一些情绪性的因素诱发，如大笑是最常见的诱因。最后是睡前与睡后伴有幻觉。幻觉包括视觉、听觉甚至是嗅觉的成分，这些幻觉在患者看来通常是很古怪的。

发作性睡病的病因还不明了。一些研究称食欲素与发作性睡病存在着关系。对脑脊液的检测发现患者食欲素的水平比正常人显著减少。此外，森尼克尔（T. C. Thannickal）等通过免疫细胞化学检测方法发现，患者外侧下丘脑食欲素能神经元数目较正常对照组少85%～95%。睡眠-觉醒周期的基础是下丘脑腹外侧视前区（VLPO）神经元和与脑内唤醒系统相关的单胺能神经元之间的互相抑制，前者具有促睡眠作用，而后者具有促觉醒作用。食欲素通过抑制VLPO神经元并激活单胺能神经元，达到减轻嗜睡程度，提高觉醒度的目的。因此，食欲素能神经元传至单胺能神经元的激活信号减弱，会使后者对VLPO神经元的抑制减轻，从而在不适当的情况下出现快速眼动睡眠。

（三）睡行症

睡行症（sleepwalking）就是我们通常所说的梦游。但梦游的说法并不确切，因为在梦游的时候患者处于非快速眼动睡眠阶段，此时并不会有梦发生。并且，快速眼动睡眠阶段肌张力是完全消失的，患者不可能在此时表现出各种诸如行走、做饭、扫地的行为。成人的睡行症患病率约为2.5%，儿童患病较青少年和成人多见。睡行症主要表现为在初入睡的几个小时内，患者自行坐起、下地、做一些无目的的动作，数分钟后又自行躺下继续睡眠，甚至可进行一些日常行为和工作。患者在此期间思维混乱不清，难以交流，试图唤醒患者将有可能造成患者伤人或自伤。不过，无论患者做了什么，第二天其自身都很难回忆起，就像什么都没发生过一样。

对于睡行症的发病机制目前了解得很少。有时睡行症与癫痫会同时发生。而对于大多数正常人来说，表现出睡行症可能更多在于心理因素，如睡前进行过度思维活动。心理学家发现这些人都有不同程度的神经过敏和神经质，很容易大哭或狂笑，无法控制。他们的意志不坚定，并且当要实现某种目的时，他们很难理智恰当地调节自己的心境，往往服从于强有力的欲望。因此，可以假设在睡眠中他们也受到这种欲望的支配，他们会在梦中站立起来，向他们幻想中的目标直接走去，而不注意周围的一切。

（四）睡眠呼吸暂停

睡眠呼吸暂停（sleep apnea）是指在睡眠期间呼吸暂停或低通气的综合征。诊断标准一般为成人在小于7小时的夜间睡眠时间内，至少有30多次呼吸暂停，每次呼吸暂停时间至少10秒以上，并且每小时内呼吸暂停的次数超过5次。这种病症从幼儿到老人都会发生，与肥胖有密切关系。对婴儿来说，有一种病症名为婴儿猝死综合征，一般表现为婴儿安静地躺在床上，没有声响，父母以为婴儿在安静地睡觉，然而过了一段时间去查看的时候却发现婴儿已经死去。造成死亡的原因多为呼吸暂停而导致的窒息。

睡眠呼吸暂停的机制尚不完全明确。与之相关的因素有肥胖、上呼吸道阻塞性病变，以及最近发现的脑内食欲素水平的降低。

（五）夜惊与梦魇

夜惊（night terror）和**梦魇**（nightmare）都是发生在睡眠时间的障碍，都包含让人恐惧的成分，都能让人在晚上无法安睡，并且导致白天工作或学习效率下降。不过，两者并不完全相同，对我们来说，梦魇可能更为熟悉，我们或多或少都有梦魇的经历。患有精神疾病的人会时常出现梦魇。一个突出的例子就是创伤后应激障碍的患者，如参加过战争的老兵，他们中的一些人每晚都会被梦魇困扰，常常梦到血腥的战争场面，或是自己被敌人追杀。

夜惊在儿童阶段较为普遍。夜惊发生在非快速眼动睡眠阶段，因此与梦没有直接联系。夜惊发作时常有自主神经症状，表现为心动过速、呼吸急促、皮肤潮红、多汗等。患者通常会突然惊叫，继而惊醒，感到十分恐惧。但与梦魇患者不同的是，他们对恐惧无法解释，会很茫然。

第四节　节律行为

在上述的篇幅中我们介绍了睡眠与觉醒各自的现象和机制。无论是人还是动物，睡眠和觉醒并不是完全分离的，而是始终处于循环中。这种循环，便是节律。正常情况下人类白天活动，夜晚睡眠，这便是节律作用的结果。在这一节中，我们首先介绍什么是节律，其机制是什么，在这个基础上，我们还将探讨节律对情绪、肥胖和行为绩效的影响。

一、节律概述

环境的变化是存在**节律**（rhythm）的，例如白天夜晚的轮换、四季的交替。相应地，很多有机体也会表现出节律性的行为和变化。最典型的莫过于很多动物白天活动，晚上睡觉。我们的体内有控制节律的装置，即使在没有外界线索（例如我们看不到白天和黑夜）的情况下，我们内部的节律装置也在发挥着作用，并且对人类而言，这种装置独立于文化和个体的差异，基本保持在 24 小时左右。控制节律的部位位于**下丘脑视交叉上核**（suprachiasmatic nucleus，SCN；图 14－10）。如果损毁该核团，动物的很多带有节律性质的行为，例如饮水、鼠类的转轮行为（wheel running）等在实验过程中形成的节律行为都会发生改变。此外，视交叉上核还控制着部分的内分泌系统，例如肾上腺皮质酮的分泌。进一步的研究发现，给由于视交叉上核基因突变而导致节律异常的小鼠移植从正常野生鼠体内取出的视交叉上核，部分的节律行为会恢复正常，从而更肯定了视交叉上核在控制节律中的作用。不过，除了中枢神经系统的视交叉上核，在外周也存在着控制节律的系统，如肝脏和心脏。损毁视交叉上核，并不会使所有的节律行为和激素分泌都发生变化。

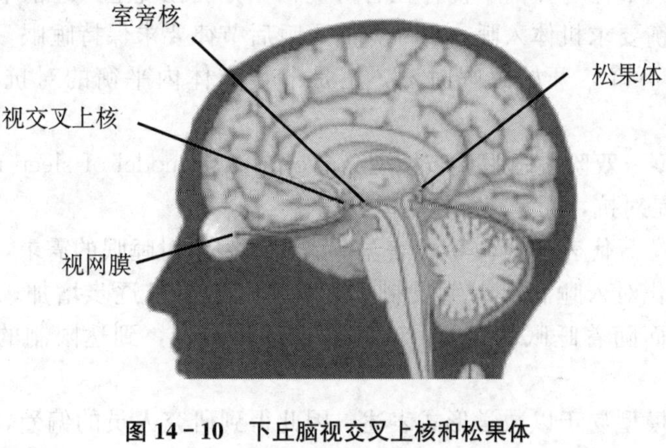

图 14－10　下丘脑视交叉上核和松果体

中枢节律主要依赖光线进行调节。视网膜上存在着视锥和视杆细胞，除了这两种细胞外，在视网膜上还存在着第三种感光细胞，它们位于视网膜的神经节细胞层。这些细胞有一种叫作 melanopsin 的蛋白作为感光色素，其树突广泛分布于视网膜，因此，可以收集到周围环境的大部分光线并进行整合。这些细胞对视交叉上核发出投射纤维，将光线信息传递到该中枢，从而影响节律。而在外周，光线并不影响节律，食物或食物线索起着更大的作用。

二、睡眠与觉醒的转换

正常情况下我们的睡眠和觉醒在固定的周期内循环，一个周期约为 24 小时，也就是一天左右。我们通常在早晨醒来，晚上睡觉，很多时候不需要刻意地去控制。那么，是什么控制着睡眠和觉醒的转换呢？显然，上文提到的下丘脑视交叉上核是一个关键区域。明暗信息从视网膜传输到视交叉上核，该核对信息进行加工，然后又将信息传送到**松果体**（pineal gland；图 14－10）。松果体是非成对的结构，位于中脑的前侧和间脑的后侧。松果体能够释放**褪黑素**（melatonin）。褪黑素的释放表现出 24 小时节律，白天的时候释放水平低而晚上释放水平高。

但是，并不只有节律因素控制着我们的睡眠与觉醒。还有两个因素不容忽视：一是体内平衡的机制。虽然目前对于睡眠的功能还没有一个结论性的说法，但是从直观上来看，睡眠显然有帮助机体恢复的功能。因此，当觉醒维持了一段时间，机体便会产生消耗，对恢复的需求也会逐渐增加。如果你有过熬夜的经历，不妨回忆一下第二天的精神状态。另一个因素是外界环境或者我们自身的要求，例如即使我们很想入睡，但是由于工作还没做完，我们仍然会坚持工作。不过这种因素具有较大的偶然性。下文中我们主要介绍节律装置和体内平衡机制对睡眠和觉醒转换的影响。

关于节律装置和体内平衡，有两个模型被提了出来，试图解释睡眠和觉醒的转换。一个是**对抗模型**（opponent process model）。这种模型认为，我们的节律是相对固定的，一天中随着早晨醒来我们的警觉性（alterness）逐渐增加，到晚上 9 点达到顶峰，然后逐渐下降，到第二天早晨将要醒来的时候再逐步恢复。而与节律相对的是，体内平衡对睡眠的要求从醒来后便开始增加，到入睡开始前的一刻达到顶峰，然后随着睡眠的进行逐步减少。因此，节律与体内平衡存在着对抗：一方面在晚上入睡前节律要求机体保持觉醒，而体内平衡要求机体入睡；另一方面入睡后节律要求保持睡眠，但体内平衡对睡眠的需求却开始下降。开始睡眠时刻，正是节律与体内平衡的对抗达到平衡的时刻（图 14－11）。

而另一个模型，**双阶段睡眠调节模型**（two-process model of sleep regulation），则认为两种机制并不是对抗，而是交互作用。

如图 14－12，S 代表睡眠，W 代表觉醒。实线表示对睡眠的需求，虚线表示节律性的变化，这些变化对入睡需求产生限制。当对睡眠的需求逐步增加，达到限制的上限时，入睡开始；而随着睡眠的进行，入睡需求逐步减少，到达限制的下限时，人便会觉醒。

由于第二个模型易于以数学形式表述，因此得到研究人员的偏爱，研究人员也更倾

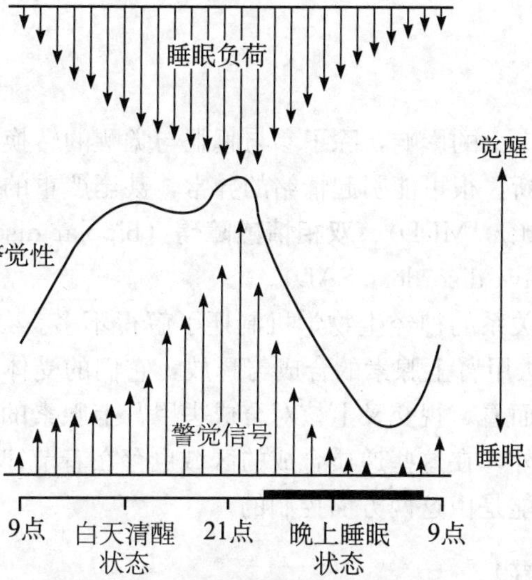

图 14－11 睡眠与觉醒的对抗模型

在这个模型中，核心是促使机体警觉的信号（alerting signal）和促使机体睡眠的负荷（sleep load）始终处于对抗状态。

资料来源：Beersma D G M，Gordijn M C M. Circadian control of the sleep-wake cycle. Physiology & Behavior，2007，90（2－3）：190－195.

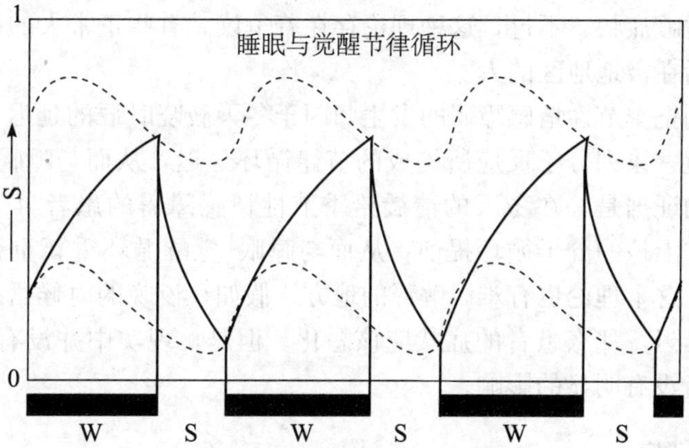

图 14－12 双阶段睡眠调节模型

图中S代表睡眠，W代表觉醒。

资料来源：Beersma D G M，Gordijn M C M. Circadian control of the sleep-wake cycle. Physiology & Behavior，2007，90（2－3）：190－195.

向于认为节律和体内平衡是交互作用而不是直接对抗的。两者交互作用的证据，主要存在于分子和基因的层面。在哺乳动物身上已经发现很多控制节律的基因，这些基因以及它们的蛋白质产物构成了转录/翻译的循环，而这种循环是存在节律性的。其中的一些基因，不仅发挥调节节律的作用，也参与调节睡眠的过程。例如 Cry1Cry2 或 BMAL1/Mop3 基因被敲除的小鼠，不仅活动节律紊乱，而且睡眠时间、睡眠深度以及对急性剥夺睡眠的反应也发生了显著变化。这些变化不属于节律的范畴，而属于体内平衡对睡眠的调节。

三、节律与情绪

节律对于机体有着广泛的影响，除了参与睡眠与觉醒的转换，在情绪调节中也发挥着作用。正常的节律被打断，很可能引起情绪的异常，甚至严重的精神疾病，如**重症抑郁症**（major depressive disorder，MDD）、**双相情感障碍**（bipolar disorder，BPD）和**季节性情感障碍**（seasonal affective disorder，SAD）。

目前对节律和情绪关系的神经生物学机制还了解得不多。参与调节情绪的神经递质，如多巴胺、5-羟色胺和去甲肾上腺素的合成与释放，它们的受体的表达与活性，都有着节律性的变化。从解剖层面看，视交叉上核对合成去甲肾上腺素的蓝斑有着间接的投射。此外，分布于视交叉上核外，在这些递质合成的区域也存在着节律基因的表达。因此，递质和受体的节律性变化可能是由这两方面控制的。

（一）季节性情感障碍

季节性情感障碍的患者在发病时会表现出嗜睡、暴食的症状，但是只在每年的冬天发生。有两种理论被提出来解释这种现象。一是褪黑色素分泌异常的理论。松果体分泌的褪黑色素是维持节律的基础，而褪黑色素的分泌会随着季节的变化而波动。研究者发现，季节性情感障碍患者褪黑色素的波动十分明显，白天褪黑色素的分泌水平特别高，因此在白天他们会表现出嗜睡症状。不过，这种理论存在着争议。有些正常人的褪黑色素的波动水平也很大，如生活在极地地区的人。

另一种理论则把季节性情感障碍的发生归因于冬天破晓时辰的延迟。破晓的延迟导致了视交叉上核通过一系列分子反应所构成的节律循环延迟，从而与睡眠-觉醒循环发生了分离。这个理论的证据是，在冬天的清晨给季节性情感障碍的患者早于破晓的时间的光照，能够将视交叉上核的分子循环提前，从而与睡眠-觉醒循环重新重合，病人的症状也得到改善。但是，这个理论也有难以解释的地方。假如在夜晚的时候给患者光照，可以将节律循环进一步延迟，那么患者的症状应该恶化。但是，现实中并没有发生这样的现象，夜晚的光照对患者没有明显的影响。

（二）重症抑郁症

研究人员发现，损毁视交叉上核，能够产生抗抑郁的效果。运用强迫游泳测试模型，抑郁动物比正常动物表现出更多的静止漂浮状态，而不是游泳和挣扎。给这些表现出抑郁的动物服用抗抑郁药物，能够减少静止行为。而损毁视交叉上核，也有相同的效果。进一步的研究发现，抗抑郁药物阿戈美拉汀（agomelatine）能够减少视交叉上核神经元的放电，说明部分抗抑郁药物可能通过节律系统产生作用。

在基因层面，抗抑郁药物氟西汀（fluoxetine）的慢性作用能够改变小鼠海马区节律基因 BMAL1 和 NPAS2 的表达。海马与抑郁紧密联系，抑郁症患者的海马通常会发生结构性的变化。

四、节律与肥胖

古代社会的人们往往根据太阳光照决定一天的作息，也就是常常说的“日出而作，日落而息”。但是现代社会的生活显然要比以前丰富许多，因此我们的节律，或者说内部时间感，和古时候的人相比发生了变化。

视交叉上核对外有广泛的投射，其中包括自主神经系统。自主神经系统分为交感神经和副交感神经。以往我们只注意到交感神经在燃烧脂肪中的作用，但是后续研究发现副交感神经具有积聚脂肪的作用，这种作用通过调节脂肪组织对胰岛素、葡萄糖的敏感性以及脂肪的合成代谢来实现。当我们进餐后，副交感神经促使胰腺分泌胰岛素，受节律系统的调控，夜晚进食所刺激分泌的胰岛素更多。胰岛素促进葡萄糖向脂肪转化，这就是人在夜晚进食容易发胖的原因。

五、节律与行为绩效

长途旅行的人，无论乘坐的交通工具是飞机、火车还是汽车，都会有这样的经历：难以入睡、疲劳、吃得不好、无法活动，甚至有时还会缺氧。**飞行时差**（jet lag）与旅途劳累相似，但是很多时候更为严重，在经历了飞行时差后，睡一个好觉往往并不能解除症状。

个体的节律可以被看作是内部因素（生理素质）和外部因素（环境、生活习惯等）的整合。在通常情况下，内部因素和外部因素是同步的，这样我们的节律才能步调一致。但是，经过长途的飞行，我们穿越了好几个时区，外部环境发生了显著变化，而我们的固有节律却很可能仍然保持着原来的节奏。这样，便产生了种种不适。我们的很多行为有着各自的节律，并且各个节律系统的适应性都不同。通常，和外部因素联系更密切的节律，如摄食和活动，要比与内部因素密切联系的节律，如情绪、睡眠，对新环境适应得更快。量化研究发现，如果外部的时间与我们的内部时间差距在四小时内，人体可以很快适应；如果超过了四小时，那么我们的机体就需要一个比较长的调整过程。此外，时差可以调整，但是频繁倒时差会导致生物钟紊乱，造成不可逆的损坏。

睡眠困扰是飞行时差的重要症状。当我们进入一个新的时区后，夜晚来临，应该入睡时，很可能我们的核心体温还保持在原来的节奏上。因此当我们开始入睡的时候，核心体温并没有降低，反而还可能升高，这样便会阻碍睡眠的发生。

节律对行为绩效的另一个显著影响在于**倒班**（shift work）。大多数人习惯于白天工作。如果发生了倒班，我们很可能会不适，并且对于倒班，即使重复了很多次，人体还是难以适应。经常倒班的人会产生生理和心理的障碍。夜班后倒班者的深度睡眠时间明显减少，睡眠的开始和终止都出现困难，持续睡眠也出现困难，因此体力和生理节律恢复不足。在心理层面，倒班容易使人焦虑、抑郁、易激惹。在夜晚，人体的核心体温已经下降，这样会阻碍注意和短时记忆的运用，不利于中枢加工和决策。因此，夜班发生工作失误和工伤的概率要远高于白天上班。

用药要讲究时间节律

和倒班类似的，是许多学生出于各种原因的熬夜。持续熬夜会对节律产生影响，并且导致进入恶性循环（图 14－13）。

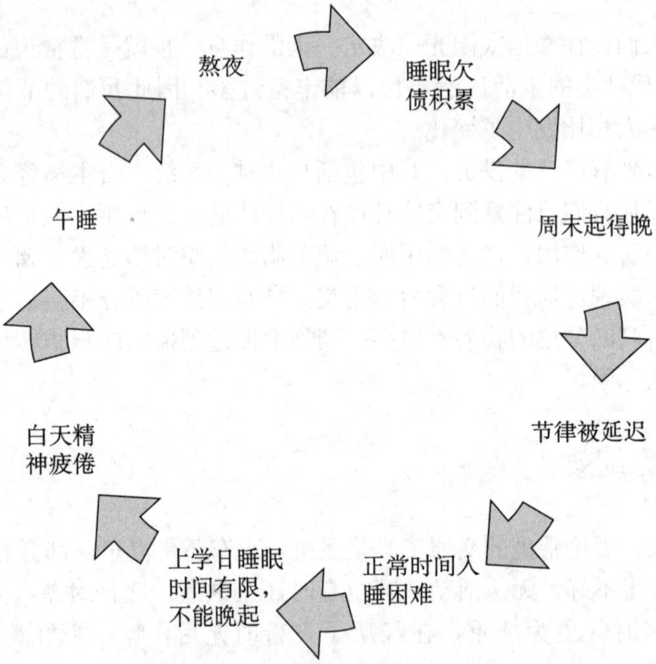

图 14－13　学生熬夜所导致的节律失调及恶性循环

→ 基本概念

慢波睡眠	异相睡眠	快速眼动睡眠
睡眠纺锤波	K-复合波	PGO 波
反跳	网状结构	脑干网状结构上行激活系统
中缝核群	蓝斑	基底前脑
结节乳头核	腹外侧视前区	丘脑网状核
腺苷	生长激素	P 物质
催眠	斯坦福催眠感受性量表	睡眠的恢复理论
睡眠的进化理论	失眠	发作性睡病
睡行症	睡眠呼吸暂停	夜惊
梦魇	节律	下丘脑视交叉上核
松果体	褪黑素	对抗模型
双阶段睡眠调节模型	重症抑郁症	双相情感障碍
季节性情感障碍	飞行时差	倒班

→ 思考题

1. 试述睡眠的周期，以及睡眠不同阶段的脑电波特征。

2. 试述睡眠与记忆之间的关系。
3. 睡眠与觉醒是如何转换的?
4. 有哪些生理机制参与慢波睡眠?
5. 梦与现实的关系如何?

第十五章

精神活性药物与行为

精神活性药物（psychoactive drug）主要是指一些使神经系统产生兴奋、抑制或幻觉等作用的化学物质，这其中包括与我们日常生活密切相关的烟草、咖啡、茶叶以及酒精等物质。这类含有特殊化学成分的物质又被统称为**精神活性物质**（psychoactive substance）。此类物质的共同特征是能直接作用于脑进而影响行为。早在5 000多年前，南美印第安人就通过嚼食古柯叶来提神和消除疲劳。在4 000年前，古人已经会用大麻类植物治疗各种原因导致的精神性不安。近现代以来，人们已经能够借助一些逐渐进步的制药技术，从多种植物中分离、提纯或改造出各种精神活性药物，并广泛应用于医疗和生活等诸多领域。例如，从罂粟中提取出的阿片或改造后的吗啡都有良好的镇痛效果，从古柯叶中提炼出的可卡因也可用于局部麻醉或治疗一些慢性疾病导致的疼痛或精神萎靡症状等。但是，若使用不当或滥用，多数精神活性药物会产生躯体或精神依赖（dependance）等不良反应。

第一节　概述

一、精神活性药物的分类

精神活性药物可以改变神经系统的活动状态，从而使认知或行为发生变化。根据药物对神经系统的效应不同，一般可分为**兴奋剂**（stimulant）、**抑制剂**（depressant）和**致幻剂**（hallucinogen）等三大类。

兴奋剂能提高中枢神经系统的兴奋性，令人感到欣快、精力充沛或进入亢奋状态，还会伴随呼吸加快、心跳加速、血压升高等生理表现。最常被滥用的兴奋剂有可卡因和苯丙胺等，此类兴奋剂有很强的使身体或精神产生依赖等不良反应。抑制剂可分为两类：一类是**麻醉镇痛剂**（narcotic analgesic），主要包括阿片、吗啡、海洛因、可待因以及美沙酮等；另一类是**镇静安眠剂**（sedative-hypnotics），主要有巴比妥类和苯二氮卓类，如苯巴比妥、氯氮和安定等等。抑制剂在临床上使用比较广泛，除了手术麻醉、镇痛和治疗失眠以外，还可用来治疗焦虑症等情绪障碍。经常使用抑制剂，会使人反应迟缓、情感呆滞，也会导致成瘾。致幻剂可使人产生幻觉、思维混乱或行为失控等症状。其化学成分主要包括从麦角、大麻、仙人掌或菌类等植物里提炼出的不同类型的生物碱。服用此类药物可以改变正常人的所思、所想或所感，例如，对声音或颜色的感觉会产生明显异常，容易使人对环境信号产生错误的判断而招致意外事故。其作用的部位或机制不同，不同类型的致幻剂的效用亦有差别。

有一些精神活性物质或药物兼具多重效应。例如，虽然大麻被列入致幻剂的范畴，但其主要成分四氢大麻酚兼具抑制和致幻作用；“摇头丸”（亚甲基二氧基甲基苯丙胺）虽然被列入兴奋剂类，但除了有兴奋作用以外，也有致幻作用；尼古丁也兼具兴奋和镇静等多重作用。

二、药理作用的基本特征

精神活性药物最突出的特点是可以使机体产生药物依赖，这种依赖也被称为**成瘾**（addiction）现象。在药理作用上，依赖可表现为机体对药物的耐受性、敏化或戒断综合征等基本特征。

药物耐受性（tolerance）是指个体反复用药后对同一剂量的药效反应减弱，在剂量-反应曲线上表现为再次用相同剂量的该药时，曲线会发生右移（图 15－1）。这意味着只有加大使用剂量，才能获得与药物初始剂量相等的药效反应，而大剂量使用药物容易导致中毒甚至危及生命。在停药一段时间之后，个体对药物的耐受性可恢复到正常水平。个体的耐受性受先天性因素和药物特性的双重影响，前者由遗传因素导致的生理特性所决定，可以使耐受性长期存在；而后者由反复用药所致，个体停药后还会恢复到最初的水平，因而又被称为获得性耐受。此外，个体对药物某些作用的耐受程度也不尽相同。例如，个体对吗啡的镇痛或欣快作用产生明显的耐受时，可能对吗啡的致便秘作用并不产生耐受。因此，当成瘾者为满足欣快感而加大吗啡剂量时，便会引发严重的便秘。又如，心脏对可卡因的耐受性产生得较为缓慢，因而，可卡因剂量的不断增加会首先危及心脏功能。耐受性还可以表现在行为方面。例如，在某一特定环境中，动物对某种药物形成了行为耐受性，若将其移入一个新环境，对该药的行为耐受性可能会消失。显然，行为耐受性的形成与习惯化和条件反应等因素有关。

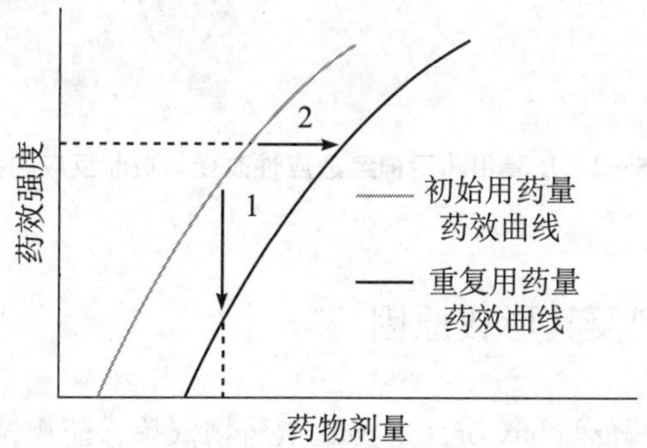

图 15－1　药物耐受性的表现：剂量-反应曲线的右移

1 表示对产生耐受的个体，使用初始剂量的药物产生的药效减弱；2 表示对产生耐受的个体，产生与初始剂量相同的药效需要较大的剂量。

除了耐受现象以外，重复使用成瘾药物还会产生**敏化**（sensitization）现象。敏化是指个体反复用药后，出现药物诱导的反应增强现象。与药物耐受相反，敏化的表现是剂量-反应曲线左移，即用较小的剂量就能达到初始剂量的药效。敏化与耐受一样，也可以表现在分子、细胞以及行为水平上。在实验研究中，动物的精神运动兴奋性或自发活动水平常常被用来作为行为敏化的指标。

长期使用精神活性药物后，脑内的细胞和分子会产生一系列重要的改变。此时，神经元的一些受体、受体偶联蛋白或细胞内的一些信号转导分子都处在一个代谢活跃的水平，并维持与反复用药相适应的状态，这种状态被称为**神经适应性**（neural adaptation）改变。若此时停药，神经细胞工作的平衡性将会被打破，身体会出现**戒断综合征**（withdrawal syndrome）。戒断综合征主要表现为与药效相反的作用（图 15-2）。例如，海洛因会使人欣快、松弛、肠蠕动缓慢或便秘，戒断可使成瘾者感到烦躁不安、痉挛或腹泻等。常见的戒断症状涉及意识、认知、情绪、睡眠或运动等多种状态的改变，例如，出现幻觉、妄想、焦虑、抑郁、易激惹、失眠或疲乏等精神症状，同时伴有恶心、呕吐、疼痛、腹泻或抽搐等躯体症状。

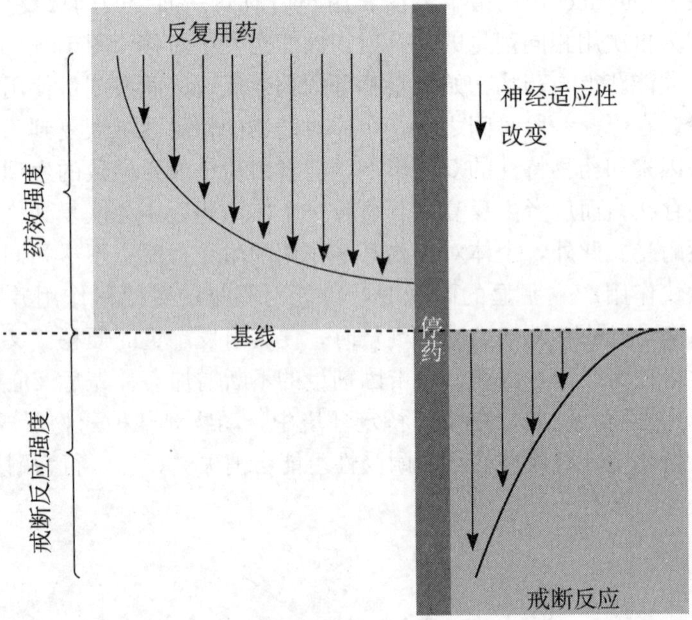

图 15-2　反复用药后神经适应性改变与戒断反应的关系

三、用药行为的类型及其形成原因

用药行为（drug-taking behavior）主要是指药物依赖、药物误用、药物滥用和习惯性用药等行为，其形成受到多种因素的影响。其一，以治疗疾病为目的而反复使用精神活性药物，例如为止痛而注射吗啡或哌替啶等镇痛剂。此类药物具有成瘾性，因而可以导致个体产生**药物依赖**（drug dependence）行为。其二，医生为患者开具的治疗药物或患者自行使用的非处方药物，因剂量或适应证的不合理而导致患者对药物产生依赖性，又被称为**药物误用**（drug misuse），例如使用剂量过大的安眠、镇痛或镇静剂等。其三，为体验药物产生的精神效应而使用精神活性药物，例如出于好奇、放松、解乏或活跃气氛等原因而使用毒品、酒精或尼古丁等。其目的是非治疗性的，因而被称为**药物滥用**（drug abuse）。其四，一些有精神活性药物成分的制剂，连续使用后也会使身体产生一定的适应性，表现为轻度的精神依赖性，因而使人产生习惯性使用行为，又被称为**习惯性用药**（drug habituation），例如长期使用一些感冒药、止咳剂或镇静剂等。

反复用药所导致的强制性觅药行为（compulsive drug seeking behavior）被称为药物依赖行为。根据是否由躯体症状驱动，强制性觅药行为又可表现为**躯体依赖性**（physical dependence）和**精神依赖性**（psychological dependence）两类。躯体依赖性缘于突然停药后的生理性撤药反应，主要以一系列中枢神经系统强烈反应和戒断综合征为特征。精神依赖性没有明显的生理性撤药反应的表现，而是由与药物刺激相关的主观经验所驱动。易引起躯体和精神依赖的药物主要有海洛因、阿片、吗啡、可卡因、可待因、苯丙胺、巴比妥类、苯二氮卓类以及酒精等。也有某些物质偏重精神依赖性，而躯体依赖性较轻，如烟草（尼古丁）和大麻等。

四、药物奖赏效应及其脑机制

虽然各种精神活性物质的药理作用机制有所不同，但大部分能够导致脑内**奖赏系统**（reward system）的多巴胺水平升高，从而使机体产生快感。奖赏系统主要包括边缘系统的一些重要结构，其中最重要的环路是**腹侧被盖区**（ventral tegmental area，VTA）至**伏隔核**（nucleus accumbens，NAc）的多巴胺能通路（图 15－3）。腹侧被盖区内有大量的多巴胺能神经元，其轴突末梢投射至伏隔核内。当腹侧被盖区的多巴胺能神经元兴奋后，多巴胺可经轴突末梢释放至伏隔核内，从而引起欣快的主观感觉。研究表明，欣快感的产生是精神活性物质直接或者间接刺激奖赏系统的多巴胺能神经元导致其释放增加（如吗啡、酒精），或者阻断多巴胺重吸收致使突触间隙的多巴胺水平升高所致（如可卡因、苯丙胺）。伏隔核的多巴胺能神经元活动还受脑内一些其他结构的调节，包括下丘脑核团、杏

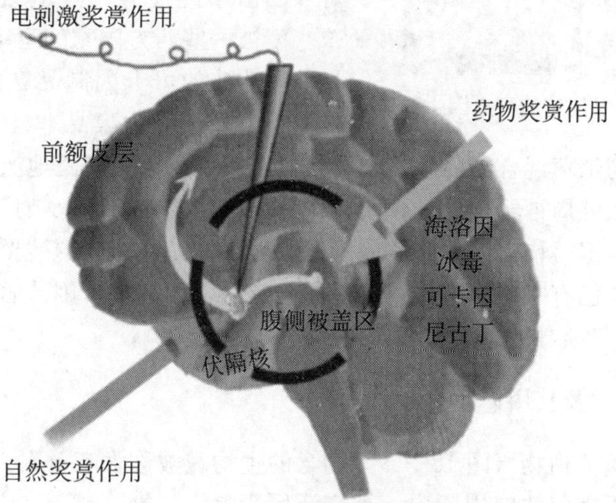

图 15－3　奖赏系统与奖赏效用示意图

仁核和海马等，因而奖赏效应还与摄食、饮水或性活动等本能行为相关，也与情绪记忆等认知活动相关。

第二节　中枢神经兴奋剂

中枢神经兴奋剂的特性是能提高神经元兴奋性。兴奋剂的基本作用机制是使兴奋性递质释放增多、作用时间延长或神经纤维冲动的频率增加。其行为效应依赖于药物作用的脑区，主要表现为欣快感增加、精神兴奋性增强，并伴随心理、行为活动或生理状态的亢奋。常被滥用的兴奋剂主要有可卡因和苯丙胺类药物，也包括尼古丁或咖啡因。此类药物的共性是会使人产生很强的躯体或精神依赖性。

一、常见的兴奋剂类型及其用途

（一）可卡因及其用途

可卡因（cocaine）是南美灌木植物古柯中的生物碱（图15-4）。可卡因在古柯叶中的含量丰富，大约可达到2%。在19世纪中叶，可卡因被成功提取之后曾被广泛用于临床治疗和日常生活，除了用于局部麻醉或止痛之外，还被用于治疗疲劳和性功能减退等病症。后来，许多非处方药和所谓包治百病的“万灵药”中都含有可卡因成分。在可口可乐诞生的最初20年内，可口可乐饮料里也一直含有可卡因。直到1906年美国《纯净食品药品法案》案出台以后，可口可乐公司才用咖啡因替代了可卡因。此外，可卡因由于能使人产生愉悦和精力充沛的感觉，曾一度被一些西方国家的运动员和艺人广泛使用。目前，非法的可卡因制品在欧美等国家和地区仍然流行。除了作为毒品非法销售以外，某些不法商人还把古柯浆与烟草混合制成香烟，导致可卡因制品被更广泛地滥用。

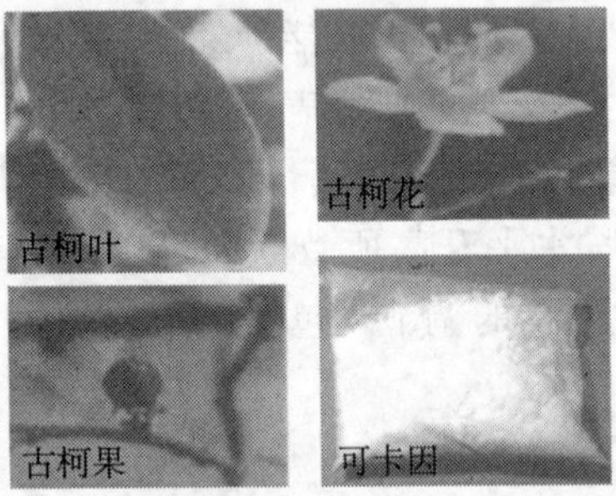

图15-4　古柯植物及提炼的可卡因生物碱

可卡因有阻断外周神经传导的作用，作为局麻药曾在临床上被广泛使用。但它半衰期很短，局麻效应消退得快，因而临床应用范围受限。另外，体内残留的可卡因存在使患者成瘾的风险。现在已有一些可替代可卡因的合成品，如利多卡因或普鲁卡因等，它们具有作用时间长和不产生欣快感等优点。

（二）苯丙胺类及其用途

麻黄属于麻黄科植物（图15-5），内含的生物碱被称为麻黄素。作为传统中药材，麻黄在我国已有四千多年的应用历史，被广泛用于治疗风寒、感冒、咳嗽以及哮喘等疾病。麻黄素具有强烈兴奋中枢神经的作用。20世纪早期，科学家人工合成了一种结构与麻黄素类似的化学物质，并将其命名为**苯丙胺**（amphetamine）或称安非他明。适量服用苯丙胺可消除疲劳，使人精神振奋、反应迅速或活力增强，同时还伴有欣快感。但过量或反复用药，可导致精神抑郁、烦躁、心悸、神志模糊或谵妄等不良反应。长期滥用还可产生耐受性和依赖性。

麻黄素是制造甲基苯丙胺的前体。甲基苯丙胺为纯白色晶体，因其外观似冰，俗称“冰毒”，也被称为去氧麻黄素（图 15－6）。冰毒最早由日本人合成，小剂量服用就有抗疲劳或短暂的兴奋作用。第二次世界大战时，日本人为提高作战能力给士兵服用冰毒。20 世纪 50 年代时，去氧麻黄素在我国被称为“抗疲劳素片”，临床使用后许多地区发生滥用并出现成瘾人群。60 年代以后，去氧麻黄素的生产、销售及使用在国内被禁止。

图 15－5　麻黄

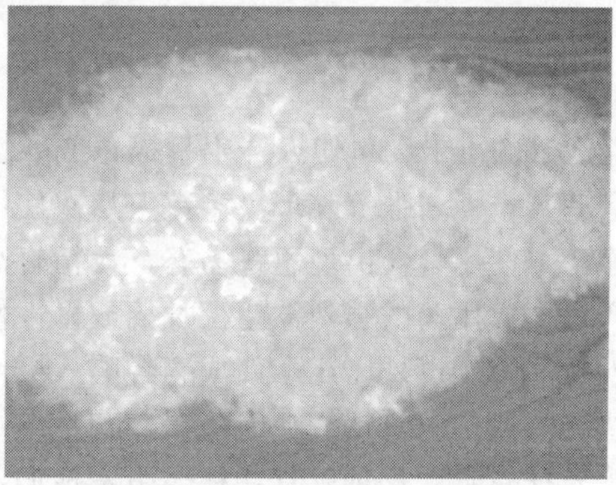

图 15－6　甲基苯丙胺（冰毒）

冰毒和“摇头丸”是苯丙胺类兴奋剂的典型代表。摇头丸的成分主要是亚甲基二氧基甲基苯丙胺类混合物，如 MDA（3,4-亚甲基二氧基苯丙胺）与 MMDA（3-甲氧基-4,5-亚甲基二氧基苯丙胺）或 MDMA（3,4-亚甲基二氧基甲基苯丙胺）等混合物。MDA 在 1910 年被首次合成，之后被证明有镇咳、镇静和减肥作用。20 世纪 60 年代末，MDA 在美国的滥用非常普遍，并作为娱乐消遣的药物被广泛使用。MDMA 与 MDA 结构相似，1912 年由德国默克公司作为食欲抑制型药物研制开发，但从未正式进入过药物市场。直到 20 世纪 70 年代初，少数人开始尝试将此药用于临床，来治疗抑郁症、发作性睡病或其他类型的精神疾病。该药因有欣快和致幻作用，故很快成了滥用者喜爱的药物。

苯丙胺及与其化学结构和药理作用类似的衍生物被统称为**苯丙胺类兴奋剂**（amphetamine-type stimulants，ATS），该类化合物属于联合国《精神药物公约》管制的药物。根据苯丙胺类药理作用的差异，可将其分为兴奋型、致幻型、食欲抑制型以及混合型等四类。兴奋型的作用以兴奋中枢神经系统为主，代表药物有苯丙胺、冰毒、卡西酮和哌甲酯等；致幻型的代表药物有 DOM（二甲氧甲苯丙胺）、DOB（溴基二甲氧苯丙胺）和麦司卡林等；食欲抑制型的代表药物有苯甲吗啉、苯二甲吗啉、二乙胺苯丙酮及芬氟拉明等；混合型兼具兴奋和致幻作用，代表药物主要有 MDMA 和 MDEA（甲基二乙醇胺）等。

（三）咖啡因及其用途

咖啡因（caffeine）是咖啡、可可以及茶等植物中的生物碱，也是全世界使用最广泛的提神剂。咖啡因是一种含氮的生物碱，由伦格（Friedlieb Ferdinand Runge，1794—1867）于 1820 年首次从植物中提取，属于三甲基黄嘌呤家族。该家族其余成员如可可碱（theobromine）和茶碱（theophylline）也都有精神兴奋作用。咖啡所含的黄嘌呤成分是咖啡因，茶叶的黄嘌呤成分为茶碱，而巧克力的黄嘌呤成分主要为可可碱。在兴奋效应上，茶碱和咖啡因基本相当，而可可碱仅为它们的十分之一。咖啡、巧克力和茶叶等食品中均含有咖啡因，某些药品或软饮料中也有咖啡因。咖啡因跟人类的生活息息相关，因此，了解它的作用及其对人类行为的影响具有现实意义。

二、兴奋剂与行为效应

（一）可卡因的行为效应

一定剂量的可卡因可使人产生幸福感或欣快感等主观体验，并伴随精力充沛、性欲提高或运动兴奋性增强等表现。多数人初次使用时会出现恐慌或不适等感觉。若长期使用后再停药，使用者会出现急躁易怒、无精打采或情绪沮丧等撤药反应，这种反应可驱动他们产生再次用药的强烈欲望。长期或慢性使用可卡因，除了会导致食欲下降、性欲减退和性功能降低以外，还会使成瘾者陷入极度疲乏、沮丧和焦虑的情绪状态，而且常伴随偏执妄想或幻觉等认知功能障碍。若不继续用药，成瘾者常会出现浑身疼痛或“蚁走感”等异样感觉，这种感觉往往会引发他们不自主的自戕行为。这类精神紊乱的症状被称为**可卡因性精神紊乱**（cocaine psychosis）。为了研究可卡因的效应或作用机制，研究者常常会用动物模型来模拟人类的用药反应或行为，例如，用动物的活动量来判断药物剂量与兴奋性效应的关系，或者用自我给药的压杆频率来判断成瘾动物用药欲望的强弱等。

（二）苯丙胺类的行为效应

苯丙胺类兴奋剂（ATS）具有强而广泛的中枢兴奋作用，可表现为认知、情绪或运动等多方面的异常。少量服用会使人情绪激动、运动兴奋性增强、感知觉敏锐、与人交流的欲望强烈，并伴有欣快感和性欲增强。大量使用可使人进入高度亢奋状态，表现为坐立不安、食欲和睡眠要求降低，出现幻觉、妄想和暴力倾向。ATS 还可以引起外周神经系统递质的释放，使自主神经系统广泛兴奋，表现为心率增快、血压升高、大量出汗、震颤、瞳孔扩大和牙关紧闭等症状。若使用过量，可出现烦躁、易激惹、幻觉或惊恐等精神症状，还会伴随头痛、头昏、震颤、面色苍白或潮红、心律不齐或心绞痛等躯体症状或体征，甚至出现惊厥、脑出血和昏迷致死。长期服用该类药物会导致慢性中毒反应，出现偏执、妄想以及记忆或其他认知功能障碍，临床表现与偏执型精神分裂症相似。

（三）咖啡因的精神兴奋效应

小剂量咖啡因能消除疲劳、提高注意力、加快思维反应或振奋精神。但是，大剂量摄入会刺激延脑的呼吸和血管控制中枢，使呼吸加深加快或心血管系统过度紧张，可以导致失眠、焦虑、头痛或情绪不安等。对正常成年人来说，每天摄入 100～300mg 的咖啡因足以提神，而且无明显的不良反应。青少年对咖啡因的作用较敏感，容易出现过度兴奋而难以入睡或注意力分散等行为表现。也有些实验结果表明，适量的咖啡因对青少年过高的精神运动性兴奋有降低作用。此外，还有研究表明，咖啡因不能降低血液中的酒精浓度，但可以让饮酒者维持头脑的清醒和警觉。咖啡因也有一定的躯体和精神依赖效应。在国内一些地区仍然存在咖啡因滥用现象，例如服用咖啡因或与烟草混合吸食。咖啡因在我国仍然属于严格限制使用的药物。

三、兴奋剂的中枢作用机制

（一）可卡因与儿茶酚胺类转运体

可卡因能抑制儿茶酚胺类转运体的作用，使脑内一些儿茶酚胺类递质的重吸收或转运受限，导致这类递质在突触间隙的含量增加，从而维持这些递质在突触后膜的持续效应。这些儿茶酚胺类递质主要包括多巴胺、5-羟色胺和去甲肾上腺素等，它们在脑内分布较广泛，与可卡因的相互作用机制也较为复杂。迄今为止，在脑内还没有发现与可卡因类似的内源性物质，对可卡因抑制递质重吸收或转运的机制的了解也仍然有限。

目前，对可卡因作用机制的研究结果主要来自对中脑边缘多巴胺能通路的研究。多巴胺能神经元轴突内有一种跨膜转运蛋白（DAT），它负责将突触间隙内的多巴胺重新吸收并运回多巴胺能神经元。在正常情况下，DAT 既可以终止多巴胺所介导的反应，也能使多巴胺得到重新利用。可卡因的作用机制是抑制 DAT 的活性，导致突触间隙多巴胺的聚集，并使高浓度的多巴胺持续作用于突触后膜上的受体，因而使人产生比通常情况下更强烈的欣快感。

然而，也有一些新证据表明，多巴胺重吸收抑制剂并不能使实验动物产生类似可卡因作用的行为效应，而且这些抑制剂对可卡因依赖患者也没有治疗作用。除了可卡因对某种递质的特殊作用以外，脑内多种递质的相互制约对可卡因作用的影响也有待于深入探讨，其中包括多巴胺、谷氨酸、γ-氨基丁酸和 5-羟色胺等递质系统之间的相互作用。

（二）苯丙胺类的拟递质竞争作用

ATS 与儿茶酚胺类递质在分子结构上极其相似，因而它们能在儿茶酚胺存在的中枢或外周神经系统的多部位产生效应。ATS 的药理作用主要体现在对儿茶酚胺类递质在突触前膜的竞争机制上。这种竞争性表现在两个方面：一是 ATS 分子从突触前膜进入递质囊泡，因而导致更多的儿茶酚胺类递质被泄漏；二是 ATS 分子可以阻碍儿茶酚胺类递质在突触前膜被重吸收。这两种作用都可以使突触间隙儿茶酚胺类递质浓度增高，并延长突触后神经元持续增强的兴奋效应。

影响儿茶酚胺类递质的活动是 ATS 作用的主要机制，所致的行为变化取决于这些递质的受体或突触分布的部位及其功能。例如，在中脑边缘区域，ATS 可促进多巴胺和去甲肾上腺素的释放，从而引起过度的欣快感；有些 ATS 如苯二甲吗啉等，除了能兴奋其他区域以外，还能抑制下丘脑摄食中枢，从而引起食欲减退；在外周神经系统，ATS 会促进去甲肾上腺素释放产生拟交感作用，从而引起交感神经兴奋，表现为心率加快、血压升高、大量出汗、震颤、瞳孔扩大和牙关紧闭等体征。

ATS 对中枢神经系统的作用极其广泛。除了奖赏系统和下丘脑摄食中枢以外，它们还能兴奋延髓呼吸中枢、网状结构和大脑皮层等部位。此外，某些致幻性 ATS，如 MDA，不但能促进去甲肾上腺素和多巴胺的释放，还能刺激大脑皮层和网状结构等广泛区域内 5-羟色胺的过度释放，从而导致幻觉的发生。然而，有研究称某些 ATS 也可以引起乙酰胆碱的释放增多，例如，MDMA 所致的精神运动性兴奋与前额叶或纹状体内乙酰胆碱的释放增加呈正相关。ATS 所表现出来的复杂效应可能是多种递质系统相互作用的综合结果。

（三）咖啡因的多重作用

咖啡因、可可碱和茶碱都属于甲基黄嘌呤类生物碱，具有多方面的生理和药理作用。除了松弛平滑肌、刺激心肌和利尿效应以外，它们对神经系统的兴奋作用尤为重要。甲基黄嘌呤碱的主要作用机制是阻断腺苷的 A_1、A_2 型受体，进而发挥广泛的生理或药理效应。腺苷是细胞内存在的一种活跃的生物分子，目前已知的腺苷受体有 A_1、A_2、A_3 和 A_4 等四种类型，A_2 型受体又可分为 A_{2A}、A_{2B} 两个亚型。这些受体广泛分布于神经系统和其他组织。

在脑内，A_1、A_{2B} 的分布十分广泛，而 A_{2A} 主要分布于多巴胺丰富的区域。在正常状态下，腺苷在脑内以调质的角色存在，维持离子通道的平衡，调节神经递质的释放，尤其是氨基酸类兴奋性递质的释放等。A_1 腺苷受体与 G 蛋白偶联可控制腺苷酸环化酶、钠、钾或钙离子通道活动，A_{2A} 和 A_{2B} 受体通过与 Gs 蛋白偶联可增加 cAMP 含量，从而保持神经细胞活动的平衡和稳定。咖啡因、茶碱等甲基黄嘌呤碱是腺苷受体的拮抗剂，因而能打破这种平衡和稳定，引起神经细胞产生兴奋性效应。有研究表明，咖啡因还具有拮抗 γ-氨基丁酸受体的作用。此外，咖啡因还可以促进肌浆网释放钙离子或抑制磷酸二酯酶活性，从而使肌肉或其他组织的兴奋性增强。因此，国际奥委会规定运动员的尿液中咖啡因浓度不能超过 12mg/L。

新型毒品改变大脑皮层可塑性的机制

第三节　中枢神经抑制剂

中枢神经抑制剂主要包括麻醉镇痛剂和镇静安眠剂两类。被滥用的麻醉镇痛剂主要有阿片和海洛因，还包括常用于临床治疗的吗啡、可待因和美沙酮等药物。此类药物属于阿片类物质，可通过广泛分布的阿片受体发挥作用。由于受体在脑内既存在于兴奋性神经元，也存在于抑制性神经元，因而其作用机制较为广泛和复杂，药物效应取决于作用部位和药物剂量。镇静安眠剂的临床使用较广泛，包括手术麻醉、镇痛和治疗失眠和焦虑症等。常用的药物有巴比妥类和苯二氮卓类等，它们主要通过调控抑制性递质 γ-氨基丁酸及其受体通道活动来抑制神经元兴奋，药物所致的行为效应与作用部位和药物剂量也有密切关系。经常使用此类药物会导致思维反应迟钝、情感淡漠和其他行为障碍，也会导致严重的药物依赖性。

一、常见的抑制剂类型及其用途

（一）阿片类及其用途

罂粟（papaver somniferum）属罂粟科二年生草本植物，原产于地中海东部。人类在六千多年前就认识了这种“快乐的植物”。远在石器时代晚期，人们已经知道用阿片（opium）来安眠、止痛或安神。阿片来自罂粟果内的乳浆，阴干后为棕黑色的胶状物。粗制的阿片膏含有吗啡和可待因等多种成分（图 15－7）。在阿片粗制品中，吗啡（morphine）成分大约占 10%，可待因（codeine）含量占 0.3%～1.9%，此外罂粟碱约占 0.8%。1803 年，吗啡由德国人瑟图纳（Friedrich Sertürner，1783—1841）从罂粟果浆中分离并命名。吗啡的镇痛作用效果独特，但有成瘾和抑制呼吸等不良反应。可待因与吗啡的结构相似，也有微弱的镇痛和镇静作用，临床上常用来止咳。

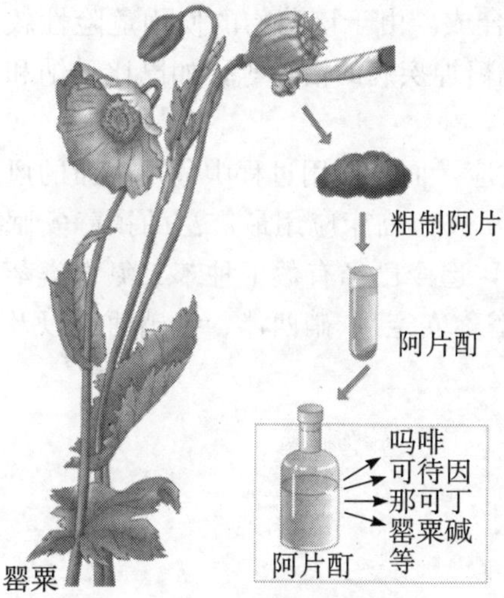

图 15－7　罂粟及其制品

后来的研究发现，动物体内存在一些天然的阿片样活性物，被称为内源性阿片肽（endogenous opioid peptide）。一些具有吗啡样活性作用的甲啡肽（ME）、亮啡肽（LE）等被合称为脑啡肽（enkephalin）；另一些内源性阿片样肽，如 β-内啡肽（β-EP）、强啡肽和内吗啡肽等，被称为内啡肽（endorphin）。这些内源性阿片肽在脑内和其他组织分布广泛，起着神经递质或激素样作用。除了镇痛作用以外，它们还有类似阿片生物碱的广泛作用，如可影响情绪、记忆、运动以及其他生理效应。为避免吗啡的成瘾性和其他不良反应，化学家已合成了无数类似的化合物，尝试着将镇痛与欣快效应分离，其中一些具有吗啡样镇痛作用，如哌替啶（meperidine）、芬太尼（fentanyl）和丁丙诺啡（buprenorphine）等，但仍然没有克服成瘾性问题。也有一些化合物最终成为吗啡受体的拮抗剂，如纳洛酮（naloxone）和纳曲酮（naltrexone）等。

阿片类麻醉镇痛剂是指能够产生类似吗啡效应的天然药物或合成制品，一般可分为三大类：一是纯天然的阿片生物碱，如吗啡和可待因等；二是通过改造吗啡的化学结构而得到的一种半合成衍生物，如海洛因（heroin，二醋吗啡）和埃托啡（etorphine）等；三是合成化合物，如哌替啶、芬太尼和丁丙诺啡等。近现代以来，人工合成了多种吗啡样作用的药物，试图使它们既具有临床治疗用途，又能够避免该类药物带来的负面效应，然而，绝大多数尚未获得成功。

（二）镇静安眠剂及其用途

镇静安眠类药物属于中枢神经系统抑制剂的范畴。镇静药能抑制中枢神经，从而产生镇静或麻醉作用；安眠药能抑制大脑皮层活动，诱导类似睡眠状态的出现。因此，通常将这两类药物统称为镇静安眠剂。这两类药物的作用难以严格区分，使用较小的剂量时能产生镇静或安眠作用，而大剂量能导致麻醉、昏迷甚至死亡。镇静安眠剂的典型代表药物包括**巴比妥类**（barbiturate）和**苯二氮卓类**（benzodiazepines，BZ）。

巴比妥类是巴比妥酸（barbituric acid）的衍生物。巴比妥（5,5-二乙基巴比妥酸）由康拉德（M. Conrad）等人于1882年首次合成。1903年费舍尔（Hermann Emil Fischer，1852—1919）等人首先发现巴比妥有催眠效应，并将它作为治疗失眠的药物或手术麻醉剂应用于临床。此后，一系列巴比妥酸的衍生物被陆续合成。由于该药物的使用危险性较高，至今只有为数不多的此类麻醉剂被用于临床手术或精神疾病的治疗等，如巴比妥钠和苯巴比妥等。

苯二氮卓类药物具有良好的镇静、安眠和抗焦虑效应，而且使用过程中危及生命的风险较小。因此，苯二氮卓类已经逐渐取代了巴比妥类，成为临床应用最广泛的镇静安眠剂。国内从1960年首次引进苯二氮卓类药物氯氮以来，迄今已经有数十种苯二氮卓类药物被应用于临床。其中临床使用最广泛的有地西泮（俗称安定）、硝西泮、氯硝西泮以及艾司唑仑等等。

二、抑制剂与行为效应

（一）阿片类药物的行为效应

阿片类药物都具有不同程度的镇静作用，可产生镇痛、安眠、思维反应下降和精神恍惚等效应。大多数阿片类药物还能带来快乐、安宁和满足感，有时能让人进入愉悦的梦幻状态。一些初次用药者也会出现烦躁、恐惧或冷漠等精神反应，或者头晕、恶心和呕吐等生理反应，重复给药则会引起欣快感。这种欣快感足以诱使用药者产生再次用药的强烈渴求状态。但是，阿片类药物的耐受性会使欣快感逐渐减弱，因此，为了保持欣快状态或防止撤药反应，用药者会不断地加大剂量或无节制地用药，最终导致严重的成瘾或中毒反应。

阿片类药物使人产生的药物依赖主要体现在停药后的戒断症状上。在精神症状上，主要表现为精神不安、运动增加、情绪烦躁或焦虑、感觉功能异常或性功能亢进等，例如失眠、坐卧不宁、全身酸痛、男性自发性射精或女性情欲亢奋等。在生理症状上，主要表现为自主神经系统机能亢进，如大汗淋漓、流涕流泪、体毛竖起、血压上升、心率或脉搏加快等等。这些主要的戒断症状在强制停药后可持续1周左右，但精神依赖性可维持数年或数十年。药物的躯体依赖性或精神依赖性的强弱取决于不同药物的药理特征，例如在天然或合成阿片制品中，精神依赖性最强的是海洛因，吗啡次之，哌替啶较弱，可待因最弱。同时，药物效应也受用药者的生理或心理状态、用药环境或个体遗传差异的影响。

（二）镇静安眠剂的行为效应

所有的镇静安眠剂都能抑制中枢神经系统活动，产生镇静或安眠效果，从而导致用药时或用药后多种行为的改变。但是，行为效应取决于脑内神经元兴奋和抑制之间的动态平衡。若某些抑制性突触被抑制，机体会表现出一些兴奋行为；若兴奋性突触被抑制，机体则进入睡眠状态。小剂量镇静安眠剂可镇静安神、缓解焦虑，中等剂量可致睡眠，大剂量或麻醉剂量则可导致昏迷甚至死亡。

巴比妥类和苯二氮卓类药物作用于中枢神经系统的不同部位，因而可产生不同效应。例如，抑制大脑皮层兴奋性会影响思维或感知觉活动，抑制边缘系统或记忆环路可引起近期记忆或定向障碍，抑制神经-肌接头会影响肌肉运动功能。巴比妥类或苯二氮卓类药物对行为的影响可表现为双向效应，例如，在西方，此类药物被一些人用来缓解性交时的紧张和焦虑情绪，但同时也能抑制中枢某些部位，从而使阴茎勃起能力减弱。

巴比妥类药物的中枢抑制作用较强，常被用于手术麻醉、治疗癫痫发作或精神妄想。小剂量用药可抑制中枢抑制性突触，从而产生轻度的欣快感；大剂量可导致运动协调能力丧失，或出现类似酒精引起的酩酊醉态。苯二氮卓类药物由于对中枢抑制作用稍弱，常被广泛用于抗焦虑、镇静、安眠和抗惊厥等。联合使用不同的镇静安眠剂，其抑制效应可以彼此增强，比单独用药的总效应大。此类药物还会使人产生停药反应和依赖性，长期服药后突然停药会使人情绪抑郁，或过度兴奋导致的躁狂或惊厥，也可使人形成依赖或产生戒断症状。

三、抑制剂的中枢作用机制

（一）阿片受体作用的多样性

阿片受体（opiate receptor）是神经系统内最复杂的受体之一，已知的受体类型有 μ、δ、σ、θ 和 κ 等五类。其中 μ、δ 和 κ 还有不同的亚型存在，μ 可分为 μ_1、μ_2 亚型，δ 可分为 δ_1、δ_2 亚型，κ 可分为 κ_1、κ_2、κ_3 亚型等。在大脑皮层、中脑边缘区域以及网状结构等区域，μ、δ 和 κ 等受体都有较高的分布密度，其中 μ 受体在脑内的分布最广。从分布密度的特点来看，μ 受体在丘脑和下丘脑内分布密度最高；在纹状体中，δ 受体的分布密度高于 μ 受体；而在大脑皮层、海马和小脑内，κ 受体的分布密度均高于 μ 受体。目前已经知道，μ_1 受体与镇痛的关系密切，μ_2 受体镇痛作用较弱；许多低等动物神经系统内仅有 κ 受体，如蟾蜍等，因而 κ 受体较为古老，在人体中可能与特殊的内脏疼痛有关；σ 受体可能与疼痛导致的心理行为改变或戒断症状有关。

迄今为止，对阿片受体的复杂功能的了解仍然有限。除了对它们的分布和基本生理功能知道得比较清楚以外，科学家也逐渐开始了解其更复杂的感知觉、情绪或认知功能。阿片受体广泛分布在与痛觉、情绪、快感或其他一些行为相关的中枢区域，阿片类药物可与不同部位的阿片受体结合，产生不同的药理效应。例如，分布在中缝核、导水管周围灰质和脊髓的受体与镇痛有关；杏仁核和蓝斑核中的受体与情绪记忆有关；海马、下丘脑、腹侧被盖区-伏隔核等边缘系统的受体与奖赏快感或记忆有关；而纹状体、孤束核、上丘和顶盖核的受体分别与运动、镇静、镇咳和抑制胃液分泌等有关。

对阿片类药物依赖的形成与多巴胺的奖赏或强化效应有关。此类药物主要通过两条途径来调控伏隔核内的多巴胺水平：（1）直接兴奋腹侧被盖区内多巴胺能神经元上的阿片受体，使多巴胺能神经元至伏隔核通路更多释放多巴胺，产生奖赏或强化效应；（2）与腹侧被盖区内γ-氨基丁酸能神经元上的阿片受体结合，通过解除γ-氨基丁酸能神经元对腹侧被盖区内多巴胺能神经元的抑制，从而增加腹侧被盖区-伏隔核的多巴胺释放。阿片类药物在中枢的作用存在剂量依赖性，小剂量用药会导致腹侧被盖区的多巴胺能神经元兴奋性增加和多巴胺释放量的增多；大剂量则会使脑内大量存在的γ-氨基丁酸能神经元兴奋，抑制其他神经元的兴奋性，从而产生中枢的麻醉效应。

（二）镇静安眠剂与γ-氨基丁酸能系统

镇静安眠剂通过网状结构上行激活系统和丘脑弥散性投射广泛抑制脑的活动。它们既可以作用于兴奋性突触，也作用于抑制性突触，对多突触神经传导通路尤其敏感。对行为的最终效应取决于药物剂量或脑内兴奋性突触与抑制性突触之间的平衡性。

巴比妥类药物可以减少中枢神经递质的释放，抑制多突触的传递效应尤其明显。巴比妥类药物还可以模拟γ-氨基丁酸的作用，使γ-氨基丁酸A型受体通道开放引起神经元抑制效应加强。同时，它们还可以降低γ-氨基丁酸从受体解离的速率，从而延长由γ-氨基丁酸所激活的氯离子通道开放的时间，导致突触后膜的超极化。巴比妥类药物还可以通过γ-氨基丁酸A型受体通道的门控机制来增强抑制性γ-氨基丁酸能神经元兴奋，导致其对其他神经元侧枝的控制加强，从而使其他神经元释放的兴奋性递质减少。

苯二氮卓类受体是苯二氮卓类的特异性结合位点，于1977年几乎同时被瑞士和丹麦学者发现。苯二氮卓类受体位于突触后膜，与γ-氨基丁酸受体毗邻。苯二氮卓类受体内含γ-氨基丁酸调控蛋白（GABA-modulin），苯二氮卓类与之结合后能阻止γ-氨基丁酸递质与γ-氨基丁酸受体的结合。常用的苯二氮卓类药物属于苯二氮卓类受体的激动剂，它们可以增加γ-氨基丁酸A型受体通道的开放时间，由此产生一系列神经抑制效应。苯二氮卓类受体在脑内分布广泛，边缘系统中的受体与抗焦虑或遗忘作用有关，大脑皮层中的受体与抗惊厥作用有关，而位于脊髓的受体则与肌肉松弛有关。外周组织也分布有苯二氮卓类受体，但其作用还不十分清楚。到目前为止，在人体内尚未发现苯二氮卓类受体的天然配体存在。

第四节　致幻剂

致幻剂主要来源于黑麦、大麻、仙人掌和菌类等植物，其中不同类型的生物碱有干扰离子通道活动或递质释放的作用，使人产生幻觉、思维异常或行为失控等症状。此类药物主要包括麦角酸二乙基酰胺（LSD）和四氢大麻酚等。由于不良反应明显，它们在临床治疗中被有限制地使用。但作为毒品，大麻制品已在全世界被广泛滥用。

一、常见的致幻剂类型及其用途

（一）LSD及其用途

黑麦是一种农作物，广泛分布于欧亚大陆，在我国东北和西北也有栽种（图15-8）。

黑麦的根部能滋生一种被称为麦角菌（claviceps purpurea）的麦角属菌类，其中含有麦角胺和麦角新碱等有毒成分。1943 年，瑞士化学家霍夫曼（Albert Hofmann，1906—2008）用麦角成分首次合成了**麦角酸二乙基酰胺**（lysergids，LSD）液体。在使 LSD 纯化和结晶的过程中，霍夫曼的工作偶然被持续约 2 小时的富于想象的感觉所中断。为了搞清楚引起异样感觉的原因，他慎服了少量 LSD，服药之后他体验到了异样的色彩、图形和物体移动等强烈的幻视。LSD 的致幻作用也因此被发现。

图 15-8　黑麦的原生植物黑麦草

LSD 具有极高的药理活性，小剂量服用就能使人产生精神效应，它也是迄今为止所发现的量效比最高的致幻剂。LSD 易被人体吸收，人服用后 30 分钟左右就会出现心跳加速、血压升高和瞳孔放大等反应，对声音、颜色、气味等感觉刺激的敏感性极度增强，判断力和自控能力也会下降或消失，服用后 2～3 小时左右就会产生视、听等各种幻觉。当药效消失之后，服用者往往会感到严重的情绪忧郁。一些人停药后还会重现幻觉，对此现象的恐惧有时会导致自杀行为。长期或大量服用 LSD 有严重的毒性副作用，例如，导致严重精神病或致死等。虽然尚未发现 LSD 会使人产生生理依赖性，但也有较强的滥用倾向，属于国际公约管制的精神类药品。

LSD 曾作为镇痛药被用于对吗啡无反应的癌症晚期患者。但是，LSD 并非真正意义上的止痛药，大量病历显示 LSD 的迷幻效应能减轻身体对疼痛的感受。LSD 的药理效应与镇静药截然相反，常作为心理治疗的辅助药物，镇静药倾向于淡化病人的心理冲突，而 LSD 则使问题或冲突被更强烈地体验。这种对冲突的体验使病人更易于接受心理治疗的引导。LSD 还可作为辅助药治疗酒精中毒、药物依赖、性障碍、病态人格或孤独症等。

（二）大麻及其用途

大麻属于大麻科，是一年生草本植物，叶呈掌状分裂，雌雄异株，杆茎可制纤维，籽可榨油（图 15-9）。大麻起源于中国，早在 3 500 年前我国就有种植大麻的记载。现在，大麻种植遍及全球，主要分为不同用途的两类亚种：一类是栽于温带的原亚种，以获得纤维为目的；另一类是栽于亚热带的多样化亚种，多以提取麻醉剂或刺激剂为目的。矮小、多分枝的印度大麻是毒品的主要来源。

图 15-9　大麻

大麻的化学成分十分复杂，约含 60 多种生物碱，统称为大麻碱。其中，**四氢大麻酚**（tetrahydrocannabinol，THC）含量最高。THC 是引起成瘾的主要成分，具有强烈的致幻作用和轻度的致愉悦效应。大麻与罂粟等植物一样，也有一定的药用价值。自古以来，大麻的叶、花、皮、根或籽在中医里均可入药。古埃及人也用大麻治疗腹痛。17世纪时，英国的《药用植物》一书也提及大麻根煎剂可治疗急性腹痛、肿瘤疼痛或关节痛。随着科学研究和临床实践的进展，已有不少研究结果表明，THC对疼痛、青光眼、哮喘、癌症、癫痫以及半身不遂等病症都具有疗效。但是，由于THC等成分使众多的吸食者产生依赖性，大麻制品最终也被列入联合国麻醉品严格管制药品名单。

二、LSD、THC对行为的影响

（一）LSD对行为的影响

LSD可以使用药者的感知觉、认知、情绪或运动等方面发生明显的变化。用药约30分钟后，用药者瞳孔明显扩大，视敏度明显增强，会感到周围物体的颜色鲜艳，轮廓外形夸张，距离拉长或缩短，明暗对比或立体感增强，活动物体拖着"影子"，光滑的地面波动起伏。听觉、嗅觉和触觉敏感性也明显提高，甚至还会出现感觉之间相互影响的联觉反应，比如，听到的声音能与某种颜色相融合等。用药者的情绪变化也十分不稳定，主要表现为欣快感、极度安静或喧闹不止。有时会自觉活力增强，感到有一种近于狂妄的自信力。在精神运动性方面，会表现出反射亢进、震颤，甚至会出现共济失调或痉挛性瘫痪等现象。

（二）THC对行为的影响

THC会使人的意识状态发生改变，产生时间和空间错觉，对一般的感觉体验也会变得异常强烈。与此同时，用药者的情绪上会有轻度欣快或松弛感。长期使用会导致联想力和记忆力受损，运动反应时间会明显减慢，运动技巧也会受到破坏。初次吸食大麻的人，会产生精神和情感上的不良反应，如出现焦虑、恐慌或不愉快等情绪。一些过量吸食大麻者还会出现谵妄或幻觉等认知障碍。大剂量使用者的感觉和运动协调性下降，注意力分散，信号察觉能力减弱，运动反应时间变长。例如，饮酒者驾车速度快，自控能力差；而吸大麻者驾车速度慢，反应比较迟钝。临床资料还表明，长期大量使用大麻会影响青春期脑发育，导致青少年动机缺乏综合征。长期摄入大麻会使人出现一定的耐受性或依赖性，突然停吸后的表现类似于酒精依赖的戒断症状。

三、致幻剂的中枢作用机制

（一）LSD与5-羟色胺阻断

5-羟色胺能神经元的胞体集中于中脑到延髓的中缝核群，其上行投射与脑内其他功能区联系广泛，涉及对痛觉、睡眠、情绪、精神以及本能行为等多种功能的控制。在这些区域，其受体分布广泛。5-羟色胺2A受体是5-羟色胺2受体的一种亚型，与LSD、麦司卡林（mescaline）及赛洛西宾（psilocybin）等迷幻药的致幻作用有关。LSD是5-羟色胺2A受体的强阻断剂，因而可以产生强烈的致幻作用。实验证实，从静脉注入的放射性标记的LSD会迅速消失，并很快经血流到达到机体各部位。与其他器官相比，LSD在脑部的含量最低，主要集中于中脑区域。动物实验也证实，如果阻断脑内5-羟色胺2A受体的功能，LSD所诱导的电生理或细胞内部的信号反应将会弱化，其所致的迷幻反应也会消失。有很多实验研究表明，多数受多巴胺控制的脑区都能被LSD激活。也有报告称LSD也可以兴奋中脑交感神经中枢。对LSD引起精神效应的机制的研究仍然在继续深入。

（二）THC与大麻素受体

动物体内存在CB_1和CB_2两种不同类型的大麻素受体。CB_1主要分布于中枢神经系统，包括大脑、小脑和脊髓，而CB_2主要分布在免疫系统。通过作用于中枢神经系统的CB_1受体，THC可以对疼痛缓解、情绪活动、运动控制、学习记忆或认知整合等多种功能活动产生影响。而通过作用于CB_2受体，THC可以影响免疫系统的功能活动。近年来的研究还发现，人体也能分泌一些化学结构与大麻素类似的内源性物质，被称为“内源性大麻素”。内源性大麻素可以作用于CB_1或CB_2受体，通过调节神经元的信号转导和递质释放来影响神经系统活动。内源性大麻素及其受体的发现为大麻素的药用研究奠定了基础。

第五节　其他常见的精神活性药物

一、尼古丁

烟草（tobacco；图15-10）中含有一种叫烟碱的化学成分，这种成分又被称为**尼古丁**（nicotine）。尼古丁于1828年被首次分离，呈无色而易挥发的液态状，具有极强的毒性和成瘾性，属于天然兴奋剂。烟草是人类使用非常普遍的精神活性药物，全世界吸烟者总数仅次于饮用咖啡者。

图15-10　烟草

（一）尼古丁对行为的影响和依赖效应

实验表明，猴子被注射尼古丁后工作效率极高，能快速地完成指定的任务。尼古丁对人的作用较为复杂，其影响取决于剂量、身体状况以及所处环境等多种因素。例如，少量吸烟有助于保持注意力；而大剂量尼古丁可引发毒性反应，表现为头晕、恶心、呕吐、震颤或惊厥等。尼古丁是天然兴奋剂，长期使用会导致成瘾。对多数吸烟者来说，戒烟后会出现焦虑、头痛、失眠和消化不良等躯体戒断症状。这些症状可维持数星期，而且大多数戒烟者此后仍然有渴望再吸的强烈愿望。有调查显示，在美国的戒烟人群中，年复吸率约为80%。尼古丁增强脑内多巴胺能系统活动是吸烟者成瘾的生物学基础。有实验证实，长期吸烟会使降解多巴胺的单胺氧化酶含量显著减少，使脑内多巴胺的降解速度变缓，导致多巴胺含量和奖赏效应维持在较高的水平，从而会进一步强化尼古丁依赖行为。

（二）尼古丁的中枢作用机制

尼古丁的化学结构与乙酰胆碱非常相似，因而可以模拟乙酰胆碱的作用。乙酰胆碱有起烟碱样（N型）和毒蕈碱样（M型）作用的两大类型受体，它们广泛分布于中枢和外周神经系统。N型受体支配钠离子和钙离子的配体门控通道，激活N型受体可使钠离子和钙离子的通透性增加，导致细胞膜去极化和兴奋；而M型受体起细胞内外跨膜传递信号的作用，与细胞的兴奋或抑制作用无关。尼古丁能够结合脑内N型受体，发挥中枢兴奋剂的作用。有研究表明，尼古丁可通过作用于中脑边缘区域的N型受体，影响腹侧被盖区-伏隔核通路的多巴胺释放，从而使人产生与服用其他兴奋剂类似的精神兴奋和欣快感。也有研究表明，适量的尼古丁刺激可以增强短时记忆，保持头脑清醒，并提高工作效率。尼古丁的提神作用可能与注意、觉醒以及运动控制脑区的激活程度有关。在外周，N型受体主要分布在神经节或神经-肌接头内，控制交感、副交感神经以及肌肉活动的兴奋性。尼古丁会兴奋这些N型受体，引起心率、血压、肾上腺素分泌以及内脏或肌肉活动等方面的变化。

二、合成的类固醇兴奋剂

类固醇（steroid）是环戊烷多氢菲类化合物的总称，属甾醇类家族，在自然界中广泛分布于植物或动物体内。类固醇在动物体内主要以激素的形式存在并发挥多种生理效应。动物体内的类固醇激素包括肾上腺皮质激素和雄性激素两大类，例如糖皮质激素和睾酮等。常被滥用的兴奋剂主要是类似于人体雄性激素的结构和作用的人工合成的类固醇，主要包括诺龙、美雄醇和司坦唑醇等。这类药物是以雄性激素结构为基础，经变构得到的蛋白同化类固醇，主要特点是能够促进蛋白质合成，也可以促进和维持男性的第二性征，因此，又被称为蛋白同化雄性类固醇。

雄性类固醇能促进肌肉的生长和发育，亦能在短时间内增加神经、肌肉的兴奋性或“爆发力”，有利于运动能力的极限发挥。因此，类固醇兴奋剂在体育界被广泛滥用。类固醇药物不仅被这些职业人群滥用，在大众中也广为流行。例如，1988年全美青少年类固醇使用情况调查发现，约7%的高中生使用过类固醇药物，其中接近1/2的人的使用目的是想表现出众，接近1/3的人的使用目的是想让自己充满活力。基础和临床研究还发现，大剂量服用类固醇会对健康造成极大的伤害，长期滥用也可造成不同程度的躯体或精神依赖。许多国家都不惜代价建立各种监测机构，防止此类运动兴奋剂被滥用。

（一）类固醇对机体和行为的影响

类固醇可以显著提高肌肉的密度和力量，但长期使用类固醇兴奋剂，会干扰体内天然激素的分泌。例如，可致男性睾丸萎缩、雄性激素分泌减少、精子量下降或不孕等，此外，还会引发前列腺增生、阴茎异常勃起、痤疮、面毛增多和脱发等病症。类固醇药物还可以使男性胸部女性化，这可能与性激素功能失调有关。女性使用会出现男性化特征，包括肌肉增生、喉结明显、声音变粗、音调降低或体毛过多等，也可引起月经失调、阴蒂肥大、子宫和乳房萎缩以及性功能异常等症状。类固醇药物对青春期发育的影响尤其明显。服用大剂量类固醇药物还会导致心理与行为的异常，表现为情绪波动、易愤怒或攻击性强等。有13%～18%的类固醇使用者有成瘾倾向，也容易出现兴奋、偏执、嫉妒、错觉和妄想等症状。在停药以后，还会出现抑郁、失眠和食欲降低等症状。

（二）类固醇的中枢作用机制

在结构、功能或作用机制上，合成类固醇兴奋剂与睾酮或其他内源性类固醇激素类似。类固醇可以穿过脂质细胞膜与胞浆内的雄激素受体结合，进而使核内DNA链的基因表达启动，导致多种蛋白质的合成增加。例如，肌蛋白增加可以使肌肉更发达；5a-还原酶增多有助于睾酮转化成双氢睾酮（DHT），后者能促进男性生殖器官的发育成熟。类固醇还可以与神经元胞膜表面的类固醇受体结合，产生快速的膜作用，使细胞膜的电传导或其他递质受体的活性增强，从而使细胞的兴奋性增强。胞内环腺苷酸-蛋白激酶等信号转导系统的活动改变也是类固醇产生复杂作用的重要原因之一。

三、酒精

酒精（alcohol）是水果或谷物等含糖成分发酵的中间产物，又被称为**乙醇**（ethanol）。发酵的原因是自然界广泛存在的酵母菌会对糖类进行分解。酒并非人类的发明，却伴随人类社会的文明而源远流长。作为食品或药品，酒一直伴随着人类的生活。17世纪以后，蒸馏技术的出现大大提高了乙醇的纯度，除了饮用以外，也推动了酒精在医药领域的广泛应用。在当今人类社会，饮酒已经成为一种普遍的公众行为。但是，饮酒无度或酗酒会产生许多不良后果，例如会导致酒后暴力或其他事故等。据国内某地区的资料，64%的青少年犯罪源于酗酒，40%的车祸与饮酒有关。也有国外资料报告，全世界约有1.4亿酒精依赖者，还有近4亿人有过度饮酒的倾向；过量饮酒导致的酒精中毒者逐年增多，并有年轻化的趋势，过度饮酒引起的各种慢性疾病或行为障碍也在逐年增加。酗酒已成为当今世界不得不面对的社会和医学问题。

（一）酒精对行为的影响

酒精对心理和行为的影响类似于镇静剂。少量饮酒可解除抑制或紧张，随着剂量增加，镇静作用会逐渐增强。在一般情况下，小剂量酒精会引起兴奋感，而大剂量的效应则取决于酒精在不同脑区的作用。例如，大剂量作用于小脑，会引起运动共济失调，如走路蹒跚等；作用于脑网状结构，可引起昏睡或昏迷；作用于延脑，可引起呼吸抑制或循环衰竭。有些人认为酒可增强性欲和快感，实际上这与少量饮酒能缓解焦虑或暂时解除自制力有关。大量饮酒，反而会抑制中枢神经系统的功能，并妨碍性功能或性行为。酒精的致瘾性是酒精被滥用的主要原因。酒精成瘾者主要表现为酒精依赖或饮酒失控，心理状态和行为能力改变，对社会、家庭或自己不负责任。中等剂量酒精的长期作用，可使人产生轻度的心理和行为改变，例如思维迟缓、记忆力下降、情绪不稳、动作协调能力减弱或嗜睡等；而长期大剂量酒精的毒性作用，则可严重损伤诸多器官，尤其是中枢神经系统，例如脑内海马-乳头体结构严重萎缩，使人产生定向、定时和人物识别等障碍，这被称为**柯萨柯夫综合征**（Korsakoff syndrome）；酒精导致的丘脑、下丘脑和中脑等结构或功能的损害，会使人产生眼球运动、运动协调和精神意识等障碍“三联征”，又被称为**威尔尼克综合征**（Wernicke syndrome）。

（二）酒精的中枢作用机制

乙醇属于中枢神经系统抑制剂，与安眠镇静等麻醉剂的作用机制类似，小剂量乙醇可先麻醉抑制性 γ-氨基丁酸能突触，导致中枢的一些区域暂时性去抑制。研究证实，乙醇能加强 γ-氨基丁酸 A 型受体介导氯离子外流，产生突触后神经元的抑制效应。此外，低浓度乙醇还有协同 5-羟色胺结合 5-羟色胺 3 受体的作用。5-羟色胺 3 受体是一种兴奋性受体，主要分布于抑制性中间神经元，这意味着乙醇可以加强此类抑制性神经元的活动。抑制状态的暂时解除，可表现为兴奋状态或轻度愉悦感。随着剂量的加大，乙醇会使脑内所有神经元逐渐转为抑制的状态，因此会使人出现动作失调、麻醉状、昏睡甚至死亡。高浓度乙醇还可以抑制兴奋性谷氨酸 NMDA（N-甲基-D-天冬氨酸）受体通道，使抑制效应大大增强。

→ 基本概念

精神活性药物（物质）	兴奋剂	抑制剂
致幻剂	麻醉镇痛剂	镇静安眠剂
成瘾	药物耐受性	敏化
神经适应性	戒断综合征	用药行为
药物依赖	药物误用	药物滥用
习惯性用药	躯体依赖性	精神依赖性
奖赏系统	腹侧被盖区	伏隔核
可卡因	苯丙胺	苯丙胺类兴奋剂
咖啡因	可卡因性精神紊乱	巴比妥类
苯二氮卓类	阿片受体	麦角酸二乙基酰胺（LSD）
四氢大麻酚（THC）	尼古丁	类固醇
酒精（乙醇）	柯萨柯夫综合征	威尔尼克综合征

→ 复习参考题

1. 何为精神活性药物或物质？主要包括哪几类？试举例说明。
2. 何为药物耐受性？有哪几种类型？
3. 药物滥用与药物误用有何不同？
4. 简述药物依赖性。
5. 简述可卡因的主要用途。
6. 咖啡因的中枢作用机制是什么？咖啡因对机体行为的影响主要体现在哪些方面？
7. 简述阿片受体的亚型、分布及其功能特点。
8. 巴比妥类药物与苯二氮卓类药物的作用机制有何不同点？

9. 试述 LSD 的药理效应。

10. 简述尼古丁依赖的生物学基础。

11. 何为类固醇兴奋剂？该类药物有哪些特点？

12. 类固醇兴奋剂对机体生理以及行为的影响体现在哪些方面？

13. 乙醇的行为学效应包括哪些方面？

第十六章 精神依赖行为及其脑机制

第一节 精神依赖的行为学特征

成瘾反应可以由生理或心理依赖因素所驱动。生理依赖多是指停用精神活性物质后成瘾者会产生明显的撤药反应，例如，出现焦虑不安、浑身疼痛或肌肉痉挛等症状，因此，成瘾者会不断地使用药物以追求快感或避免不适症状的出现。在自然状况下，撤药持续一段时间以后，这种生理不适反应会逐步减弱或消退。换言之，由药物引起的神经生理性改变可以恢复到用药前的正常状态，例如，阿片类药物能引起细胞内信号转导系统中 cAMP（环腺苷酸）活动增强，停药后可以完全恢复至正常水平。但是，令人疑惑的是，大部分成瘾者撤药后的生理反应消失后，心理依赖仍然难以消退，有的人甚至可以保持终生。个体经过**长时程戒断**（long-term abstinence）或摆脱了生理反应之后，心理依赖仍然会驱动个体再次用药，这种现象被称为复发或**复吸**（relapse）。很显然，成瘾者长期反复用药的根本原因并非生理依赖，而在于其持久而顽固的心理依赖。因此，精神或心理依赖的形成机制是成瘾研究关心的核心问题。

任何成瘾行为的形成过程都从可控用药状态开始，至**习惯化**（habituation）用药，并逐步演变成为难以控制的强迫性用药状态。在强迫性状态的驱使下，成瘾者会产生强烈的愿望去寻找致瘾源。来自临床和基础研究的成果都表明，有许多心理或精神因素可以直接或间接控制这类成瘾行为。例如，长期使用一些毒品会导致大脑前额叶调控能力减弱，使成瘾冲动难以控制；与成瘾相关的情境或线索在脑内可以被记忆长久保存，并随时诱发成瘾反应；在抑郁、焦虑或应激等情绪波动的情况下，成瘾行为也极容易被唤醒。一些抑制情绪反应或阻断记忆的药物可以阻断这种成瘾行为，其中一些抗物质成瘾的药物也能有效治疗行为成瘾，例如，治疗阿片类药物成瘾的药物纳曲酮可以有效抑制赌博或购物成瘾行为。一些认知或行为治疗方法也可以有效缓解物质或行为成瘾。精神运动、行为敏化、异常的学习记忆、情绪或应激反应以及冲动控制障碍是精神依赖行为研究所关注的重点问题。

一、精神运动与行为敏化

精神运动（psychomotor）是指在药物诱导下中枢许多区域神经元的兴奋性增强，导致脑对药物、心理或环境等刺激的敏感性增强。这种敏感性增强表现为**自发活动**（locomotor activity，LA）或其他行为效应的增强，此现象又被称为**行为敏化**（behavioral sensitization）。反复注射中枢神经兴奋剂，如可卡因或苯丙胺等，会引起精神运动兴奋性增强，在行为上表现为敏化效应逐渐增强。这些效应与药物直接作用有关，也与用药环境或心理刺激有关。例如，在熟悉的给药环境或条件刺激下，实验动物的精神运动或行为敏化会更强。一些中枢神经麻醉剂也具有类似的作用，如吗啡或海洛因等，但这类药物对精神运动的影响表现为**双相**（biphasic）效应。例如，在初始时起抑制作用，随着药物代谢的变化转而起兴奋作用；或者在低剂量时起兴奋作用，而在高剂量时的作用则相反。

有许多实验结果表明，行为敏化会增强成瘾动物的**觅药**（drug-seeking）或成瘾行为。例如，在药物诱导的行为敏化出现后，大鼠的**条件性位置偏爱**（conditioned place preference，CPP）或**自身给药**（self-administration，SA）等成瘾行为更容易被唤醒。行为敏化对觅药行为的唤醒作用反映出成瘾动物的觅药动机增强。觅药动机增强的原因有二：其一，在药物的直接作用下，脑内相关的分子活动状态发生改变；其二，与药物相关的情景或线索诱导的记忆反应增强。因此，药物或环境因素都可以增强觅药动机。由于情景或线索并非像药物一样会产生直接的作用，因而其诱导出的觅药行为被普遍认为是精神依赖行为。

二、异常的学习记忆与成瘾

除了导致严重的躯体依赖以外，许多成瘾药物都具有强烈的致精神依赖作用，如海洛因和可卡因等药物导致的精神依赖可以持续数十年之久，在生理戒断之后数年至数十年之内，当患者再次看到与用药相关的环境或线索时，强烈的用药渴求仍然有可能被激发。这表明药物刺激所致的体验会在脑内被持久保存，与药物相关的记忆线索可以随时唤醒这些体验。由于这类记忆具有顽固和持久性，因此又被称为**异常成瘾记忆**（abnormal memory of addiction）。在动物成瘾行为研究中，类似的异常学习或记忆的现象也被不断重复证实（图 16－1）。

许多动物实验结果还证实，用各种手段干预学习或记忆均可降低成瘾药物的精神依赖性。例如，在给予致瘾药物之前，用药物阻断与学习有关的受体，精神依赖行为会显著降低；在给予致瘾药物之后，干预记忆形成的分子活动环节，会影响精神依赖行为的保持时间；损毁与学习或记忆相关的神经核团或通路也被证实能阻止精神依赖行为的获得和保持。在临床上，也有人试图用手术的方法损毁与学习记忆或情绪相关的通路或核团，来治疗成瘾者的精神依赖。虽然取得了一些实验性疗效，但同时也破坏了脑的正常学习记忆功能，使患者的生活能力丧失，因而这一临床治疗手段被广泛质疑。近年来的研究还发现，再巩固过程也需要一些记忆蛋白的重新合成，因此，干预成瘾相关记忆的**再巩固**（recon-

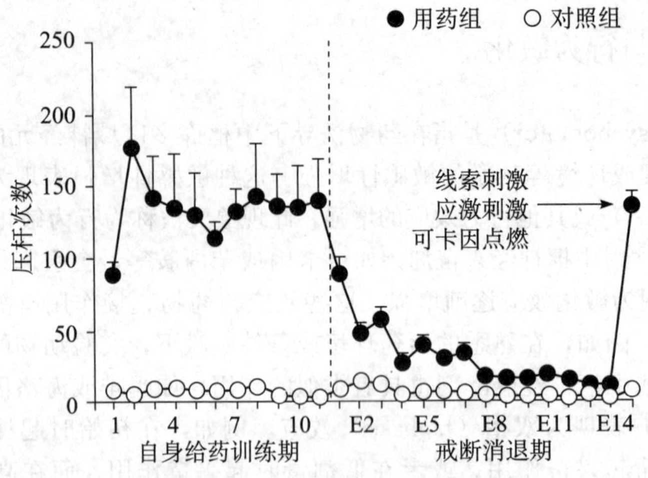

图 16－1　在自身给药模型中，动物自身给药行为的变化过程

第一阶段 1～10 代表学习过程，训练动物看见灯光线索后压杆来获得可卡因；第二阶段 E1～E13 为“熄灭”或戒断训练过程，此时无灯光等线索呈现，动物压杆后也得不到药物；戒断后 E14 阶段给予灯光等条件线索或应激刺激，动物的压杆行为会被诱导重现。

solidation）过程也可以降低精神依赖行为。例如，将实验动物的觅药行为唤醒后，用蛋白合成抑制剂茴香霉素（anisomycin）来抑制相关记忆蛋白的再合成，也可以达到减弱成瘾记忆的作用。作为精神依赖研究关注的重点问题，成瘾记忆的异常形成机制仍然处于深入探索之中。

三、情绪或应激反应与复吸

大多数成瘾药物可以直接刺激中枢神经系统释放多巴胺或其他神经递质，使机体对正性情绪的体验快速达到峰值。这些正性情绪指的是兴奋、愉悦或欣快等主观体验。这类强烈的情绪体验会被瞬间强化，并被记忆长久保存，成为导致精神依赖的主要原因之一。另外，撤药导致的生理戒断反应也可以使机体产生强烈的负性情绪体验，如应激、抑郁、焦虑或疼痛等不适反应，从而使回避此类负性情绪的预期成为精神依赖的另一个主要原因。

情绪反应与应激系统活动存在密切的联系。在面对环境变化或刺激的正常状态下，机体 HPA（下丘脑-垂体-肾上腺）轴的活动可以调控促肾上腺皮质激素释放激素、促肾上腺皮质激素和糖皮质激素等激素的释放。这些神经内分泌激素具有调节机体能量代谢、提高神经敏感性和调动情绪活动的作用。例如，应激容易诱发激动、愤怒、恐惧、焦虑或抑郁等情绪状态，而情绪的剧烈波动同样也可以引起应激反应。因此，情绪与应激的相互作用可以提高神经敏感性，使以往的成瘾记忆更容易被唤醒，从而诱发复吸行为。有许多动物实验结果表明，负性情绪或应激刺激可以诱导成瘾动物再次出现觅药行为。在应激状态下，糖皮质激素水平对脑内多巴胺的释放具有重要的调控作用。反复的应激刺激会导致糖皮质激素的负反馈作用弱化，从而使其对多巴胺释放的调节功能失控。多巴胺释放的失控是觅药行为再现的根本原因（图 16－2）。

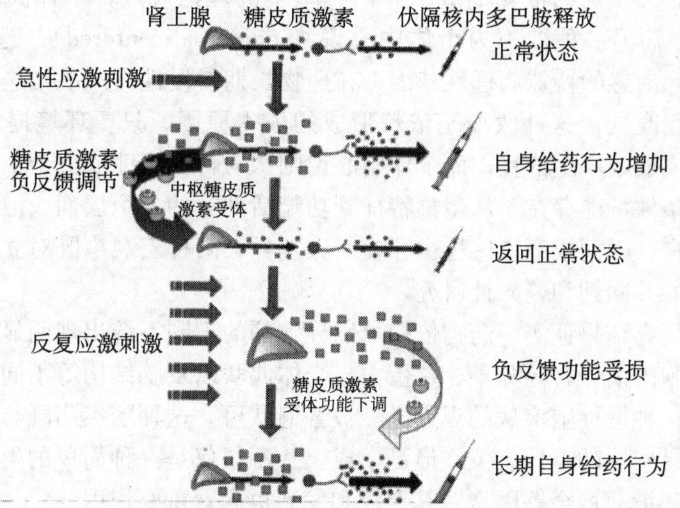

图 16-2　糖皮质激素对多巴胺释放的调控机制

急性应激可促进糖皮质激素分泌，刺激脑内多巴胺释放增加；当糖皮质激素过多时，可以通过自身负反馈抑制糖皮质激素增多，从而控制多巴胺释放。反复的慢性应激刺激则会破坏糖皮质激素的负反馈作用，从而使多巴胺释放失控。

四、冲动控制障碍

现代心理学观点认为，个体的情绪或应激反应不是对环境刺激的简单反应，而是与调节认知评价、控制或决策能力等脑功能活动有关。来自多方面的研究结果显示，对于灵长类或人类，这种认知控制或决策能力主要源于前额皮层，长期处于应激或负性情绪状态可以减弱前额叶的**冲动**（impulsivity）抑制、问题解决或认知决策能力。临床资料也表明，长期使用成瘾药物会使大脑皮层萎缩，应激或负性情绪是导致成瘾者复吸的重要原因。因此，除了药物对脑功能的直接损伤效应以外，应激或负性情绪对脑功能的损伤作用也不能排除。

也有不少使用人类样本的研究表明，冲动行为与遗传相关的人格特质有关，具有冲动人格特质的人具有较高的**感觉寻求**（sensation seeking）水平，表现为好奇、爱好冒险或追求新颖刺激等行为特征。行为学调查资料也显示，有高冲动性的人在成瘾患者人群中所占的比例较大，表明成瘾或精神依赖可能存在**易感性**（vulnerability）倾向。这种易感性可能与脑、内分泌或基因等层面的生物学特征有关，也取决于社会环境、药物特性与生物学特征之间的相互作用。

第二节　精神依赖的形成及其影响因素

自 20 世纪 70 年代初阿片受体被发现以来，对于药物依赖的神经生物学机制的研究有了相当大的进展。关于药物依赖的成因有两种基本的理论观点，一种被称为**药物中心说**(drug-centered)，而另一种被称为**个体中心说**（individual-centered)。药物中心说认为，人天生存在对成瘾易感的特殊病理性基因，在药物长期或慢性作用下，这些特殊的基因可以使脑的功能发生改变，这种改变是依赖形成的根本原因。只要环境提供足够的用药机会，每个人都会成瘾或产生依赖。而个体中心说则认为，成瘾性取决于个体的某些先天病理性条件，这些条件可能存在于从生物特征到功能活动等的各个层面。但是，这些病理性特性并非普遍存在，因而成瘾易感性也存在巨大差异。两种宏观论既对立又统一，有力地推动了致瘾机制的共同性和差异性研究。

近些年来的研究结果证实，药物依赖可以导致脑的不同系统出现明显的功能失调，可表现在基因、细胞内信号转导分子、G蛋白与受体偶联以及脑结构等不同的功能层次。因此，药物成瘾是一种慢性脑疾病的观点已经被普遍认可。这种脑疾病既与药物的直接作用有关，也与个体易感性的差异有关。但是，成瘾并不仅仅是一种简单的生物性脑疾病，药物特性、心理、环境或社会等因素对其形成和发展也起着重要作用。

一、药物特性和环境的影响

药物的理化特性是影响成瘾性的重要因素，例如，吗啡的羟基被二乙酰基取代后成为海洛因，致瘾性会增加10倍。同时，药物的理化特性也影响药物的使用方式，从而影响成瘾性。例如，水溶性药物常被注射使用，挥发性药物一般被鼻吸，抗热性药物则被加热成烟雾状鼻吸，药物的使用方式与药物到达脑内的速度或浓度有关。一般来说，药物进入大脑的速度越快，药效越强烈，产生依赖的可能性就越大。例如，静脉注射海洛因比吸食海洛因更容易产生依赖。就同类药物而言，在体内半衰期越短致瘾性越强。例如，具有阿片类结构的海洛因、吗啡和美沙酮的半衰期依次变长，成瘾性依次减弱。

环境因素对精神依赖形成的影响较为复杂。这些因素包括社会文化、政治经济、生活观念、宗教历史以及医疗等诸多方面。例如，在历史上，可卡因在西方作为“万灵药”或食品添加剂曾被广泛使用；阿片类药物作为镇痛剂也已有久远的历史，至今在临床上仍然被广泛使用；许多兴奋剂是为了提高作战能力或体育竞争力而发明的，如苯丙胺或类固醇等；在人类生活中，酒或烟仍被作为重要的生活消费品；等等。此外，社会应激源所致的生物易感性改变，也是精神依赖产生的重要原因。还有一些环境的强刺激因素也会导致易感性发生改变，从而产生较强的精神依赖性，例如，赌博、网瘾或其他偏差行为等。

二、影响精神依赖生物易感性的因素

除了受药物特性或环境的影响以外，精神依赖的易感性主要受脑、内分泌或基因等功能特征的影响。这些影响可以体现在个体的遗传差异、长期应激导致的内分泌变化、发育的敏感期、人格或心理特征等多个方面。

个体遗传差异是影响精神依赖易感性的主要途径之一。已有研究表明，有许多不同的基因分别调控神经细胞某些酶或受体的表达，这些酶或受体表达的改变可以影响脑的功能活动，从而影响精神依赖的易感性。例如，敲除Nurrl基因可以使多巴胺能神经元数量或多巴胺分泌减少，动物不能形成精神依赖；多巴胺 D_2 受体或其等位基因 TaqIA 也被证实与多种兴奋剂、阿片类药物、尼古丁或酒精依赖有关；多巴胺代谢的调控酶 COMT（儿茶酚-O-甲基转移酶）的活性在药物滥用者中居高。另外，一些药物水解酶的活性及其调控基因可以影响药物代谢的速率，使药物在体内的持续作用时程发生改变，从而影响精神依赖的形成。例如，脂肪酸水解酶基因的多态性可使酶活性改变，从而影响酒精、大麻或其他药物的代谢速度。也有许多研究表明，遗传并不是影响药物依赖易感性的唯一因素。例如，酗酒父母的子女更容易形成酒精依赖，但是，如果他们出生后被寄养在养父养母不酗酒的家庭，形成酒精依赖的可能性就会大大降低。这表明成瘾的易感性受制于遗传和环境的相互作用。

长期的应激环境会使机体处于紧张状态，从而导致 HPA 轴分泌功能的紊乱。应激导致的糖皮质激素的分泌失控是易感性增强的另一个重要途径。有不少研究证实，早期应激事件可以影响动物的脑功能发育，并增加动物的药物依赖倾向。例如，早期遭受隔离应激的实验动物对吗啡或可卡因的反应更敏感，自身给药行为形成的时间也更短。也有研究表明，青少年滥用尼古丁、酒精、大麻的倾向与应激强度、应对压力的能力以及父母忽视情况呈正相关。

由于个体正常发育过程本身的特点，在某个阶段个体滥用药物的可能性会增大。例如，青少年具有冒险、猎奇或**新颖寻求**（novelty seeking）等行为特点，这使其使用成瘾药物的可能性增加；在青春期，性激素分泌增加易导致冲动行为，此时前额皮层的功能发育也不完善，使得个体对行为的控制力较弱，这些因素都增加了滥用药物的可能性。有调查数据显示，药物成瘾患者的冲动性较普通人群高，多种药物滥用者比单一药物滥用者的冲动性要高，有边缘型人格障碍者的冲动性比正常人高，药物滥用的比例更高。一些脑功能障碍也会增加药物滥用的风险，如情感障碍、抑郁、注意缺陷多动障碍等。实验资料还表明，一些演化等级较高的动物更易成瘾，这可能与情绪体验、学习或记忆能力等心理因素有关。

三、精神依赖形成的心理机制

精神依赖的形成是以神经结构、化学分子及其功能的改变为基础的。这些功能改变往往通过心理活动的形式来发挥重要的作用，可表现在认知、情绪或动机等相关的行为过程中。梅洛（N. K. Mello）等人在 20 世纪 70 年代就提出，成瘾记忆属于病理性记忆，会引起精神依赖的反复发作。动物研究也表明，用药后会首先形成与“药效体验”相关的记忆，若继续用药则会形成与“用药线索”相关的记忆，“成瘾记忆”由二者共同组成。即使经过长时间戒断后，成瘾记忆仍然会顽固存在。因此，当个体暴露于药物或相关环境后这种记忆会被重新唤起，从而导致复吸行为。

20 世纪 80 年代末，基于条件反应形成的原理，怀斯（R. A. Wise）和博扎尔思（M. A. Bozarth）等人进一步提出了精神依赖的**正强化作用**（positive reinforcement）理论，认为成瘾药物所产生的奖赏效应是成瘾相关记忆被强化的主要原因。换言之，欣快感等正性情绪体验能加强用药相关记忆的保持。但是，该观点难以解释为何不能引起主观快感的小剂量药物也能够诱导依赖行为。于是，库布（G. F. Koob）等人又提出**负强化作用**

（negative reinforcement）理论。他们观察到药物直接刺激所引起的奖赏作用只是短暂的过程，而停药后的不适症状或厌恶反应却是一个缓慢消退的过程，随着用药次数的增多这种戒断反应还会逐渐增强。因此，他们认为逃避停药后的不适感等负性情绪体验才是用药行为被强化的主要原因。正性或负性强化理论的主要论点都强调学习记忆在精神依赖中的核心作用。研究也表明，正性情绪体验与脑内多巴胺释放增多而导致的奖赏效应有关；负性情绪体验较为复杂，可能与内源性阿片肽的减少或多种神经递质释放的失调有关。强化效应源于药物诱导的正性或负性情绪状态的体验。

20世纪90年代以后，罗宾逊（T. E. Robinson）和贝里奇（K. C. Berridge）等人根据神经适应性和敏化现象进一步提出了**诱因-敏化**（incentive-sensitization）理论。他们用成瘾动物对用药线索的趋近行为来反映用药渴求（wanting），用喜好（liking）的本能表情或动作来反映药物的奖赏效应，系统地研究了多种觅药行为的脑机制。他们发现，长期用药物后神经系统发生了适应性改变，这些改变主要发生在脑内的多巴胺奖赏系统，表现为脑对药物及其相关刺激更加敏感；神经系统的敏化可以使药物需求的动机敏化，从而导致觅药行为的出现。药物所致的神经系统的敏化使动物趋向用药线索的动机增强，而这些与用药相关的线索又被称为“凸显诱因”（incentive salient）。动物研究还表明，奖赏效应会随着用药次数的增加而降低，而诱因激发的用药需求却会不断增强。这表明诱因和药物直接的奖赏效应确实存在分离现象，而且与用药时间的长短有关。诱因是成瘾记忆的条件刺激，既能唤醒正性的奖赏体验，也能唤醒负性的厌恶体验。该理论能较好地诠释正、负强化论对精神依赖形成机制的作用。近年来，还有研究证实成瘾行为和与脑内习惯化相关的纹状体多巴胺能系统活动关系密切，因而有人提出精神依赖与习惯化或习惯性学习有关。

第三节　动物行为模型与研究方法

有许多不同的行为模式可以直接或间接地反映成瘾行为。动物的自发活动、**药物辨别**（drug discrimination）或自身给药等行为的变化可以直接反映药效或药物致瘾性。反复用药以后，药物与用药环境的条件刺激可以被药物的奖赏效应强化，使动物形成条件化的行为反应，如条件性位置偏爱（CPP）、**条件性位置厌恶**（conditioned place aversion，CPA）、条件性自发活动或自身给药等行为。这些条件化行为由于可以由条件线索单独刺激引起，因而能反映情绪、记忆、动机或认知等精神因素的诱导作用。因此，这些条件化行为成为实验室评价精神依赖行为常用的行为模式，用以探索精神依赖行为的形成、保持、消退和恢复过程及其可能的神经机制。药物作用的直接反应常被用于评估躯体依赖行为的机制，而条件化行为模式常被用于研究精神依赖行为的机制。

一、自身给药模型

自身给药模型是基于操作性条件反应原理而建立的，可用于猴、狗、大鼠和小鼠等实验动物。实验装置类似“斯金纳箱”，箱内安装了与强化物分发泵相连的压杆或鼻触开关系统。有的自身给药系统还分别装了有效压杆和无效压杆，以鉴别实验动物能否分辨有效压杆，例如，有的压杆按压后给药，而另外的压杆按压后则不给药。经过反复训练后，若对成瘾药物产生需求，动物会识别有效压杆，并通过自己主动的行为操作而获得药物，需求动机越强烈，它们按压有效压杆的频率就会越高。自身给药模型能较好地模拟人类的成瘾行为，因而被广泛用于成瘾研究。研究者还发现，不同的强化训练程序对强化效果影响很大，例如，正确压杆后每次都给药（连续给药）与有时给药（间歇性给药）相比，后者的强化效果好于前者。

在自身给药模型的强化程序中有几种常见的训练模式（图 16－3）：（1）**固定比率**（fixed ratio，FR），指在某个固定次数的正确反应之后给予强化。例如，每三次正确反应后给予强化（FR-3 模式），若 n 次正确反应之后给予强化，则训练模式被表述为 FR-n。与连续给药相比，该训练模式可以产生较高的正确反应率。销售人员计件获得报酬的方法也属于这种模式。（2）**变化比率**（variable ratio，VR），指不定次数的若干正确反应之后给予强化。例如，有时 2 个或 4 个正确反应后给予强化（VR-3 模式），但正确反应次数的呈现顺序或时间间隔不固定。VR 模式比 FR 模式更难以确定奖赏出现的时间，因而能使个体产生很高的奖赏预期，学会以后也不易消退。老虎机或一些游戏的程序设计使用的就是 VR 模式，吐钱或得分的时间和数量无法预期，会使个体形成“下次会赢”的期待，因而难以抵挡“再玩一次”的诱惑。（3）**固定时间间隔**（fixed interval，FI），指第一次正确反应与强化之间有一段固定的时间间隔。例如，在第一个正确反应之后 60s 后才能得到强化物，该模式被表述为 FI-60s。FI 模式可以反映冲动控制或强迫性等状态对成瘾行为的影响。（4）**不定时间间隔**（variable interval，VI），指对正确反应的强化是在不固定的时间间隔之后进行的。例如，VI-60s 指在正确反应完成平均 60s 之后给予一次强化，但每次强化的时间间隔不确定。VI 模式可以使个体产生缓慢而稳定的反应率，而且消退得也较慢，因而可用于研究依赖行为的保持和消退机制。

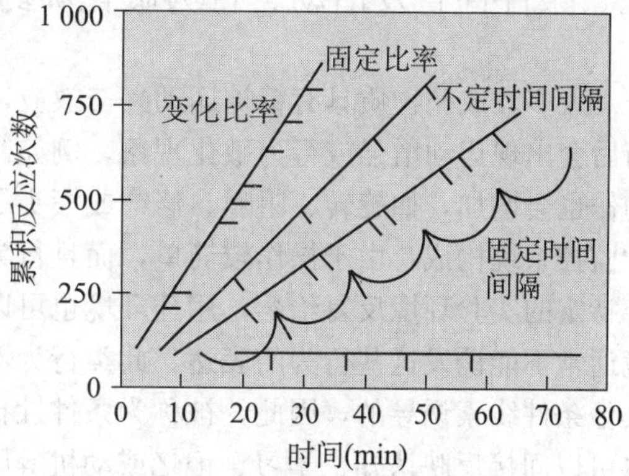

图 16－3　四种不同的训练模式所致的强化效应比较

二、条件性位置偏爱和条件性位置厌恶

条件性位置偏爱（CPP）和条件性位置厌恶（CPA）是基于经典条件反应原理建立的条件性趋近或回避行为，可以用于研究精神依赖的形成过程和影响因素。实验装置主要由用于注射药物的伴药侧（drug compartment）和用于注射生理盐水的非伴药侧构成。在伴药侧反复注射成瘾药物以后，动物会对伴药侧的环境形成条件性记忆。当允许其在两侧进行自由穿梭或选择时，成瘾动物会偏爱或趋近伴药侧环境，而且停留的时间比例显著增加，即表现出 CPP 效应。若在伴药侧给予较强的负性刺激，动物会对此环境形成明显的厌恶或回避行为，即表现出 CPA 效应。例如，吗啡受体拮抗剂纳洛酮可以促发催瘾反应，

导致成瘾动物产生不可忍受的戒断症状或负性情绪；若在某侧注射纳洛酮，成瘾动物会对该环境形成厌恶或逃避反应，表现为在纳洛酮注射环境停留的时间比例显著下降（图 16-4）。

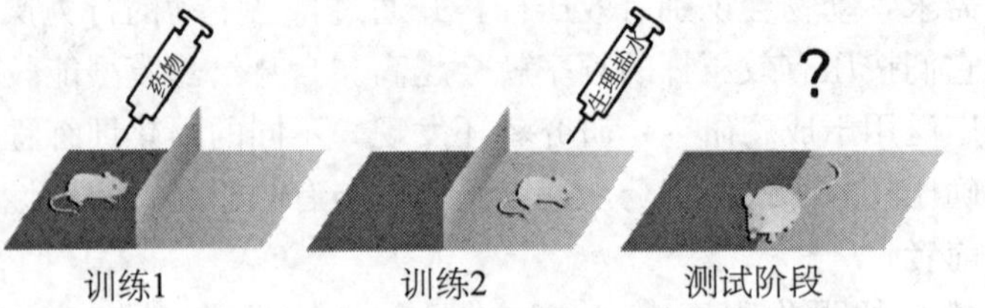

图 16-4 CPP 或 CPA 的训练以及测试程序

影响 CPP 或 CPA 形成的因素有许多，包括动物种类、药物特点、药物剂量、给药方式以及训练程序等。例如，大鼠比小鼠更容易形成 CPP 效应，学习能力强的比弱的更容易形成 CPP 效应；阿片类或兴奋剂的作用强，而酒精、尼古丁或大麻的作用则较弱；静脉给药效果强于肌肉或腹腔给药，药物剂量大小、训练时间长短或训练方式也影响行为效应。另外，动物习性也影响 CPP 或 CPA 效应，例如，啮齿类动物喜爱偏暗的环境，若伴药侧与非伴药侧明暗差异较大，行为效应会被干扰。若要消除此类环境的影响，可将半数动物在某一侧给药，而另一半在另一侧给药。这种设计方法被称为**对抗-平衡设计**（encounter-balance design），它在行为学研究中被广泛采用。

三、条件性自发活动、行为敏化和药物辨别

大多数成瘾物质具有精神运动兴奋效应，可以诱导动物的自发活动反应增强，反复用药后会出现运动增强或行为敏化现象。例如，大鼠用药后爬行或站立动作会增加，刻板性动作也会增加，如旋转、咀嚼、修饰或摆头等。这类实验装置由封闭的箱子或旷场以及自动监控系统构成，由于操作较简单，而且行为变量易于观察，因而被广泛使用。若在某一个特定的实验环境反复给药，用药环境也可以诱导上述行为的增强，而从未用过药的新环境通常不能诱发这些行为的表达。此类行为不是由药物的直接作用引起的，而是由环境或其他条件线索诱导的，因此，被称为条件性自发活动或条件性行为敏化。这些条件化行为也可以间接反映认知、学习、记忆或动机等因素对精神依赖行为形成的影响。

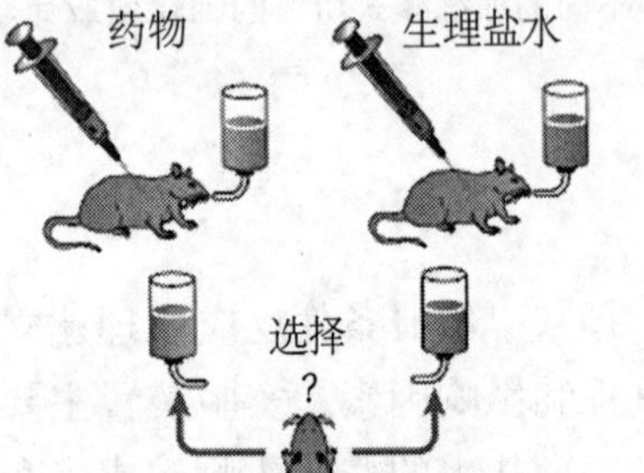

图 16-5 条件性药物辨别实验程序

基于味觉的本能学习，动物也可以建立**条件性味觉偏爱**（conditioned taste preference，CTP）。在成瘾物质奖赏效应的强化下，动物可以将药物的味道或气味等线索与主观体验建立条件性联系，因而产生味觉选择的偏爱，这类行为被称为**条件性药物辨别**（conditioned drug discrimination，CDD；图 16-5）。这类实验的设备简单，操作方便，结果具有可重复性，最常用于研究酒精、尼古丁或兴奋剂滥用，成瘾物质消耗量可以反映动物的依赖程度。但是，一些药物易于被消化系统破坏，如吗啡、可卡因等，因而使 CTP 应用的范围受限。

第四节　精神依赖形成的脑机制

药物成瘾是一种反复发作的慢性脑疾病。致病的主要原因是药物直接作用导致脑的功能发生了病理性改变。这些改变涉及脑的功能环路、神经元的联络、突触结构、细胞内的信号转导系统以及相关的基因调控等不同层次。

一、与精神依赖相关的脑结构

与精神依赖相关的脑结构主要包括**中脑边缘多巴胺能系统**（mesolimbic dopaminergic system，MLDS）、**中脑皮层多巴胺能系统**（mesofrontal dopaminergic system，MFDS）、**纹状体多巴胺能系统**（striatal dopaminergic system）以及海马-杏仁核等脑区。在演化起源上，MLDS 和 MFDS 属于较为古旧结构，与摄食、饮水、探索以及生殖等本能行为的产生动机有关。MLDS 的多巴胺活动与奖赏效应有直接的联系，而 MFDS 是中脑联络新皮层的多巴胺能通路，与奖赏觉察以及行为的认知控制有关。海马-杏仁核或纹状体等系统也属于古旧脑结构，主要与学习记忆或情绪的强化效应有关。由于这些脑区都与精神依赖的形成有关，因此，这些通路又被统称为广义的**奖赏环路**（reward circuits）。

（一）中脑边缘多巴胺能系统

大部分成瘾物质能直接或间接影响腹侧被盖区多巴胺能神经元的兴奋性，导致伏隔核内的多巴胺增多，从而产生奖赏效应等主观感受。腹侧被盖区-伏隔核是奖赏环路中最基本的通路，属于狭义的奖赏环路，直接参与药物诱导的奖赏强化效应或动机的改变。许多成瘾药物或其他导致行为成瘾的刺激都能引起腹侧被盖区-伏隔核的多巴胺分泌增加，所产生的奖赏效应也具有一致性。多巴胺 D_1 或 D_2 受体拮抗剂可抑制多巴胺的奖赏效应，因而具有抗精神依赖的效果。一些阿片受体的拮抗剂也具有降低脑内多巴胺释放的作用，从而降低患者用药动机，例如，μ 受体拮抗剂纳曲酮可用于治疗阿片类药物成瘾，用它治疗赌博或偷窃狂等患者也同样有效。另外，应激所产生的糖皮质激素也可以影响多巴胺能神经元兴奋性，导致多巴胺分泌增多。

（二）中脑皮层多巴胺能系统

MFDS 是起源于腹侧被盖区的另一条多巴胺能通路，它主要投射到眶额皮层（orbitofrontal cortex，OFC）、前额皮层（prefrontal cortex，PFC）和前扣带回（anterior cingulate cortex，ACC），参与依赖状态或行为的觉察、评价、决策和执行功能，因而与对精神依赖行为的控制有关。有不少研究表明，药物成瘾者或病理性赌博者在冲动抑制或认知决策方面的能力有明显障碍，表现为对风险决策和冲动抑制的缺陷；在自我给药的行为模型中，成瘾动物会不可抑制地反复压杆。PET 和 fMRI 的研究结果显示，可卡因或海洛因成瘾者前额叶腹侧或背外侧、眶额皮层以及扣带回的激活程度明显降低，这会导致他们不计后果地使用药物。这表明前额叶功能的弱化可能导致了对冲动行为抑制能力的降低。

（三）海马-杏仁核系统

海马是短时记忆信息加工的重要平台，而杏仁核是情绪学习的重要核团。绝大部分动物的学习记忆和情绪活动是通过海马-杏仁核环路来实现的。此环路对精神依赖行为的获得和保持起着同样重要的作用，并受多种神经递质调节，如谷氨酸、乙酰胆碱、去甲肾上腺素以及γ-氨基丁酸等。促进学习记忆或情绪活动的递质可以增强精神依赖性，而抑制学习记忆或情绪活动的递质可以降低精神依赖性。例如，谷氨酸与其受体NMDA（N-甲基-D-天冬氨酸）的释放和AMPA（α-氨基-3-羟基-5-甲基-4-异恶唑丙酸）亲和力的上调，被证明在成瘾行为中起重要的作用。一些相关的受体拮抗剂或激动剂也可以影响精神依赖行为的获得或保持。例如，M受体拮抗剂东莨菪碱有阻断学习记忆的功能，也有阻碍精神依赖行为的获得或保持的作用；β受体拮抗剂心普萘洛尔或α_2激动剂可乐定也被用于阻止一些负性情绪诱发的复吸行为。另外，应激导致的糖皮质激素的释放也被证实会在海马-杏仁核系统中诱导神经元兴奋性改变，并影响学习记忆或情绪反应，从而影响精神依赖行为的获得、保持或唤起。

（四）纹状体多巴胺能系统

另一条多巴胺能通路起源于中脑黑质（substantia nigra）并投射到纹状体，主要与参与运动控制和习惯化学习记忆行为。也有证据表明，习惯化用药或精神依赖行为与纹状体腹侧的多巴胺活动有关。

二、突触结构和信号转导系统

许多成瘾性药物可以使多种类型神经元的递质、受体、突触以及细胞内信号转导系统的功能发生改变。这种改变既包括递质的释放、转运、重吸收或受体功能等短时程变化，也包括突触结构以及细胞内信号转导分子功能等长时程变化。这些变化涉及内源性阿片肽、多巴胺、去甲肾上腺素、谷氨酸、γ-氨基丁酸以及5-羟色胺等多种类型的神经元及其突触活动，从而直接或间接影响多巴胺的释放、转运、重吸收以及多巴胺受体的活性，使脑的相应环路功能发生改变。例如，伏隔核内谷氨酸增多可促进多巴胺释放增加，从而使动机状态发生改变，表现为动物的自身给药行为增加；腹侧被盖区-伏隔核的多巴胺信号还可以调控前额皮层或海马-杏仁核系统的活动，有助于动物识记得到的奖赏并预示奖赏的环境事件。反复长时的成瘾刺激还可以诱导神经系统发生可塑性变化，使相关神经元的突触数量、传递效率或信号转导增强，从而导致与精神运动兴奋性或依赖行为相关的细胞活动增强（图16-6）。

研究证据表明，与成瘾相关的细胞内信号转导系统活动受多种递质调节。通过调控不同递质受体的活动，大部分成瘾药物能间接调节内源性阿片受体或多巴胺受体与G蛋白的偶联，增加腺苷酸环化酶的活性，使蛋白激酶的磷酸化增强，导致PKA（protein kinase A，蛋白激酶A）、PKC（protein kinase C，蛋白激酶C）、CaMKⅡ（Ca^{2+}/calmodulin-dependent protein kinase Ⅱ，钙离子/钙调蛋白依赖性激酶Ⅱ）和MAPK（mitogen-activa-

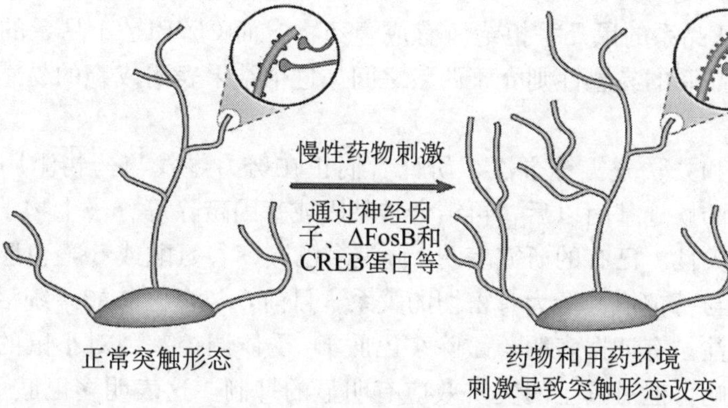

图 16－6　成瘾药物的长期刺激对突触结构的影响

资料来源：Nestler E J. Molecular basis of long-term plasticity underlying addiction. Nature Reviews Neuroscience, 2001, 2 (2): 119－128.

ted protein kinase，丝裂原活化蛋白激酶）等信号转导增强。这些信号分子进一步通过调节 CREB（cAMP 反应元件结合）蛋白的活性，使神经肽、递质合成酶、信号蛋白或其他因子的基因转录和表达发生改变。这些基因表达改变的效应是离子通道的通透性发生变化，从而导致细胞兴奋性增强（图 16－7）。cAMP 或 CREB 蛋白变化的存在时间较短暂，一般在药物戒断后的几天或者一周内便可恢复到正常的状态，因此，这些适应性变化与药物戒断早期的负性情绪状态有关。后来的研究发现，cAMP 通路信号转导增强还会导致神经细胞内 Fos 蛋白增多，其中 ΔFosB 蛋白的积聚具有高度稳定性，可能与树突棘的生长、记忆唤醒以及长时程的精神依赖效应有关。

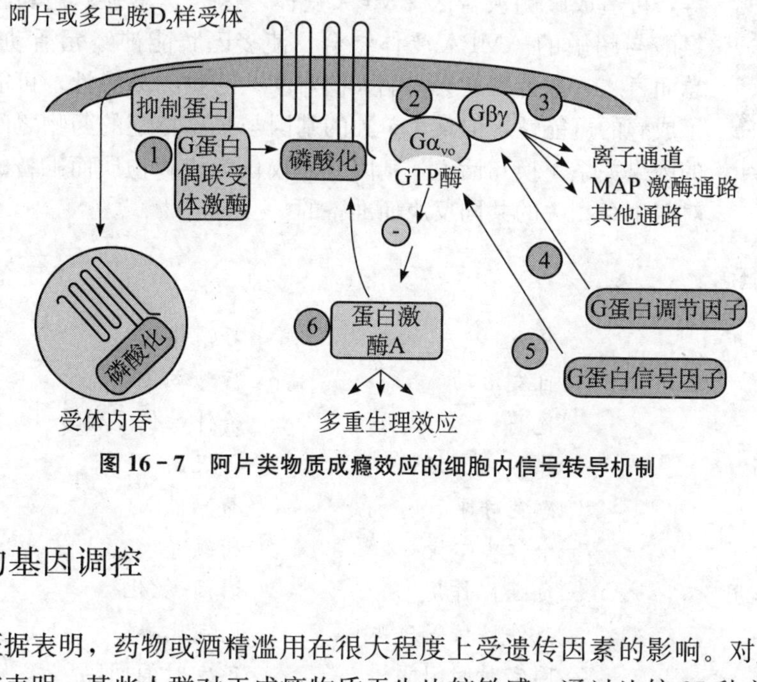

图 16－7　阿片类物质成瘾效应的细胞内信号转导机制

三、相关的基因调控

有许多证据表明，药物或酒精滥用在很大程度上受遗传因素的影响。对人类双生子、寄养子的研究表明，某些人群对于成瘾物质天生比较敏感。通过比较 25 种亲缘关系较近的不同品系的鼠类，克拉贝（J. C. Crabbe）等人发现它们对成瘾物质的易感性存在很大差异。例如，DBA/2J 品系的鼠几乎拒绝所有成瘾药物，而 C57BL/6J 品系的鼠喜欢几乎所有成瘾药物，其余品系的易感性则介于两者之间。这个结果表明成瘾的易感性可能受制于基因及其调控的差异。

通过连锁分析和关联分析等方法，研究者们正在努力寻找与药物滥用相关的候选基因。在发现了相关的候选基因以后，再结合转基因或基因敲除等分子生物学方法来探索它们与成瘾行为的相关性。已有的研究表明，调控多巴胺、谷氨酸或 5-羟色胺等递质系统活动的一系列基因都与精神依赖行为有密切的关系。目前，与多巴胺能系统活动相关的调控基因受到普遍的关注。有证据表明，敲除多巴胺 D_2 受体调控基因对小鼠的吗啡戒断或食物奖赏等反应无影响，但对吗啡的奖赏效应有明显的抑制。这表明多巴胺 D_2 受体在吗啡成瘾中起重要作用。另一些研究结果表明，多巴胺能神经元发育控制基因 Nurrl 对成瘾行为有重要影响。将 Nurrl 敲除会导致小鼠多巴胺能神经元减少或多巴胺分泌减少，并且可能导致成瘾易感性增加。也有人推测多巴胺能神经元发育不正常可能是成瘾易感的重要因素，但到目前为止仍然没有来自人类样本的直接证据。然而，通过比较药物滥用者和正常人的 DNA，有研究发现二者儿茶酚-O-甲基转移酶（COMT）的控制基因存在较大的差异。COMT 的主要作用是灭活体内的儿茶酚胺类物质的活性，其遗传型可分为低活性和高活性两类，高活性 COMT 更易在药物滥用者中出现。

另外，11 号染色体上有一个被称为 DRD12 的基因，有人证实它参与调节多巴胺 D_2 受体对多巴胺的敏感度，与酒精所致的欣快感有关。对于酒精依赖的基因研究主要指向位于 1、2、7 和 11 号染色体上的一些候选基因。也有人发现位于 4 号染色体上的一个基因可能有助于防止人类对酒精的依赖。一些阿片类药物，如吗啡和海洛因等，可造成腹侧被盖区 AMPA 受体基因表达增强；当药物戒断时，谷氨酸与超敏的 AMPA 受体结合，使多巴胺能神经元活动进一步增强。总而言之，遗传因素会影响人们对某些药物的易感性，可能部分地决定了成瘾的可能性，但某个单独的基因与某种特定的药物之间不存在成瘾的因果关系。换句话说，基因并非仅仅为成瘾物质而准备的，而是为应对与生存相关的共同反应而准备的。

线粒体与可卡因成瘾有什么关系？

→ 基本概念

长时程戒断	复吸	习惯化
精神运动	自发活动	行为敏化
双相	觅药	条件性位置偏爱
自身给药	异常成瘾记忆	再巩固
冲动	感觉寻求	易感性
药物中心说	个体中心说	新颖寻求
正强化作用	负强化作用	诱因-敏化
药物辨别	条件性位置厌恶	固定比率
变化比率	固定时间间隔	不定时间间隔
对抗-平衡设计	条件性味觉偏爱	条件性药物辨别

中脑边缘多巴胺能系统（MLDS） 中脑皮层多巴胺能系统（MFDS）
纹状体多巴胺能系统 奖赏环路

→ **思考题**

1. 影响成瘾行为的因素有哪些？具体是如何作用的？
2. 如何理解成瘾和学习记忆的关系？
3. 衡量成瘾行为的动物模型可以分为几类？分别包括哪些模型？
4. 中脑边缘多巴胺能系统包括哪些重要结构？成瘾药物是如何影响这一多巴胺能系统的？

第十七章 疼痛的生理特性及其心理调节

痛觉的形成源于多种上行和下行感觉信号在中枢的复杂汇聚。疼痛信号自初级传入神经元的外周末梢产生，经背根神经节传入中枢，到达丘脑和皮层，引起痛觉。疼痛是一种保护性感觉，因为它使我们对即将到来的伤害刺激产生警觉并及时回避伤害。但是，在慢性痛（包括神经病理性痛、炎症痛、癌症痛等）状态下，痛觉不会因表面上的刺激源的消除而消失，而是会长期存在。在这种情况下，疼痛不再是有益于人体的警示信号，而是转变为一种危及健康的有害刺激。

与视、听、嗅、触觉一样，痛觉也是一种独立的感觉模态，但它又不仅仅是一种单纯的感觉事件。痛觉既包括对刺激强度、位置、时程和性质进行识别的感觉成分，又包括由伤害性刺激引起的紧张、焦虑等不愉快的情绪成分，并且在很大程度上受到注意、预期、观念等心理因素的影响。因此，国际疼痛学会将**疼痛**（pain）定义为“一种集感觉和情绪于一身的主观体验”。本章将简要介绍痛觉的生理和心理学基础以及心理因素对痛觉的调节作用。

第一节 痛觉形成的神经生理学机制

关于疼痛的发生机制，近几十年来倾向于用多条上行通路和神经网络编码的理论来解释，它取代了教科书中传统的脑内零星分布着单个“痛觉中枢”的观点。1968 年梅尔扎克（Ronald Melzack）和凯西（K. L. Casey）首先提出，“痛觉”这一概念包括至少两个方面的含义，即反映伤害性刺激参数（性质、定位、强度、持续时间）的感觉-辨别方面和反映厌恶情绪以及产生躲避行为的情绪-动机方面，这两个方面分别经由不同的传导通路传递并由分离的脑区加工。由此诞生了内、外侧痛觉系统的概念，即在脑内存在两条平行上传的通路，分别传递痛的情绪和感觉信息。其中由脊髓背角深层（V 层）广动力型（WDR）神经元发出，经过丘脑外侧核群投射到躯体感觉皮层的通路，可能传导伤害性刺激的感觉信息，称为**外侧痛觉系统**（lateral pain system）；由脊髓背角浅层（I 层）伤害特异型（NS）神经元发出，经由丘脑中线核群及板内核群投射到前扣带皮层和岛叶皮层的通路，可能传递伤害性刺激的情绪成分，称为**内侧痛觉系统**（medial pain system）。

一、初级传入纤维和脊髓背角神经元

感觉神经元，也称作初级传入纤维，其胞体位于脊髓的背根神经节（DRG）。DRG神经元按照直径和功能又可分为A、B、C三大类，这是中枢神经系统对各类感觉信息进行编码的基础。一个世纪前，谢灵顿首先提出**伤害感受器**（nociceptor）的概念，即一类能够被损伤性刺激所激活的初级感觉神经元。电生理实验证实了伤害感受器的存在，表明它可被多种类型的伤害性刺激如热、机械及化学刺激所兴奋，但对非伤害性刺激如温热或轻触等无反应。因此，从一定意义上讲，痛觉是一种类似于视觉或嗅觉的独立的感觉模态，它由特殊的感受细胞感受特定性质和强度的刺激而产生。支配躯体和头面部伤害性感觉的神经纤维分别起源于DRG和三叉神经节，主要包含两类纤维：Aδ和C纤维。其胞体位于神经节内，周围突负责感受外界信息，中枢突则投射到脊髓背角或延髓背角。

正常情况下，感觉传入纤维仅有极少量的自发性电活动。然而，外周给予短暂的机械或热刺激，通常会引发感觉神经元放电。对传入纤维进行分类的依据通常是神经传导速度（表17-1）。大直径Aβ纤维的传导速度最快，激活阈值也最低，属于机械感受器。而直径较小、髓鞘薄的Aδ纤维传导速度相对较慢，对低阈值和高阈值的机械或温度刺激都有反应，属于多觉感受器。Aδ纤维中的低阈值传入纤维可被非伤害性温度刺激（如30℃）所激活，并且其放电频率随温度升高而增加。高阈值的Aδ纤维对伤害性温度刺激较为敏感，能够对很高温度（52～55℃）的刺激产生高频放电，被称为温度伤害感受器。还有一类是直径小、无髓鞘的C纤维，它的传导速度最慢，但却是感觉传入纤维中数量最多的一类。大多数C纤维属于高阈值纤维，对高强度的温度、机械和化学刺激敏感，因此被称为多觉伤害性感受器。

表17-1　根据传导速度对初级传入纤维进行的分类

传入纤维类型	传导速度	感受器类型
Aβ（有髓鞘）（直径12～20μm）	大于40～50 m/s	低阈值机械感受器
Aδ（有髓鞘）（直径1～4μm）	介于10～40m/s	低阈值及高阈值机械或温度感受器
C（无髓鞘）（直径0.5～1.5μm）	大于2 m/s	高阈值机械、温度、化学感受器

接受初级伤害性传入信息的脊髓和延髓背角神经元位于痛觉传导通路的起点。背角神经元的激活有赖于伤害性传入末梢所释放的特殊神经递质。C纤维能够释放肽类［如P物质、CGRP（降钙素基因相关肽）等］和兴奋性氨基酸（如谷氨酸），引起背角神经元的激活。持续的传入冲动会导致初级神经元中枢端末梢兴奋性氨基酸和肽类递质的释放增多，使背角神经元去极化。持续的去极化使钙离子内流增加，从而激活一系列细胞内的酶［如环氧合酶-2（COX-2）、一氧化氮合酶（NOS）］和各种蛋白激酶（如PKC），使膜受体和通道发生磷酸化，所引发的最终效应是伤害性信息的产生和上传。

与伤害性信息传递有关的背角神经元可以分为两类：广动力型（WDR）和伤害特异型（NS），它们都接受来自皮肤、内脏、肌肉和其他组织的初级伤害性传入神经元的投射，但是，只有WDR神经元能同时接受皮肤机械感受器（Aβ纤维）的汇聚投射。Aβ纤维能够激活背角抑制性中间神经元而对 WDR 神经元产生抑制作用，这是梅尔扎克和沃尔（Patrick David Wall，1925—2001）提出**闸门控制理论**（gate control theory）的基础。

初级传入神经元和背角感觉投射神经元之间的传入传出关系受到两种作用的控制：一种是大直径压力感受神经元（Aβ 纤维）的抑制性传入控制，另一种是伤害性感受器（C 纤维）的易化性传入控制。机体是否感受到痛在某种程度上取决于这两种控制作用之间的平衡。另外，脊髓背角伤害性神经元的活动还会受到大脑下行通路的抑制或易化作用的调节，这种自上而下的控制是实现痛觉心理调节所必需的。

（一）抑制性控制——"闸门控制理论"

1965 年，梅尔扎克和沃尔提出了著名的"闸门控制理论"。该理论认为，脊髓背角存在一个门控机制。携带伤害性信息的细纤维（C 纤维）的活动能够使闸门开放，疼痛信息得以上传至高级中枢；相反，传递触、压觉信息的粗纤维（Aβ 纤维）的活动则会使闸门关闭，从而抑制伤害性信息上传（图 17-1）。因此闸门的开放与否决定了大脑是否能够接收到伤害性信号，它影响着脊髓不同节段以及中枢其他水平的感觉传入。该理论为现有的许多物理镇痛手段提供了合理的解释，如按摩、针灸、经皮电刺激等。另外，一旦闸门打开，伤害性信息到达大脑，感觉信息就会受到情绪、注意、经验等心理因素的影响。大脑对各种信息进行整合，使机体做出反应。这是一个非常重要的过程，因为情绪和认知因素可以通过下行机制影响闸门的开和闭，从而决定我们产生什么样的痛感受。

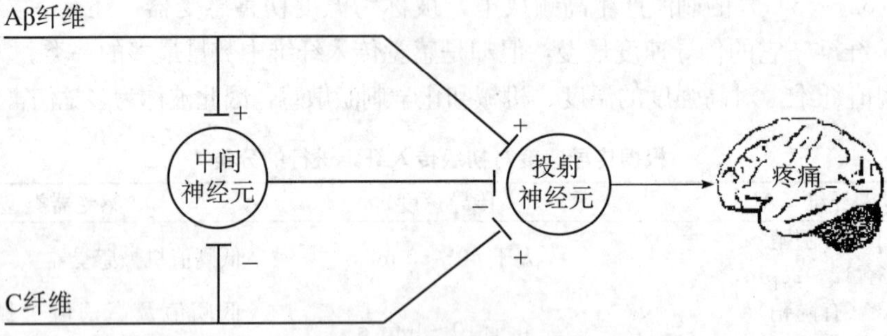

图 17-1　闸门控制理论示意图

资料来源：Melzack R，Wall P D. Pain mechanisms：a new theory. Science，1965，150（3699）：971-979.

（二）易化性控制——"上发条"现象

重复刺激 C 纤维会导致对后来的刺激产生易化性反应，即 C 纤维的反应进行性增强，被称为**上发条**（wind-up）现象。该现象会导致背角神经元的活动发生以下三种改变：（1）对阈上刺激的反应增强；（2）感受野扩大；（3）对阈下刺激也产生反应。"上发条"现象使背角神经元对于伤害性和非伤害性刺激的反应都增强，我们称之为**中枢敏化**（central sensitization），该机制能够部分解释慢性痛病人的**痛觉过敏**（hyperalgesia）和**触诱发痛**（allodynia）现象。

二、脊髓-丘脑-皮层传导通路

有多条传导通路介导伤害性信息从脊髓到大脑的传递，包括脊髓丘脑束、脊颈束、脊髓网状束、脊髓中脑束、脊髓臂旁束、脊髓下丘脑束以及其他一些脊髓-边缘系统传导通路。这些通路的活动都可能影响到更高级中枢——丘脑和皮层神经元对疼痛的感知。一般认为，从脊髓到丘脑和皮层的最直接的伤害性传导通路是脊髓丘脑束（STT），它起源于脊髓背角，投射至丘脑腹后外侧核（VPL）[在三叉神经通路上与之对应的核团为丘脑腹后内侧核（VPM)]，再投射至躯体感觉皮层（SⅠ和SⅡ）。VPL和VPM通路对于疼痛感觉性质的辨别和感受强度的评价是至关重要的。

20世纪早期，以海德（Henry Head，1861—1940）和霍尔姆斯（Gordon Morgan Holmes，1876—1965）为代表的一些神经科学家提出，大脑皮层不参与对疼痛的感知，其证据来自对战争中头部受伤的患者的检查以及癫痫手术中对人类暴露的大脑皮层的电刺激。然而，最近通过对人类大脑的影像学研究和对猴子大脑皮层的电生理记录得出了不同的结论：大脑皮层在疼痛的感觉-辨别和情绪-动机形成中都发挥着重要的作用。利用PET和fMRI技术的影像学研究发现，人类大脑皮层的多个区域对疼痛刺激有反应。被疼痛刺激所激活的皮层区域主要包括：初级（SⅠ）和次级（SⅡ）躯体感觉皮层、岛叶皮层（IC）以及前扣带皮层（ACC)。丘脑向SⅠ和SⅡ的投射纤维主要来自VPL和VPM，也有的来自腹后下核（VPI）和中央外侧核，所有这些核团都接受STT的直接投射。ACC接受多个脑区的传入冲动，包括丘脑、岛叶、后扣带皮层和前额叶，并投射到与执行功能有关的前额叶和与反应选择功能有关的辅助运动区。ACC是疼痛研究中最常被激活的脑区。脑功能成像结果表明，ACC更直接地参与痛情绪编码而较少参与评价疼痛的感觉特性，提示ACC在情绪形成过程中比躯体感觉皮层更为重要。ACC是大脑注意和动机神经网络的一部分，多种投射纤维在ACC的汇聚证实了一种机制的存在，即疼痛的躯体感受、认知过程、注意以及初步的情绪机制在此发生整合。而ACC向前额叶和辅助运动区的纤维投射则表明，控制疼痛感觉、注意、运动策划和情绪功能的皮层区域构成了一个广泛分布的神经网络。这一网络结构对于解释疼痛的心理调节机制具有一定意义，因为网络中的每一级联络都代表了疼痛信息处理过程中的一个阶段，每一个阶段从理论上讲都会受到心理因素的影响。

除了经典的STT通路外，还有些通路从脊髓背角发出，直接投射到延髓、中脑网状结构和下丘脑，或通过脑桥的突触连接到达杏仁核，分别参与对觉醒、弥散性皮层激活（网状结构核团）、自主活动调节（下丘脑）和情绪活动如恐惧（杏仁核）的编码。已经证实，杏仁中央核在恐惧、情绪记忆和行为以及恐惧性刺激引起的自主神经和躯体运动反应中具有重要作用。上文提到的那些到达VPL/VPM和躯体感觉皮层的通路在解剖上经由一条腹侧的皮层-边缘通路与边缘系统形成纤维联络，这条通路从SⅠ和SⅡ到达后顶叶，然后投射到岛叶，再由岛叶发出纤维到皮层下的边缘结构如杏仁核、嗅皮层和海马。该皮层-边缘通路对于编码疼痛情绪是至关重要的，它最终与另外一条直接投射到边缘系统和皮层下结构的脊髓上行通路汇合。这种汇合反映了序列的和平行的通路对疼痛信息的共同处理，它提示了神经网络编码机制在疼痛信息处理中的重要意义。

缓解神经性疼痛的新疗法

现代神经科学研究支持疼痛的神经网络学说，即疼痛刺激由脑内分布式的痛觉相关网络编码，该网络涉及感觉、运动、情绪、内脏等多个中枢，经由多种调节和修饰，并将最终的处理结果在意识中体现为痛觉。这一学说已经得到了包括电生理和脑功能成像在内的多种研究的证实。

第二节　痛觉形成的心理学机制

自从1968年梅尔扎克和凯西提出“疼痛多维性”观点以来，痛觉已经由当初单一感觉成分的概念演化为多维度的概念。除了时间和空间因素之外，疼痛还包含多种重要的成分，包括初始的感觉辨别（强度）、由高级中枢加工产生的负性情绪反应（不愉快感）、与疼痛的远期意义相关的反思和认知过程（延伸的负性情绪）以及对疼痛的行为学反应（行为调节）。闸门控制理论为痛觉的这些成分提供了一个可能的机制，并提示疼痛在脊髓水平就受到许多行为和心理因素的调节（易化和抑制），这些调节因素涵盖的范围从对疼痛的文化信仰、与疼痛转归有关的预期反应到躯体功能丧失所引起的情绪变化。

痛觉体验包括感觉和情绪两个方面，在大多数情况下，情绪反应的产生主要是躯体受到伤害而产生不舒服感所致。因此一般认为，疼痛的感觉特性导致了不愉快情绪的产生，如图17-2所示。疼痛所伴随的负性情绪有两种：一种是因即刻伤痛而使个体感到不舒服，我们称之为“即刻的不愉快感”，它通常与疼痛刺激的性质和强度密切相关；另一种是“延伸的痛情绪”，是指个体对于疼痛所造成的远期后果的顾虑、恐惧和担忧，与疼痛的长期意义直接相关。当疼痛持续存在时，“即刻的不愉快感”会逐渐过渡、演变为“延伸的痛情绪”。

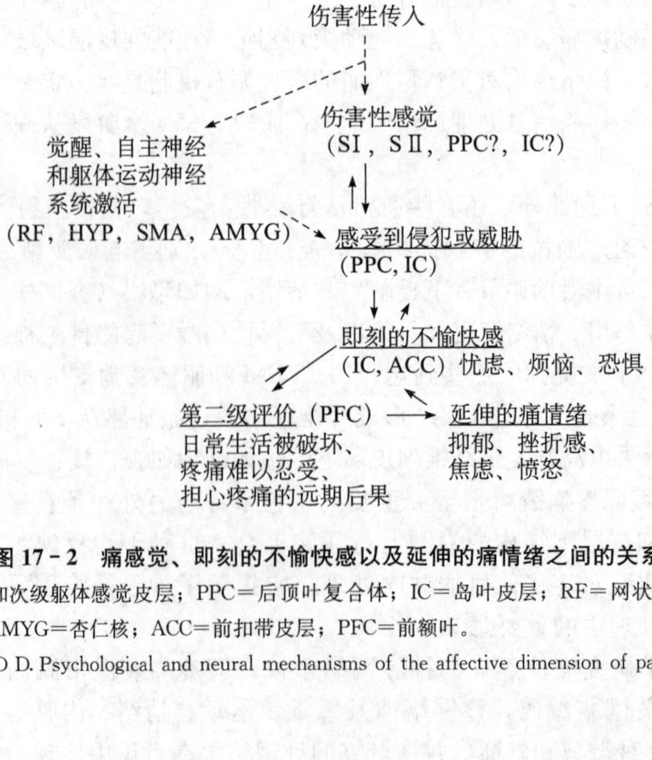

图17-2　痛感觉、即刻的不愉快感以及延伸的痛情绪之间的关系

SSⅠ和SⅡ＝初级和次级躯体感觉皮层；PPC＝后顶叶复合体；IC＝岛叶皮层；RF＝网状结构；HYP＝下丘脑；SMA＝辅助运动区；AMYG＝杏仁核；ACC＝前扣带皮层；PFC＝前额叶。

资料来源：Price D D. Psychological and neural mechanisms of the affective dimension of pain. Science，2000，288(5472)：1769-1772.

一、负性情绪是疼痛的一个组成部分

国际疼痛学会将负性情绪定义为痛觉体验的一个组成部分。普利斯（Donald D. Price）进一步提出，与痛觉情绪相关的信息处理过程有初级痛情绪（即刻的不愉快感）和次级痛情绪（延伸的痛情绪）之分。如上文所述，初级痛情绪是指伤害刺激所造成的、与威胁感密切相关的即刻不愉快感，次级痛情绪则以对疼痛的远期后果做出的评价为特征。虽然痛感觉和初级痛情绪这两个方面足以令我们形成对痛觉的体验，但次级痛情绪无疑在感受疼痛的深远意义和未来影响方面对完整痛感知做出了必要的补充。

二、感觉和情绪维度在心理学上的相互关系

与经典的感觉模态（视、听、嗅、触）相比，痛觉最显著的特性是程度强烈。例如，高分贝的噪声和刺眼的强光会令人产生“痛”的感觉，因此，难以忍受是痛觉的一个重要方面。当然疼痛还有许多其他特性，包括适应过程慢（持续存在）、时间总和效应（重复刺激能使之加重）、空间扩散（疼痛向周围放射）、空间总和效应（痛感觉随受累区域的扩大而增强）、独特的感觉特征（常以针刺、烧灼、酸楚等词来描述）等。疼痛因伤害性或可能引起组织损伤的刺激而起，故人们无论在躯体上还是意识上都将疼痛视为一种伤害，这是产生负性情绪的重要原因。如果疼痛持续存在，这种负性情绪就会加重。因此普利斯提出，在疼痛强度和不愉快情绪之间存在着因果关系，即疼痛强度是不愉快感产生的原因，反之则不成立。这一推论在伦威尔（P. Rainville）等人的研究中得到证实，他们发现，利用催眠暗示的方法能够改变被试因热伤害刺激而产生的不愉快情绪，但不影响他们所感受到的疼痛强度；反过来，当催眠暗示的方法仅仅针对改变疼痛强度时，被试对痛感觉和不愉快情绪的评分都会减少。

根据达马西奥（Antonio Damasio）等人提出的关于情绪产生的神经机制，疼痛的不愉快感反映了几种因素的共同作用，包括痛感觉的性质、个体的意识状态、内脏和躯体运动反应等，这些心理物理因素的存在加上对背景环境的评价，共同引发了当事人躯体和内心的感受。这种感受不一定伴有特定的思维过程，它大部分来自身体内部和外部体验。与即刻不愉快感不同，延伸的痛情绪中掺入了认知因素的影响，它基于更细致的对疼痛的回忆、反思或想象，包括疼痛对正常生活的干扰、疼痛随时间推移而愈加难以忍受、疼痛产生的长远后果等。总的来说，疼痛不仅影响个体当前的状态，而且对于未来的健康状况和生活质量都是一种威胁，它引起的痛苦和烦恼将影响到远期的躯体功能。

三、慢性痛发展的心理学机制

慢性痛不是突然发生的，它是在与环境相互作用的过程中形成的。通常我们只注意到疼痛的内在生物学原因而忽略了认知和行为方面的因素，事实上，慢性痛是生物学因素、环境、行为、情绪以及认知之间相互作用的结果。

（一）学习模型

学习是环境影响慢性痛发展的最重要的机制。学习理论认为，疼痛时个体所采取的行为受到疼痛所发生的环境以及可能产生的后果的调节。若按照一定的程序予以强化，即使伤害性刺激已经不存在了，痛行为仍然会继续维持下去。

1. 操作式学习机制

早在20世纪初期，环境因素对痛觉形成的影响就已为人们所熟知。1976年，弗迪斯（Wilbert E. Fordyce，1923—2009）首先将操作式条件反应理论引入疼痛领域，大大拓宽了人们的视野，使得对慢性痛机制的认识进入了一个新的时代。在操作式条件反应理论中，疼痛的行为学表现（而非疼痛本身）处于核心地位。

当一个人遭受到伤害性刺激的时候，他最先做出的反应是肢体回缩或躲避，以使身体免于受到伤害。根据操作式条件反应理论，痛行为的产生可能与外部事件的偶然加强有关。例如，当一位女性患者在做家务时腰痛突然发作，她会立即停止劳作并发出呻吟。此时，其丈夫上前表示关心，并为她做腰部按摩，这样就产生了一个正性结果。根据操作式条件反应的原则，导致正性结果的行为很可能会反复发生。也就是说，妻子的痛行为会因此得到强化，导致今后这种行为的发生频率增加。这个例子说明，损伤所引发的痛反应会在偶然间被一些事件强化，一旦个体学会了这些行为，那么以后再次发作也就不需要致痛刺激真正存在。操作式条件反应不涉及疼痛的生物学病因，相反，它将疼痛视为一种内在的主观体验。根据这一理论，对于感觉刺激去除之后的继发的疼痛反应应针对心理原因进行治疗，而不是直接针对痛感觉本身。根据操作式条件反应理论对一些慢性痛病人进行治疗取得了令人满意的效果，通过分散注意力、增加良性行为（如积极活动）等可以实现消除痛行为的目的。

2. 应答式学习机制

除了操作式学习机制以外，用于解释疼痛慢性状态的理论还包括应答式条件反应理论。倘若一个厌恶性刺激与一个中性刺激反复配对，那么单独给予中性刺激即可引发个体的厌恶反应。根据这一理论，慢性痛患者是因为学会了预期疼痛刺激的负性结果才在不出现伤害性刺激的情况下仍然感到疼痛。这种情况常见于接受化疗的癌症患者，他们因形成了条件反应而在用药之前或进入化疗室之前就感到恶心。这种负性的情绪反应会导致肌肉紧张，结果使疼痛加重。

应答式条件反应和操作式条件反应可能都参与慢性痛患者异常行为的产生和维持。在长期学习的过程中，越来越多的事物、人和环境都会变成诱发疼痛的刺激，病人不得不设法回避它/他们以防止疼痛发生。除了学会回避之外，由于预期情况下焦虑引起交感神经系统兴奋以及肌肉紧张度增加，病人的疼痛会愈加强烈。

3. 社会学习机制

社会学习机制在急性痛产生和慢性痛维持中的作用已经受到关注。根据这一理论，产生何种痛感觉取决于我们所见到的事物，即所谓的观察学习。也就是说，个体所产生的新的行为反应是通过观察别人的行为获得的，例如儿童对于健康、保健以及各种躯体症状的认识和理解方式都是从父母和周围的人身上学来的。他们还学会了如何注意危险和疾病。当他们长大以后，这些认识就会影响其对事物的判断，表现为忽略或过度关注自己的身体功能变化。这种文化背景决定了人们对待疾病的态度。

实验室对照研究以及大量的临床观察发现，社会学习机制对于痛感觉的形成具有重要的影响。疼痛刺激引起的生理反应会因观察别人的疼痛过程而发生条件化。以烧伤患者为例，他们在病房里会见到其他烧伤病人的痛苦状态，每个病人的反应都会受到所见事物的影响。在一项研究中，以健康儿童或其糖尿病父母作为对照，发现慢性痛儿童患者更喜爱看有痛苦剧情的影片。而且根据教师们对学生做出的评价，患病儿童比健康儿童表现出更多的异常行为，例如发牢骚、旷课、频繁光顾医务室等。对伤害性刺激的行为反应和预期与以前的社会经历有关，因此，社会背景不同的人对于同样程度的躯体损伤可能会表现出完全不同的行为反应。

（二）认知和情绪因素

虽然学习模型可以很好地解释痛行为发生频率增高这一现象，并使我们对疼痛的认识产生了革命性的变化，但它还是存在一定的缺陷。因为学习的过程极为复杂，有相当大的个体差异。简单的学习模型不足以解释为什么当伤口愈合后少数人的痛行为增加而大多数人的痛行为减少。心理学家试图将认知过程补充进现有的学习模型中。他们认为痛行为还受认知和情绪等因素的影响，包括观念、态度以及情绪状态等。

有研究对腰背痛患者进行了调查，发现患者对疼痛的理解会导致几种不同行为的产生。例如，当患者认为活动会加剧疼痛时，即使真正的痛感受并不像预期的那样强烈，他也会倾向于少活动。换句话说，持有这种观念的患者会尽量减少他们认为会加重疼痛或导致损伤的活动。由此看来，观念与学习中所产生的认识以及疼痛的发展过程有一定联系。

情绪因素也参与慢性痛的发展。自身的经历、想法和认识可以引起情绪反应。例如，认为运动将导致疼痛加重的想法会引起恐惧和忧虑，忧虑又会引起警觉，这样虽然有利于避开一些危险，但是在疼痛状态下，高度的警觉又会增加痛苦，即过分关注痛觉而使其放大。因此，与认知相关的情绪可能是某些行为和学习过程的基础。

恐惧-逃避模型解释了认知、情绪和行为之间的关系，该模型包括三个成分：认知因素（如灾难感）、情绪因素（如恐惧、忧虑和警觉性）和行为因素（如逃避）。简单地说，这一模型认为，如果疼痛被诠释为一种危险信号，那么灾难感即随之出现，然后产生恐惧心理，恐惧又会导致逃避行为，接着出现躯体功能障碍以及抑郁情绪等，这些反过来又会影响痛感受，使疼痛加重，从而形成恶性循环。

第三节　心理因素对痛觉的调节作用

心理因素在疼痛调节中的作用早在古代就已认识到。阿维森纳（Avicenna，980—1037）在他的《医典》一书中介绍了几种能够缓解疼痛的行为和认知行为干预措施，包括按摩、松弛训练、漫步、听音乐、培养个人爱好等，以此来减轻疼痛的程度。随着科学的发展，人类逐渐认识到疼痛不仅仅与组织损伤的种类和程度相关（这种认识对于评估和治疗疼痛都有着重要的意义），许多心理学因素如注意、预期、文化、信仰、生活经验等也都会影响我们对疼痛的感知。另外，我们应对疼痛时所采取的行为方式和情绪反应也会影响到未来的躯体残障程度以及后期产生的心理忧患。

一、环境因素介导的抗伤害反应

外界的刺激强度与疼痛的感受程度不是呈线性关系的。无论是临床观察还是生活经验都告诉我们，有时虽然有致痛因素存在，却并不感到疼痛，或者疼痛发生时并不总是伴随显著的病理生理反应。这表明，机体自身存在部分或完全的镇痛机制。

外源性吗啡可以激活体内的疼痛抑制系统，从而有效地抑制伤害性信息的传导。这表明，体内的这一系统本身就具有阻断痛传导的功能。倘若的确如此，那么我们可以推测，某些特定的心理环境可以使该系统的活动加强。海耶斯（R. L. Hayes）等首次系统地研究了非药物环境下动物体内疼痛抑制系统的激活。他们发现，各种不同的刺激，如足部电击、离心式旋转、腹腔注射高渗盐溶液等都可以引起强烈的抗伤害反应。

有趣的是，一些由环境因素引起的镇痛或痛敏反应可以引起经典条件反应。例如，给予大鼠重复配对的提示信号和足部刺激，之后仅仅是提示信号就可以引起抗伤害性反应。在该条件反应中，阿片介导的抗伤害系统被激活，因为这种条件化的抗伤害反应可以被注射纳洛酮、吗啡耐受或损毁内源性疼痛下行调节通路而消除。另外，神经系统中更高级的结构也参与了条件性抗伤害反应，因为当损毁杏仁核或中脑导水管周围灰质（PAG）后，该反应便随之消失。

二、注意对疼痛的调节

研究得最多的影响痛觉的心理因素就是注意。利用分散注意力的方法来减轻病人痛苦在医疗史上由来已久。许多证据表明，当被试将注意力转向其他的感觉刺激如视觉、听觉、触觉等刺激时，他的疼痛感受会减弱。在这些实验中，被试被要求分散注意力，也就是将注意力不集中在痛感觉上，或者想象其他的事情，或者集中注意力来完成某项文字或数字计算的任务。虽然这些研究在设计上略有差异，但其结果共同证明了一个事实，那就是当被试分散注意力的时候其痛觉感知有所减弱。在与之相反的情况下，即要求被试格外注意疼痛，例如在一项临床观察中，医生要求患者经常对他们的痛感受做出评价，结果发现，这种促使患者注意其疼痛的做法使痛感受增强。但是要指出的是，注意对疼痛的影响并不像上文所描述的那样简单，注意疼痛并不总是增强痛觉，该效果还会受性别、年龄、人格特征等多种因素的影响。

有几项研究是在灵长类身上进行的，在控制动物注意力的情况下记录脑和脊髓内伤害性神经元的动作电位变化，结果发现注意伤害性刺激使这些神经元的活动显著增强。这表明，注意对伤害性信息的调节作用包含由大脑到脊髓背角初级突触的下行通路的参与，从而为验证闸门控制理论提供了证据。注意引起的脊髓背角伤害性活动的改变也部分地反映了皮层信息处理过程的改变，利用脑功能成像技术研究人类脑活动发现，丘脑和一些皮层区域包括初级躯体感觉皮层、前扣带皮层和岛叶皮层的痛相关活动都受到注意的调节。EEG 和 MEG 研究表明，参与注意对痛觉的调节作用的脑区还包括对感觉信息进行初步加工的初级躯体感觉皮层。针对啮齿类动物所做的电生理实验也表明，在疼痛刺激过程中，初级躯体感觉皮层对丘脑腹后外侧核有持续的下行调节作用；前扣带皮层对丘脑背内侧核也有类似的下行调节作用。这提示，疼痛的感觉和情绪可能都在注意的调节范围之内。

三、情绪对疼痛的调节

临床研究指出，慢性痛病人的态度和情绪状态能影响其对疼痛的感知。实验室研究证实，那些愉悦的视、听刺激如优美的音乐、美丽的图片或搞笑电影都能改善患者的心境，从而减轻痛感受。相反，如果给予恶性视、听刺激，则疼痛就会加重。但是，对于情绪影响疼痛的解释似乎有些困难，因为这些视、听刺激在改变心境的同时也改变了患者的注意力。另外，长期严重的抑郁情绪，会导致慢性痛的发病率显著升高。实验室研究证实，抑郁情绪会使个体忽略外来的、可以回避的疼痛刺激，从而加强其内部持续存在的疼痛症状。

四、安慰剂效应

近年来，**安慰剂效应**（placebo effect）——特别是安慰剂的镇痛效应，作为一种阐释疼痛调节的心理和神经生物学机制的模型而引起广泛的关注。根据布洛迪（H. Brody）的说法，安慰剂效应是一种由治疗环境中象征某一事件或目标的事物而引发的躯体-心理上的变化。万斯（L. Vase）等人提出了一个更新的定义，将安慰剂效应描述为由于患者对治疗措施的主观认识而导致的症状减轻。这两个定义都强调了治疗环境所起的关键性作用，也就是说，是医疗环境中的各种暗示赋予了一个事物“象征治愈”的意义。

对于安慰剂效应的机制有两种观点：预期和条件反应。也就是说，安慰剂既可以通过有意识的预期过程来影响患者的生理功能，也可以通过无意识的条件反应来实现其效应。很多学者认为安慰剂效应实际上是一种情境效应，涉及相关情境所引发的患者对某种治疗结果的预期。然而也有证据表明，在某些情况下，安慰剂效应是一种将条件刺激（如镇痛药的形状和颜色）和非条件刺激（药物的活性成分）反复结合而产生的条件反应。此时，治疗情境是条件刺激（药片的形状和颜色、注射器、医院的环境等）。但是需要指出的是，即使在经典条件反应中，条件性安慰剂反应也是通过预期来介导的。换句话说，条件刺激与非条件刺激的结合使患者形成一种预期，认为某一事件必将伴随另一事件而发生。因此，上述两种机制并不是完全独立的。

最近的一项研究清楚地表明，在实验性疼痛中，不同的提示语可以使患者形成镇痛或痛敏的预期，这种预期可以完全消除条件反应的作用。与此相反，另外一项实验发现，想要使被试的生长激素分泌增加、皮质醇分泌减少，只有提示语是不够的，必须预先反复使用一种刺激生长激素分泌并抑制皮质醇分泌的药物，然后提示语才能发挥作用，并且即使是相反的提示语也会产生相同的效果。这一结果表明，对于一些不受意识控制的生理功能例如激素分泌，安慰剂效应是由条件反应介导的，而对于受意识控制的生理过程例如疼痛，则是由预期介导的。因此，根据参与系统的不同，安慰剂效应表现为一种有意识或无意识的学习过程。

综上，安慰剂效应是一种情境效应。医生的言语、医院的环境、药物的气味以及各种医疗器械的外形等均可以影响治疗效果。治疗情境可以通过期待以及有意识的预期过程影响治疗效果，也可以作为一种条件刺激，通过与非条件刺激反复结合而产生条件性安慰剂反应。

五、安慰剂镇痛的神经机制

菲尔兹（H. L. Fields）和莱文（J. D. Levine）于 1984 年首先提出，安慰剂效应涉及阿片和非阿片成分，还特别暗示了不同的躯体、心理和环境因素对内源性阿片肽系统具有不同的影响。阿曼齐奥（M. Amanzio）和贝内德蒂（F. Benedetti）发现，预期和条件反应过程均可以产生安慰剂镇痛作用，前者通过激活阿片系统而后者通过激活某些特定的亚系统。事实上，安慰剂效应如果是由预期引起的，则会被阿片受体拮抗剂纳洛酮所阻断；相反，安慰剂效应如果是通过与非阿片药物结合的条件反应所介导的，则不能被纳洛酮所阻断。

六、慢性痛的心理治疗——认知行为疗法

认知治疗的重点在于改变病人的信念、期望和应对能力。在认知治疗中，医生帮助患者及其家属了解可能加剧疼痛的环境因素，并且指导他们改变这些因素，如调节生活方式，包括饮食、睡眠和运动等。医生还可以教给患者如何使用特殊的认知方法来控制疼痛，如注意和分散注意、引导想象、自我催眠等。

行为干预通常与认知治疗联合使用，用于改变那些可能加重疼痛或残疾的行为。这些干预措施的对象为患者、家属或医务人员。在就诊时，医生会向患者家属询问其行为可能带来的影响，并通过不同的强化和条件化策略帮助家属积极地改变行为。医生还可以教给患者一些特殊的行为控制方法，如松弛疗法和生物反馈等。

认知和行为学方法通常都是联合使用的。实际上，认知行为疗法（cognitive behavioral therapy，CBT）一词已逐渐成为慢性痛综合治疗方案的最佳描述。已经证实，CBT 对于多种类型的急、慢性痛都有显著疗效，包括术后痛、腰背痛、风湿性关节炎痛、肌纤维痛、复杂性局部疼痛综合征（CRPS）、癌症痛、坐骨神经痛、颞下颌关节痛、头痛等。所有 CBT 方案都是根据疼痛的生物心理学特点制定的，其中，生物医学、心理学、社会学和环境因素之间动态的相互作用影响着疼痛及其相关的行为和情绪反应。

如果在 CBT 的基础上结合当前西方流行的正念（mindfulness）疗法，就形成了基于正念的认知行为疗法（MBCT），或正念减压疗法（MBSR）。正念可以让练习者学会正视存在的各种感觉、情绪和想法，并对整个生理和心理过程同时保持注意力，以便了解自己存在的关于疼痛的负面预期、认识和情绪，并把正确的认识带入痛觉信息处理过程。临床研究证实，MBCT 有助于缓解抑郁，从而缓解抑郁所导致的慢性痛；而 MBSR 则能够有效地缓解焦虑，从而缓解被焦虑加强了的疼痛过程。

不同患者所经历的疼痛可能会有一些类似的特征，但是他们的疼痛问题可能还存在截然不同的起因和影响因素。许多疼痛条件相似的患者都受到某些认知、行为和情绪因素的

影响，但这些因素是作为主要原因还是次要原因影响疼痛却各不相同。针对不同患者，评估可以引发疼痛、加剧疼痛和忧虑、延长残障期相关因素的影响，可以使诊断更为准确。客观地评价这些方面使我们能够为每一个疼痛患者选择最佳的药物或非药物的治疗方案。

→ 基本概念

疼痛	外侧痛觉系统	内侧痛觉系统	伤害感受器
闸门控制理论	上发条	中枢敏化	痛觉过敏
触诱发痛	安慰剂效应		

→ 思考题

1. 如何理解疼痛感受的复杂性？
2. 哪些传入传出因素影响疼痛感受的形成？
3. 疼痛所伴随的负性情绪有几种？意义如何？
4. 慢性痛发展的心理学机制是什么？
5. 何谓安慰剂效应？其机制是什么？

参考文献

德斯伯里，雷斯林沙弗．比较心理学：现代概观．邵郊，等译．北京：科学出版社，1984.

韩济生．神经科学原理．2 版．北京：北京医科大学出版社，1999.

韩太真，吴馥梅．学习与记忆的神经生物学．北京：北京医科大学・中国协和医科大学联合出版社，1998.

卡尔森．生理心理学．6 版．苏彦捷，等译．北京：中国轻工业出版社，2007.

坎德尔，施瓦茨，杰塞尔．神经科学原理．4 版影印版．北京：科学出版社，2001.

李甦．解析儿童学语之谜．生命世界，2007 (5)：54 - 57.

刘世熠．睡眠研究若干现代理论问题．心理学报，1996，35 (3)：299 - 306.

邵郊．生理心理学．2 版．北京：人民教育出版社，1999.

姚泰．生理学．5 版．北京：人民卫生出版社，2001.

Abrahamsen R，Baad-Hansen L，Svensson P. Hypnosis in the management of persistent idiopathic orofacial pain-clinical and psychosocial findings. Pain，2008，136 (1 - 2)：44 - 52.

Adkins-Regan E. Hormones and animal social behavior. Princeton，NJ：Princeton University Press，2005.

Agate R J，Grisham W，Wade J，et al. Neural，not gonadal，origin of brain sex differences in a gynandromorphic finch. Proceedings of the National Academy of Sciences，2003，100 (8)：4873 - 4878.

Amanzio M，Benedetti F. Neuropharmacological dissection of placebo analgesia：expectation-activated opioid systems versus conditioning-activated specific subsystems. Journal of Neuroscience，1999，19 (1)：484 - 494.

Anand B K，Brobeck J R. Hypothalamic control of food intake in rats and cats. Yale Journal of Biology & Medicine，1951，24 (2)：123 - 140.

Anand B K，Chhina G S，Singh B. Effect of glucose on the activity of hypothalamic "feeding centers". Science，1962，138 (3540)：597 - 598.

Anway M D，Leathers C，Skinner M K. Endocrine disruptor vinclozolin induced epigenetic transgenerational adult-onset disease. Endocrinology，2006，147 (12)：5515 - 5523.

Anway M D，Skinner M K. Epigenetic transgenerational actions of endocrine disruptors. Endocrinology，2006，147 (6)：S43 - S49.

Badiani A，Oates M M，Robinson T E. Modulation of morphine sensitization in the rat by contextual stimuli. Psychopharmacology，2000，151 (2 - 3)：273 - 282.

Bailey J M，Benishay D S. Familial aggregation of female sexual orientation. American Journal of Psychiatry，1993，150 (2)：272 - 277.

Bailey J M，Pillard R C. A genetic study of male sexual orientation. Archives of General Psychiatry，1991，48 (12)：1089 - 1096.

Bailey M Y，Garman M W，Cherkin A. Incubation of learning：absence in one-trial avoidance conditioning in the chick. Communications in Behavioral Biology，1969，3：295－297.

Barbaho M F，Cador M. Differential regulation of the consummatory，motivational and anticipatory aspects of feeding behavior by dopaminergic and opioidergic drugs. Neuropsychopharmacology，2006，31（7）：1371－1381.

Barker A T，Freeston I L，Jalinous R，et al. Clinical evaluation of conduction time measurements in central motor pathways using magnetic stimulation of human brain. Lancet，1986，327（8493）：1325－1326.

Barker A T，Freeston I L，Jalinous R，et al. Magnetic stimulation of the human brain and peripheral nervous system：an introduction and the results of an initial clinical evaluation. Neurosurgery，1987，20（1）：100－109.

Barker A T，Jalinous R，Freeston I L. Non-invasive magnetic stimulation of human motor cortex. Lancet，1985，325（8437）：1106－1107.

Bear M F，Connors B W，Paradiso M A. Neuroscience：exploring the brain. 3rd ed. Philadelphia，PA：Lippincott Williams & Wilkins，2007.

Bechara A. Decision making，impulse control and loss of willpower to resist drugs：a neurocognitive perspective. Nature Neuroscience，2005，8（11）：1458－1463.

Beersma D G M，Gordijn M C M. Circadian control of the sleep-wake cycle. Physiology & Behavior，2007，90（2－3）：190－195.

Berke J D，Hyman S E. Addiction，dopamine，and the molecular mechanisms of memory. Neuron，2000，25（3）：515－532.

Berridge K C. Food reward：brain substrates of wanting and liking. Neuroscience & Biobehavioral Reviews，1996，20（1）：1－25.

Bertiere M C，Sy T M，Baigts F，et al. Stress and sucrose hyperphagia：role of endogenous opiates. Pharmacology Biochemistry & Behavior，1984，20（5）：675－679.

Blackmore S. The meme machine. Oxford：Oxford University Press，1999.

Bland S T，Hargrave D，Pepin J L，et al. Stressor controllability modulates stress-induced dopamine and serotonin efflux and morphine-induced serotonin efflux in the medial prefrontal cortex. Neuropsychopharmacology，2003，28（9）：1589－1596.

Blue M E，Parnavelas J G. The formation and maturation of synapses in the visual cortex of the rat. Ⅱ. Quantitative analysis. Journal of Neurocytology，1983，12（4）：697－712.

Bolla K I，Eldreth D A，London E D，et al. Orbitofrontal cortex dysfunction in abstinent cocaine abusers performing a decision-making task. Neuroimage，2003，19（3）：1085－1094.

Breedlove S M，Rosenzweig M R，Watson N V. Biological psychology：an introduction to behavioral，cognitive，and clinical neuroscience. 5th ed. Sunderland，MA：Sinauer Associates，2007.

Brody H. The placebo response. New York：Harper Collins，2000.

Brown J R，Ye H，Bronson R T，et al. A defect in nurturing in mice lacking the immediate early gene fosB. Cell，1996，86（2）：297－309.

Bruce H M. Effect of castration on the reproductive pheromones of male mice. Journal of Reproduction & Fertility，1965，10（1）：141－143.

Buggy J，Jonhson A K. Preoptic-hypothalamic periventricular lesions：thirst deficits and hypernatremia. American Journal of Physiology-Regulatory，Integrative & Comparative Physiology，1977，233（1）：R44－R52.

Cardinal R N，Winstanley C A，Robbins T W，et al. Limbic corticostriatal systems and delayed reinforcement. Annals of the New York Academy of Sciences，2004，1021（1）：33－50.

Caspi A，McClay J，Moffitt T E，et al. Role of genotype in the cycle of violence in maltreated children. Science，2002，297（5582）：851－854.

Cohen L，Dehaene S，Naccache L，et al. The visual word form area：spatial and temporal characterization of an initial stage of reading in normal subjects and posterior split-brain patients. Brain，2000，123（2）：291－307.

Corbett S W，Keesey R E. Digestibility in male rats with lateral hypothalamic lesions. Physiology & Behavior，1980，24（6）：1165－1168.

Costa R M，Federov N B，Kogan J H，et al. Mechanism for the learning deficits in a mouse model of neurofibromatosis type 1. Nature，2002，415（6871）：526－530.

Crabbe J C，Wahlsten D，Dudek B C. Genetics of mouse behavior：interactions with laboratory environment. Science，1999，284（5420）：1670－1672.

Cragg B G. The development of synapses in the visual system of the cat. Journal of Comparative Neurology，1975，160（2）：147－166.

Cristol D A，Switzer P V. Avian prey-dropping behavior. Ⅱ. American crows and walnuts. Behavioral Ecology，1999，10（3）：220－226.

Cristol D A，Switzer P V，Johnson K L，et al. Crows do not use automobiles as nutcrackers：putting an anecdote to the test. The Auk，1997，114（2）：296－298.

Darwin C. On the origin of species by means of natural selection，or，the preservation of favoured races in the struggle for life. London：J. Murray，1859.

Davis C L，Tomporowski P D，McDowell J E，et al. Exercise improves executive function and achievement and alters brain activation in overweight children：a randomized，controlled trial. Health Psychology，2011，30（1）：91－98.

Dawkins R. The selfish gene. Oxford：Oxford University Press，1976.

Dehaene-Lambertz G，Dehaene S，Hertz-Pannier L. Functional neuroimaging of speech perception in infants. Science，2002，298（5600）：2013－2015.

Dekaban A S，Sadowsky D. Changes in brain weights during the span of human life：relation of brain weights to body heights and body weights. Annals of Neurology，1978，4（4）：345－356.

Delgado J M R，Anand B K. Increase of food intake induced by electrical stimulation of the lateral hypothalamus. American Journal of Physiology-Legacy Content，1952，172（1）：162－168.

Dennett D C. Darwin's dangerous idea：evolution and the meanings of life. New York：Simon & Schuster，1996.

Deroche-Gamonet V，Belin D，Piazza P V. Evidence for addiction-like behavior in the rat. Science，2004，305（5686）：1014－1017.

Deutsch J A，Young W G，Kalogeris T J. The stomach signals satiety. Science，1978，201（4351）：165－167.

Di Ciano P，Everitt B J. Direct interactions between the basolateral amygdala and nucleus accumbens core underlie cocaine-seeking behavior by rats. Journal of Neuroscience，2004，24（32）：7167－7173.

Diaz J. How drugs influence behavior：a neuro behavioral approach. Upper Saddle River，NJ：Prentice Hall，1997.

Dudai Y，Jan Y N，Byers D，et al. dunce，a mutant of Drosophila deficient in learning. Proceedings of the National Academy of Sciences，1976，73（5）：1684－1688.

Ebstein R P，Novick O，Umansky R，et al. Dopamine D4 receptor（D4DR）exon Ⅲ polymorphism associated with the human personality trait of novelty seeking. Nature Genetics，1996，12（1）：78－80.

Eccles J C. Possible ways in which synaptic mechanisms participate in learning，remembering and forgetting // Kimble D P. The anatomy of memory. Palo Alto，CA：Science & Behavior Books，1965：12 - 87.

Ehrhardt A A，Meyer-Bahlburg H F L，Rosen L R，et al. The development of gender-related behavior in females following prenatal exposure to diethylstilbestrol (DES). Hormones & Behavior，1989，23 (4)：526 - 541.

Epping-Jordan M P，Watkins S S，Koob G F，et al. Dramatic decreases in brain reward function during nicotine withdrawal. Nature，1998，393 (6680)：76 - 79.

Everitt B J，Robbins T W. Neural systems of reinforcement for drug addiction：from actions to habits to compulsion. Nature Neuroscience，2005，8 (11)：1481 - 1489.

Fabian A C. Origins：the Darwin College lectures. Cambridge：Cambridge University Press，1988.

Fields H L，Levine J D. Placebo analgesia—a role for endorphins? Trends in Neurosciences，1984，7 (8)：271 - 273.

Finger S. History of neuropsychology // Zaidel D W. Neuropsychology. San Diego：Academic Press，1994：1 - 28.

Fink G R，Markowitsch H J，Reinkemeier M，et al. Cerebral representation of one's own past：neural networks involved in autobiographical memory. Journal of Neuroscience，1996，16 (13)：4275 - 4282.

Fishman S. A bomb in the brain. New York：Charles Scribner，1988.

Fordyce W E. Behavioral methods for chronic pain and illness. St. Louis，MO：Mosby，1976.

Forger N G，Breedlove S M. Motoneuronal death during human fetal development. Journal of Comparative Neurology，1987，264 (1)：118 - 122.

Frackowiak R S J，Friston K J，Frith C，et al. Human brain function. 2nd ed. New York：Academic Press，2003.

Gardner R A，Gardner B T. Teaching sign language to a chimpanzee. Science，1969，165 (3894)：664 - 672.

Gibson G，Hogness D S. Effect of polymorphism in the Drosophila regulatory gene Ultrabithorax on homeotic stability. Science，1996，271 (5246)：200 - 203.

Goldstein R Z，Volkow N D. Drug addiction and its underlying neurobiological basis：neuroimaging evidence for the involvement of the frontal cortex. American Journal of Psychiatry，2002，159 (10)：1642 - 1652.

Gordon I T，Whelan P J. Deciphering the organization and modulation of spinal locomotor central pattern generators. Journal of Experimental Biology，2006，209 (11)：2007 - 2014.

Greenough W T，Klintsova A Y，Irwin S A，et al. Synaptic regulation of protein synthesis and the fragile X protein. Proceedings of the National Academy of Sciences，2001，98 (13)：7101 - 7106.

Grilly D M. Drugs and human behavior. 4th ed. Boston，MA：Allyn & Bacon，2002.

Grosjean Y，Grillet M，Augustin H，et al. A glial amino-acid transporter controls synapse strength and courtship in Drosophila. Nature Neuroscience，2008，11 (1)：54 - 61.

Haesler S，Rochefort C，Georgi B，et al. Incomplete and inaccurate vocal imitation after knockdown of FoxP2 in songbird basal ganglia nucleus Area X. PLoS Biology，2007，5 (12)：e321.

Hamburger V. Cell death in the development of the lateral motor column of the chick embryo. Journal of Comparative Neurology，1975，160 (4)：535 - 546.

Hayes R L，Bennett G J，Newlon P G，et al. Behavioral and physiological studies of non-narcotic analgesia in the rat elicited by certain environmental stimuli. Brain Research，1978，155 (1)：69 - 90.

Head H，Holmes G. Sensory disturbances from cerebral lesions. Brain，1911，34 (2 - 3)：102 - 254.

Hellhammer D H，Hubert W，Schürmeyer T. Changes in saliva testosterone after psychological stimulation in men. Psychoneuroendocrinology，1985，10 (1)：77 - 81.

Hester R，Garavan H. Executive dysfunction in cocaine addiction：evidence for discordant frontal，cingulate，and cerebellar activity. Journal of Neuroscience，2004，24 (49)：11017 - 11022.

Hetherington M M，Anderson A S，Norton G N M，et al. Situational effects on meal intake：a comparison of eating alone and eating with others. Physiology & Behavior，2006，88 (4 - 5)：498 - 505.

Hill C M，Hogan A M，Karmiloff-Smith A. To sleep，perchance to enrich learning? Archives of Disease in Childhood，2007，92 (7)：637 - 643.

Holland A J，Sicotte N，Treasure J. Anorexia nervosa：evidence for a genetic basis. Journal of Psychosomatic Research，1988，32 (6)：561 - 571.

Hooper J，Teresi D. The 3-pound universe. New York：Dell，1986.

Hunt T，Amit Z. Conditioned taste aversion induced by self-administered drugs：paradox revisited. Neuroscience & Biobehavioral Reviews，1987，11 (1)：107 - 130.

Huttenlocher P R，de Courten C，Garey L J，et al. Synaptogenesis in human visual cortex—evidence for synapse elimination during normal development. Neuroscience Letters，1982，33 (3)：247 - 252.

Hyde J S. The gender similarities hypothesis. American Psychologist，2005，60 (6)：581 - 592.

Johnston T D，Edwards L. Genes，interactions，and the development of behavior. Psychological Review，2002，109 (1)：26 - 34.

Kalat J W. Psicología Biológica. Madrid：Editorial Paraninfo，2004.

Kaye W. Neurobiology of anorexia and bulimia nervosa. Physiology & Behavior，2008，94 (1)：121 - 135.

Kleinhenz M，Bujok B，Fuchs S，et al. Hot bees in empty broodnest cells：heating from within. Journal of Experimental Biology，2003，206 (23)：4217 - 4231.

Kluwe R H，Lüer G，Rösler，F. Principles of learning and memory. Basel，Switzerland：Birkhäuser，2003.

Kordon C，Gaillard R C，Christen Y. Hormones and the brain. Berlin：Springer，2005.

Korte S M，Koolhaas J M，Wingfield J C，et al. The Darwinian concept of stress：benefits of allostasis and costs of allostatic load and the trade-offs in health and disease. Neuroscience & Biobehavioral Reviews，2005，29 (1)：3 - 38.

Ksir C J，Hart C L，Ray O S. Drugs，society，and human behavior. 11th ed. New York：McGraw-Hill，2006.

Kuhl P K，Andruski J E，Chistovich I A，et al. Cross-language analysis of phonetic units in language addressed to infants. Science，1997，277 (5326)：684 - 686.

Larroche J C. Developmental pathology of the neonate. New York：Excerpta Medica，1977.

Lavin M J，Freise B，Coombes S. Transferred flavor aversions in adult rats. Behavioral & Neural Biology，1980，28 (1)：15 - 33.

Laviola G，Macrì S，Morley-Fletcher S，et al. Risk-taking behavior in adolescent mice：psychobiological determinants and early epigenetic influence. Neuroscience & Biobehavioral Reviews，2003，27 (1 - 2)：19 - 31.

Leibowitz S F，Wortley K E. Hypothalamic control of energy balance：different peptides，different functions. Peptides，2004，25 (3)：473 - 504.

LeVay S. A difference in hypothalamic structure between heterosexual and homosexual men. Science，1991，253 (5023)：1034 - 1037.

Longstaff A. Instant notes in neuroscience. Oxford：BIOS Scientific Publishers，2000.

Lou H C，Kjaer T W，Friberg L，et al. A ^{15}O-H_2O PET study of meditation and the resting state of normal consciousness. Human Brain Mapping，1999，7（2）：98－105.

Lu J，Bjorkum A A，Xu M，et al. Selective activation of the extended ventrolateral preoptic nucleus during rapid eye movement sleep. Journal of Neuroscience，2002，22（11）：4568－4576.

Luria A R. Language and cognition. New York：Wiley，1981.

Lutter M，Nestler E J. Homeostatic and hedonic signals interact in the regulation of food intake. Journal of Nutrition，2009，139（3）：629－632.

Macht M. Characteristics of eating in anger，fear，sadness and joy. Appetite，1999，33（1）：129－139.

Macht M. How emotions affect eating：a five-way model. Appetite，2008，50（1）：1－11.

Maddison S，Wod R J，Rolls E T，et al. Drinking in the rhesus monkeys：peripheral factors. Journal of Comparative & Physiological Psychology，1980，94（2）：365－374.

Maguire E A，Gadian D G，Johnsrude I S，et al. Navigation-related structural change in the hippocampi of taxi drivers. Proceedings of the National Academy of Sciences，2000，97（8）：4398－4403.

Mantilla C B，Sieck G C. Invited review：mechanisms underlying motor unit plasticity in the respiratory system. Journal of Applied Physiology，2003，94（3）：1230－1241.

Marshall L H，Magou H W. Discoveries in the human brain：neuroscience prehistory brain structure，and function. Totowa，NJ：Humana Press，1998.

Martí O，Martí J，Armario A. Effects of chronic stress on food intake in rats：influence of stressor intensity and duration of daily exposure. Physiology & Behavior，1994，55（4）：747－753.

McCown W G. Multi-impulsive personality disorder and multiple substance abuse：evidence from members of self-help groups. Addiction，1988，83（4）：431－432.

McGaugh J L. Time-dependent processes in memory storage. Science，1966，153（3742）：1351－1358.

McGaugh J L. Dissociating learning and performance：drug and hormone enhancement of memory storage. Brain Research Bulletin，1989，23（4－5）：339－345.

McNaughton N. Biology and emotion. Cambridge：Cambridge University Press，1989.

Melzack R，Casey K L. Sensory，motivational and central control determinants of pain：a new conceptual model//Kenshalo D. The skin senses. Springfield，IL：Charles C. Thomas，1968：423－443.

Melzack R，Wall P D. Pain mechanisms：a new theory. Science，1965，150（3699）：971－979.

Mennella J A，Jagnow C P，Beauchamp G K. Prenatal and postnatal flavor learning by human infants. Pediatrics，2001，107（6）：e88－e88.

Meyer J S，Quenzer L F. Psychopharmacology：drugs，the brain，and behavior. Sunderland，MA：Sinauer Associates，2005.

Morgan D，Grant K A，Gage H D，et al. Social dominance in monkeys：dopamine D_2 receptors and cocaine self-administration. Nature Neuroscience，2002，5（2）：169－174.

Morris，C A，Mervis，C B. Williams syndrome and related disorders. Annual Review of Genomics & Human Genetics，2000，1（1）：461－484.

Musallam S，Corneil B D，Greger B，et al. Cognitive control signals for neural prosthetics. Science，2004，305（5681）：258－262.

Nestler E J. Is there a common molecular pathway for addiction？Nature Neuroscience，2005，8（11）：1445－1449.

Nestler E J. Molecular basis of long-term plasticity underlying addiction. Nature Reviews Neuroscience，2001，2（2）：119－128.

Nestler E J，Barrot M，DiLeone R J，et al. Neurobiology of depression. Neuron，2002，34（1）：13－25.

Neveu I，Arenas E. Neurotrophins promote the survival and development of neurons in the cerebellum of hypothyroid rats in vivo. Journal of Cell Biology，1996，133（3）：631－646.

Ogawa S，Lee T M，Kay A R，et al. Brain magnetic resonance imaging with contrast dependent on blood oxygenation. Proceedings of the National Academy of Sciences，1990，87（24）：9868－9872.

O'Keefe J. Place units in the hippocampus of the freely moving rat. Experimental Neurology，1976，51（1）：78－109.

Olds J，Milner P. Positive reinforcement produced by electrical stimulation of septal area and other regions of rat brain. Journal of Comparative & Physiological Psychology，1954，47（6）：419－427.

Oliver G，Wardle J. Perceived effects of stress on food choice. Physiology & Behavior，1999，66（3）：511－515.

Oliver G，Wardle J，Gibson E L. Stress and food choice：a laboratory study. Psychosomatic Medicine，2000，62（6）：853－865.

Olton D S，Samuelson R J. Remembrance of places passed：spatial memory in rats. Journal of Experimental Psychology：Animal Behavior Processes，1976，2（2）：97－116.

Ornstein R，Thompson R. The amazing brain. Boston，MA：Houghton Mifflin，1984.

Oswald L M，Wong D F，Zhou Y，et al. Impulsivity and chronic stress are associated with amphetamine-induced striatal dopamine release. Neuroimage，2007，36（1）：153－166.

Overmier J B，Seligman M E. Effects of inescapable shock upon subsequent escape and avoidance responding. Journal of Comparative & Physiological Psychology，1967，63（1）：28－33.

Palmer S. E. Vision science：photons to phenomenology. Cambridge，MA：MIT Press，1999.

Pantev C，Oostenveld R，Engelien A，et al. Increased auditory cortical representation in musicians. Nature，1998，392（6678）：811－814.

Paxinos G，Watson C. The rat brain in stereotaxic coordinates. 4th ed. San Diego：Academic Press，1998.

Peciña S，Berridge K C. Opioid site in nucleus accumbens shell mediates eating and hedonic 'liking' for food：map based on microinjection Fos plumes. Brain Research，2000，863（1－2）：71－86.

Peciña S，Berridge K C. Hedonic hot spot in nucleus accumbens shell：where do μ-opioids cause increased hedonic impact of sweetness? Journal of Neuroscience，2005，25（50）：11777－11786.

Poremba A，Malloy M，Saunders R C，et al. Species-specific calls evoke asymmetric activity in the monkey's temporal poles. Nature，2004，427（6973）：448－451.

Powell K R，Holtzman S G. Parametric evaluation of the development of sensitization to the effects of morphine on locomotor activity. Drug & Alcohol Dependence，2001，62（1）：83－90.

Price D D. Psychological and neural mechanisms of the affective dimension of pain. Science，2000，288（5472）：1769－1772.

Price D D，Bushnell M C. Psychological methods of pain control：basic science and clinical perspectives. Seattle，WA：IASP Press，2004.

Purpura D P. Dendritic spine "dysgenesis" and mental retardation. Science，1974，186（4169）：1126－1128.

Purves D，Augustine G J，Fitzpatrick D，et al. Neuroscience. 4th ed. Sunderland，VT：Sinauer Associates，2008.

Quinn W G，Harris W A，Benzer S. Conditioned behavior in Drosophila melanogaster. Proceedings of the National Academy of Sciences，1974，71（3）：708－712.

Rabie A，Patel A J，Clavel M C，et al. Effect of thyroid deficiency on the growth of the hippocampus in the rat. Developmental Neuroscience，1979，2（4）：183－194.

Rainville P，Carrier B，Hofbauer R K，et al. Dissociation of sensory and affective dimensions of pain using hypnotic modulation. Pain，1999，82（2）：159－171.

Rakyan V K，Preis J，Morgan H D，et al. The marks，mechanisms and memory of epigenetic states in mammals. Biochemical Journal，2001，356（Pt 1）：1－10.

Riley J R，Greggers U，Smith A D，et al. The flight paths of honeybees recruited by the waggle dance. Nature，2005，435（7039）：205－207.

Robbins T W，Fray P J. Stress-induced eating：fact，fiction or misunderstanding？Appetite，1980，1（2）：103－133.

Rolls E T，Burton M J，Mora F. Hypothalamic neuronal responses associated with the sight of food. Brain Research，1976，111（1）：53－66.

Rolls E T，Rolls J H. Olfactory sensory-specific satiety in humans. Physiology & Behavior，1997，61（3）：461－473.

Rose S. The making of memory：from molecule to mind. London：Bantam Books，1992.

Rosenzweig M R. Environmental complexity，cerebral change，and behavior. American Psychologist，1966，21（4）：321－332.

Rosenzweig M R. Experience，memory，and the brain. American Psychologist，1984，39（4）：365－376.

Rosenzweig M R，Bennett E L. Effects of differential environments on brain weights and enzyme activities in gerbils，rats，and mice. Developmental Psychobiology，1969，2（2）：87－95.

Rosenzweig M R，Bennett E L. Cerebral changes in rats exposed individually to an enriched environment. Journal of Comparative & Physiological Psychology，1972，80（2）：304－313.

Rosenzweig M R，Bennett E L. Psychobiology of plasticity：effects of training and experience on brain and behavior. Behavioral Brain Research，1996，78（1）：57－65.

Rosenzweig M R，Bennett E L，Colombo P J，et al. Short-term，intermediate-term，and long-term memories. Behavioral Brain Research，1993，57（2）：193－198.

Rosenzweig M R，Bennett E L，Diamond M C. Effects of differential environments on brain anatomy and brain chemistry//Proceedings of the annual meeting of the American Psychopathological Association，1967，56：45－56.

Rosenzweig M R，Bennett E L，Diamond M C. Cerebral effects of differential experience in hypophysectomized rats. Journal of Comparative & Physiological Psychology，1972，79（1）：56－66.

Rosenzweig M R，Bennett E L，Hebert M，et al. Social grouping cannot account for cerebral effects of enriched environments. Brain Research，1978，153（3）：563－576.

Rosenzweig M R，Bennett E L，Krech D. Cerebral effects of environmental complexity and training among adult rats. Journal of Comparative & Physiological Psychology，1964，57（3）：438－439.

Rouby C，Schaal B，Dubois D，et al. Olfaction，taste，and cognition. Cambridge，England：Cambridge University Press，2002.

Rushton J P，Fulker D W，Neale M C，et al. Altruism and aggression：the heritability of individual differences. Journal of Personality & Social Psychology，1986，50（6）：1192－1198.

Sargolini F，Roullet P，Oliverio A，et al. Effects of lesions to the glutamatergic afferents to the nucleus accumbens in the modulation of reactivity to spatial and non-spatial novelty in mice. Neuroscience，1999，93（3）：855－867.

Satinoff E. Neural organization and evolution of thermal regulation in mammals. Science，1978，201（4350）：16－22.

Satinoff E，Rutstein J. Behavioral thermoregulation in rats with anterior hypothalamic lesions. Journal of Comparative & Physiological Psychology，1970，71（1）：77－82.

Schulteis G，Markou A，Cole M，et al. Decreased brain reward produced by ethanol withdrawal. Proceedings of the National Academy of Sciences，1995，92（13）：5880－5884.

Sclafani A，Berner C N. Influence of diet palatability on the meal taking behavior of hypothalamic hyperphagic and normal rats. Physiology & Behavior，1976，16（3）：355－363.

Scoville，W B，Milner B. Loss of recent memory after bilateral hippocampal lesions. Journal of Neurology，Neurosurgery，& Psychiatry，1957，20（1）：103－113.

Shaham Y，Miczek K A. Reinstatement—toward a model of relapse. Psychopharmacology，2003，168（1）：1－2.

Shaw P，Greenstein D，Lerch J，et al. Intellectual ability and cortical development in children and adolescents. Nature，2006，440（7084）：676－679.

Shettleworth S J. Cognition，evolution，and behavior. New York：Oxford University Press，1998.

Siarey R J，Carlson E J，Epstein C J，et al. Increased synaptic depression in the Ts65Dn mouse，a model for mental retardation in Down syndrome. Neuropharmacology，1999，38（12）：1917－1920.

Slaughter M. Basic concepts in neuroscience：a student's survival guide. NY：McGraw-Hill，2002.

Spinella M. The psychopharmacology of herbal medicine：plant drugs that alter mind，brain and behavior. Cambridge，MA：MIT Press，2001.

Squire L. Memory and brain. New York：Oxford University Press，1987.

Stamatakis E A，Hetherington M M. Neuroimaging in eating disorders. Nutritional Neuroscience，2003，6（6）：325－334.

Starr C，Taggart R. Biology：the unity and diversity of life. 8th ed. Belmont，CA：Wadsworth，1998.

Sternberg R J. Cognitive psychology. 3rd ed. Belmont，CA：Thompson/Wadsworth，2003.

Stewart J. Pathways to relapse：the neurobiology of drug-and stress-induced relapse to drug-taking. Journal of Psychiatry & Neuroscience，2000，25（2）：125－136.

Stockinger P，Kvitsiani D，Rotkopf S，et al. Neural circuitry that governs Drosophila male courtship behavior. Cell，2005，121（5）：795－807.

Strickberger M W. Evolution. 2nd ed. Boston，MA：Jones & Bartlett，1996.

Striedter G F. Principles of brain evolution. Sunderland，MA：Sinauer Associates，2005.

Sui N，Rose S P R. Effects of dark rearing and light exposure on memory for a passive avoidance task in day-old chicks. Neurobiology of Learning & Memory，1997，68（3）：230－238.

Sutton M A，Schmidt E F，Choi K H，et al. Extinction-induced upregulation in AMPA receptors reduces cocaine-seeking behavior. Nature，2003，421（6918）：70－85.

Swanson L W. Brain architecture：understanding the basic plan. New York：Oxford University Press，2003.

Sweatt J D. Mechanisms of memory. San Diego，CA：Elsevier，2003.

Szymusiak R，Alam N，Steininger T L，et al. Sleep-waking discharge patterns of ventrolateral preoptic/anterior hypothalamic neurons in rats. Brain Research，1998，803（1－2）：178－188.

Szymusiak R，Gvilia I，McGinty D. Hypothalamic control of sleep. Sleep Medicine，2007，8（4）：291－301.

Tamashiro K L K，Hegeman M A，Sakai R R. Chronic social stress in a changing dietary environment. Physiology & Behavior，2006，89（4）：536－542.

Terrace H S，Petitto L A，Sanders R J，et al. Can an ape create a sentence？Science，1979，206（4421）：891－902.

Thannickal T C，Moore R Y，Nienhuis R，et al. Reduced number of hypocretin neurons in human narcolepsy. Neuron，2000，27（3）：469－474.

Thombs D L. Introduction to addictive behaviors. 3rd ed. New York：Guilford Press，2006.

Thompson Jr J H，Spittel Jr J A，Pascuzzi C A，et al. Laboratory and genetic observations in another family with the Hageman trait//Proceedings of the staff meetings. Mayo Clinic，1960，35：421 - 427.

Tye K M，Prakash R，Kim S Y，et al. Amygdala circuitry mediating reversible and bidirectional control of anxiety. Nature，2011，471（7338）：358 - 362.

Van Zoeren J G，Stricker E M. Thermal homeostasis in rats after intrahypothalamic injections of 6-hyroxydopamine. American Journal of Physiology-Legacy Content，1976，230（4）：932 - 939.

Vase L，Robinson M E，Verne G N，et al. The contributions of suggestion，desire，and expectation to placebo effects in irritable bowel syndrome patients：an empirical investigation. Pain，2003，105（1 - 2）：17 - 25.

Villanueva L，Dickenson A H，Ollat H. The pain system in normal and pathological states：a primer for clinicians. Seattle，WA：IASP Press，2004.

Vink T，Hinney A，van Elburg A A，et al. Association between an agouti-related protein gene polymorphism and anorexia nervosa. Molecular Psychiatry，2001，6（3）：325-328.

Wagner G C，Beuving L J，Hutchinson R R. Androgen-dependency of aggressive target-biting and paired fighting in male mice. Physiology & Behavior，1979，22（1）：43 - 46.

Wall P D，Melzack R. Textbook of pain. 4th ed. Edinburgh：Churchill Livingstone，1999.

Wardle J，Steptoe A，Oliver G，et al. Stress，dietary restraint and food intake. Journal of Psychosomatic Research，2000，48（2）：195 - 202.

West R. Theory of addiction. Oxford：Blackwell，2006.

West-Eberhard M J. Developmental plasticity and evolution. New York：Oxford University Press，2003.

Wilson E O. Sociobiology：the new synthesis. 25th anniversary ed. Cambridge，MA：Harvard University Press，2000.

Wilson J F. Biological foundations of human behavior. Pacific Grove，CA：Brooks/Cole Thomson Learning，2003.

Wilson R I，Nicoll R A. Endocannabinoid signaling in the brain. Science，2002，296（5568）：678 - 682.

Wyrwicka W，Dobrzecka C. Relationship between feeding and satiation centers of the hypothalamus. Science，1960，132（3430）：805 - 806.

Yin J C P，Tully T. CREB and the formation of long-term memory. Current Opinion in Neurobiology，1996，6（2）：264 - 268.

Yokogawa T，Marin W，Faraco J，et al. Characterization of sleep in zebrafish and insomnia in hypocretin receptor mutants. PLoS Biology，2007，5（10）：e277.

Yost W A. Fundamentals of hearing：an introduction. 4th ed. New York：Academic Press，2000.

Zeki S. A vision of the brain. Oxford，UK：Blackwell，1993.

Zhang M，Gosnell B A，Kelley A E. Intake of high-fat food is selectively enhanced by mu-opioid receptor stimulation within the nucleus accumbens. Journal of Pharmacology & Experimental Therapeutics，1998，285（2）：908 - 914.

Zhang Z，Bourque C W. Osmometry in osmosensory neurons. Nature neuroscience，2003，6（10）：1021 - 1022

Zisapel N. Sleep and sleep disturbances：biological basis and clinical implications. Cellular & Molecular Life Sciences，2007，64（10）：1174 - 1186.

Zola-Morgan S，Squire L R，Amaral D G. Human amnesia and the medial temporal region：enduring memory impairment following a bilateral lesion limited to field CA1 of the hippocampus. Journal of Neuroscience，1986，6（10）：2950 - 2967.

跋

回首编著此书的心路历程，可谓一波三折……

四年前，我受邀于中国人民大学出版社社长贺耀敏先生和副总编徐莉女士，接受了参与该社“21 世纪心理学系列教材”之《生理心理学》的编写工作。这套教材的基本要求是：每部著作的作者都应为“独立撰稿人”。这项工作极具挑战性，挑战我的能力极限。在构思本书的过程中，我深感自己的能力不及，畏难之意不由自主浮现。

之后，一些中青年专家进入了我的视野。在生理心理学专业研究领域内，他们的研究工作成绩斐然，且都有在国内外科研和教学的经历和丰富经验。令人振奋的是，他们都接受了我诚挚的邀请，并在自己擅长的领域内，出色地履行了自己庄严的承诺。初稿的完工，令我无比欣慰。他们的敬业，他们的杰出，他们宽广的科学视野，他们的学术造诣，他们一丝不苟的科学精神，让我由衷地钦佩。

本书第四章“神经元的电活动与信息传导”，主要由洛桑联邦理工学院（EPFL）脑与行为研究中心研究员董志忠博士负责完成；第八章“语言与通信”，主要由中国科学院心理研究所副研究员李新影博士负责完成；第十二章“基因与行为”，主要由中国科学院心理研究所副研究员郑希耕博士负责完成；第十三章“本能行为”和第十四章“睡眠与节律行为”主要由中国科学院心理研究所副研究员李勇辉博士负责完成；第十七章“疼痛的生理特性及其心理调节”，主要由中国科学院心理研究所研究员罗非博士负责完成。

其他十一个章节全部由我负责完成。若没有我实验室的整个团队的全力支持，若没有每一位工作人员、每一位博士生或硕士生的杰出贡献和无私奉献，要出色地完成此书是不可能的。在整部著作的反复校稿过程中，王冬梅博士、何欣嘏博士、杨晓燕女士，还有出版社的编辑们都付出了巨大的耐心和艰辛……

我的导师匡培梓先生反复阅读了所有章节的初稿，并提出了无数有实质意义的宝贵建议……

我向所有为本书奉献智慧的参与者鞠躬，并致以最崇高的敬意！

隋　南

2010 年 7 月 27 日于北京

附录：原作者及参与第二版修订作者名单

第一章　　隋　南　王　婷（硕士生）（参与修订　梁　璟）
第二章　　隋　南　李　杰（博士生）（参与修订　梁　璟）
第三章　　（参与修订　梁　璟）
　第一节　隋　南　王　婷（硕士生）
　第二节　隋　南　何欣蝦（博士生）
　第三节　隋　南　韩　锦（博士生）
第四章　　董志忠　隋　南（参与修订　张建军）
第五章　　隋　南　郑　伦（博士生）（参与修订　沈　芳）
第六章　隋　南　吴　艳（博士生）（参与修订　沈　芳）
第七章　隋　南　鲍云非（硕士生）（参与修订　张建军）
第八章　李新影（参与修订　张建军）
第九章　隋　南　李幼虹（硕士生）（参与修订　梁　璟）
第十章　隋　南　梁　璟（参与修订　梁　璟）
第十一章　隋　南　蒋　娟（博士生）（参与修订　张建军）
第十二章　郑希耕　韩　锦（博士生）（参与修订　郑希耕）
第十三章　李勇辉　程九清（硕士生）（参与修订　李勇辉）
第十四章　李勇辉　程九清（硕士生）（参与修订　李勇辉）
第十五章　隋　南　何欣蝦（博士生）（参与修订　张建军）
第十六章　隋　南　王冬梅（参与修订　张建军）
第十七章　罗　非（参与修订　罗　非）

作者 2018 年 5 月 29 日修订于北京

图书在版编目（CIP）数据

生理心理学 / 隋南等编著．—2 版．—北京：中国人民大学出版社，2018.7
新编 21 世纪心理学系列教材
ISBN 978-7-300-25882-9

Ⅰ.①生… Ⅱ.①隋… Ⅲ.①生理心理学—高等学校—教材 Ⅳ.①B845

中国版本图书馆 CIP 数据核字（2018）第 123773 号

新编 21 世纪心理学系列教材
生理心理学（第 2 版）
隋南 等 编著
Shengli Xinlixue

出版发行	中国人民大学出版社		
社　址	北京中关村大街 31 号	**邮政编码**	100080
电　话	010－62511242（总编室）		010－62511770（质管部）
	010－82501766（邮购部）		010－62514148（门市部）
	010－62515195（发行公司）		010－62515275（盗版举报）
网　址	http://www.crup.com.cn http://www.ttrnet.com(人大教研网)		
经　销	新华书店		
印　刷	北京鑫丰华彩印有限公司	**版　次**	2010 年 9 月第 1 版
规　格	185 mm×260 mm　16 开本		2018 年 7 月第 2 版
印　张	21.75 插页 4	**印　次**	2018 年 7 月第 1 次印刷
字　数	523 000	**定　价**	49.90 元